"十三五"
国家重点图书

国家科学技术学术著作出版基金资助出版

膜分离

陈翠仙 郭红霞 秦培勇 等编著

化学工业出版社

·北京·

本书重点介绍了我国膜分离领域的最新研究、应用成果及产业化状况，展示了现代膜分离技术的主要进展。书中针对微滤、超滤、纳滤、反渗透、气体分离、渗透蒸发、膜蒸馏等成熟的膜分离过程，讲解了其分离原理与特点、膜的结构与性能、膜材料与膜制备方法、膜产品与膜工艺等，总结了这些膜过程的工业应用领域及最新进展，并列举了丰富的工程应用实例。同时还介绍了近年来新发展起来的膜过程，如膜生物反应器、燃料电池、储能电池、智能膜等新型膜技术。

　　本书可供从事膜分离技术研究、生产和工程应用的科技人员阅读，也可供大专院校相关专业师生参考。

图书在版编目（CIP）数据

　　膜分离/陈翠仙等编著. —北京：化学工业出版社，2017.1（2019.1重印）

　　"十三五"国家重点图书　国家科学技术学术著作出版基金资助出版

　　ISBN 978-7-122-27560-8

　　Ⅰ.①膜…　Ⅱ.①陈…　Ⅲ.①膜-分离-化工过程-研究　Ⅳ.①TQ028.8

　　中国版本图书馆 CIP 数据核字（2016）第 152896 号

责任编辑：成荣霞　　　　　　　　　　文字编辑：林　媛
责任校对：王素芹　　　　　　　　　　装帧设计：王晓宇

出版发行：化学工业出版社（北京市东城区青年湖南街 13 号　邮政编码 100011）
印　　装：北京虎彩文化传播有限公司
710mm×1000mm　1/16　印张 27½　字数 534 千字　2019 年 1 月北京第 1 版第 2 次印刷

购书咨询：010-64518888　　　　　　　　售后服务：010-64518899
网　　址：http://www.cip.com.cn

凡购买本书，如有缺损质量问题，本社销售中心负责调换。

定　　价：188.00 元

《膜分离》 编写人员名单

孙本惠　北京化工大学 材料科学与工程学院

李建新　天津工业大学 材料科学与化学工程学院

张宇峰　天津工业大学 材料科学与化学工程学院

吴礼光　杭州水处理技术开发中心

　　　　（现为浙江工商大学 环境科学与工程学院）

秦振平　北京工业大学 环境与能源工程学院

陈翠仙　清华大学 化学工程系

吴庸烈　中国科学院长春应用化学研究所

徐又一　浙江大学 高分子科学与工程学系

衣宝廉　中国科学院大连化学物理研究所

王保国　清华大学 化学工程系

褚良银　四川大学 化学工程学院

郭红霞　北京工业大学 材料科学与工程学院

秦培勇　北京化工大学 生命科学与技术学院

　　膜技术是一种新型高效的分离技术，是多学科交叉的产物，也是化学工程学科发展的新增长点。随着经济发展、社会进步和人民生活水平的提高，能源紧张、资源匮乏、环境污染等矛盾越来越突出，膜分离技术正是解决这些人类面临的重大问题的新技术。与传统的分离技术相比，由于它具有分离效率高、能耗低、操作方便、环境友好、便于与其他技术集成等优点，因此成为近20年来发展最为迅速的分离技术之一。

　　目前，膜分离技术的应用已涉及国民经济生产、科学研究以及国防建设等各领域，在我国被列为经济、社会可持续发展的高新技术之一。国家自"六五"到"十二五"期间，连续七个五年计划把膜分离技术作为重点、重大项目进行支持，如国家重点基金项目，国家重点基础研究发展计划（973）项目，国家攻关项目，国家高技术研究发展计划（863）项目及重大产业化专项等。这些项目的基础研究、产业化和工业应用示范等成果极大地推动了我国膜技术的发展及产业化应用。

　　本书旨在展示现代膜分离技术的新进展，突出介绍我国在这一领域的最新研究、应用成果及产业化状况。书中回顾了膜分离技术的发展历程，综述了膜技术的进展；论述了微滤、超滤、纳滤、反渗透、气体分离、渗透蒸发、膜蒸馏等成熟的膜过程，阐明了其过程的分离原理与特点，膜的结构与性能；介绍了膜材料、膜制备方法、膜产品及膜工艺等；总结了各种膜过程的工业应用领域及应用的最新进展，列举了丰富的工程应用实例。除此以外，还介绍了近几年来新发展起来的膜过程，如膜生物反应器、燃料电池、储能电池、智能膜等。

　　本书的作者都是我国膜科学技术领域内的知名专家和学者，其中有院士、教授，不少是新一代的学术带头人。他们大多数在膜科学技术各自的领域内已经辛勤耕耘了三四十个春秋，为推动我国膜科学技术的进步，促进科技成果的转化和膜产业的发展，做出了积极的贡献。因此，本书融入了作者多年来承担国家及部委研究计划所进行科研工作的结晶，内容渗透着这些专家多年来的研究成果和汗水。读者可以从书中了解到我国在这一领域所取得的创新性研究成果及丰富的工程实践。

　　本书撰写的过程中，力求兼顾内容的专业性、科学性、新颖性，突出其实用性。希望在传播和普及膜科学技术知识，促进分离学科的发展，膜分离技术与传统分离技术的耦合，加快化工分离技术的进步等方面起到积极的作用。

　　本书的写作人员分工如下：第1章孙本惠，第2、3章李建新，第4章张宇峰，第5章吴礼光，第6章秦振平，第7章陈翠仙，第8章吴庸烈、第9章徐又一，第10章衣宝廉，第11章王保国，第12章褚良银。陈翠仙对全书进行了统稿和修订，郭红霞和秦培勇对全书进行了核校。

这里要特别说明一下，在进行内容安排时，考虑到透析膜属于超滤分离的范围，为了避免内容上的重复，将透析拼入了超滤一章。

本书是一部具有特色的应用技术著作，可供从事化工分离、水处理、环境工程等专业的研究人员、大专院校师生、工程技术人员、工艺操作人员、工程设计及服务人员学习和参考。

由于参与撰写的人员较多，写作风格虽经整合，但仍难免有疏漏之处，各种膜过程介绍的内容和深度很难完全统一，不适之处敬请指教。

本书的出版得到我国膜生产及应用单位——膜工程公司的热情支持和帮助，是他们积极组织科技人员为本书提供资料、撰写工程应用实例，在此表示衷心的感谢。

感谢国家科学技术学术著作出版基金对本书出版的支持。

特别感谢为本书提供资料及工程实例的研究和工程技术人员（名单按姓氏笔画排序）：丁世州、王威、王建华、王新燕、江冠金、陈福泰、何水平、邹健、沈菊李、张云岭、张宝臣、张鹏霞、李娜、李贤辉、郑晓红、范益群、罗宗敏、林立刚、金焱、高建、徐徜徉、徐俊峰、郭文泰、陶元铸、奚韶锋、黄震宇、韩家心、韩宾兵、蓝星光、谭永文、翟建文、戴海平。

陈翠仙

2016 年 6 月

CONTENTS 目录

第 3 章 超滤

第 4 章 纳滤

第 5 章　反渗透

第 6 章　气体分离

第7章 渗透蒸发

第 8 章　膜蒸馏

第 9 章　膜生物反应器

第10章　燃料电池用质子交换膜

第11章 储能电池膜

第12章 智能膜

第**1**章

绪论

1.1　引言

　　当今制约全球经济可持续发展的瓶颈是资源匮乏、能源短缺、环境污染及人类的健康问题，而先进的膜技术则是解决这些难题、促进发展循环经济及和谐社会、形成绿色产业的最有效手段之一，正在受到全世界的普遍重视。发达国家将膜技术列入 21 世纪优先发展的高新技术，欧洲、美国、日本等国家和地区都投巨资设专项进行开发研究。我国政府也高度重视，从"六五"到"十二五"以及"863""973"计划都将膜技术列为重点项目，给予大力支持。

　　膜科学是一门正在形成和发展的多学科交叉的边缘学科，亦是化学工程学科新的增长点。它涉及物理化学、高分子化学、高分子物理、无机化学、分析化学、材料学、化学工程、生物学、药学、医学、数学、物理学、仿生学、环境科学等众多学科领域。各领域的科学家们从不同的角度在建立、丰富和发展膜科学的理论，同时膜科学的发展也在促进相关学科的开拓和发展，有力地推动了膜技术的发展和应用。

　　本书从实用及普及的角度出发，重点介绍各种膜技术及其应用，也会涉及相关的基本科学原理。本章重点对膜科学技术中的共性问题进行简要的综合性论述，随后的各章对各种膜过程再进行具体的详述。

1.2　膜科学技术发展简史

　　膜在自然界中特别是在生物体内是广泛存在的，人类对膜现象的认识也是始于生物膜。早在 1748 年，法国人 Abbe Nollet（图 1-1）首次发现了水会自发地穿过猪膀胱而进入酒精溶液中的膜渗透现象，1861 年 Graham 发现了透析现象。但是人类对膜现象的认识、模拟乃至对膜技术的开发和利用，却是经过了漫长而曲折的过程。1846 年 Schonbein 制成了人类历史上第一张半合成膜，即硝化纤维素膜，1896 年德国诞生了微滤膜啤酒净化机（图 1-2），1950 年 Juda 等试制成功第一张具有实用价值的离子交换膜，1960 年 Lobe 和 Sourirajan 研制成功具有非对称结构的醋酸纤维素反渗透膜，1968 年黎念之（Norman Li）发明液膜，20 世纪 70 年代 Cadotte 和 Petersen 开发成功超薄复合型芳香聚酰胺反渗透膜。

图 1-1　1748 年 Abbe Nollet
首次发现了膜的渗透现象

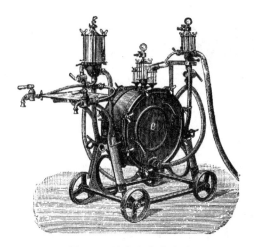

图 1-2　最古老的微滤膜
啤酒净化机（1896）

膜技术的发展大致经历了以下阶段：

19 世纪～20 世纪初，膜分离科学技术的萌发与奠基阶段

20 世纪 50 年代，微滤膜及离子交换膜

20 世纪 60 年代，第一代反渗透膜（L-S-RO 膜），透析膜

20 世纪 70 年代，第二代反渗透膜（TFC-RO 膜），超滤膜

20 世纪 80 年代，气体分离膜，液膜，控制释放膜

20 世纪 90 年代，渗透汽化膜，纳滤膜

21 世纪初，膜反应器及膜生物反应器，燃料电池膜，膜传感器

近半个世纪以来，膜科学与技术有了飞速的发展，新的膜技术不断涌现，并且在众多领域获得广泛的应用，为全球的经济发展创造了巨大的经济效益和社会效益。表 1-1、表 1-2 分别列出了膜科技及膜工业的发展史。

表 1-1　膜科技发展史

年代	科学家	主要进展
1748	Abbe Nollet	发现水能够自发地透过猪膀胱而进入酒精溶液的生物膜渗透现象
1827	Dutrochet	引入"渗透"（osmosis）一词

续表

年代	科学家	主要进展
1846	Schonbein	制成第一张半合成膜——硝化纤维素膜
1855	Fick	提出扩散定律
1861~1966	Graham	发现气体通过橡胶有不同的渗透率。发现透析（dialysis）现象
1860~1977	Van't Hoff, Tranbe, Preffer	提出渗透压力定律
1906	Kahlenberg	观察到烃/乙醇溶液选择透过橡胶薄膜现象
1917	Kober	引入"渗透汽化"（pervaporation）一词
1911	Donnan	研究了荷电体传递中的平衡现象，提出 Donnan 分布定律
1922	Zsigmondy, Bachman 等	微滤膜用于分离极细粒子。初期的超滤和反渗透（膜材料为赛璐玢和再生纤维素）
1925	Michaelis, Fujita	用均相弱酸性棉胶膜首先进行了离子选择性的基础研究
1930	Terorell, Meyer 等	膜电势的研究，奠定电渗析和膜电极的基础
1944	Kolff, Berk	初次成功使用人工肾
1950	Juda, McRae	成功合成离子交换膜。研发了电渗析、微孔过滤、血液透析等分离过程
1960	Lobe, Sourirajan	制备成功醋酸纤维素非对称型反渗透膜
1968	Norman Li	发明液膜
1971~1980	Cadotte, Petersen	制备成功芳香聚酰胺超薄复合型反渗透膜

表 1-2　世界膜工业发展史

分离膜	年代	代表性厂商	主要生产厂商
微滤膜	1925	Satorius	Millipore Pall Gelman Sciences Satorius Nuclepore Asahi Chemical
电渗析膜	1960	Ionics	GE Du Pont Pall RAI Tokuyama Soda Asahi Glass
反渗透膜	1965	Haxenes Industry General Atomics	Film Tech Dow Chemical Hydranautics Nitto Denko Koch GE Torray

续表

分离膜	年代	代表性厂商	主要生产厂商
透析膜	1965	Enka(Akzo)	Enka/Akzo Gambro Asahi Chemical Toray
超滤膜	1970	Amicon	Amicon Koch GE Nadir/Hoechst Nitto Denko
控制释放膜	1975	Alza	Alza Giba Consep Membranes Fearing Manufacturing
气体分离膜	1980	Permea(Dow)	Permea/Air Products Ube Industries Hoechst-Celanese/Separex Union Carbide
渗透蒸发膜	70年代中期	GFT	Sulzer Chemtech MTR Bend Lurgi

　　我国的膜科学技术发展是从1958年研究离子交换膜开始的。20世纪60年代是开创阶段，重点研制CA反渗透膜；70年代进入开发阶段，相继研发出电渗析、反渗透、超滤和微滤膜及其膜组件；80年代跨入膜技术的推广应用阶段，并在气体分离膜、液膜的研制和应用上取得显著进展；90年代在渗透蒸发技术及膜反应器的研发及产业化有了突破性进展（见表1-3）。进入21世纪，我国的膜工业出现蓬勃发展的局面，拥有自主知识产权的新膜技术不断涌现，某些膜技术达到国际先进水平，膜工程技术日趋成熟，规模急剧扩大，成本大幅度降低，各种膜技术正在广泛应用到各个行业和领域，对国民经济的发展贡献越来越大。

表1-3　20世纪我国膜技术发展史

膜及膜过程	主要进展	主要应用	主要研究单位
微滤	20世纪70年代CN-CA膜；80年代CA-CTA、PSF、PVDF膜、尼龙膜、PP膜、PET、PC核径迹膜；90年代无机膜，PTFE、PP拉伸膜	医药、电子、饮料、石化、环保等行业的分离、净化、浓缩、回收等过程	杭州水处理技术研究中心，清华大学，浙江大学，天津大学，天津工业大学，北京化工大学，南京工业大学，上海核八所，江西庆江化工厂，上海一鸣过滤技术有限公司

续表

膜及膜过程	主要进展	主要应用	主要研究单位
超滤	20 世纪 70 年代 CA 膜；80～90 年代 PSF、PAN、PVDF、PVC 等中空纤维及卷式膜、荷电膜、合金膜、无机膜。21 世纪初，热致相分离法 PVDF 中空纤维膜开发	电泳漆、酶制剂、饮料、食品、生物、医药、饮用水、废水等的分离、净化、浓缩、回收处理等过程	清华大学，天津工业大学，杭州水处理技术研究中心，中科院生态环境中心，北京工业大学，中科院大连物所，上海原子能所，南京工业大学
电渗析	1967 年异相膜工业化；70 年代研制了多种离子交换膜并使电渗析大型化，1976 年开始全氟离子交换膜的研制；80 年代均相膜达到一定规模	脱盐、脱羧、废液再生、膜电解	杭州水处理技术研究中心，上海有机氟材料研究所，上海医药工业研究院，晨光化工研究院，南通合成材料实验厂，上海化工厂
反渗透	1965 年开始研究 CA 膜，1968 年 CA 非对称膜研制成功；70～80 年代卷式和中空纤维膜组件研制成功；80 年代开始纳滤膜研究；90 年代试制反渗透/纳滤复合膜，纳滤膜开始应用	苦咸水淡化、海水淡化、电厂锅炉补给水脱盐、污水再生回用、浓缩过程	天津工业大学，北京化工大学，杭州水处理技术研究中心，杭州北斗星膜制品有限公司，葫芦岛北方膜工业公司，时代沃顿科技公司
透析	1958 年开始研制管式透析器；70～80 年代研制板框式透析器，黏胶纤维、醋酸纤维、铜铵纤维透析膜；90 年代研制 PSF，PES，PAN 中空纤维透析器	血液透析、腹膜液透析	东华大学，成都科技大学
气体分离	80 年代初开始研究中空纤维气体分离膜，1985 年研制成功 N_2/H_2 分离膜组件，1987 年 SR-PSF 卷式富氧膜组件；80～90 年代研制多种新材料，开发成功 H_2/N_2、O_2/N_2、H_2O/CH_4、CO_2/CH_4、CO/H_2 的膜分离过程应用	H_2 的回收与提浓、富氧与富氮制造、气体除湿、有机蒸气回收	中科院大连化物所、长春应化所、兰州化物所、北京化学所，北京工业大学，大连天邦膜技术国家工程研究中心有限公司
渗透蒸发	80 年代至今研究了交联 PVA，PVA 改性聚电解质、壳聚糖等膜，乙醇、异丙醇、苯、丙酮等脱水过程应用	有机溶剂脱除微量水、废水中少量有机物分离、近沸点与恒沸点有机物混合溶液分离	清华大学，浙江大学，天津大学，中科院化学所、长春应化所、大连物所，北京化工大学
液膜	1979 年开始研究	已在酚、稀土金属、CN^- 的分离中初步应用	北京大学，清华大学，北京化工大学，中国原子能科学研究院，中科院大连化物所，东北师范大学
膜反应器	80 年代中期开始研究；80～90 年代研究无机膜高温气相催化反应器；90 年代初研制成功中空纤维细胞固定化反应器和高密度动物细胞培养器；90 年代至今膜生物反应器	青霉素水解制 6-APA、环己烷脱氢、乙苯脱氢、有机相酶催化、酶法拆分、辅酶再生、燃料电池、污水处理	清华大学，浙江大学，复旦大学，天津大学，中科院大连化物所

续表

膜及膜过程	主要进展	主要应用	主要研究单位
其他	80年代末进行了膜蒸馏、膜萃取、膜电极、亲和膜和膜分离研究；90年代开始控制释放和微胶囊膜研究		清华大学，北京化工大学，天津大学

1.3　膜

1.3.1　膜的定义

膜技术的核心是"膜"。这里所指的"膜"是英文里的 membrane，而不是film。Membrane 一词来源于生物学，它的原意是"soft，thin，skin-like covering or lining，or connecting part，in an animal or vegetable body"，例如"细胞膜"；而 film 一词的意思则是"a thin skin of any material"，例如"塑料薄膜"。

由于膜的功能在不断发展扩大，膜的内涵也在不断丰富，因此给膜准确下定义是件十分困难的事情，至今学术界对膜还没有一个统一、完整的定义。不同的学者从不同的角度给膜下定义，大多数是从"分离膜"的角度给膜下定义，或者是强调了膜的某些方面特性。

Meares 的定义是："膜可视为在它被分割开的两相间控制物质或能量传输的一相或一相组。"Neal 的定义是："膜是一种薄间隔层，其厚度在 $0.1\sim500\mu m$ 之间，由对不同物质有不同透过阻力的材质制成，当施加化学势或电化学势梯度产生动力时即可实施操作。这种梯度可通过膜两侧二介质的压力、温度、组成和电势的差异产生。"Quinm 的定义是："膜是一种中间相，具有特殊的物理化学性质，被两个表面界定，每个表面都与一个疏松相接触。它一般是'薄'的，具有较大的表面积体积比率，当其厚度达到分子尺寸时此中间相成为界面。"

总的来说，膜具有几个显著特点：①膜是具有特殊物理化学性质的、分隔两相之间的中间相（第三相）。②膜可以是均质相，或者是非均质相。它可以是固相、液相，甚至是气相，或者是它们的结合。但是在实际应用中，固相膜占绝对多数。③膜很薄，其厚度从 $0.1\mu m$、几十微米到几百微米之间。④膜相具有控制被分隔开的两相间物质或能量传输的功能，其传递推动力为膜两侧介质的压力梯度、温度梯度、浓度梯度或电势梯度。⑤膜可以用各种天然材料或人工合成材料来制造，包括有机物和无机物。但是实际应用中，以合成有机高聚物材料为主。

1.3.2　膜的功能

随着膜科学与技术的发展，新的膜功能不断被开发出来。到目前为止，膜的功能大致可归纳为几个方面。

物质分离功能（用于特殊、精密的分离），包括气体/气体分离（如 O_2/N_2、N_2/H_2、CO/CO_2 分离），气体/液体分离（如 O_2/H_2O 分离），液体/液体分离（如苯/环己烷、丙酮/水、乙醇/水、苯/水分离），固体/液体分离（如胶体/水、细菌/水、粒子/溶液分离），离子分离（如单价离子/多价离子分离、阴离子/阳离子分离），同位素分离（如 $^{235}UF_6/^{238}UF_6$ 分离），同分异构体分离（如邻、对、间位二甲苯分离），手性化合物分离（如 D-色氨酸/L-色氨酸分离），共沸物分离（如 $H_2O/EtOH$ 分离）等。

能量转换功能，包括化学能-电能转换（燃料电池膜），光能-电能转换（光电池膜），光能-化学能转化（光转化膜），机械能-电能转换（压电膜），光能-机械能、热能转换（光感应膜），化学能-机械能转换（人工肌肉），热能-电能转换（热电膜），电能-光能转换（发光膜）。

物质转化功能，包括膜反应器（membrane reactor）、膜生物反应器（membrane bioreactor）等。

控制释放（controlled release）功能，包括蓄器式（reservoir systems）、基片式（matrix systems）、溶胀控制式（swelling-controlled systems）、渗透式（osmotic systems）。

电荷传导功能，具有这种功能的膜有阳离子交换膜、阴离子交换膜、镶嵌荷电膜、双极膜、导电膜等。

物质识别功能，如膜生物传感器（biosensor）。

在膜的多种功能中，开发时间最长、技术最成熟、应用最广泛的是分离功能。本书着重介绍具有物质分离功能的膜，简称分离膜。

1.3.3　分离膜的分类

分离膜的种类较多，不可能用一种简单的方法来进行分类，通常从不同的角度进行分类。

按膜的相态分，有固（态）膜、液（态）膜、气（态）膜。

按膜的材料分，有天然膜，如生物膜（细胞膜）、无机物膜、天然有机高分子膜；合成膜，如有机高分子膜、无机膜、合成生物膜。

按膜的结构分，有整体膜、复合膜；均质无孔膜、多孔膜（对称膜、非对称膜）；液膜（乳化液膜、支撑液膜）。

按膜的几何形状分，有中空纤维膜、管式膜、平板膜，见图 1-3～图 1-5。

按分离过程分，有微滤膜（MF）、超滤膜（UF）、纳滤膜（NF）、反渗透膜（RO）、透析膜（DL）、气体分离膜（GS）、渗透蒸发膜（PV）、离子交换膜（IE）。

 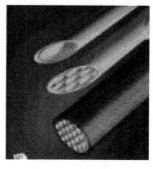 

图 1-3　中空纤维膜　　　　　图 1-4　管式膜　　　　图 1-5　平板膜

按制膜方法分，有烧结膜、拉伸膜、核孔膜（核径迹蚀刻膜）、挤出膜、涂敷膜、界面聚合膜、等离子聚合膜、热致相分离膜（TIPS）和非溶剂致相分离膜（NIPS）。

按膜过程推动力分，有压力差驱动膜、电位差驱动膜、浓度差驱动膜、温差驱动膜。

按膜的作用机理分，有吸附性膜、扩散性膜、离子交换膜、选择性渗透膜、非选择性膜。

1.3.4　分离膜的结构

分离膜结构包括膜材料结构、膜的本体结构。膜材料结构将在 1.5.2 节中介绍。

膜的本体结构包括膜表皮层结构及膜断面结构。有机高分子分离膜绝大部分属于非对称膜，非对称膜断面一般具有致密皮层、毛细孔过渡层及多孔支撑层三层结构（见图 1-6）；而均质和微孔的对称膜断面只有一层结构。

（1）膜的表皮层结构

分离膜的选择性取决于膜材料结构和膜的表皮层结构，而膜的渗透性和力学性能则与膜材料结构、膜的表皮层结构和膜的断面结构都有关系，因此膜的表皮层结构对膜性能有很大的影响。

多孔膜的表皮层结构包括膜孔类型、孔径、孔形状及开孔率。

对于膜孔类型，Rudin，Nguyen 和 Matsuura 等人提出了自己的看法。总的来说，采用相转化法制成的单一聚合物非对称膜，其表皮层具有 3 类孔：聚合物网络孔（polymer network pore），聚合物胶束聚集体孔（polymer aggregate pore），孔径范围为 $0.3 \sim 0.6 \text{nm}$；液-液相分离孔，孔径小于 $0.1 \mu \text{m}$。孙本惠等采用相差显微镜、电子显微镜等研究后发现，对于高分子合金非对称膜，其皮层还存在第四类孔，即固（第一聚合物相）-固（第二聚合物相）相分离孔，其孔径范围大致为 $0.01 \sim 10 \mu \text{m}$。

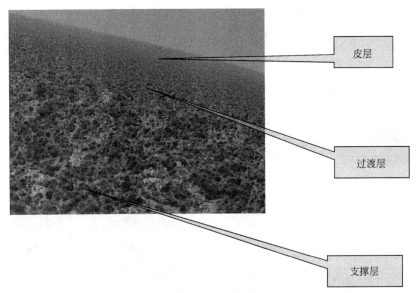

皮层

过渡层

支撑层

图 1-6　非对称膜的三层结构

膜表面孔径包括最大孔径、平均孔径、孔径分布。

膜表面孔形状包括圆形孔（图 1-7）、狭缝形孔（图 1-8）、无规形孔（图 1-9）等。

图 1-7　圆形孔

图 1-8　狭缝形孔

（2）膜的断面孔结构

膜的断面结构会影响到膜的渗透性能和力学性能。膜断面结构包括膜的断面形貌、断面孔隙率、各层厚度。

膜的断面结构有非对称形和对称形。

断面孔形貌大致有海绵状（或网络状）、指状、隧道状、胞腔状、狭缝状、球粒状、束晶状及叶片晶状，见图 1-10～图 1-17。

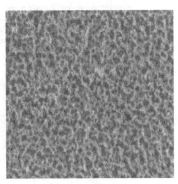

图 1-9　无规形孔

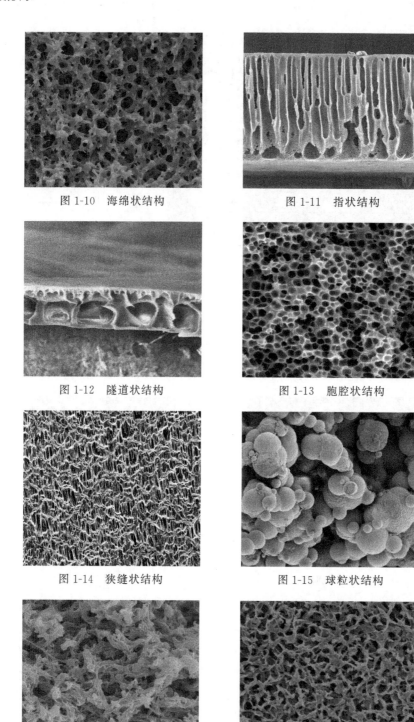

图 1-10　海绵状结构

图 1-11　指状结构

图 1-12　隧道状结构

图 1-13　胞腔状结构

图 1-14　狭缝状结构

图 1-15　球粒状结构

图 1-16　束晶状结构

图 1-17　叶片晶状结构

1.3.5　分离膜的性能表征

分离膜的性能主要指膜的选择性、渗透性、力学性能和稳定性等。

选择性：是表示膜的分离效率的高低，对于不同的膜分离过程，其选择性采用不同的表示方法。

渗透性：是指单位时间、单位膜面积上透过膜的物质量，表示膜渗透速率的大小。

力学性能：膜的力学性能是判断膜是否具有实用价值的基本指标之一，其机械强度主要取决于膜材料的化学结构、物理结构，膜的孔结构，支撑体的力学性能。力学性能包括压缩强度、拉伸强度、伸长率、复合膜的剥离强度等。

稳定性：在膜应用过程中，膜要长期接触物料，在一定的环境条件下运行。因此膜的稳定性会影响到膜的运行周期和使用寿命，也是考核膜的实用性的重要指标之一。膜的稳定性包括化学稳定性（抗氧化性，耐酸碱性，耐溶剂性，耐氯性，耐水解性……）、抗污染性、耐微生物侵蚀性、热稳定性等。

1.3.6　分离膜的制备方法

分离膜制备方法有溶剂蒸发法、熔融挤压法、核径迹蚀刻法、应力场熔融挤出-拉伸法、溶出法、热致相分离法、非溶剂致相分离法、涂敷复合法、界面聚合复合法、等离子聚合复合法、超临界二氧化碳法、自组装法等。具体的制备方法在本书相关章节中及相关的参考书中有详细介绍，此处就不再赘述。

1.4　膜分离过程

1.4.1　膜分离过程特点

不同的膜分离过程具有不同的机理，适用于不同的分离体系和分离条件。但是总的来说，膜分离过程具有高效、节能、无二次污染、操作方便、便于集成和放大等优点。多数膜分离过程无相变，能耗低；常温操作，适宜于热敏性物质分离；分离选择性高，适用于许多特殊体系分离（如共沸物、沸点相近物、大分子分级、去离子、电解质与非电解质分离等）；工艺简单，组装方便，占空间小，易于操作和放大，便于和其他分离过程集成或杂化。膜分离过程也存在一些问题，例如在膜分离过程中会出现浓差极化、膜污染、膜性能衰减及膜使用寿命有限等问题。随着膜科学技术的不断进步，这些问题正在逐步得到解决。我们在使用这些膜技术、设计膜分离过程时，要注意采取相应措施，扬长避短，以充分发挥膜分离技术的优势。

1.4.2 商品化的膜分离过程

成熟的、已商品化的膜分离过程有微滤（MF）、超滤（UF）、纳滤（NF）、反渗透（RO）、透析（DL）、电渗析（ED）、气体分离（GS）、渗透蒸发（PV）等，其主要特性见表1-4。

1.4.3 发展中的膜分离过程

发展中的膜分离过程包括：新的膜平衡分离过程，新的膜分离过程，膜反应器等，例如液膜（LM）、膜蒸馏过程（MD）、膜萃取过程（MA）、膜吸收过程（MS）、催化膜反应器（CMR）……

在膜平衡分离过程中，膜仅作为界面稳定体或是相隔体，在液-液或气-液两相接触过程中，膜与过程选择性几乎没有关系，过程选择性受控于两相的分配特性。但是经过膜的这两相不分散接触，要取得满意的操作结果主要取决于膜的孔径和湿润特性。在给定的条件下，膜孔径也能影响溶质的选择性。当使用微孔膜时，界面处发生溶质分配。

化学反应过程中要求对反应物进行纯化，对产物进行精制，因此对混合物进行分离的操作显得尤为重要。膜反应器结合了膜的分离-反应或反应-分离功能，产生了最佳的协同效应，有助于化学反应的平衡移动，提高产率及产品纯度。

表 1-4 商品化的膜分离过程及其主要特性

膜分离过程	分离目的	被截留物	透过物	传质推动力	传质机理	膜类型	进料的相态
微滤	从溶液或气体中脱除粒子	$0.02\sim10\mu m$ 粒子、胶体、细菌	溶液/气体	压力差	筛分	对称/非对称多孔膜	液体/气体
超滤	大分子溶液中脱除小分子，或大分子分级	$1\sim20nm$ 的大分子，以及细菌、病毒	含小分子溶液	压力差	半筛分	非对称多孔膜	液体
纳滤	从溶剂中脱除微小分子，多价离子与低价离子分离，或分子量200～1000的分子分级	1nm 以上溶质，多价离子	溶剂及极微小溶质、低价离子	压力差	优先吸附/毛细管流动，不完全的溶解-扩散，Donnan效应	非对称膜/复合膜	液体
反渗透	脱除溶剂中的所有溶质，或含微溶质溶液的浓缩	$0.1\sim1nm$ 微溶质	溶剂	压力差	优先吸附/毛细管流动，不完全的溶解-扩散，Donnan效应	非对称膜/复合膜	液体
透析	溶液中的小分子溶质与大分子溶质的分离	大于$0.02\mu m$溶质，血液透析中大于$0.005\mu m$溶质	微小溶质	浓度差	微孔膜中的筛分、受阻扩散	非对称多孔膜/离子交换膜	液体

续表

膜分离过程	分离目的	被截留物	透过物	传质推动力	传质机理	膜类型	进料的相态
电渗析	从溶液中脱除离子,或含离子溶液的浓缩,或离子分级	非电解质及大分子物质	离子	电位差	通过离子交换膜的反离子迁移	离子交换膜	液体
气体分离	气体混合物分离	难渗透气体	易渗透气体	压力差	溶解-扩散	均质膜/复合膜	气体
渗透蒸发	有机水溶液分离,或有机液体混合物组分分离	难渗透组分	易渗透组分	分压差	溶解-扩散	均质膜/复合膜	液态,气态

1.4.4　集成膜过程

任何一种技术都不是万能的,都有一定的局限性。因此在解决一些复杂的分离问题时,往往需要将几种膜分离技术组合起来用,或者将膜分离技术与其他分离方法、传统分离技术甚至反应过程结合起来,扬长避短,以求最佳效果。将几种膜分离过程联合起来被称为"集成"(integrated),将膜分离与其他分离技术组合工艺被称为"杂化"(hybrid)。一般统称为集成膜过程,例如:膜分离与蒸发结合的集成过程,膜分离与吸附结合的集成过程,膜分离与冷冻结合的集成过程,膜分离与离子交换树脂法结合的集成过程,膜分离与精馏结合的集成过程,膜分离与催化反应结合的集成过程等。在本书的各章节会有具体介绍。

1.5　分离膜材料

1.5.1　膜材料分类及特点

膜材料大致可以分为以下两大类:
① 天然材料,包括生物材料(细胞膜)、无机物材料(陶瓷、金属、沸石……)、天然有机高分子材料(纤维素、甲壳素……)。
② 合成材料,包括合成有机高分子材料、合成无机材料、合成生物材料(Langmuir-Blodgett 膜……)。
在实际应用中,占主导地位的是合成有机高分子膜材料。这类材料的主要特点是:材料品种多,来源广泛,价格相对便宜,可加工性(成膜性)好,膜的综合性能比较理想,因此应用领域广泛。合成有机高分子材料的不足之处是耐老化性、耐热性、耐化学介质方面有一定局限性,但是只要针对材料的具体特点,在应用过程中注意扬长避短,合成有机高分子材料还是最理想、最广泛应用的重要

膜材料。

无机材料也是一类重要的膜材料，在某些场合具有独特的应用价值。其主要特点是：耐高温，一般可在 400℃下操作，最高可达 800℃以上，化学稳定性好，机械强度大，抗微生物能力强。无机材料的不足在于价格高、不耐强碱、材料脆性大、弹性小、可加工性较差。无机膜主要应用于高温、生化等领域。

1.5.2　成膜高聚物材料的结构

研究成膜高聚物材料结构的目的在于了解高聚物的结构与其膜性能之间的关系，以此来指导我们正确地选择、调控、改性和使用高分子膜材料，更好地掌握高聚物的制膜工艺条件。

高聚物的结构很复杂，大体上包括两方面：一是高分子链结构，即高分子的化学结构和立体化学结构，以及高分子的大小和形态；二是高分子的凝聚态结构，即高聚物材料本体的内部结构，包括晶态结构、非晶态结构、取向结构和织态结构。

高聚物结构的主要特点如下。

① 高分子链是由很大数目（$10^3 \sim 10^5$ 数量级）的结构单元（链节）所组成，每个结构单元相当于一个小分子。这些结构单元可以是一种均聚物，也可以是几种共聚物。它们通过共价键连成不同的结构——线型的、支化的（长支链和短支链）、星形的、梳形的、梯形的及网形的结构。

② 一般高分子的主链都有一定的内旋转自由度，使高分子链具有柔性。如果组成高分子链的化学键不能内旋转，或者结构单元间有强烈的互相作用，则高分子链呈刚性。

③ 高分子链间一旦存在有交联结构，即使交联度很小，高聚物的物理力学性能也会发生很大变化，主要是不溶（解）和不熔（融）。

④ 高分子结构单元之间的范德华力相互作用对高聚物的凝聚态结构及高聚物材料的物理力学性能有重要的影响。

⑤ 高聚物的分子凝聚态结构存在晶态和非晶态。高聚物的晶态比小分子晶态的有序程度差得多，但是高聚物的非晶态却比小分子液态的有序程度高。这是由于高分子的分子移动比较困难，分子的几何不对称性大，致使高分子链的聚集体具有一定程度的有序排列。作为膜材料，高聚物的晶态没有自由体积，所以没有渗透性；而非晶态区是无定形态，具有自由体积，具有渗透性。

1.5.3　用于有机混合物分离的高聚物膜材料选择与评价

用于制膜的高聚物种类很多，几乎包括了全部现有的均聚物、共聚物和共混物。分离膜的重要应用市场是小分子有机混合物分离，其完成预期分离的性能取决于膜对小分子有机混合物组分的相对渗透能力，而这些性能首先取决于高分子膜材料的物理化学性质，这正是我们选择和评价膜材料的基本出发点。

(1) 膜材料筛选的基础——优先吸附值 K

影响渗透物和膜相互作用的物理化学因素主要有偶极力、色散力、氢键和立体阻碍等物理化学效应。

Hildebrand 把室温下 (298K) 的高聚物内聚能密度的平方根定义为溶度参数 (solubility parameter)：

$$\delta = (\Delta E/V)^{1/2}$$

式中，ΔE、V 分别为内聚能和摩尔体积。

Hansen 将偶极力、色散力、氢键三种作用力的贡献考虑到溶度参数中：

$$\delta^2 = \delta_d^2 + \delta_p^2 + \delta_h^2$$

式中，δ 为溶度参数，δ_d、δ_p、δ_h 分别表示与色散力、偶极力、氢键有关的三个分量。

在液体混合物分离过程中，组分 I 和膜材料 M 的化学结构越相似，则它们的互溶性就越大，它们的溶度参数差 Δ_{im} 就越小。

$$\Delta_{im} = [(\delta_{di} - \delta_{dm})^2 + (\delta_{pi} - \delta_{pm})^2 + (\delta_{hi} - \delta_{hm})^2]^{1/2}$$

将溶液中的溶质 A 和溶质 B 与膜材料 M 的溶度参数差的比值定义为优先吸附值 K：

$$K = \Delta_{AM}/\Delta_{BM}$$

K 可以表示溶液中组分被膜优先吸附的尺度，它可以作为选择膜材料的基础参数。如果希望 B 组分优先通过，A 组分被截留，应选择 $K>1$，且 K 值较大的膜材料。

如果 $K>1$，表示 B-M 亲和力＞A-M，则 B 优先通过膜且通量大，对 A 的截留率高。

如果 $K<1$，表示 A-M 亲和力＞B-M，A 会滞留膜中，则 B 的通量下降，对 A 的截留率也下降。

如果 $K\gg1$，$\Delta_{BM}\approx0$，表示 B-M 作用力极强，则 M 会被 B 溶胀或溶解，B 会滞留于膜相中，或使膜失效。这时需要对膜材料进行改性 (交联，共混，接枝等)。

如果 $K=1$，表示 A-B 不能采用依靠优先吸附原理进行分离的致密膜 (如 GS、PV、RO 膜) 来分离，需要更换材料或对材料进行改性，或从 A、B 几何尺寸差来考虑选择分离方法。

(2) 膜材料的评价

① 吸附性测定　有机小分子渗透物和膜材料之间的相互作用强度和性质对渗透物在膜相中的平衡浓度及渗透物透过膜的速率都有影响，一般 B-M 和 A-M 相互作用的强度是通过测定聚合物在二元体系中对渗透物的吸附来确定的。

膜材料对有机小分子渗透物的吸附性可用称重法来测定。如果渗透物是易挥发的，则把聚合物预先称重，改变聚合物环境的蒸汽含量，同时监控聚合物的重量变化。通常是使用一种改进的电子天平室来控制蒸汽压力，用粒子态或致密态的聚合物试样来测定。如果渗透物不易挥发，则可以将聚合物致密膜浸泡到液体渗透物的前、后分别称重。用这两种方法都能得到在渗透物-聚合物浓度范围内不同点的数据，得到不同的扩散系数和分离系数值。可以从实验的非平衡态区域得到渗透物在膜材料中的扩散值，从平衡态下得到的总重量来测定渗透物在膜相中的平衡浓度。如果扩散性大，或平衡浓度大，或者两者皆有，则表示 B 和 M 是化学上相似的。

通常用有机组分 A 在膜相中的浓度与在自由溶液中的浓度比值 K_A 来表示平衡时的分配，用 A 在膜相中的扩散系数 $D_{AB,M}$ 来表示传递速率。测定 K_A 和 $D_{AB,M}$ 的方法是将薄的膜试样浸泡到一种 A-B 溶液中，溶质 A 的浓度是已知的，一旦膜与组分 A 达到平衡，就将膜取出，去除膜表面带出的多余溶液后测定膜试样中 A 的含量，或者把膜放入纯 B 溶液中测定被解析的溶质量，就可以得到 K_A 值，还可以从测定的吸附速率或解吸速率来得到 Grank 和 Park 方程中的 $D_{AB,M}$。

还有一种测定 K_A 的方法，将粉粒状的聚合物放在一个含有 A-B 稀溶液的密封容器里进行搅拌，每经过一个时间周期对自由溶液中组分 A 浓度变化进行监测，就可以得到组分 A-聚合物相互作用的大小和 K_A 值。该方法的优点是粉粒状试样比薄膜试样的表面积大，并且试样不需要经过制膜工序。

② 亲和性测定　用膜材料的粉粒或涂有膜材料的小球装填到色谱柱中作为固定相，有机组分 B 作载体或流动相。通过在流动相中注射进少量的有机组分 A，来测定在 B 存在的情况下，A-M 相互作用的强度和性质。保留体积 V_A（流动相通过色谱柱把 A 淋出时的体积）是衡量 A-M 相互作用的一种尺度。组分-膜的相互作用力会使淋出延迟，其延迟时间取决于相互作用力的大小及溶度参数的差异。同样，A-M 的排斥力会有助于 A 从柱子中通过，保留体积会减小。可以在固定 B 和 M、改变 A 的条件下进行一系列实验，观察 M 对于注射各种不同有机物组分的潜力。相反，也可以进行一系列固定 AB 和改变 M 的实验，当 V_A 和流动相的保留条件 V_B 之差达到最大值时，就可以找到所要求的分离性能最好的膜材料。当 $V_A < V_B$ 时，聚合物对有机组分 B 的亲和力大于对 A 的亲和力，膜将优先吸附 B 而排斥 A。

③ 渗透性测定　将薄膜放置在两半测试池之间，在测试池的一个室里装入 A-B 混合液，另一个池里装入纯 B 液体。通过测定两半池中混合液浓度变化，可知由于浓度梯度引起的溶质迁移情况。除了直接渗透法以外，也可以用压力为动力的致密膜来研究。直接渗透法和压力驱动法都有不少缺点：只能得到渗透值；需要假设一个传递模型来判断渗透达到平衡的情况和动力学因素；致密膜必须是均匀、无缺陷的；然而用致密膜进行研究时，传质过程很慢；如果 A 或 B 是易挥发的，还必须采取措施来防止挥发损失。

④ 其他综合性能的评价　膜材料的亲水/疏水性通常通过接触角测定或表面

张力测定来评价。膜材料的热稳定性可用聚合物的玻璃化温度（T_g）来评价。高分子合金膜材料的相容性可用溶度参数及相差显微镜来表征。

1.5.4　常用的膜材料

常用的高聚物膜材料见表 1-5，无机膜材料见表 1-6。有关各种膜材料的制备及其材料性质可以查阅有关专著或手册，此处不再赘述。

表 1-5　常用高聚物膜材料一览表

类别	高聚物名称	主要应用
纤维素衍生物类	再生纤维素(Cellu)	DL,MF,UF
	硝化纤维素(CN)	DL,MF
	醋酸纤维素(CA)/三醋酸纤维素(CTA)	RO,NF,UF,MF
	乙基纤维素(EC)	GS
聚砜类	双酚 A 型聚砜(PSF)	UF,NF 及 RO/GS/PV 基膜
	聚醚砜(PES)	耐高温 MF,UF
	酚酞型聚醚砜(PES-C)	UF,NF,GS,ED
	酚酞型聚醚酮(PEK-C)	UF,GS
	磺化聚醚醚酮(PEEK)	ED,UF
聚酰胺类	脂肪族聚酰胺(NYLON)	MF,膜支撑底布
	聚砜酰胺(PSA)	MF,UF
	芳香聚酰胺(PA)	RO
聚酰亚胺类	脂肪族二酸聚酰亚胺(PEI)	UF
	全芳香聚酰亚胺(KAPTON)	GS
	含氟聚酰亚胺	GS
聚酯类	聚对苯二甲酸乙二醇酯(PET)	无纺布,MF
	聚对苯二甲酸丁二醇酯(PBT)	无纺布,MF
	聚碳酸酯(PC)	GS
聚烯烃类	聚乙烯(PE)	MF,无纺布
	聚丙烯(PP)	MF,无纺布,隔网
	聚 4-甲基-1-戊烯(PMP)	GS
乙烯类聚合物	聚丙烯腈(PAN)	UF,MF 及 PV 基膜
	聚乙烯醇(PVA)	PV,RO 的分离层
	聚氯乙烯(PVC)	UF,MF

续表

类别	高聚物名称	主要应用
含硅类聚合物	聚二甲基硅氧烷(PDMS)	GS,PV
	聚三甲基硅基丙炔(PTMSP)	PV
含氟类聚合物	聚四氟乙烯(PTFE)	MF,MD,MA
	聚偏氟乙烯(PVDF)	UF,MF,MD,MA
甲壳素类	氨基葡聚糖	PV,ED

表 1-6　常用的无机膜材料一览表

类别	无机材料	主要应用
致密金属类	Pd 及 Pd 合金	加 H_2/脱 H_2 反应,纯 H_2 制备
	Ag 及 Ag 合金	
固体氧化物电介质	用 Y_2O_3 稳定的 ZrO_2	氧化反应膜反应器、传感器
	复合固体氧化物	
多孔金属类	多孔不锈钢	膜催化反应器、膜分离器
	多孔 Ti、Ni	
	多孔 Ag、Pa	
多孔陶瓷类	Al_2O_3	膜催化反应器、膜分离器
	SiO_2	
	多孔玻璃	
	ZrO_2	
	TiO_2	
分子筛类	沸石分子筛	膜催化反应器、膜分离器
	碳分子筛	

1.6　膜技术的应用及展望

1.6.1　膜技术对全球经济可持续发展的影响

（1）制约全球经济可持续发展的瓶颈

在经济飞速发展的今天，世界各国都面临着一个至关重要的问题，即如何才能确保经济的可持续发展。根据联合国的报告，资源匮乏、能源短缺、环境污染和健康问题是制约全球经济可持续发展的瓶颈，其中最严重的问题是淡水资源匮乏及水污染。20 世纪世界人口增加了近 3 倍，淡水消耗量增加了约 6 倍，其中工业用水增加了 26 倍，而世界淡水资源总量基本不变，使 20 世纪末的人均占有水量仅是世纪初的 1/18。中国是世界上 13 个贫水国之一，人均水资源仅为世界平均水平的 1/4，每年因缺水造成的经济损失高达 250 亿美元以上。水资源短缺与污染严重问题并存，工业的迅速发展，导致了水污染日趋严重。全世界每年排放工业废水约 4260 亿立方米，使可供人类使用总量 1/3 的淡水资源受到污染，直接危及人类健康及生命。1972 年联合国第一次环境与发展大会指出："石油危机之后，下一个危机便是水"。1977 年联合国大会进一步强调："水，不久将成为一个深刻的社会危机"。1992 年联合国环境首脑会议指出："水将成为全世界最紧迫的自然资源问题"。并且自 1992 年起，将每年的 3 月 22 日定为世界水日。要确保全球经济的可持续发展，解决上述问题已经刻不容缓。

（2）膜技术对全球经济可持续发展的影响及意义

膜技术是 21 世纪最重要的高新技术之一。膜具有物质分离、能量转换、物质转化、控制释放、电荷传导、物质识别等功能；膜技术的发展遵循了模拟自然、改造自然、回归自然、服务自然的规律，它具有高效、节能、环保、操作简便等突出优点，在几乎所有领域中都有广泛的应用市场。图 1-18 显示了膜技术对解决全球经济可持续发展问题的作用及其带来的社会效益和经济效益，可以预见，膜技术将为发展循环经济保驾护航，为创办绿色产业奠定技术基础。

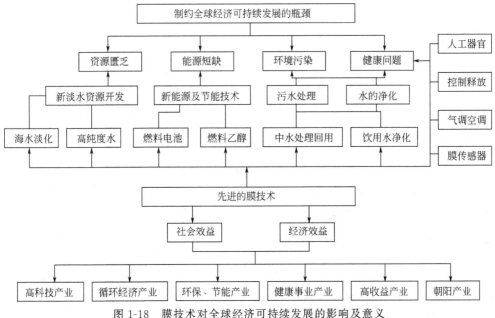

图 1-18　膜技术对全球经济可持续发展的影响及意义

应用膜技术，可大规模、廉价地利用海水生产淡水；将微污染水净化为高质量的饮用水；使生活污水及工业废水深度处理再生回用成干净的水；对各种化工产品、医药产品进行分离和提纯，使资源得到回收利用；将空气变成氮气和氧气；

从炼厂气、合成气中回收氢气；将生物质能源转化为乙醇汽油取代化石能源；将氢能源转化为电能源，缓解地球的温室效应。

总之，膜技术是当代解决人类所面临的资源、能源及环境等重大问题的重要新技术。

1.6.2　膜产业及膜市场概况

（1）世界膜产业及膜市场发展状况

21世纪以来，世界膜市场出现了强劲的增长势头。1999年，世界膜及膜组件市场销售额仅为44亿美元。2005年，全球的膜及膜组件市场销售额已达83亿美元，到2010年，市场销售额达到126亿美元，2015年达到193亿美元，如表1-7所示。

表1-7　世界膜市场的发展变化状况

项目	年份			平均年增长率/%	
	2005	2010	2015	2005～2010	2010～2015
世界膜市场需求/百万美元	8233	12550	19300	8.8	9.0
水处理/百万美元	2942	4280	6310	7.8	8.1
废水处理/百万美元	1696	2166	3152	5.0	7.8
食品及饮料加工/百万美元	1530	2524	3864	10.5	8.9
其他/百万美元	2065	3580	5974	11.6	10.8

（2）世界膜产业结构的变化

从图1-19可以看出，进入21世纪以来，全球在不同种类膜的市场分布发生了很大变化。1999年，微滤、超滤、反渗透三种膜的市场销售额占全球整个膜市场总量的41%，而到了2010年，该三种膜的市场销售额占全球整个膜市场总量的86%。这种变化的一个重要原因是市场需求发生了很大改变，全球淡水资源的极度匮乏及水污染的日益严重制约了全球经济的可持续发展，甚至危及到人类的生存，因此海水淡化、污水处理再生回用、饮用水净化的市场得以迅速发展；另外一个原因是膜的技术有了显著进步，膜的成本下降，使得水处理行业大规模推广应用膜技术成为可能。图1-20是2002～2007年纽约股市的几种主要股票指数的比较，从中可以看出，持续增长最快的是水指数，这反映了水业是朝阳产业，而水业发展依托的核心技术就是膜技术。从图1-21也可以看出，膜在水处理行业所占的市场份额已超过50%。

（3）世界膜市场的地域分布

图1-22和图1-23表示2010年世界不同地区膜市场的分布情况，北美占的份额最大为33%，在亚太地区中国的份额最大。

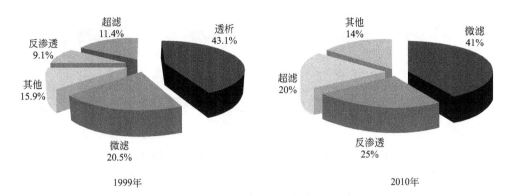

图 1-19　全球膜市场中不同种类膜的市场份额

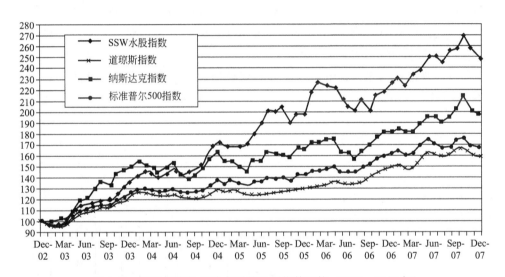

图 1-20　纽约股市的几种主要的股票指数比较（2002～2007 年）

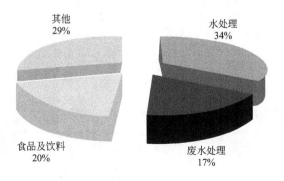

图 1-21　2010 世界不同应用领域的膜市场份额

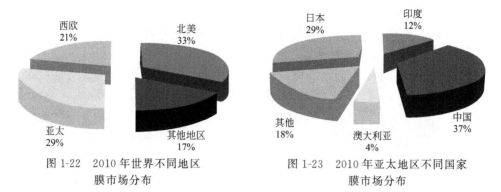

图 1-22　2010 年世界不同地区膜市场分布

图 1-23　2010 年亚太地区不同国家膜市场分布

（4）中国膜产业结构特点及膜市场发展

我国近 10 年来膜工业有了快速的发展。1999 年全球膜行业总产值约为 200 亿美元，而我国膜行业的总产值仅约为 28 亿元人民币，不到全球总产值的 2％。而到 2007 年，全球膜行业总产值达到 360 亿美元左右，我国的膜行业总产值已达到 170 亿元人民币，约占国际市场的 6％。

和世界膜市场相比，我国膜应用市场规模呈现快速增长态势，见图 1-24。自 2010 年以来，我国膜市场每年都以 25％～30％的速度在增长。全国有膜研究单位 120 家以上、生产企业约 400 家、工程公司约 2000 家。2010 年膜的不同应用领域及不同种类膜的市场份额见图 1-25 及图 1-26。

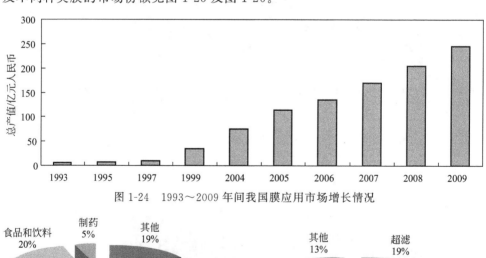

图 1-24　1993～2009 年间我国膜应用市场增长情况

图 1-25　我国不同应用领域膜的市场份额

图 1-26　我国不同种类膜的市场份额

但应该注意到，我国膜产业结构有明显的地域特点及历史渊源，和世界膜产业的结构特点有很大的差异。20世纪末世界膜市场中透析和微滤的膜及膜组件长期占2/3的市场份额，然而国内的透析膜生产基本上是空白，微滤膜及膜组件产量占膜市场份额也微乎其微。近期世界反渗透及微滤的膜及膜组件已占到3/4的市场份额，而国内的反渗透膜市场90%以上仍然被外国公司所垄断，微滤膜的市场份额依然很小，国内长期占绝对优势的是超滤膜及膜组件。应该看到，我国在超滤膜技术方面在国际上是具有一定优势的，值得发扬光大，但是在反渗透、纳滤、微滤、透析等产品在性能、价格、生产规模等方面都缺乏竞争能力，需要急起直追。我国有巨大的水处理市场（表1-8），还有百万需要进行血液透析的病人，急需要大量的反渗透、微滤、透析膜组件。我国应该从宏观角度来审视中国膜工业在产业结构上存在的问题，进行必要的产业结构调整，强化薄弱环节，使我国的膜工业发展能适应国民经济发展的需要，为中国经济的可持续发展做出贡献。

表 1-8　我国的水处理市场需求

年代	海水淡化/(万立方米/天)	污水处理/(万立方米/天)
1981	0.02	—
1991	—	193.5
1997	0.05	—
2000	2.25	2753
2005	12	—
2010	80~100	5639
2020	250~300	

1.6.3　21世纪的膜科学与技术展望

前面已经提到，膜技术是21世纪最重要的高新技术之一，对解决全球所面临的经济的可持续发展问题起到相当重要的作用，会给人类带来巨大的社会效益和经济效益。膜科学与技术正处于发展阶段，21世纪的膜科学与技术无论是理论上还是实践上都还有大量的工作需要深入开展，需要从下列几个方面不断创新和完善：

①继续完善已经商业化的膜技术，进一步提高产品性能和质量，降低成本，扩大其应用领域。

②加速解决正在发展中的膜科学与技术的理论、技术、工程问题，尽快推广新型膜技术的产业化及应用。

③有机高聚物仍然是最主要的膜材料。开发新型有机高聚物膜材料，加强膜材料的"功能化""超薄化""活化"研究，研发实用性强、效果好、低成本的膜

材料改性方法。

④ 在膜科学方面深入开展膜形成机理及相关的理论研究，为实现"膜设计"奠定基础，使将来膜研发的主要工作在电脑上就能完成。

⑤ 在膜技术方面加强"工程化"及"自动化"研究，使膜组件和装置更加实用、高效、价廉、牢固、集成化和定型化。

⑥ 在膜过程方面要加强膜过程与其他分离过程与技术的集成工艺研究和推广应用，注意扬长避短，进一步提高其带来的经济效益。

中国的膜工业在 21 世纪必将有飞速的发展，以下问题希望能够引起国家有关主管部门及业内人士的关注，能够从战略高度重视和解决这些问题。

① 新淡水资源开发、水污染治理的资源化再生回用、饮用水净化的安全性等问题是制约中国经济可持续发展的几个最主要瓶颈，需要大力扶持中国的水处理用膜产业，特别是需要加强发展反渗透膜及优质廉价的微滤膜产业，改变目前国内膜产业结构的不合理现状。

② 能源短缺也是制约中国经济可持续发展的重要因素之一，发展生物质能源材料势在必行。要尽早支持相关膜产业（如渗透汽化和燃料电池）的研发和产业化。

③ 中国是世界上人口第一大国，有众多的病人需要进行血液净化治疗。有必要发展透析膜及人工肾制造技术及生产线，改变依赖进口产品的局面。

④ 尽早实现膜材料（合成树脂）及化学品（溶剂、胶等）、配套材料（无纺布、隔网等）、配件（外壳、密封垫等）、管件、泵、阀门、仪表等的国产化、标准化、规模化，需要主管部门来统筹和协调。

⑤ 高科技的推广应用往往需要有一个被认识的过程。有关部门应该采取措施，大力支持膜技术的推广应用，特别是在耗能大户、耗水大户、污染大户（例如石化、化工、冶金、电力、食品、医药等行业）中的推广应用，这将会给我国经济的可持续发展及膜工业的发展带来不可估量的社会效益和经济效益。

⑥ 科学是技术的基础，人才是事业的根本。要加大对膜科学研究的支持力度；加强对膜科技人才队伍的培养；大力普及膜科技知识。这样中国的膜科学与技术就可以做到可持续发展。

参 考 文 献

[1] 徐光宪. 21 世纪是信息科学、合成化学和生命科学共同繁荣的世纪. 中国科学院 2004 科学发展报告. 北京：科学出版社，2004.

[2] 时钧，袁权，高从堦. 膜技术手册. 北京：化学工业出版社，2001.

[3] 中国膜工业协会. 中国膜工业发展战略研究，2001.

[4] Winston Ho W S, Kamalesh K Sirkar. Membrane Handbook, Van Nostrand Reinhold, 1992.

[5] Strathmann H. Production of Microporous Media by Phase Inversion Process, in D. R. Lloyd（ed.），Materials Science of Synthetic Membranes, ACS Symposium, Series 269, Washington, D. C. , 1985.

［6］ 方度，杨维骏. 全氟离子交换膜——制法、性能和应用. 北京：化学工业出版社，1993.

［7］ 王振堃. 离子交换膜——制备、性能及应用. 北京：化学工业出版社，1986.

［8］ 刘茉娥. 膜分离技术应用手册. 北京：化学工业出版社，2001.

［9］ 徐南平，邢卫红，赵宜江. 无机膜分离技术与应用. 北京：化学工业出版社，2003.

［10］ 汪锰，王湛，李政雄. 膜材料及其制备. 北京：化学工业出版社，2003.

［11］ 徐又一，徐志康等. 高分子膜材料. 北京：化学工业出版社，2005.

［12］ 郑领英，王学松. 膜技术. 北京：化学工业出版社，2000.

［13］ 王湛，周翀. 膜分离技术基础. 北京：化学工业出版社，2006.

［14］ 陈翠仙，韩宾兵，朗宁威. 渗透蒸发和蒸汽渗透. 北京：化学工业出版社，2004.

［15］ 孙本惠. 我国合成膜科学技术的发展. 化学通讯，1987，4：16-19.

［16］ H. Strusmann. 膜过程的经济评价. 孙本惠译. 化工新型材料，1991，8：6-14.

［17］ 孙本惠. 膜技术对经济可持续化发展的影响. 现代化工，2007，2.

［18］ 武冠英，孙本惠等. 聚氯乙烯超滤膜的溶剂蒸发速度影响研究. 应用化学，1988，5：48-52.

［19］ 孙本惠. 用相转换法制备非对称膜的凝胶速度——膜结构的相关性表征. 水处理技术，1993，6：313-318.

［20］ 孙本惠，孙斌. 非对称膜的凝胶速度及膜结构的影响因素. 水处理技术，1995，2：67-72.

［21］ 武冠英，孙本惠. 用于液体分离的膜材料选择与评价. 北京化工学院学报，1987，4：77-81.

［22］ 万印华，杭晓风，苏志国. 生物产品分离过程中的膜技术，2006，3：85.

［23］ Reuvers A J，et al. Journal of Membrane Science，1987，34：67.

［24］ Strathmann H，et al. Desalination，1975，16：179.

［25］ Frommer M A，et al. The Mechanism of Membrane Formation Membrane Structure and Their Relation to Preparation Condition，in H. K. Lonsdals，et al（ed.），Reverse Osmosis Membrane Research.

［26］ Yao C W，et al. Journal of Membrane Science，1988，38：113.

［27］ Strathmann H，et al. Desalination，1977，21：24.

［28］ Matz R. Desalination，1972，10：1.

［29］ 黄霞，郑祥，陈福泰. 2009 中国膜产业发展报告. 清华大学环境科学与工程系膜技术研发与应用中心，中国人民大学环境学院，中国膜技术网联合出版，2010：1-32.

［30］ McIlvaine Company. McIlvaine Releases Reverse Osmosis Market Forecast For 2012，2008.

［31］ 美国，The Freedonia Group，Inc. 市场调研报告，2013，http：//www.market.com/Freedonia-Group-Ine-V1247/Membrane-Separation-Technologies-7616873.

第 2 章

微滤

2.1 微滤技术简介

2.1.1 微滤分离原理及特点

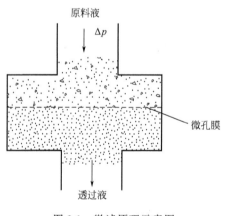

图 2-1 微滤原理示意图
◁代表悬浮粒子及胶体；·代表水及小分子物质；
◦代表微生物、细胞

（1）分离原理

微滤（microfiltration，简称 MF）是利用微滤膜的"筛分"作用进行分离的膜过程，其分离的基本原理与普通过滤类似。如图 2-1 所示，在微滤膜两侧压力差作用下，原料液体（气体）中的尺寸小于膜孔的物质透过膜的微孔流到膜的下游侧，液体（气体）中大于膜孔的微粒被截留在膜的上游侧，从而实现溶液（气体）中悬浮粒子与溶剂（气体）的分离。膜的孔径大小与被截留物质的相对尺寸决定分离效果。由于被分离粒子的直径一般大于 $0.1\mu m$，因此，又被称为精密过滤。与常规过滤相似，微滤过程滤液中微粒的浓度可以是 10^{-6} 级的稀溶液，也可以是浓度达 20% 的浓浆液。由于微滤所分离的粒子通常远大于反渗透和超滤分离溶液中的溶质及大分子，基本属于固液分离，且微孔滤膜孔径相对较大，空隙率高，因而阻力小，可在 $0.01\sim0.2MPa$ 的跨膜压力差下进行，其渗透通量远大于反渗透和超滤。

（2）微滤膜的截留作用机理

微滤分离机制复杂，影响因素较多，现有研究认为，微滤膜的分离机理多为筛孔分离过程，膜的结构对分离起决定性作用。此外，吸附、膜表面的化学性质和电性能等因素对分离也有影响，这些也是微滤膜及其分离技术研究的主要方向之一。如图 2-2 所示，对于固液分离的微滤过程，其截留作用主要有几种。

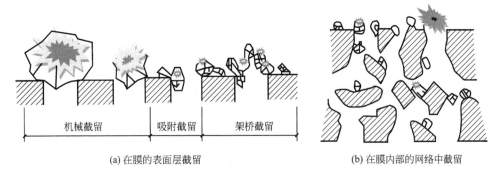

(a) 在膜的表面层截留　　　　　　　　(b) 在膜内部的网络中截留

图 2-2　微滤过程的截留作用

① 机械截留作用　微滤膜将尺寸大于其孔径的固体颗粒或颗粒聚集体截留，而液体和尺寸小于膜孔径的组分可以透过膜，即筛分作用。

② 吸附截留作用　Pusch 等认为，除了要考虑孔径因素外，还要考虑微滤膜表面通过物理或化学吸附作用，将尺寸小于其孔径的固体颗粒截留。

③ 架桥作用　固体颗粒在膜的微孔入口处因架桥作用而被截留。

④ 孔内部截留作用　孔内部截留作用主要是由于膜孔的弯曲而将微粒截留在膜的内部而不是在膜的表面。Davis 等研究表明，弯曲孔膜能够截留比其标称孔径小得多的胶体，而柱状孔膜对小于其孔径的胶体粒子截留要少得多。所以，需要尽可能除去悬浮液中的所有颗粒时，弯曲孔膜相对柱状孔膜更有效。但是，柱状膜用于悬浮液中颗粒的分级较弯曲孔膜更有效。

⑤ 静电截留　为了分离悬浮液中的带电颗粒，可采用带相反电荷的微滤膜，这样就可以用孔径比被分离尺寸大许多的微滤膜进行，既可达到预期分离效果，又可增加通量。通常情况下，很多颗粒带有负电荷，则宜采用带正电荷的微滤膜。例如，孔径为 $0.2\mu m$ 带正电荷的尼龙微滤膜对水中的热原的去除率大于 95%，而孔径 $0.22\mu m$ 的不带电荷的醋酸纤维微孔膜对热原的去除效果则不理想。

（3）微滤的特点

与机械过滤相比，微滤过程有以下几个特点：

① 过滤精度高，微滤膜的孔径比较均匀，呈正态分布，尺寸大的孔的孔径与平均孔径之比一般为 3～4，截留精度高。

② 通量大，由于微滤膜的孔隙率高，在同等过滤精度下，流体的过滤速率可比常规过滤介质快几十倍。

③ 膜厚度小，吸附少，微滤膜的厚度只有 $10～100\mu m$，对过滤对象的吸附量远远小于传统的机械过滤介质，可以大大减少物料（尤其是贵重物料）的吸附损失，但膜表面吸附的积累形成的膜污染是通量降低的主要因素。

④ 无介质脱落，不产生二次污染，微滤膜为连续的整体结构，可避免一般机械过滤介质容易产生卸载和滤材脱落的问题，该特点使微滤膜的应用领域更加广泛。

⑤ 颗粒容纳量小，易堵塞，微滤膜内部的比表面积小，颗粒容纳量小，易被物料中与膜孔大小相近的微粒堵塞，这是微滤膜和含有微孔结构的分离膜存在的共性问题。

上述特点表明，微滤膜具有在气相、液相流体中截留细菌、固体微粒、有机胶体等杂质的作用，反映出微滤膜技术在净化、分离和浓缩等众多领域中的应用前景。

2.1.2　微滤膜结构及其表征、测定方法

（1）微滤膜孔结构、形貌及其表征

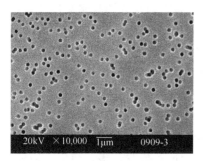

图 2-3　核孔膜表面电镜照片

微滤膜按结构分有对称膜和非对称膜。

对称膜的孔结构有毛细管状的通孔型孔、曲孔状的网络型孔和狭缝型孔。通孔型孔如核孔膜，见图 2-3，其膜孔呈圆柱状垂直通于膜面，孔长度均匀，对大于其孔径的微粒具有绝对过滤作用；网络型孔微观结构与开孔型的泡沫海绵类似，见图 2-4，分布有孔径大于其名义过滤精度的孔，孔道呈不规则交错，这种膜不具有绝对过滤的作用；狭缝型孔，如 2-5 所示，是硬弹性高分子材料形成的垂直于应力方向平行排列的层状片晶，在拉伸过程中，片晶被拉开，片晶之间的无定形区产生相互贯通的裂纹状微孔结构。

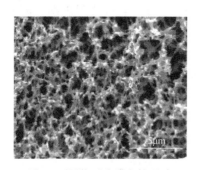

图 2-4　网络型孔膜电镜照片

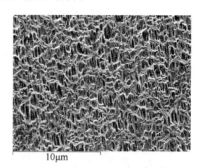

图 2-5　狭缝型孔膜电镜照片

非对称型膜是由细孔表皮层与大孔支撑层组成的复合结构形态，可以区分为整体不对称结构和组合不对称结构两大类。整体不对称膜可通过相转化法来制备，见图 2-6，而组合不对称结构，是将一层均质的尽可能薄的聚合物涂到微孔结构上。

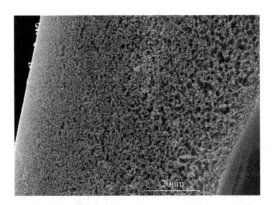

图 2-6　具有整体型非对称微滤膜的电镜照片

　　微滤膜的微孔结构是膜分离效果或截留性能的决定因素，直接影响膜的分离效率和分离水平。一般地，微孔结构及形貌表征是通过扫描电子显微镜、透射电子显微镜等直接观察，以获得膜的表面、底面和断面的形态特征。其中，扫描电镜（SEM）法是表征微滤膜孔径结构最简捷的方法。由于扫描电镜的分辨率可达到 10nm 范围，微滤膜的孔径一般在 $0.1 \sim 10 \mu m$ 之间，因而，通过 SEM 观察膜表面和断面的形貌，可直接得到膜的表面与断面孔结构，可观测其表面、内部的孔径大小及分布的均匀性等。此外，原子力显微镜是一种新型膜孔表征方法，微孔滤膜不需要特殊处理，可直接观察，特别适合于聚合物材料微孔滤膜的孔结构测量。

　　（2）微滤膜的孔结构参数

　　微滤膜的孔结构参数包括膜的孔径、孔径分布、孔隙率及膜厚度。膜孔径又分为最大孔径及平均孔径。其中最大孔径定义为与微滤膜最大孔径等效的圆形毛细管直径。

　　① 膜孔径及其孔径分布的测定　膜的孔径是微滤膜的重要孔结构参数之一，它直接影响微滤膜的分离效率的高低及透过通量大小，在实际应用中，需要根据所要求达到的分离、浓缩效果来选择适当孔径的膜。膜孔径包括最大孔径和平均孔径。

　　微滤膜的孔径测试方法很多，归纳起来大体可分为直接法和间接法两种。直接法就是采用电子显微扫描法直接观测到膜的几何结构，采用图像分析法来确定膜孔径的大小。间接测量法是根据多孔膜呈现的各种物理特性，利用实验测出各有关物理参数，并按照有关公式换算出孔径的。应该指出，即使对同一种微滤膜进行测定，不同方法测得的孔径也不完全相同，但它们之间存在一定的关系。因此，采用间接法测量时一般要告知孔径测试的方法。

　　直接法大多用来测量膜表面孔的大小，对于具有一定厚度或孔隙深度的多孔膜则采用间接测试方法。鉴于膜在使用时，总是依据膜的某些物理性质，因此间接法测定的膜孔数据与实际应用更为密切。

　　间接测试法有泡点法、压汞法、气相吸附法（BET 法）、滤速法、气体渗透法等，其中，被广泛采用的方法为泡点法，本章重点介绍泡点法，其他方法可查阅相关文献、书籍。

　　泡点法（也称泡压法）是利用毛细管现象测量微滤膜最大孔径的一种方法。

　　当微滤膜的膜孔被某种已知表面张力的液体所润湿时，由于毛细吸附及表面张力的作用，液体被固定于膜孔内部，驱动这些液体透过膜孔的最小 N_2 压力是表征膜孔尺寸的功能参数。利用这一原理来测定微滤膜孔径的方法即为泡点法。其测试装置如图 2-7 所示。

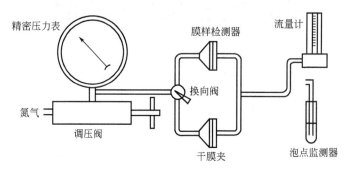

图 2-7　泡点法测试装置

　　测试方法：将所测膜样品用预先选择的液体完全润湿后安装于膜样品检测器中，向被液体润湿的微滤膜样品一侧缓慢施加 N_2 压力，当出现第一个气泡时即为通过膜上最大孔径的气泡。第一个气泡出现并引导连续出泡时的临界压力为"泡点"压力，利用泡点压力可计算出膜的最大孔径。

　　利用 N_2 通过膜孔所需的压力与膜孔表面张力相平衡的原理，可以推导出膜孔径的计算公式。

$$d = \frac{4\sigma\cos\theta}{p} \tag{2-1}$$

　　式中，p 为泡点压力，Pa；d 为最大孔径，m；σ 为润湿液体的表面张力，N/m；θ 为润湿液体与孔壁之间的接触角。

　　由式（2-1），只需测定出气泡发生时对应的压力 p，即可计算出微滤膜的最大孔径。

　　实验还可以测定气泡最多时对应的压力，计算出最小孔径。由最大孔径和最小孔径即可算出平均孔径，但这种计算值是粗略的。另外最大孔径和最小孔径还可以反映膜孔径的均匀性，二者之间相差越小，说明膜孔径越均匀，反之，膜孔径均匀性差。

　　泡点法测孔径实验简单易行，因此广泛用于产品质量控制和使用时的检验，但由于该法测出的孔径是假设膜孔具有圆形毛细孔的截面，因此有些大公司的产品样本中，在泡点计算公式中加上孔形修正系数 κ，即

$$d = \frac{4\kappa\sigma\cos\theta}{p} \tag{2-2}$$

研究表明，κ 值并不是一个常数，主要与膜材料及制膜方法有关。

当膜润湿液体与膜孔接触角为 $0°$ 时，$\cos\theta = 1$，此时

$$d = \frac{4\kappa\sigma}{p} \tag{2-3}$$

泡点法还可以用来测定孔径分布。

微滤膜具有孔径大小不同的孔，在泡点法测试中，气体通过膜上不同孔径时所需的压力也不同，膜孔径越小，所需压力越大。同时不同压力下，气体通过膜孔的流速也不同。根据描述流体通过毛细管作滞流流动的柏谡叶方程，可以得出气体流量与通过膜孔的 N_2 压力之间的关系式：

$$Q = \frac{\pi r^4 p}{8\mu L} \tag{2-4}$$

式中，Q 为透过膜的 N_2 的体积流量，m^3/s；p 为透气压力，Pa；r 为膜孔半径，m；μ 为 N_2 黏度，$Pa \cdot s$；L 为膜的厚度，m。

当压力为 p_1 时，半径为 r_1 的微孔有 n_1 个可以透过气体，相应的 N_2 流量为 Q_1，若压力由 p_1 增至 p_2，此时又有孔径 $r_1 - r_2$ 范围内的 n 个微孔被打开，从而使气体流量有相应的增加，其增加值为 ΔQ，

$$\Delta Q = \frac{n\pi \overline{p} r^4}{8\mu L} \tag{2-5}$$

式中，$\overline{p}$ 为 p_1 和 p_2 的平均值；$\overline{r}$ 为 r_1 和 r_2 的平均值；n 为压力从 p_1 增到 p_2 时被打开的微孔数。

孔径介于 r_1 至 r_2 的孔体积 ΔV 为

$$\Delta V = \pi n \overline{r}^2 L = \frac{8\mu L^2}{\overline{p} r^2} \Delta Q \tag{2-6}$$

代入 $\overline{r} = \dfrac{2\sigma\cos\theta}{\overline{p}}$ 式整理得到

$$\Delta V = \frac{2\mu L^2}{\sigma^2 \cos^2\theta} \overline{p} \Delta Q \tag{2-7}$$

实验选择一系列被测膜孔径尺寸的区间，并逐个将区间端点值代入到式（2-4）中求出压力-流量（p-Q）曲线，如图 2-8。表 2-1 为泡点法测孔径分布实验数据记录表。

表 2-1　泡点法测孔径分布实验数据记录表

r_1	r_2	$\overline{r}$	p_1	p_2	$\overline{p}$	ΔQ	Δr	ΔV	$\dfrac{\Delta V}{\Delta r}$

由曲线求出 ΔQ，按公式求出 ΔV、$\bar{p}$、$\bar{r}$、Δr，将 $\dfrac{\Delta V}{\Delta r}$ 对 $\bar{r}$ 作图，就可以作出孔径分布曲线，如图 2-9。

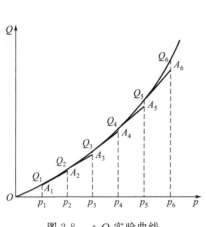

图 2-8　$p\text{-}Q$ 实验曲线

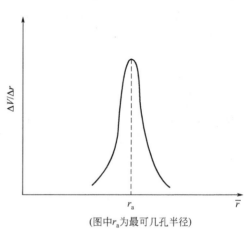

（图中 r_a 为最可几孔半径）

图 2-9　孔径分布曲线

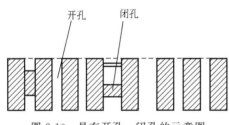

图 2-10　具有开孔、闭孔的示意图

② 膜孔隙率的测定　微滤膜的孔隙率是指膜内孔体积占膜总体积的比例。由于膜内的孔由开孔和闭孔两部分组成（如图 2-10 所示），因而，微滤膜的孔隙率有总孔隙率和有效孔隙率两种，其中，有效孔隙率也称开孔孔隙率。由于膜中的闭孔不能透过流体，只有开放孔的孔隙率才能透过流体，对膜速率（膜通量）有贡献，因此提高开放孔孔隙率是提高微滤膜通量的有效手段。

微滤膜的孔隙率大小还与微孔结构有关。网络孔膜的孔隙率较高，一般为 $35\%\sim90\%$；柱状孔膜的孔隙率较低，一般小于 10%。网络结构容易降低膜的强度，为保证膜的强度其厚度需要控制在 $40\mu m$ 以上；柱状孔膜通常具有良好的强度，其膜厚可控制在 $15\mu m$ 以下。一般地，微滤过程中膜通量与膜厚呈反比，这样，虽然柱状孔膜孔隙率较低，但仍可具有较高的通量。

常用的孔隙率测定方法有体积重量法、干湿膜重量法和压汞法。本书介绍前两种方法，压汞法要采用压汞仪进行测量，请参考相关文献。

a. 体积重量法。根据膜的表观密度（ρ_0）和膜材料的密度（ρ_1），可由式（2-8）求得孔隙率 ε。计算公式如下：

$$\varepsilon = \left(1 - \frac{\rho_0}{\rho_1}\right) \times 100\% \tag{2-8}$$

式中　ρ_0——微孔滤膜的表观密度，g/cm^3；

ρ_1——制膜材料的真密度，g/cm^3；

ε——孔隙率，即滤膜中的微孔总体积与微孔滤膜体积的百分比，ε 为总孔隙率。

b. 干湿膜重量法。先测定干膜的质量 W_1，然后将干膜浸入能润湿膜材料的液体（$\rho_{液}$）中，取出后擦干称重 W_2，按下式计算开孔孔隙率。

$$\varepsilon = \frac{W_2 - W_1}{\rho_{液} V} \times 100\% \qquad (2\text{-}9)$$

式中，V 为膜的表观体积。

操作时，对湿膜的处理，既不能让湿膜表面有水，也不能将膜孔内的水析出。

③ 膜厚度测定 微孔滤膜的厚度测定通常是采用 0.01mm 的螺旋千分尺进行，以稍有接触为限。比较严格的方法是用薄膜测厚仪测定，这种测厚仪的优点是可使样品统一承受某一固定压强（如 0.098MPa），由此得到比较精确的结果。

2.1.3 膜性能评价指标

（1）过滤速率

过滤速率主要采用恒压连续过滤装置测定液体在一定温度和压力下的透过速率，为单位时间单位膜面积上透过的液体体积。

$$J = \frac{V}{At} \qquad (2\text{-}10)$$

式中 J——过滤速率，$L/(m^2 \cdot h)$；

V——透过液的体积，L；

A——膜的有效面积，m^2；

t——过滤时间，h。

（2）过滤效率

过滤效率为料液中杂质被去除的百分比。理论上标定过滤效率最简单的办法就是通过计数原料液及透过液的颗粒数。在实际中有几种表示效率的方法：

$$质量效率 = 1 - \frac{m_p}{m_f} \times 100\% \qquad (2\text{-}11)$$

式中，m_f 为料液中颗粒质量；m_p 为透过液中颗粒质量。

$$浊度效率 = 1 - \frac{NTU_p}{NTU_f} \times 100\% \qquad (2\text{-}12)$$

式中，NTU_f 为料液的浊度；NTU_p 为透过液的浊度。

这两种方法只能宏观地给出检测范围内所有颗粒的过滤效率，无法标定某个特定尺寸颗粒的效率。

近年来所出现的高精度激光颗粒计数仪有可能测得一个很窄分布的颗粒数，

计算过滤效率，并有可能制定比较科学的测试标准。例如，采用贝克曼库尔特 LS 13 320 系列激光粒度分析仪可测量从 $0.4\sim2000\mu m$ 范围的粒度。

2.2 微滤膜材料及膜过滤器

2.2.1 微滤膜材料

微滤膜的材料，主要有六类，见表2-2。

表 2-2 微滤膜制备所用主要材料

材料种类	材料名称	材料特性
纤维素及衍生物类	二醋酸纤维素（CA）、三醋酸纤维素（CTA）、醋酸丙酸纤维素（CAP）、再生纤维素（RCE）、硝酸纤维素（CN）和混合纤维（CN-CA）	天然高分子材料，来源丰富，易改性，亲水性好
聚烯烃类	聚丙烯（PP）、聚乙烯（PE）、聚偏氟乙烯（PVDF）和聚四氟乙烯（PTFE）	化学稳定性好，耐酸碱及各种有机溶剂
聚砜类	聚砜（PSF）、聚醚砜（PES）、磺化聚砜（SPSF）和聚砜酰胺（PSA）	化学稳定性好，pH 值使用范围宽，耐热性、耐酸碱好，有较高的抗氧化性和抗氯性
聚酰胺类	芳香聚酰胺（PA）、尼龙-6（NY-6）、尼龙-66（NY-66）和聚醚酰胺（PEI）	孔径易调控，耐酸不耐碱，耐有机溶剂，亲水性好
聚酯类	聚酯（PET）、聚碳酸酯（PC）	主要用于制备核孔膜
无机物类	氧化铝、氧化锆、氧化钛、多孔玻璃	耐高温、耐有机溶剂

2.2.2 微滤膜的制备方法

微滤膜制备方法有烧结法、核径迹刻蚀法、拉伸法、相转化法、聚合物抽提法、溶出法等，其中相转化法和拉伸法是主要的制备微滤膜的方法。本章重点介绍拉伸法制膜，相转化制膜方法见第3章超滤。

(1) 熔融-拉伸法

熔融-拉伸法是采用半结晶高聚物如聚丙烯（PP）、聚乙烯（PE）、聚四氟乙烯（PTFE）等材料制备微滤膜的一种方法。该方法首先在熔融态挤出和牵伸聚合物，以使聚合物内获得高度取向排列的结晶结构；然后在低于熔点的温度下对聚合物进行热处理，以进一步完善其结晶形态；最后沿聚合物的挤出方向对其进行拉伸，使聚合物内部结晶结构产生分离和破坏，形成微裂纹，从而得到多孔结构。其制备工艺流程如图2-11所示。

熔融-拉伸法制膜工艺条件对膜孔结构的影响见表2-3所示。

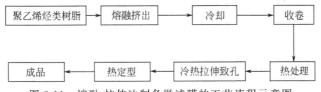

图 2-11　熔融-拉伸法制备微滤膜的工艺流程示意图

表 2-3　影响膜孔结构的中空纤维微滤膜制备工艺条件

初生纤维制备条件	热处理条件	拉伸条件	后处理条件
(1)材料的性质 (2)纺丝温度 (3)纺丝速度 (4)牵伸比	(1)热处理温度 (2)热处理时间 (3)热历程	(1)拉伸温度 (2)拉伸速度 (3)拉伸比	(1)热定型温度 (2)热定型时间

现以聚乙烯（PE）材料的熔融纺丝-拉伸工艺为例来讨论制膜各主要因素的影响。清华大学郭红霞、刘峥岳等的研究表明，该工艺的核心是制备具有硬弹性的初生纤维，然后对初生纤维进行拉伸，使膜表面及断面产生微孔结构。硬弹性聚乙烯材料的初生纤维是在应力场下使聚乙烯熔体取向结晶，形成垂直于应力方向平行排列的片晶结构而获得的。初生纤维的弹性回复率是膜成孔的关键因素。图 2-12 是不同弹性回复率的初生纤维外表面的扫描电镜照片。由图可以观测到不同

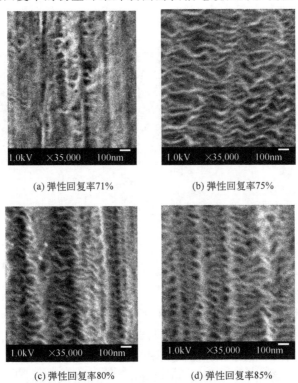

(a) 弹性回复率71%　　　　(b) 弹性回复率75%

(c) 弹性回复率80%　　　　(d) 弹性回复率85%

图 2-12　不同弹性回复率的初生纤维外表面的结构图

弹性回复率的初生纤维膜样品的结构状态。图中，低弹性回复率样品（71%）表面的平行片晶结构不是十分明显，而高弹性回复率样品（85%）的表面则呈现清晰和规则的结晶结构。高弹性回复率样品内的结晶呈串晶状，即在与挤出方向平行的方向上，受到应力场作用，形成分子链伸展的纤维晶，而以纤维晶为中心线，在其周围附生着相互平行排列的片晶结构。这一结晶结构是初生纤维硬弹性及后续拉伸成孔的结构基础。

聚乙烯微滤膜熔融纺丝-拉伸工艺条件对膜结构的影响如下。

① 原料的熔融指数　原料的熔融指数越低，所得聚乙烯中空纤维的弹性回复率越高，在同样拉伸比及纺丝温度下，熔融指数越低，其对应的纺丝应力越高。但是原料的熔融指数过低，分子量过大，熔体黏度太高，挤出的难度会增加。实验表明，采用熔融指数为2～3的树脂较好。

② 纺丝温度的影响　由于高密度PE的熔点为130℃，实验的纺丝温度范围为150～210℃。如图2-13所示，当纺丝温度为200℃时，熔体的温度较高，黏度较低，纺丝熔体内部的应力较小，初生纤维的弹性回复率较低，不易形成垂直于挤出方向而平行排列的结晶结构，拉伸难于成孔。随着聚乙烯熔体的温度降低、黏度上升，纺丝时熔体内部应力增大，结晶时易于形成垂直于挤出方向平行排列的片晶结构，初生纤维的硬弹性较好，拉伸时形成的微孔数量多，孔隙率大。研究表明纺丝温度在176℃左右较为适宜。

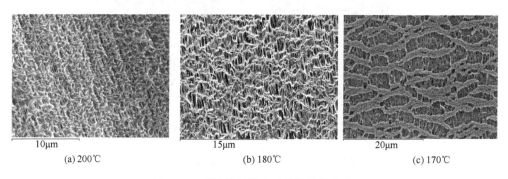

10μm	15μm	20μm
(a) 200℃	(b) 180℃	(c) 170℃

图 2-13　不同纺丝温度下膜孔结构变化

③ 纺丝牵伸比的影响　当纺丝牵伸比较低时，随着该比值的增大，熔体中分子链在较高的纺丝应力作用下更易形成垂直于挤出方向平行排列的片晶结构，拉伸时形成的微孔孔径增大，微孔数量增多，孔隙率增大。但是纺丝牵伸比过大时，初生纤维形成的取向晶核数达到饱和，在拉伸应力作用下，分子链将重新取向排列，微孔发生闭合，导致孔隙率下降（见图2-14）。

④ 热处理时间的影响　取弹性回复率为80%的初生纤维，在110℃的温度下分别热处理30min、60min、90min和120min，测量热处理后中空纤维的弹性回复率，所得结果绘于图2-15，其中0min对应的弹性回复率为未经热处理的初生纤

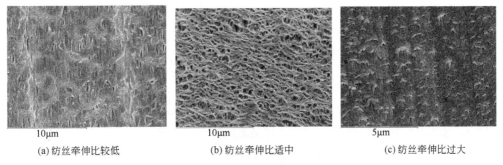

| 10µm | 10µm | 5µm |
| (a)纺丝牵伸比较低 | (b)纺丝牵伸比适中 | (c)纺丝牵伸比过大 |

图 2-14　不同纺丝牵伸比下膜孔结构变化

维的弹性回复率。从图中可以看出，随着热处理时间的延长，热处理后中空纤维的弹性回复率不断增加。这说明对于相同的聚乙烯分子链段运动剧烈程度（热处理温度相同），长的热处理时间有助于聚乙烯分子链段运动达到热力学平衡状态，从而消除体系的内应力并形成完善结晶结构。但是从图中可以看到，初生纤维的弹性回复率在经过 30min 的热处理后即趋于比较稳定的状态，因此选取 30min 作为热处理时间。

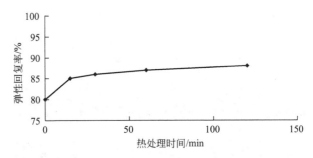

图 2-15　热处理时间对初生纤维硬弹性的影响

⑤ 热处理温度的影响　弹性回复率为 80% 的初生纤维，在 80℃、95℃、110℃和 125℃下热处理 30min 后中空纤维的弹性回复率变化见图 2-16，其中 20℃对应的弹性回复率为未经热处理的初生纤维的弹性回复率。研究表明，随着热处理温度的升高，热处理后中空纤维的弹性回复率在不断增加。这是因为温度决定着初生纤维内部聚乙烯分子链段运动的剧烈程度，温度越高，聚乙烯分子链段的运动越剧烈，越有利于初生纤维内部结晶结构的完善和应力的消除，因此，热处理温度越高，处理后中空纤维的硬弹性就越好。

⑥ 拉伸温度的影响　初生纤维的弹性回复率为 91%，分别在 70℃、80℃、90℃和 100℃下拉伸至 2.95 倍，以考察拉伸温度对所制备的中空纤维微滤膜孔结构的影响。研究表明：随着拉伸温度的升高，所得中空纤维微滤膜的孔径和孔隙率都在不断增加，而且膜的孔径随拉伸温度的升高增加明显，温度 70℃下拉伸膜孔径不足 0.08µm，温度 100℃下拉伸膜孔径接近 0.30µm。这一结论也被中空纤

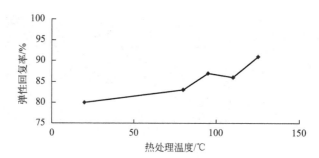

图 2-16　热处理温度对初生纤维硬弹性的影响

维微孔膜的扫描电镜照片所证实，见图 2-17。拉伸温度对所得中空纤维微孔膜的孔结构有显著的影响，是因为硬弹性聚乙烯材料的拉伸过程是其堆积层片晶结构逐渐分离的过程，拉伸温度高时，聚乙烯分子链段活动速度快，有利于片晶结构的分离，所以拉伸至相同倍数时，高的拉伸温度可以形成高的孔隙率和大的开孔。

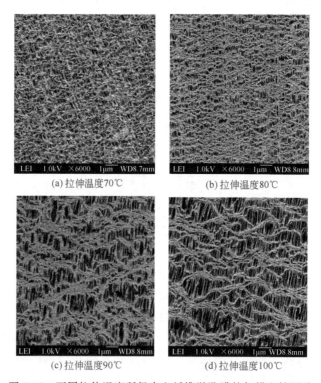

图 2-17　不同拉伸温度所得中空纤维微孔膜的扫描电镜照片

⑦ 拉伸倍数的影响　初生纤维的弹性回复率为 91%，在 100℃下分别拉伸 1.71 倍、2.18 倍、2.56 倍和 2.95 倍，研究表明：随着拉伸倍数的增加，所得中空纤维微孔膜的孔径和孔隙率在不断增加。图 2-18 是不同拉伸倍数下获得的中空纤维微孔膜的扫描电镜照片中也可以看出。

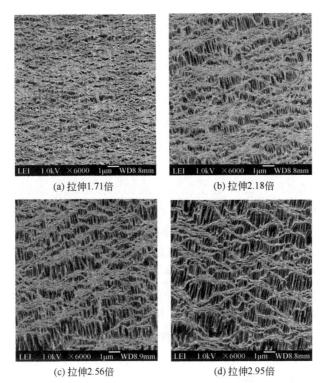

(a) 拉伸1.71倍　　　　　　(b) 拉伸2.18倍

(c) 拉伸2.56倍　　　　　　(d) 拉伸2.95倍

图 2-18　不同拉伸倍数所得中空纤维微孔膜的扫描电镜照片

用熔融纺丝-拉伸工艺制备的 PE 微滤膜强度高、耐腐蚀、不含任何添加剂、价格低廉、制膜过程中没有废气废水排放，是一种环境友好的膜产品。

（2）烧结法

烧结法是一种简单的制备多孔膜的方法，既可以用来制备有机膜，也可以用来制备无机膜。该方法是将一定大小的粉状聚合物颗粒或无机粉体压制成型后，在高温下烧结，得到微孔膜。例如，将聚合物颗粒在加热过程中，通过控制温度及压力，使粉粒间的表面熔融但并不全熔，从而相互黏结形成多孔的薄层或块状物，再进行机械加工成为滤膜。该膜孔径的大小主要由原料粉体粒度及温度来控制。在烧结过程中，由于表面熔融，颗粒又互相集聚，因而使空隙变得紧密。烧结温度取决于所用的材料，对于相对分子质量大或不加增塑剂的聚合物，烧结温度一般较高。所制得的膜孔大小及分布取决于粉末颗粒的大小及分布。

一般颗粒愈小，所形成的膜孔愈小；颗粒粒径分布愈窄，所形成的膜孔径分布愈窄。例如，40～200 目的低压聚乙烯（PE）粉末烧结而成的 PE 管式烧结微滤膜，可作为一种新型表层过滤技术。该法除使用单一的成膜材料外，还可在烧结材料中混入另一种不相融合的材料，待烧结完毕后再用溶剂萃取除去，此法多用于聚乙烯和聚四氟乙烯等膜材料。

对于那些具有较好的化学和热稳定性，同时又难以找到合适的溶剂使之溶解的物质，烧结法是很好的制膜方法。烧结法制得的膜孔径大约为 $0.1\sim10\mu m$，膜的孔隙率较低，多在 $10\%\sim20\%$。

烧结法也用于制备无机材料的微滤膜，该法是将一定细度的无机粉料分散在溶剂中，加入适量无机黏结剂、塑化剂组分制成悬浮液，然后成型制得由湿粉堆积的膜层，经干燥和高温焙烧，形成多孔无机陶瓷微滤膜，所烧制的陶瓷膜孔径范围在 $0.1\sim10\mu m$。目前开发的商品化微孔膜主要有氧化铝、氧化钛、氧化锆膜等。

（3）径迹蚀刻法

径迹蚀刻法制膜，主要包括两个步骤：首先是使膜或薄片（通常是聚碳酸酯或聚酯，厚度约为 $5\sim15\mu m$）接受垂直于表面的高能粒子辐射，这时，聚合物（本体）在辐射粒子的作用下形成径迹，然后浸入合适浓度的化学刻蚀剂（多为酸或碱溶液）中，在适当温度下处理一定的时间，径迹处的聚合物材料被腐蚀掉，从而得到具有孔径分布很窄的均匀圆柱形孔。径迹的深度与制膜材料及辐射源有关，对聚碳酸酯膜来说，锎-252 的裂变碎片所造成的径迹，最大深度为 $20\mu m$，而铀-235 的径迹只能渗入 $10\sim12\mu m$，除非用重粒子加速器，才能再增加其穿透深度。使用该方法制得膜的孔隙率主要取决于辐射时间，而孔径由浸蚀时间决定。由于裂变碎片不规则的冲击，有些孔可能被击穿，有些孔则会互相重叠。孔隙率愈大，重叠的机会也愈多。加强辐照程度可使孔密度增加，但辐照过度时，就会使膜的脆性增大，并带有辐射性。

美国商品 Nuclepore 和清华大学的核孔膜，即属此类产品。用这种方法制备的一种商业产品为 Nuclepore® 径迹刻蚀膜，其孔径约为 $0.2\mu m$，主要用于电子工业超纯水制备、医药产品的无菌控制、生物科学研究、酿造行业最终去除酵母等。

（4）聚合物抽提刻蚀法

这种方法是将聚合物与成孔剂混合后得到微相分离体系，然后用溶剂提取由成孔剂组成的分散相。抽提后所得孔结构的连贯性由体系的形态和成孔剂的组分决定。Rein 等采用这种方法，将制成的苯乙烯-聚甲基丙烯酸甲酯嵌段共聚物（PS-b-PMMA）膜，溶于一种能溶解 PMMA 但是不溶解 PS 的溶剂中，得到微孔膜。这种方法制备的微孔膜的孔径大小和分布主要取决于膜的初始形态特征。

（5）溶出法

溶出法是指在制膜基材中混入某些可溶出的高分子材料或其他可溶的溶剂或与水溶性固体细粉混炼，熔融成膜后用水或其他溶剂将可溶性物质溶出，从而形成多孔膜。溶出法在分离膜制备中对于难溶的高分子提供一种制膜技术。这种方法已用于纤维素、聚丙烯酸、聚乙酸乙酯、聚乙烯等有机高分子膜材料制备多孔膜。这类多孔膜的孔隙率和孔径均匀性都较差。

也有将低分子表面活性剂以微胞的形式加到高分子溶液中，待其固化成薄膜后，先在一种流体中溶胀破坏微胞，使成为单独表面活性剂分子，然后再将表面活性剂浸出，形成微孔膜。表面活性剂的用量为 $10\%\sim200\%$（以高分子膜材料质量计），膜的孔隙率与表面活性剂的浓度成正比。把 200％十二烷基苯磺酸钠加到合适浓度的纤维素黏胶溶液中，得到的微孔膜具有约 0.2μm 的孔径。

2.2.3　微滤膜过滤器

微滤膜过滤器有平板式、筒式、卷式、管式及中空纤维式等。

（1）平板式微滤膜过滤器

平板式微滤膜过滤器，从结构上可分为单层平板式和多层平板式两种。单层平板式微孔膜过滤器通常采用聚碳酸酯或不锈钢制造，公称直径一般有 φ13mm、φ25mm、φ47mm、φ90mm、φ142mm 及 φ293mm 等。该过滤器构造简单，装拆方便，密封性能好，既可抽滤也可压滤，最大承受压力为 0.5MPa，主要供实验室少量流体的过滤，多适用于水和空气的超净处理。

对大量液体的过滤可采用多层平板式微孔过滤器。该种过滤器的支撑板材料主要采用不锈钢及工程塑料。为增加滤膜面积，在滤器内将膜多层并联或串联组装，其结构如图 2-19 所示。

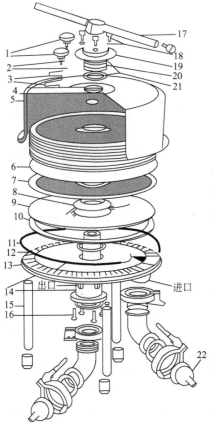

图 2-19　平板式微滤膜过滤器结构

1—阀座；2—O 形圈；3—阀体；4—外壳 O 形圈；5—外壳；6—过滤膜；7—支撑网；8—小垫圈；9—支撑板；10—大垫圈；11—底座 O 形圈；12—中心轴 O 形圈；13—底座；14—中心轴；15—支座；16—中心轴螺钉；17—手柄；18—制动螺钉垫圈；19—制动圈；20—螺栓；21—反向垫圈；22—软管接头

（2）筒式微滤膜过滤器

筒式微滤膜过滤器主要由壳体和滤芯构成。壳体材质采用工程塑料或不锈钢。

由于滤芯的结构形式不同，筒式微滤膜过滤器可分为褶叠式、缠绕式及喷熔式等。褶叠筒式微滤膜过滤器，国内外应用较普遍，其特点是单位体积中膜表面积大，装拆及更换滤芯方便，过滤效率高。其滤芯基本结构如图2-20所示。

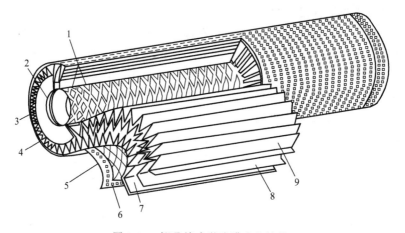

图 2-20　褶叠筒式微滤膜滤芯结构

1—轴芯；2—O形圈；3—垫圈；4—固定材；5—网；6—护罩；7—外层材；8—膜；9—内层材

该种滤器常用于电子工业超纯水制备；制药工业药液及水的过滤；食品工业的饮料、酒类等除菌过滤。

缠绕式和喷熔式两种过滤器均属深度过滤，该类过滤器的优点是纳污量大，价格便宜，但其缺点是过滤阻力大。若将褶叠式与这类滤器结合使用，可达到较好的净化效果与经济效益。

（3）实验室用微滤膜过滤器

该类过滤器多在负压下操作，供实验室少量溶液中去除其中的粒子、细菌，或收集滤膜上沉积物、滤液进行分析。制作滤器的材质多为玻璃、工程塑料及不锈钢等。过滤器结构如图2-21所示。

（4）针头过滤器

针头过滤器是装在注射针筒和针头之间的一种微型过滤器，以微孔滤膜为过滤介质。针头过滤器可用于少量流体（气、液）的过滤净化，以除去微粒和细菌，或用作细菌、微粒的测定，常用于静脉注射液的无菌处理，操作时以推进注射针筒达到过滤目的。

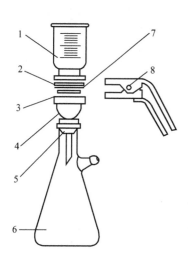

图 2-21　实验室用微滤膜过滤器

1—量杯；2—密封圈；3—多孔板；4—下托；5—硅胶瓶塞；6—三角烧瓶；7—微孔滤膜；8—长柄夹子

微滤膜也可做成管式、卷式及中空纤维式膜组件，这些组件的结构形式在后面的章节有介绍，本章不作重复。

2.2.4　国内外微滤膜产品简介

20 世纪 50 年代开发成功的已得到广泛应用的微滤技术，其产品多达 500 余种。除了我国生产的微滤膜产品外，还有不少国外著名的微滤膜公司在我国销售其产品，例如旭化成、Millipore、Pall、日东电工等。国内外主要的商品膜见表 2-4～表 2-6。

表 2-4　国内主要商品化的微滤膜及生产商

生产厂商	膜材质	膜孔径/μm	滤器形式
杭州水处理中心	混合纤维素(CN-CA) 尼龙-6(PA-6) 聚丙烯腈(PAN) 聚偏氟乙烯(PVDF) 聚丙烯(PP) 聚醚砜(PES)	0.1～5.0 0.2～3.0 0.2～3.0 0.1～3.0 系列孔 0.22,0.45	平板膜 褶叠筒滤芯 褶叠筒滤芯 褶叠筒滤芯 褶叠筒滤芯 褶叠筒滤芯
航天部 806 所	混合纤维素(CN-CA) 聚偏氟乙烯(PVDF)	0.22,0.45	褶叠筒滤芯 褶叠筒滤芯
清华大学	核孔膜	系列孔	平板膜
上海一鸣过滤技术有限公司	混合纤维素(CN-CA) 聚丙烯(PP) 聚偏氟乙烯(PVDF) 聚四氟乙烯(PTFE)	0.2～3.0	褶叠筒滤芯烧结管式
上海集美过滤器厂	聚丙烯(PP) 尼龙-6(PA-6) 聚砜(PSF)	系列孔	褶叠筒滤芯 褶叠筒滤芯 褶叠筒滤芯
山东招金膜天有限责任公司	聚丙烯(PP) 聚乙烯(PE)		中空纤维膜
天津膜天膜工程技术有限公司	聚丙烯(PP) 聚乙烯(PE) 聚偏氟乙烯(PVDF)	0.1～1.0	中空纤维膜
无锡县红旗超滤设备厂	混合纤维素(CN-CA) 聚丙烯(PP)	0.2～5.0系列孔	平板膜 褶叠筒滤芯
浙江海宁市医药器件厂	混合纤维素(CN-CA)	0.2～3.0	平板膜

国外微滤膜发展的时间较长，因此制造技术相对较为成熟，其商品简介如表 2-5 所示。在我国应用较广的微滤膜厂家主要有旭化成、Millipore、日东电工等。

表 2-5　国外商品化的微滤膜及生产商

厂商	膜材质	膜孔径/μm	滤器类型
Amicon	纤维素	0.2,0.45,0.6	

厂商	膜材质	膜孔径/μm	滤器类型
Gelman Science	三醋酸纤维	0.2～5	平板膜
	芳香族聚合物	0.1～5	平板膜
	丙烯酸共聚物	0.2～0.45	卡盘式
	再生纤维	0.45～0.8	卡盘式
	聚砜	0.2,0.45,0.65	平板膜
Millipore	纤维素混合酯	0.025～8.0	平板膜片,褶叠式
	聚偏氟乙烯	0.1,0.22,0.45,0.65	平板膜片,褶叠式
	聚四氟乙烯	0.2,0.5,1.0,3.0,5.0,10	平板膜片,褶叠式
	聚四氟乙烯	0.2,1.0	卡盘式
	尼龙-6	0.22,0.45	卡盘式,褶叠式
	聚砜	0.22,0.45	平板膜,褶叠式
	聚丙烯等	0.2,0.5,1.0,3,5,10	卡盘式,褶叠式
Nuclepore	聚碳酸酯	0.03～12	平膜,褶叠式
	聚酯	0.1～20	平膜,褶叠式
	聚四氟乙烯	0.2,0.45,1	平膜,褶叠式
	聚碳酸酯	0.1～1.0	卡盘式
	聚丙烯	0.1～10	卡盘式
	三醋酸纤维	0.22,0.45,0.8	褶叠式
Pall	尼龙-6和尼龙-66	0.1～5.0	褶叠式
	聚丙烯	0.6～70	褶叠式
	聚乙烯醇	0.2～0.45	褶叠式
Sartorius	硝酸纤维	0.01～0.4	平板膜
	醋酸纤维	0.5～8	
	再生纤维	0.2～1.2	
	聚酰胺	0.2～1	
Ultra Filter	聚酰胺	0.1,0.2,0.4,0.45	褶叠式
	聚酰胺	0.1,0.2,0.45	中空纤维膜
东洋滤纸	硝基纤维	0.1～50	平板膜
	聚丙烯	0.2,1,3,7,10,30	褶叠式
	醋酸纤维	0.2,0.45,0.8	褶叠式
	聚醚砜	0.2,0.45	褶叠式
富士写真	醋酸纤维	0.22～5	平板膜
	再生纤维	0.2,0.4,0.7,1,2,3	平板膜
	硝基纤维	0.2,0.45,0.8	平板膜
	明胶	3	平板膜
日东电工	亲水性聚烯	0.4	管式
	氟树脂	0.2	褶叠式
住友电工	聚四氟乙烯	0.1～10	平板膜,管式
Alcan/Anotec	Al_2O_3	0.02	平板膜
	Al_2O_3	0.1,0.2	
Alcoa/SCT	ZrO_2	0.02～0.1	多通道
	Al_2O_3	0.2～5	管状

厂商	膜材质	膜孔径/μm	滤器类型
Du Pont	Al$_2$O$_3$	0.06～1	管状
Fuji Filters	Glass	0.004～0.09	管状
Gaston County	ZrO$_2$	0.004	管状
NCK	Al$_2$O$_3$	0.2～5	管状
Norton	Al$_2$O$_3$	0.2～1.0 6	多通道 管状
Rhone-Poulenc	ZrO$_2$ ZrO$_2$	0.08～0.14	管状 管状
Schott Glass	Glass	0.1	管状
Metallurgical	蒙内尔	0.1	
Millipore	不锈钢	1.0	平板膜
Mott	不锈钢	0.2,0.5,1	平板膜
Pall	多孔不锈钢合金	1,3,7,12,30	褶叠式
PTI Technologies	不锈钢	0.5,1～80	卡盘式

表 2-6　日本旭化成和北京赛诺公司中空纤维膜组件产品简介

组件生产商	组件类型	型号	膜面积/m^2	膜材料	外形尺寸/mm	设计产水通量/[L/(m^2·h)]	公称孔径/μm	最大进水压力/MPa	使用温度/℃
日本旭化成	柱式膜	UNA-620A	50	热法PVDF	2338×165	40～200	0.1	0.3	40
		UNA-600A	23	热法PVDF	1234×165	43～260	0.1	0.3	40
北京赛诺	柱式	SMT600-P50	50	热法PVDF	160×2330	40～120	0.1	0.4	40
	束式	SMT600-S50	50	热法PVDF	170×2248	25～70	0.1	抽吸压力−0.075	40
	MBR	SMT600-BR30	30	热法PVDF	30×1250×2000	15～25	0.1	抽吸压力−0.055	40

2.3　微滤膜分离过程

2.3.1　操作方式

微滤膜分离的操作方式有死端过滤和错流过滤，由料液中固含量的高低来选择操作方式。一般情况下，固含量低于 0.1% 的料液采用死端过滤；固含量在 0.1%～0.5% 的料液则需进行预处理或采用错流过滤；固含量高于 0.5% 的料液通常采用错流操作。

（1）死端过滤

如图 2-22（a）所示，原料液置于膜的上游，在膜两侧压差推动下，溶剂和小于膜孔的颗粒透过膜，原料液中大于膜孔的颗粒则被膜截留，该压差可通过原料液侧加压或透过液侧抽真空产生。这种在料液侧无流动操作中，随时间的延长，被截留颗粒将在膜表面形成凝胶层或滤饼层，使过滤阻力增加，随着过程的进行，滤饼层将不断增厚和压实，过滤阻力不断增加。在操作压力不变的情况下，膜渗透速率将下降。因此死端过滤只能是间歇的，必须周期性地停下来清除膜表面的滤饼层或更换膜。这种操作方式适合实验室等的小规模应用场合。

（2）错流过滤

微滤的错流操作类似于超滤和反渗透，如图 2-22（b）所示，原料液以一定速度流过膜表面，溶剂在膜两侧压力作用下透过膜，料液中的部分颗粒则被膜截留而停留在膜表面形成一层污染层。与死端过滤不同的是料液流经膜表面时由速度梯度而产生的高剪切力可使沉积在膜表面的颗粒扩散返回主体流，从而被带出微滤组件。当颗粒在膜表面的沉积速度与颗粒返回主体流的速度达到平衡时，可使该污染层不再无限增厚而保持在一个较薄的稳定水平。因此一旦污染层达到稳定，膜渗透速率就将在较长一段时间内保持在相对高的水平上。

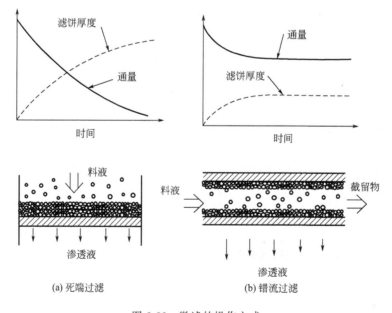

(a) 死端过滤　　　(b) 错流过滤

图 2-22　微滤的操作方式

2.3.2 膜污染及控制

（1）微滤膜污染的原因

微滤过程中，膜污染通常是由于膜表面形成了附着层和膜孔道发生堵塞引起的。当溶质是水溶性大分子时，由于其扩散系数很小，造成从膜表面向料液主体的扩散的量也很小，因此膜表面的溶质浓度显著增高形成不可流动的凝胶层。膜表面的附着层也可能是水溶性高分子的吸附层和料液中悬浮物在膜表面上堆积起来的滤饼层。悬浮物或水溶性大分子在膜孔中受到空间位阻，蛋白质等水溶性大分子在膜孔中的表面吸附，以及难溶性物质在膜孔中的析出都可能是产生膜堵塞的原因。

① 膜孔堵塞　微滤膜孔被微粒和溶质堵塞而变小是错流微滤过程膜污染的主要原因。根据截留的机理微孔膜堵塞可分为三种情况：机械堵塞；架桥；吸附。机械堵塞是固体颗粒把膜孔完全堵住，而吸附是颗粒附着在孔壁上而使孔径变小，架桥也不完全堵塞孔道，而是形成大家所熟知的滤饼过滤。

在大多数情况下，过滤初期主要是机械堵塞，而后期主要是滤饼过滤。在滤饼形成以前，机械堵塞也是一个多因素影响过程。介质中固体颗粒的浓度、形状、刚性及其粒径分布都会产生影响，而膜孔结构也是影响堵塞的重要原因。由于微滤膜过滤大多是表面过滤，因此，膜表面孔的结构对其抗堵性能影响最大。一般认为，膜的抗堵性能与膜孔径分布有直接关系，分布越宽，抗堵性能越差。因此，在微滤过程中，应选择膜表面光滑、孔径分布较窄的膜。

② 浓差极化及凝胶层　有关浓差极化及凝胶层的形成及其改善措施类同于超滤膜的污染，可参阅本书超滤的相关内容。

③ 溶质吸附　一旦料液与膜接触，膜污染就开始，大分子、胶体或细菌与膜相互作用而吸附或黏附在膜面上，从而改变膜的特性。但对微滤膜而言，这一影响并不十分明显。

④ 生物污染　利用板式薄流道微滤过滤器，错流三种试验液：a. 0.1% BSA（牛血清蛋白）；b. 0.5% 硅粒子分散体系，粒径 $500 \sim 1000nm$（接近细菌大小），用乙氧基取代部分羟基，亲水性硅粒子可改性为疏水性粒子；c. 硅粒子和 BSA 混合液。实验结果表明：a. 蛋白质在表面孔上架桥形成表面层是其微滤过程污染的主要原因；b. 疏水粒子在膜表面上形成表面层；c. 亲水粒子在膜表面上无表面层形成。

用微孔滤膜过滤纯 BSA 时发现，尽管蛋白质分子直径为膜孔径的 1/10，而且 BSA 分子本身不会使膜产生污染，但由于过滤过程中 BSA 分子之间、BSA 分子与膜之间的相互作用使得 BSA 分子发生了变性（BSA 分子空间结构发生了变化），从而使膜产生了严重的污染。

（2）微滤膜污染的控制

微孔滤膜的污染原因主要是滤饼层的形成及膜孔的堵塞，因而污染的防治就应从减少滤饼层的形成及防止膜孔堵塞开始。

① 改变膜组件和组件结构，可有效地将颗粒截留在膜表面，避免颗粒进入膜孔内部，从而减少了膜孔的堵塞。在微滤膜分离过程中，天津工业大学膜天公司采用双向流工艺，通过对料液进出口方向进行周期性倒换，在分离过滤的同时，利用料液对污染较重一端进行清洗，以保持膜的良好通透效果，持续稳定地进行料液分离浓缩。

② 采用亲水性微滤膜可减少蛋白质颗粒在膜表面的吸附，从而减少对膜的污染；另外，由于待分离的料液多带有负电荷，因此采用负电荷的微滤膜可有效地减少颗粒在膜表面的沉积，有利于降低膜的污染。

③ 采用絮凝沉淀、热处理、pH 调节、加氯处理和活性炭吸附等手段对料液进行预处理，可降低膜的污染程度。

④ 提高料液流速使料液保持湍流状态，可减缓浓差极化，一般湍流体系中流速为 $1\sim3\text{m/s}$，在层流体系中流速小于 1m/s。

⑤ 操作温度主要影响所处理料液的化学、物理性质和生物稳定性，应在膜设备和处理物质允许的最高温度下进行操作，可以降低料液的黏度，从而增加传质效率，提高膜通量。例如，通常情况下，酶最高温度为 25℃，电涂料为 30℃，蛋白质为 55℃，制奶工业为 50～55℃。

（3）连续微滤（CMF）技术

该技术是 20 世纪末至 21 世纪初发展起来的。以微滤膜为中心处理单元，配以特殊设计的管路、阀门、自清洗单元、加药单元和 PLC 自控单元等，形成一闭路连续操作系统，使处理液在一定压力下通过膜过滤，达到分离的目的。当采用中空纤维微滤膜时，采用反洗加正冲曝气相结合的工艺，依靠上升气流的作用，使中空纤维摆动，彼此间相互摩擦碰撞，从而使中空纤维壁上附着的污染物剥离脱落，这样可实现同时对中空纤维膜的连续反洗和振荡清洗，而且由于反洗液不断透过中空纤维膜而进入膜组件外壳内，补充了因气流造成膜组件外壳内的缺水，从而使中空纤维膜充分振荡，使对中空纤维膜孔内的反洗和对中空纤维膜外壁的振荡清洗两者效果相互促进。图 2-23 为 CMF 系统流程示意图。

2.4 微滤技术的应用

相比反渗透、纳滤和超滤等压力驱动型膜分离过程，微滤技术是开发最早、应用最广、技术最成熟的膜分离技术。该技术用于去除气体或液体中尺寸为 $0.1\sim10\mu\text{m}$ 的微生物和微粒，在石油化工、环境保护、医药卫生、食品加工、生化制药、钢铁冶金、电子等工业领域及人民生活和健康方面有着广泛的应用。

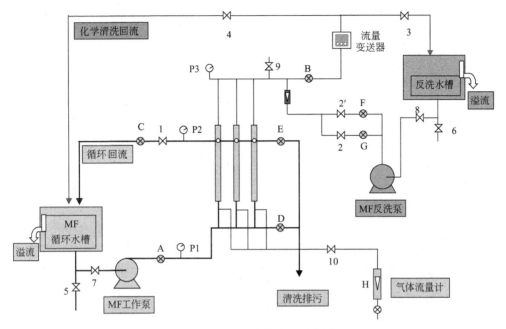

图 2-23　CMF 系统流程示意图

2.4.1　微滤技术的应用领域及应用情况简介

微滤技术的应用领域、处理对象、目的及效果见表 2-7。

表 2-7　微滤技术的应用领域、处理对象、目的及效果

应用领域	处理对象	处理目的及实施效果
水处理	(1)反渗透和超滤膜系统的预处理	各种水的澄清、除菌、除微粒 保证反渗透和超滤膜进水中 SDI 值符合要求,维护其系统运行的安全性
	(2)各种工业用水的终端处理。如电子工业、医药工业、注射用水等	终端除菌过滤,除去水处理过程中进入水体的新污染物,如离子交换树脂的碎粒,设备管道壁上脱落的微粒、混入的微生物等
	(3)油田低渗油井注水处理	对注入水进行深度处理,使注入水的悬浮固体颗粒直径<1μm
	(4)家庭生活水处理、家用净水器用膜	解决自来水输送过程中的二次污染问题,除去水中铁锈、泥沙、细菌、大肠杆菌
电子工业、制药工业、食品发酵工业、化妆品生产	空气净化	生产无菌空气;脱除空气中凝结水和油雾; 除菌;通过处理使空气中含菌量降低到 99.999%

应用领域	处理对象	处理目的及实施效果
食品工业	(1)酒类的精制如啤酒、黄酒等	除去混浊悬浮物、酵母和微生物,替代传统工艺中硅藻土过滤和巴氏杀菌。可避免高温对酒中口味和营养物质的破坏,提高质量
	(2)果汁生产	替代传统的硅藻土过滤、离心过滤和巴氏杀菌工艺。可提高澄清果汁收率,传统法收率只有80%~94%,膜法为96%~98%;保留营养成分和芳香物质;使果汁澄清透明、色泽自然、性能稳定;提高生产效率,节约成本;无二次污染
	(3)脱脂奶	替代巴氏杀菌,除去牛奶中细菌和芽孢,保留牛奶的风味和延长货架期
钢铁、机械、石油化工、海运	含油废水处理	去除废水中乳化油、润滑脂、切削液及悬浮杂质
医药工业	大输液的灌装生产	除去输液中细菌和微粒

2.4.2 微滤技术的工程应用实例

(1) 空气除菌过滤

微滤膜在空气及各种蒸汽过滤方面有着广泛的应用。在电子工业、制药、化妆品及食品工业生产中,常使用压缩无菌空气,例如发酵工业中,许多微生物的生长需要无菌空气,以满足发酵菌生长生理的需要。假若通入的空气除菌不当或除菌设备失效,就会引起大面积染菌,造成生产上极大的损失。无菌空气是指自然界的空气通过除菌处理使其含菌量降低到一个极限的百分数,得到99.999%的净化空气。空气中存在的细微粒子有细菌、油滴、油雾、油气、凝结水、灰尘和污垢等。应用微滤膜的无菌空气系统应满足的条件:①脱除凝结水和油;②完全滤除细菌,达到无菌空气要求;③通量大、阻力小、经久耐用。适合于空气过滤的折叠式微滤过滤器滤膜主要有PP膜、PVDF膜和PTFE膜,这些材料为疏水性材料,空气湿度不影响过滤效率。

应用实例:宜都东阳光制药有限公司发酵罐配套空气除菌系统

2005年,宜都东阳光制药有限公司新上年产1500t红霉素发酵项目,单个发酵罐体积达到了创纪录的370m³(红霉素发酵项目最大罐体积均未超过150m³),配套空气流量要求≥400m³/min,初始压差≤0.005MPa,因此要保证放大后的发酵系统能够平稳运行,需要配套的空气处理系统应具备高容尘量、大通气量、高可靠性等特点。

项目由上海一鸣过滤技术有限公司提供微滤膜技术和设备,建立起大型发酵罐空气过滤系统,其工艺流程见图2-24。

该系统采用两级微滤膜的预过滤器,第一级预过滤采用超细玻纤,第二级预过滤采用涂氟玻纤，拦截空气中粒径为 0.2～2.3μm 的颗粒，除去大部分附着在气体尘埃上的微生物。终端除菌过滤器采用上海一鸣公司生产的聚四氟乙烯（PTFE）拉伸膜。材料与水接触角为 114°，滤膜孔径 0.2μm、孔隙率≥80%。组件型号 JPE-C-20，进气压力 0.2MPa，过滤精度 99.999%。蒸汽过滤器为聚四氟乙烯烧结滤芯，可耐受 200℃ 高温，能够拦截蒸汽中铁锈等尖锐颗粒，有效保护微滤膜滤器。

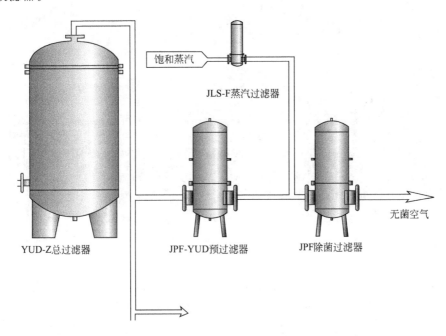

图 2-24　超大型发酵罐空气除菌过滤系统工艺流程示意图

该系统已安全平稳运行 8 年，三级过滤器综合初始压差≤0.02MPa，连续使用一年的三级综合压差≤0.06MPa，因气体除菌系统导致的染菌率≤0.5%。

（2）茶饮料的过滤和澄清

应用实例：王老吉茶饮料微滤系统

茶饮料工艺源于传统的制作工艺，主要包括浸提、过滤、澄清、浓缩、调配等工序，由于植物提取液成分复杂，尽管进行了澄清过滤还是难以达到保证长货架期，而且液体浓度低运输成本高。厦门三达膜科技针对茶饮料行业的特殊性，开发了全新的茶饮料工艺，采用 Sun-CM 陶瓷微滤膜和 Sun-flo 纳滤浓缩技术，完美地融入传统工艺中，在陶瓷膜澄清过滤去除悬浮物和果胶等杂质的同时保留茶饮料特有的风味和营养，通过纳滤浓缩使提取液成为高浓度浓缩汁，可以运输到全国各地再进行分装，节省了成本。

茶饮料膜处理工艺流程见图 2-25，图 2-26 是微滤膜装置实景照片。

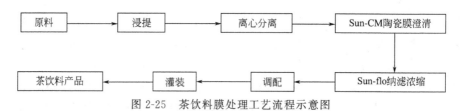

原料 → 浸提 → 离心分离 → Sun-CM陶瓷膜澄清

茶饮料产品 ← 灌装 ← 调配 ← Sun-flo纳滤浓缩

图 2-25 茶饮料膜处理工艺流程示意图

图 2-26 微滤膜装置实景照片

该茶饮料工艺已经在加多宝、王老吉、康宝莱等知名品牌饮料工厂使用多年，特别是加多宝凉茶从 1995 年开始到目前为止已经在东莞市长安镇扩产多次，且先后在北京、武汉等全国多省市建立工厂，其新工厂基本上都采用三达膜科技有限公司的膜分离设备，为其凉茶产品提高了可靠稳定安全的质量保证。

（3）在大输液灌装生产中的应用

大容量注射液俗称大输液（large volume parenteral，LVP），通常是指容量大于等于 50mL 并直接由静脉滴注输入体内的液体灭菌制剂，按其临床用途，大输液大致可分为 5 类：体液平衡用输液、营养用输液、血容量扩张用输液、治疗用药物输液和透析造影类。

应用实例 1：葡萄糖大输液过滤净化

葡萄糖大输液的灌装生产是微滤膜的典型应用。由图 2-27 可见，整个灌装生产有三个主要工序均采用微滤膜过滤来除微粒和细菌。

① 葡萄糖溶液制备 配溶液的蒸馏水通过筒式微孔膜过滤器，滤膜公称孔径为 1.2μm，进行一级过滤除去水中较大的微粒。进入大输液调配槽与药物和添加剂混合后，药液经泵压入筒式微孔膜过滤器，滤膜公称孔径为 0.45μm，进行二级过滤以减少粒子和微生物，而后进入储槽。在进入灌装机前，药液再用加压泵加压，经板式微滤膜过滤器进行三级过滤，滤膜公称孔径为 0.45μm，最终滤去粒子

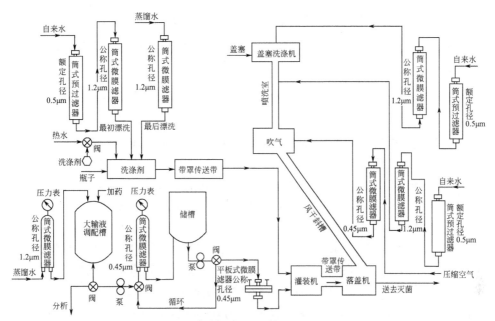

图 2-27 5％葡萄糖大输液生产线的微滤膜过滤示意图

和微生物。

② 输液瓶洗涤 药瓶的洗涤，先用洗涤剂热水溶液洗涤，再用漂洗水初漂洗和终洗。初洗漂洗水，用自来水通过筒式预过滤器（公称孔径为 0.5μm），除去水中粒子及细菌等杂质，再通过筒式微孔膜过滤器，滤膜公称孔径为 1.2μm，进行第二道过滤。终洗用蒸馏水经过筒式微孔膜过滤器，滤膜公称孔径为 1.2μm，作为药瓶终洗水。

③ 盖塞的洗涤 为了最大限度地除去盖塞上的微粒污染物，盖塞经过两次洗涤，首先在洗涤机上清洗，清洗水用自来水先通过筒式预过滤器，公称孔径为 0.5μm，除去粗大微粒，然后再用筒式微滤膜过滤器，滤膜公称孔径为 1.2μm，除去所有大于其公称孔径的微粒。第二次经过喷洗室，喷洗，洗涤用自来水首先经过筒式预过滤器（公称孔径为 0.5μm），再通过筒式微孔膜过滤器（滤膜公称孔径为 1.2μm）两次过滤，喷洗后的盖塞，通过吹气室，通入的净化空气吹干除去盖塞上的水分，防止空气中带入的微粒和微生物黏附于潮湿的盖塞上。净化空气经筒式微滤膜过滤器进行过滤，滤膜的公称孔径为 0.45μm。干燥后的盖塞送入落盖机。

通过灌装机和落盖机后，包装好的大输液送去热压灭菌。

应用实例 2：科伦药业集团大输液除菌过滤系统

科伦集团目前共有 108 个品种共 257 种规格的大容量注射剂产品，是全球最大的大输液专业制造商，其子（分）公司分布于四川、浙江、湖南、黑龙江和云南等 11 个省区。

该公司大输液除菌过滤系统采用杭州安诺过滤器材公司的技术和设备，按照

2010 版 GMP 法规要求，除菌过滤系统主要工艺流程见图 2-28。

图 2-28　大输液除菌过滤工艺流程示意图

脱炭过滤采用杭州安诺过滤器材有限公司（ANOW）MT 系列钛滤芯，孔径 3μm，去除浓配过程中添加的颗粒活性炭，防止下游滤芯堵塞；预过滤采用 ANOW 聚丙烯系列折叠滤芯（一级孔径为 0.45μm，二级孔径为 0.22μm），具有高流速、高纳污量特性，能有效去除药液中颗粒物质，是最经济的预过滤滤芯；除菌过滤采用 ANOW 聚醚砜（PES）系列微孔滤膜（2 级滤器的膜孔径均为 0.22μm），每支滤芯出厂均通过细菌挑战测试，良好的耐热性确保多次重复使用之后大输液产品的完整性。2 级除菌过滤确保药液的高质量，做到安全、稳定、无菌、无热原。图 2-29 是科伦集团大输液除菌过滤系统的实景照片。

图 2-29　科伦集团大输液除菌过滤系统的实景照片

参 考 文 献

[1] Porter M C. Handbook of Industrial Membrane Technology. New Jersey：Noyes Publications，1988.
[2] 徐东明，张驰，张希泉，赵洪霞. 微滤膜分离技术在疾控机构微生物检测方面的应用. 中国农村卫生，2015（6X）：41-42.

[3] 许亚夫，邹大江，熊俊. 滤膜材料及微滤技术的应用. 中国组织工程研究与临床康复，2011，15 (16)：2949.

[4] 王学松. 现代膜技术及应用指南. 北京：化学工业出版社，2005.

[5] 安树林. 膜科学技术实用教程. 北京：化学工业出版社，2005.

[6] 朱长乐. 膜科学技术. 第 2 版. 北京：高等教育出版社，2004.

[7] 徐又一，徐志康. 高分子膜材料. 北京：化学工业出版社，2005.

[8] 叶凌碧，马延令. 微孔膜的截留作用机理和膜的选用. 净水技术，1984，(2)：6-10.

[9] 李旭祥. 分离膜制备与应用. 北京：化学工业出版社，2004.

[10] 张玉忠，郑领英，高从堦. 液体分离膜技术及应用. 北京：化学工业出版社，2004.

[11] 时均，袁权，高从堦. 膜技术手册. 北京：化学工业出版社，2001.

[12] 王湛. 膜分离技术基础. 北京：化学工业出版社，2000.

[13] 郭红霞. 亲水性 PE 中空纤维微孔膜的研究. 清华大学［博士后研究报告］，2005.

[14] 刘峙岳. 聚乙烯中空纤维微孔滤膜制备工艺的研究. 清华大学［硕士论文］，2006.

[15] 潘健. 熔融拉伸工艺对聚乙烯微孔膜结构的影响. 清华大学［博士后研究报告］，2008.

[16] 徐又一，徐昌辉，谢柏明，王红军. 功能材料，结晶高聚物硬弹性材料的研究进展，1996，27 (1)：12.

[17] 丁治天，刘正英，刘蔼等. 高分子量级分含量对熔体挤出拉伸法制备聚丙烯微孔膜的影响. 高分子学报，2012 (4)：462-468.

[18] 皇甫风云，代朋，孔媛媛等. 拉伸工艺对聚丙烯中空纤维膜性能的影响. 膜科学与技术，2014，34 (3)：43-47.

[19] 韦福建，吴斌，罗大军等. 牵引速率对聚丙烯中空纤维膜结构与性能的影响. 塑料科技，2016，44 (2)：45-49.

[20] Miles M J，Baer E. "Hard elastic" behavior in high-impact polystyrene. J. Material Sci.，1979，14：1254.

[21] Matsui K，Hosaka N，Suzuki K，et al. Microscopic deformation behavior of hard elastic polypropylene during cold-stretching process in fabrication of microporous membrane as revealed by synchrotron X-ray scattering. Polymer，2015，70，215-221.

[22] 李璟. 连续微滤技术的应用研究. 天津工业大学［硕士论文］，2005.

[23] 刘彬. 连续膜过滤系统在海水淡化深度处理中的应用. 天津工业大学学报，2008，27 (3)：85-88.

[24] 唐运平，许丹宇，张志扬等. 连续微滤用于钢铁厂废水处理的生产性测试. 环境科学与技术，2010，33 (4)：126-129.

[25] 袁国梁. 微孔滤膜过滤技术在鲜生啤酒生产中的应用. 啤酒用糖浆生产及应用技术交流展示会，2004.

[26] 楼文君，李桂水. 我国膜分离技术在果汁澄清中的应用概述. 过滤与分离，2005，15 (2)：23-25.

[27] 魏诗瑶，郝丹. 膜分离技术在果汁加工中的应用. 科技创新与应用，2015 (23)：94-94.

[28] 陈清艳，楼盛明. 膜技术在乳品工业的应用. 食品工业，2016 (3)：266-268.

[29] 芦志新，杨永龙，张杰等. 膜分离技术在乳品工业中的应用. 饮料工业，2008，11 (12)：10-11.

[30] 王杰，周守勇，薛爱莲. 凹土基微滤膜处理乳化含油废水研究. 中国化工学会年会，2015.

[31] 王春梅，谷和平，王义刚等. 陶瓷微滤膜处理含油废水的工艺研究. 南京化工大学学报，2000，22 (5)：38-42.

[32] 蒋学彬. 膜分离技术在石油工业含油污水处理中的应用研究进展. 油气田环境保护，2015 (5)：77-80.

[33] 黄策，夏其昌. 微孔滤膜及其应用. 上海：科学技术文献出版社，1980.

[34] 高以烜，叶凌碧. 膜分离技术基础. 北京：科学出版社，1989.

[35] 孙本惠，孙斌. 功能膜及其应用. 北京：化学工业出版社，2012.

第**3**章

超滤

3.1　超滤技术简介

超滤（ultrafiltration，简称 UF）是一种利用多孔膜使溶液中的大分子物质与小分子物质和水分离的膜过程。与微滤相比较，超滤膜的膜孔直径比微滤膜小，能有效去除水中的胶体、蛋白质、大分子有机物及微生物等。因此，超滤技术广泛应用于饮用水的净化、生活污水、工业废水的深度处理及再生回用，果汁饮料、酒类及医药制剂的澄清、除菌，乳制品、酶制剂、血液制品及生物制品的浓缩和提纯等。其应用前景广阔，市场规模很大。

3.1.1　超滤分离原理及特点

（1）分离原理

如图 3-1 所示，当含有大分子物质的溶液（例如水溶液）与超滤膜接触时，在原料侧施加一定的压力，溶液中的小分子物质及水透过膜上的超微孔流到膜的低压侧为透过液，大分子物质被膜阻挡而留在膜的上游侧，从而实现溶液中大分子物质与小分子物质和水的分离。超滤的推动力是膜两侧的压力差。

超滤膜多为非对称结构，由一层极薄、具有一定孔径的皮层和一层较厚、具有海绵状或指状结构的多孔支撑层组成，截留作用发生在皮层，后者主要起支撑作用。皮层孔径在 $0.002 \sim 0.1 \mu m$ 之间，能够截留 $1 \sim 20nm$ 的大分子物质，以及细菌和病毒。

通常，超滤膜的分离作用是由机械截留、架桥和吸附几种机理共同作用的结果。实际应用中发现，膜表面的化学、物理特性对大分子溶质的截留有重要的影响，

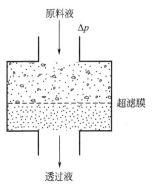

图 3-1　超滤原理示意图
·代表大分子；○胶体颗粒；·水及小分子

因此，在考虑超滤膜的截留性能时，除了机械筛分作用外，还有两个因素影响膜的分离特性。首先，溶质分子在膜表面或膜孔壁上受到吸引或排斥会影响膜对溶质的分离效果，即溶质、溶剂和膜材料之间的相互作用，包括范德华力、静电力、氢键作用力等。其次，膜的平均孔径和孔径分布等也会影响膜的分离特性。

研究发现，超滤过程中溶质在膜上的截留同时存在三种可能性：①溶质在过滤膜表面以及膜孔中产生吸附；②分子直径大小与膜孔径相仿的溶质在膜孔中停留，引起膜孔堵塞；③分子直径大于膜孔径的溶质在膜表面被机械截留，实现筛分。

（2）超滤的特点

超滤过程具有以下特点：

① 物质不发生相变，在常温、低压下即可进行分离，因此能耗低，设备装置简单，投资费用省，操作方便；

② 物质在浓缩分离过程中不发生质的变化，因而适合于保味和热敏性物质的处理；

③ 适合稀溶液中微量贵重大分子物质的回收和低浓度大分子物质的浓缩，能将不同分子量的物质分级处理；

④ 超滤膜是由高分子聚合物或无机材料制成，在使用过程中无任何杂质脱落，保证了超滤产品液的纯净。

3.1.2　国内外技术发展简史

最早使用的超滤膜是天然动物的脏器薄膜。1861 年，Schmidt 首次公布了用牛心包薄膜截留可溶性阿拉伯胶的实验结果；1867 年，Traube 在多孔磁板上凝胶沉淀铁氰化铜制成了第一张人工膜；1963 年 Michaels 开发成功了第一张不对称超滤膜，超滤膜的制备取得了突破性的进展。由于醋酸纤维素（CA）膜的物理化学性能限制，从 1965 年开始寻找其他可替代 CA 膜且综合性能更好的超滤膜。1965～1975 年是超滤大发展的时期，先后开发成功了聚砜、聚丙烯腈、聚醚砜及聚偏氟乙烯等多种材料的超滤膜，膜的截留分子量从 500～500000 道尔顿，膜组件的类型有管式、板式、中空纤维式、毛细管式及螺旋卷式等。20 世纪 80 年代又开发成功了以陶瓷膜为代表的无机膜，并实现了工业化应用。

我国对超滤技术的研究始于 20 世纪 70 年代，首先研制出了管式超滤膜及组件。80 年代进入快速发展阶段，1983～1985 年研制成功了聚砜中空纤维和平板超滤膜。此后，1986～1995 年国家"七五""八五"计划都把超滤技术的研究开发列入其中。先后研制成功了一批耐高温、耐腐蚀、抗污染能力强、截留性能好的膜和组件。90 年代以来，不同结构形式的超滤设备获得工业应用，取得了显著的社会、经济和环境效益。目前已有近百家企业和研究单位从事超滤膜的开发研究和生产，先后研制出醋酸纤维素膜、聚砜膜、聚醚砜膜、聚丙烯腈膜、聚偏氟乙烯膜、聚氯乙烯膜、聚砜酰胺膜等 10 余种膜产品，并相继开发了板框式、管式、中空纤维式、卷式等超滤膜组件，促进了膜分离技术的发展与应用。

3.1.3 超滤膜的结构及其表征

（1）超滤膜孔结构及形貌

如上所述，超滤膜多为非对称膜结构，通常，有实际应用价值的超滤膜的结构形貌主要是两种，即指状、海绵状或双连续网络状，如图 3-2、图 3-3 所示。

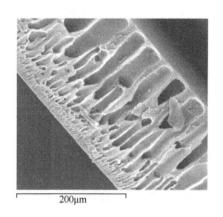

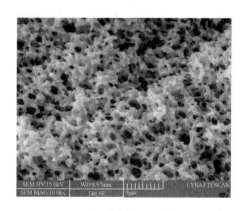

图 3-2　指状结构膜
断面电镜照片

图 3-3　海绵状或网络状结构膜
断面电镜照片

（2）超滤膜孔结构参数及其表征

超滤膜孔结构参数包括膜表面平均孔径、孔径分布及开孔率、膜的厚度及孔隙率。

结构参数表征方法有泡点法、气体吸附-脱附法、热测孔法、渗透测孔法、液体转换法、液体流速法、原子力显微镜及扫描电子显微镜法等，具体方法请查阅相关参考文献。

3.1.4 膜性能评价指标

在实际应用中采用如下几项指标来评价超滤膜的性能。

（1）膜通量

膜通量用来表征超滤膜过滤料液的速率。通常用一定压力和温度下，单位时间内透过单位膜面积的透过物的体积来表示：

$$J = \frac{V}{At} \tag{3-1}$$

式中，V 为透过液的体积，L；A 为膜的有效面积，m^2；t 为测试时间，h；J 为膜通量，L/（$m^2 \cdot h$）。

膜通量的影响因素有膜表面物化性质及膜的孔结构、预处理工艺、料液的物理化学性质和浓度、温度、膜面流速、膜的运行程序及清洗方法等。

为使各种膜具有互比性，通常用料液温度为 20℃、操作压力为 0.1MPa 条件下，膜对于纯水的通量来表示，称为纯水通量。纯水通量是表征膜性能的一个重要指标，对于相同截留分子量的膜，纯水通量越大则膜性能越好。

（2）截留率

膜的截留率是指某特定物质在原料液中的浓度和透过液中的浓度之差与原料液中的浓度之比的百分数。它可以直观反映膜的截留性能。

截留率有两种表达形式：表观截留率和实际截留率。对于超滤膜过程，溶液中的某些高分子物质的脱除可以用实际截留率 R 来表示：

$$R = \left(1 - \frac{c_p}{c_w}\right) \times 100\% \tag{3-2}$$

由于浓差极化的存在，通常测定的是溶质的表观截留率 R_E，定义为：

$$R_E = \left(1 - \frac{c_p}{c_b}\right) \times 100\% \tag{3-3}$$

式中，c_b 为料液主体溶液中被截留物质的浓度；c_w 为在膜上游侧膜表面与溶液界面处被截留物质的浓度；c_p 为膜的透过液中被截留物质的浓度。

（3）截留分子量

超滤膜主要用于截留大分子物质，因此采用截留分子量来反映膜孔径的大小，在应用上比较方便。

截留分子量是指能被超滤膜截留住的最小溶质的分子量。确定截留分子量的方法是选择一系列分子量大小不同的标准物质，如表 3-1 所示，进行超滤实验，测定膜对这些物质的截留能力，即截留率 R，然后作出截留率-分子量曲线（R-M 线）（见图 3-4），该曲线称截留特性曲线。根据 1987 年在日本东京召开的国际膜和膜过程会议的约定，把截留率为 90% 时所对应的截留分子量定义为膜的截留分子量。国内外大多数公司均采用这种方法来确定膜的截留分子量。图 3-4 中所示膜的截留分子量为 6.8 万。

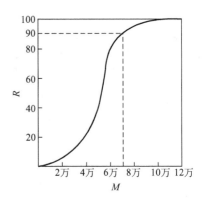

图 3-4 截留率-分子量曲线（R-M 线）

表 3-1 几种常用标准物质的相对分子质量

标准物质名称	γ-球蛋白	牛血清蛋白	卵清白蛋白	肌红蛋白	细胞色素	维生素 B₁₂	棉子糖	葡萄糖
相对分子质量	156000	67000	45000	17800	13000	1355	504	180

截留分子量不仅与膜的孔径相关，而且与标准物质种类、膜材料和膜材料表面的物化性质有关。

（4）膜的物理化学性能

膜的物理化学性能是指承压性、耐温性、耐酸碱性、抗氧化性、耐生物与化学侵蚀性、拉伸强度、断裂伸长率、亲水性和疏水性等。

3.2 超滤膜及其组件

3.2.1 超滤膜材料

超滤膜材料包括有机高分子材料和无机材料，用这些材料及不同的制膜工艺，可以获得不同结构和性能的膜。理想的膜材料应该具备良好的耐溶剂性、优良的力学性能、热稳定性和化学稳定性等。文献报道有 130 多种材料可用于超滤膜的制造，然而，只有小部分实现了工业化应用。典型的制备超滤膜的高分子膜材料、无机膜材料见表 3-2。

表 3-2   用于超滤膜的典型材料及其性能

材料名称	特性	
	优点	弱点
醋酸纤维素	成孔性能好、强亲水、抗污染、膜通量大、价格便宜	操作温度低,使用温度<30℃;pH值适用范围窄,为 3~6;耐氯性差,要求游离氯<1mg/L;易生物降解
聚砜、聚芳砜、聚醚砜、聚苯砜	耐温性好,可在 75℃下长期使用;pH 值适用范围宽,可在 pH=1~13 环境中应用;耐化学清洗,耐氧化;耐氯性好,游离氯可达 200mg/L;成膜性好,强度高	膜疏水,抗污染性能差,价格较贵
聚丙烯腈	亲水性比聚砜类强,耐霉菌,耐有机溶剂腐蚀,价格便宜	耐碱性差,膜韧性差
聚砜酰胺	耐高温,最高使用温度为 125℃,耐酸碱,耐有机溶剂腐蚀	价格昂贵
芳香聚酰胺	耐温性好,耐酸碱、耐有机溶剂腐蚀、抗氧化、亲水性好、强度高	易吸附蛋白质,抗污染性差;耐氯性差;价格昂贵
聚偏氟乙烯	耐温性好,耐酸性强,抗氧化,耐游离氯性能强于聚砜,膜的韧性好、抗污染	材料疏水,价格较贵
氧化铝、氧化锆、氧化钛、氧化硅	耐高温、耐酸碱、耐有机溶剂腐蚀,耐清洗	硬而脆,制膜工艺复杂,膜成品率低,价格较贵

3.2.2 超滤膜的制备方法

超滤膜是一种非对称膜，工业上大多数的高分子膜都采用相转化法制成。相转化制膜方法是配制一定组成的高聚合物均相溶液，通过某种途径改变制膜溶液的热力学状态，使均相聚合物溶液发生相分离，最终形成一个三维大分子网络式凝胶结构，该凝胶结构中，聚合物浓相为连续相，固化后形成膜的主体骨架，聚合物稀相为分散相，洗脱后成为膜中的孔。根据改变铸膜液热力学状态的方法不同，相转化法可以分为非溶剂致相分离法和热致相分离法。

现分别介绍这两种制膜方法。

3.2.2.1　非溶剂致相分离法

非溶剂致相分离法（NIPS 法，又称 L-S 相转化法）是发展时间最长、最为成熟的一种制膜方法。根据该方法操作方式的不同又可以分为溶剂蒸发法、蒸气相沉淀法、浸没沉淀法等。其中浸没沉淀法是目前工业上最常用的制膜方法。浸没沉淀法至少涉及聚合物、溶剂、非溶剂三种组分，制膜过程中为了制膜的需要，通常要加入添加剂来调整制膜配方，同时改变制膜工艺条件，因此制膜过程中影响因素和需要调控的参数较多。这赋予了浸没沉淀法更多的可调节性，能更好地调控膜的结构和性能。

（1）制膜方法及工艺

浸没沉淀法的制膜工艺流程如图 3-5 所示。

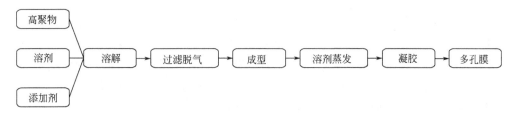

图 3-5　浸没沉淀法制膜工艺流程示意图

对于某种特定的高分子膜材料，膜结构是决定膜性能的最主要因素，不同的膜结构决定不同的膜性能。非溶剂致相分离法制膜过程中，影响非对称膜结构与性能的制膜因素包括热力学因素和动力学因素，表 3-3 中给出了影响膜结构及性能的主要制膜因素。

表 3-3　非溶剂致相分离法制膜时影响膜孔结构及膜性能的主要制膜因素

制膜高聚物溶液				成膜溶液温度	脱溶剂速率	
组　成					蒸发	凝胶
高聚物性质(P)	溶剂(S)	添加剂(A)	配比		(1)环境温度	(1)凝胶介质组成
(1)浓度	(1)单一溶剂	(1)有机大分子	(1)A/S	一般常温	(2)环境湿度	(2)凝胶温度
(2)分子量	(2)混合溶剂	(2)有机小分子	(2)A/P		(3)蒸发时间	(3)凝胶时间
(3)分子量分布		(3)无机添加剂	(3)S/P		(4)制膜高聚物溶液的性质	(4)制膜高聚物溶液的性质
(4)链结构		(4)混合添加剂				

（2）制膜各因素对膜结构与性能的影响

① 高聚物浓度的影响　随聚合物浓度增加，高分子链段在制膜液中的密度增加，凝胶过程中非溶剂进入铸膜液的扩散速率降低，相分离时间延长，膜孔隙率减小，通量降低，截留率升高。

② 分子量、分子量分布及链结构的影响　随着聚合物分子量的提高，链长度增加，在溶剂中的溶解度下降，分子链卷曲程度增加，相互缠结增加，铸膜液黏度上升，生成膜的强度增加。聚合物分子量太大时，难以溶解，无法成膜；聚合物分子量太小，膜的机械强度差，因此应选择合适的分子量。聚合物分子量分布太宽，膜孔径不好控制，当含大量低分子量组分时，耐溶剂性差；当含大量高分子组分时，制膜过程易出现冻胶。因此，一般分子量分布窄一些好。聚合物分子链的柔顺性一方面影响聚合物在铸膜液中的构象和热力学状态，同时也影响成膜过程的凝胶速度。链柔性好的聚合物铸膜液，分子链在外界条件改变时发生重排所需时间短，固化速率快，凝胶速率大，膜结构疏松。聚合物链的刚性太强，制成的膜容易脆裂。

③ 溶剂种类的影响　不同溶剂对同一聚合物会产生不同的溶剂化作用，导致膜的结构形态和宏观性能不同。

当选用的溶剂为聚合物的良溶剂时，聚合物和溶剂之间的作用力远大于聚合物之间的作用力，溶剂化作用强，高分子链舒展，物理缠结点数量减少，铸膜液黏度减小，相分离速率变慢，制成的膜孔结构较致密，膜强度变好。当选用的溶剂为聚合物的不良溶剂时，聚合物和溶剂之间的作用力只稍大于聚合物之间的作用力，溶剂化作用弱，高分子链卷曲，物理缠结点数量增加，铸膜液黏度上升，相分离速度加快，制成的膜孔结构疏松，强度较差。

④ 添加剂种类的影响　添加剂强烈地影响着铸膜液的热力学状态、溶剂蒸发速率及凝胶速率，是决定膜性能的重要因素之一。

亲水性添加剂能够使铸膜液亲水性增强，提高了非溶剂向铸膜液的扩散速率，凝胶速率加快，膜的水通量增加。使铸膜液黏度增加的添加剂，体系扩散系数降低，凝胶速率减慢，膜的水通量减少。Cabasso、Roesink、Boom 等研究了亲水性添加剂 PVP 对膜结构和性能的影响。Cabasso 等研究发现聚砜和 PVP 之间的微相分离阻止致密皮层的形成；Roesink 等认为聚合物膜在干燥过程中孔间 PVP 薄壁的破裂可得到高度贯通的孔结构；Boom 等则认为含 PVP 的铸膜液体系能制得具有高度贯通的孔结构，是由于连续的聚合物稀相和形成膜骨架的聚合物富相相互交缠的结果，相分离过程为旋节相分离。Sourirajan 等认为添加剂能够改变铸膜液中高分子的聚集状态，进而影响膜的孔径和分布；加入添加剂，铸膜液的黏度上升，铸膜液中高分子聚集体的尺寸增大。

挥发性添加剂能够迅速地提高膜表面聚合物浓度，可使膜表面孔径减小，水通量变小，截留率升高。

大量实验表明铸膜液中加入添加剂对膜的结构和性能产生较大的影响，但这种影响的理论解释和添加剂对凝胶速率的影响仍需进一步的研究。

⑤ 溶剂蒸发的影响　制膜溶液在浸入凝胶介质之前，溶剂会有一部分蒸发到空气中去，溶剂蒸发会引起表面铸膜液组成的变化，使膜表面结构及断面孔结构发生变化，这种变化的规律与空气气氛的温度、湿度、溶剂挥发时间及制膜高聚物溶液的性质有关。

⑥ 凝胶介质的影响　采用不同的凝胶介质，铸膜液体系三元相图中的二相区大小不同。凝胶介质和聚合物溶度参数相近时，二相区变小，铸膜液相分离时所需的非溶剂量增大，凝胶速率变慢，膜结构致密，水通量变小；反之，二相区变大，铸膜液相分离时所需的非溶剂量变小，凝胶速度加快，膜结构疏松，水通量变大。

⑦ 凝胶温度的影响　凝胶温度高，溶剂和非溶剂之间的物质交换速率快，易生成疏松结构的膜；反之，凝胶速率慢，则易生成结构较为致密的膜。

（3）凝胶动力学实验在膜结构设计与调控中的应用

聚合物铸膜液的稳定状态平衡组成可以在三元相图中描绘，但非对称膜的结构是在由铸膜液初始稳定的溶液状态向不稳定状态转变的过程中形成的，这种转变过程是复杂的多组分传质过程伴随着相变化。其膜相转变是非稳态、非平衡的。在凝胶过程中，由于溶剂和非溶剂的相互扩散，不同时刻铸膜液断面结构在不同区域会以不同的分离机理进行分相。尽管热力学从宏观上揭示了相分离过程的起始和终结，但相转化成膜过程进行的快慢与否却是微观分子运动，即动力学所决定的。平衡热力学不能给出所考察时间、地点下该分相体系的有关组成信息，因而也就不能给出膜结构变化的合理解释。如何控制相转化的成膜条件，得到所需要的膜结构与性能，是膜结构设计要解决的关键科学问题，也是膜科技工作者研究的热点。虽然自从 1960 年 Loeb 和 Sourirajan 用凝胶相转化法制备出了非对称膜以来，国内外的学者针对相转化成膜理论，进行了大量的基础研究，取得了许多有益的结果。但所建立的热力学、动力学模型用于描述实际成膜过程存在较大的偏差，因此，实际膜的制备仍然主要依靠经验。传统的膜制备方法，即不断改变膜配方，制成不同结构的膜，测试其性能，经过大量实验筛选出适合于某种用途的膜，整个过程"暗箱"操作，存在很大的盲目性。按照这样的方法，从配方选择、制备到测试，研究周期长，整个研究过程存在着较大的盲目性，使得分离膜的开发速度慢，不能满足工业部门对分离膜应用的需求。为了使分离膜制备摆脱依赖经验的状况，代之以理论指导为主的方法。本书的编著者在前人研究的基础上，开展了多年的成膜过程动力学研究。秦培勇等采用聚砜（PSF）、聚醚砜（PES）、酚酞型聚醚砜（PES-C，PEK-C）、杂萘联苯类聚醚砜酮（PPESK、PPES、PPEK）、聚偏氟乙烯（PVDF）等 10 多种聚合物膜材料，不同的溶剂及添加剂体系，先后对 400 多种不同的铸膜液体系的成膜过程动力学进行了研究，得出有指导意义的结果，本节中就相关研究成果进行介绍。

① 凝胶动力学实验 实验装置如图 3-6 所示。

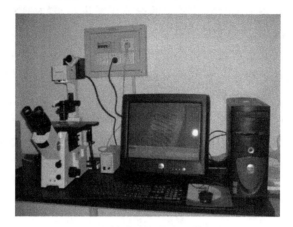

图 3-6 凝胶动力学实验装置

主要性能参数：

a. 高速拍摄和存储，每秒存储实验图片 12 张；

b. 图片清晰度高；

c. 0.1s 的凝胶速度时间测试精度和 1μm 的距离测试精度。

凝胶动力学实验原理见图 3-7。

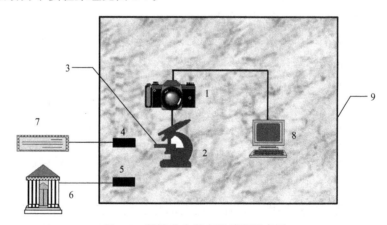

图 3-7 凝胶动力学实验原理示意图

1—数字摄像头；2—高精密度显微镜；3—特制的显微镜附件；4—温度传感器；5—湿度传感器；
6—转轮除湿机；7—空调机；8—工作站；9—恒温恒湿超净工作室

实验内容及方法：首先将超净工作室内的温度、湿度、铸膜液和非溶剂的温度控制在所需的实验条件下；再将 1 mL 的铸膜液放在特制的显微镜附件上，调节好显微镜；然后迅速将 1 mL 的凝胶液导入附件内。用显微镜观察铸膜液的凝胶过程，原位观测和记录凝胶过程中膜孔生长及膜结构演化发展过程，并通过计算机自动存储下来。测定凝胶前锋位移随时间变化的关系，获得凝胶动力学曲线。

　　现以 PPESK 的成膜为例，展示其在改变添加剂种类、添加剂浓度、凝胶浴组成及温度等条件下制备非对称超滤膜时，不同铸膜液体系不同时刻所拍摄到的膜结构照片（简称动力学照片），来说明动力学实验研究在膜结构调控中的作用和意义。

　　② 成膜凝胶过程中膜孔生长及膜结构演化发展状况　凝胶动力学实验，可以在线观测和记录凝胶过程中膜孔结构生长和演化过程，测定凝胶前锋位移随时间的变化关系，借助相关软件对图像进行处理，得出凝胶动力学曲线及膜结构转变的边界条件。本节中铸膜液体系组成均为质量分数。

　　图 3-8、图 3-9 是采用不同添加剂的铸膜液体系，不同时刻生成的膜孔结构的动力学照片。图 3-8 是指状孔结构，图 3-9 是海绵状结构。动力学照片显示添加剂种类不同，所得到的膜结构形态是不同的。

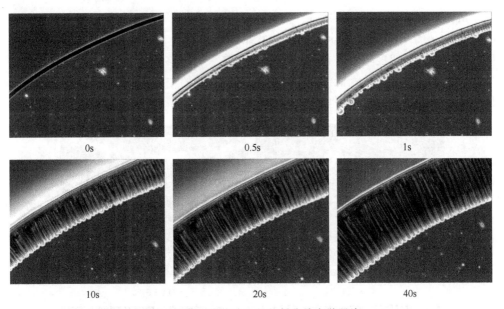

图 3-8　典型指状孔生长的凝胶动力学照片
铸膜液体系：PPESK/NMP/PEG；PPESK 浓度：14%；PEG 浓度：2.5%；凝胶介质：水

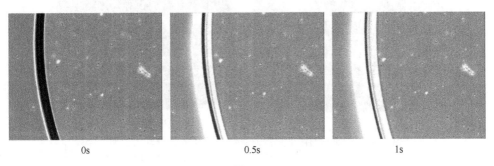

图 3-9

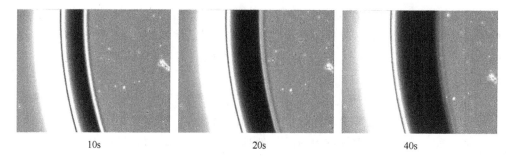

图 3-9　典型海绵状孔结构生长的凝胶动力学照片

铸膜液体系：PPESK/NMP/PVP；PPESK 浓度：18％；PVP 浓度：10％；凝胶介质：水

图 3-10 是以草酸（OA）为添加剂时，不同草酸浓度铸膜液的膜结构变化动力学照片，图 3-11 是其凝胶动力学曲线。

由图 3-10 可见，膜结构从最初指状孔结构向海绵状结构过渡。当草酸浓度为 6.7％时，膜结构由指状完全变为海绵状结构。从图 3-11 可以看出，随着草酸浓度的增加，凝胶速度增大，在同一时刻凝胶前锋的位移加快，动力学曲线向远离横坐标方向偏移。膜的性能测试表明，该体系制成的中空纤维膜的通量随草酸添加剂量的增加而增加。结果如表 3-4 所示。

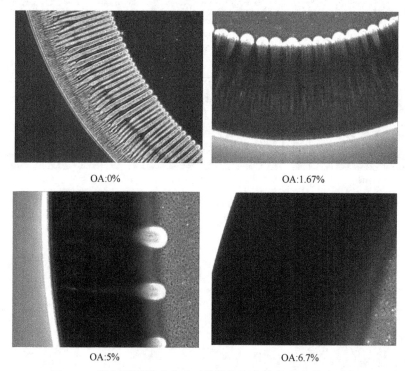

图 3-10　添加不同浓度草酸时膜结构演化的凝胶动力学照片

铸膜液体系 PPESK/NMP/OA；PPESK 浓度：15.6％；

凝胶介质：水；凝胶温度：25℃

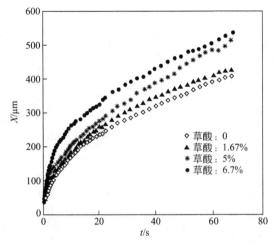

图 3-11　草酸添加剂浓度对铸膜液体系凝胶速率的影响
铸膜液体系 PPESK/NMP/OA；PPESK 浓度：15.6％；凝胶介质：水；
凝胶温度：25℃；添加剂草酸的浓度为 0，1.67％，5％，6.7％

表 3-4　以草酸为添加剂的 PPESK 中空纤维超滤膜的性能测试结果

草酸的浓度/%	0	1.67	5	6.7
膜的水通量/[L/(m² · h)]	110	267	387	507

　　图 3-12 是改变凝胶介质的组成，在凝胶浴中加入溶剂时膜结构发生演化的动力学照片，图 3-13 是凝胶速率变化图，表 3-5 是凝胶介质中加入溶剂时膜的水通量变化情况。从图、表中可以看出，体系的凝胶速率随着凝膜浴中 NMP 浓度的增加而减小。凝胶浴中 NMP 含量增大，其化学位增大，铸膜液和凝胶浴间的化学位梯度也减小，铸膜液中的 NMP 溶剂就不容易向凝胶浴扩散，而凝胶浴中的水难于向铸膜液中扩散，因此凝胶速率减小，膜的水通量下降。膜结构逐渐由指状孔转变为海绵状孔。

表 3-5　凝胶浴中加入不同溶剂含量时 PPESK 膜的性能测试结果

凝胶介质中溶剂的浓度/%	0	20	40	60	80
膜的水通量/[L/(m² · h)]	352	264	165	93	54

　　以上非对称膜成膜的凝胶动力学实验表明，高精密度显微镜/数字面阵/高速摄像及存储实验系统，是进行凝胶动力学实验研究的有效手段；通过该实验系统，可以原位可视化观测溶剂和非溶剂相互传质及相分离过程，真实再现膜孔生长及膜结构演化过程，借助相关软件对图像进行处理，得出凝胶动力学曲线，找到引起膜结构转变的边界条件。这一研究成果得到国际专家的认可。J. Membrane Science 期刊审稿人认为："The apparatus has made possible to allow people to clearly look at the membrane formation process，which is a significant progress in membrane preparation"。

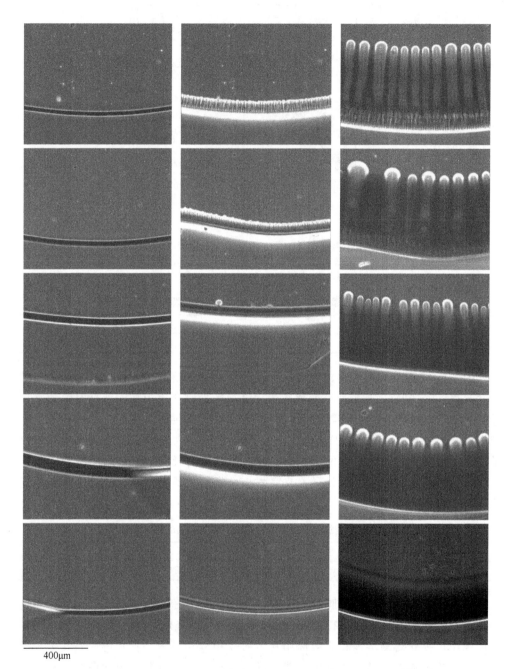

400μm

图 3-12　凝胶介质中加入 NMP 时 PPESK 铸膜液的凝胶动力学照片

铸膜液体系 PPESK/NMP/Tween80；PPESK 浓度：15.6％；Tween80 浓度：6.7％；

凝胶温度：25℃；凝胶浴中 NMP 的浓度从上向下分别为 0％，20％，40％，60％，80％；

拍照时间从左到右依次是 0s，1s，60s

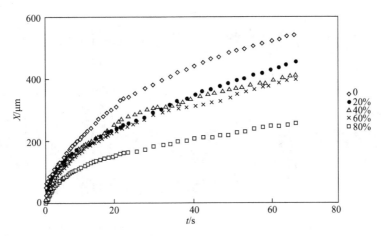

图 3-13 凝胶浴中溶剂含量对 PPESK 凝胶速率的影响

铸膜液体系 PPESK/NMP/Tween80；PPESK 浓度：15.6%；Tween80 浓度：6.7%；
凝胶温度：25℃；凝胶浴中 NMP 的浓度从上向下分别为 0%，20%，40%，60%，80%

③ 动力学图像与实际成膜结构的相关性　大量实验表明，实验动力学图像与最终膜结构有很好的一致性。图 3-14～图 3-17 等给出了几组有代表性的动力学图像照片与成膜后电镜照片的对照图。分别是具有典型的孔分布均一的指状结构的膜；孔分布不均一的指状结构的膜；带有指状结构的海绵状结构膜；海绵结构的膜等。

从图中可以看出，膜的凝胶动力学照片和膜的电镜照片有很好的一致性，说明凝胶动力学实验能较准确地反映膜孔结构。研究表明可以用凝胶动力学实验来预测膜结构，快捷方便地表征膜结构，迅速找寻结构、性能优良的超滤膜的制备工艺条件。

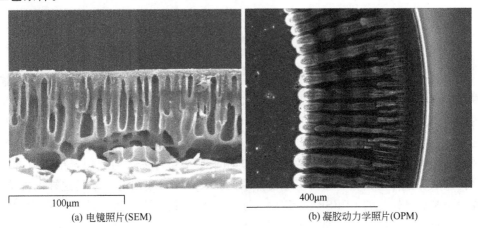

100μm
(a) 电镜照片(SEM)

400μm
(b) 凝胶动力学照片(OPM)

图 3-14 孔分布均一的指状结构的膜

PPESK：18%；溶剂：NMP；凝胶介质：水；草酸：2.5%；凝胶温度：60℃

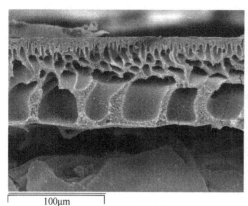
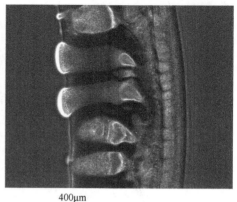

(a) 电镜照片(SEM)　　　　　　　　(b) 凝胶动力学照片(OPM)

图 3-15　孔分布不均一的指状结构的膜

PSF：18%；溶剂：NMP；凝胶介质：水；凝胶温度：60℃

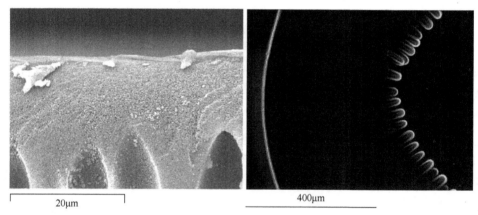

(a) 电镜照片(SEM)　　　　　　　　(b) 凝胶动力学照片(OPM)

图 3-16　指状结构与海绵状混合结构膜

PPESK：16%；溶剂：NMP；凝胶介质：水；草酸：7.5%；凝胶温度：60℃

　　在其他膜材料的成膜过程动力学研究实验中都得出了相同的结论，即凝胶速率与膜制备各参数之间，凝胶速率与膜结构与性能之间有很好的相关性；动力学图像与最终膜结构有很好的一致性。因此通过动力学的研究使膜制备和膜结构与性能之间架起相互联系的桥梁，可以用动力学实验来预测和表征膜的结构，指导制膜条件的选择及优化。这就改变了传统制膜"暗箱"操作的状况，把盲目的实验转变成有指导的实验，提高了非对称膜的研发效率。秦培勇等采用这样的方法，成功研制成高性能的 PPESK、PES、PSF 中空纤维超滤膜，图 3-18 是一种大通量的聚砜超滤膜产品的电镜照片，该膜具有薄而表面开孔率高的皮层；高度贯通的网络结构的多孔支撑层；膜的断面从内到外孔径逐渐增大，在 0.1MPa 压力下，温度为 20℃时，膜的纯水通量为 1200L/（m²·h），该膜产品已在工程中使用。

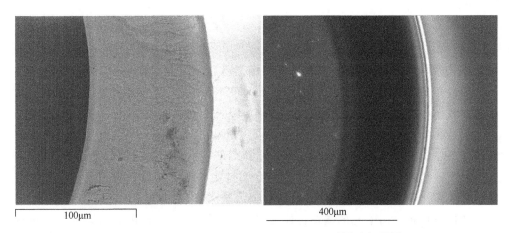

(a) 电镜照片(SEM)　　　　　　　　　(b) 凝胶动力学照片(OPM)

图 3-17　海绵状结构的膜

PPESK：16%；溶剂：NMP；凝胶介质：水；PVP：7.5%；凝胶温度：25℃

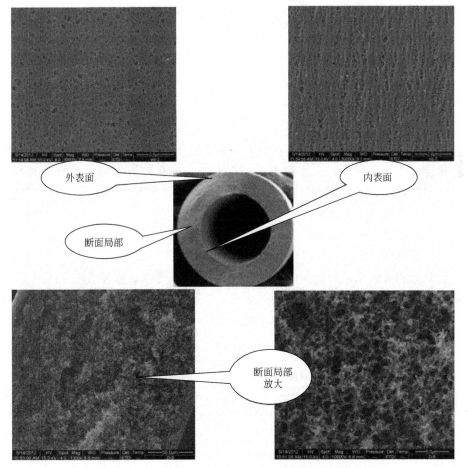

图 3-18　一种大通量的聚砜超滤膜产品的电镜照片

3.2.2.2 热致相分离法

热致相分离法（TIPS 法，简称热法）是 20 世纪 70 年代 Castrol 提出的一种制备多孔膜的新方法，近 10 多年来开发成工业上的实用技术。

热致相分离法制膜是指将聚合物与稀释剂在高温下混合溶解成均相溶液，将溶液制成平板状或纺制成中空纤维状后，经降温冷却，体系发生液-液或液-固相分离，聚合物固化成膜后，再将稀释剂萃取（或蒸发）除去，其中的孔是由稀释剂所占据的位置所形成的。热法制膜中，稀释剂是一种高沸点、低分子量的化合物，在常温下，它与聚合物不混溶，当升高温度时能与聚合物以任意比混溶，且不与聚合物发生化学反应。制膜的初始温度必须小于稀释剂的沸点，在初始温度下，聚合物性质稳定。由于它的基本特征是"高温溶解，低温分相"，所以称为"热致相分离"法。

（1）制膜方法及工艺

热致相分离法制膜工艺流程如图 3-19 所示。

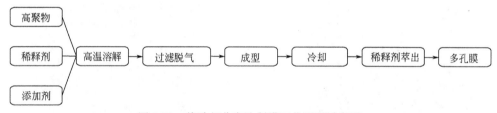

图 3-19　热致相分离法制膜工艺流程示意图

热致相分离制备聚合物多孔膜的方法通常由下列四个步骤所组成：①选择一种高沸点、小分子量的，在室温下是固态或液态的且与聚合物不相溶的稀释剂，当升高温度时该稀释剂能与聚合物形成均相溶液；②将该均相的聚合物溶液预制成所需要的形状，如平板膜或中空纤维膜的形状；③在冷却或等温淬冷过程中实现体系的液-液或液-固相分离；④用溶剂萃取或减压蒸馏的办法脱除分相后聚合物凝胶中的稀释剂，再经过干燥或亲水化处理步骤得到多孔膜。

在热致相分离法制膜过程中，制膜高聚物/稀释剂体系及制膜条件的改变，会引起体系热力学状态和动力学模式的变化，从而对膜结构与性能产生影响，如表 3-6 所示为影响膜结构性能的热力学因素和动力学因素。

表 3-6　热致相分离法制膜时影响膜孔结构及性能主要制膜因素

成膜高聚物溶液组成				成膜溶液温度	冷却速率	脱稀释剂速率
高聚物性质(P)	稀释剂(D)	添加剂(A)	配比			
(1)浓度 (2)分子量 (3)分子量分布 (4)链结构	(1)油性的 (2)水性的 (3)单一的 (4)混合的	(1)有机大分子 (2)有机小分子 (3)无机添加剂 (4)混合添加剂	(1)A/D (2)A/P (3)D/P	高温	(1)冷却液温度 (2)冷却液种类 (3)冷却液组成	(1)萃取液温度 (2)萃取液组成 (3)萃取时间

（2）制膜各因素对膜结构与性能的影响

① 高聚物浓度的影响 聚合物浓度的高低会影响聚合物/稀释剂体系的相分离状态，从而改变膜孔形貌、孔隙率、孔分布及孔径。降低高聚物溶液的浓度会促进液-液分相，抑制聚合物的结晶，容易得到孔结构贯通性好的膜。同时聚合物浓度增加，膜的孔隙率会降低，膜强度会增加。

② 聚合物分子量的影响 聚合物分子量主要通过以下两个方面对相分离热力学和动力学产生影响。聚合物分子量的改变，影响了聚合物与稀释剂的相互作用，进而导致体系热力学状态的改变。

聚合物分子量增加，聚合物与稀释剂的相容性变差，这是因为长链分子更具有分凝的倾向。聚合物分子量越大，铸膜液的最高共熔点温度越高，而动力学结晶温度没有较大变化。低分子量时，形成了大的包腔状孔结构；而高分子量时，形成了孔径较小的相互贯通的孔结构。由此可见，聚合物分子量的变化影响了体系的分相状态，导致孔的大小和形态均发生变化。

聚合物分子量的改变对相分离动力学也会产生影响。研究发现，随聚合物分子量的增加聚合物黏度增加，抑制了液-液分相的动力学过程，使液滴增长速度较慢而形成较小的孔。

③ 稀释剂种类 稀释剂种类对膜结构的影响主要体现在稀释剂与聚合物之间的相互作用，它直接影响相分离状态和相分离的机理。稀释剂与聚合物之间的相互作用强弱可以用相互作用参数来度量。随着体系相互作用参数 χ 增大，聚合物与稀释剂之间的相互作用减弱，发生液-液相分离的区域增大，相分离开始时的温度逐渐升高。

选择与聚合物有合适相互作用的单一稀释剂往往比较困难，而采用混合稀释剂的方法更加容易获得理想的相互作用参数。

共混稀释剂体系中，体系的雾点温度和结晶温度降低，膜的结构将由液-液相分离形成的网络孔结构转变为固-液相分离形成的球晶结构。稀释剂的流动性和结晶性也会对相分离过程产生影响。高结晶温度的稀释剂的结晶过程在聚合物结晶前发生，会限制聚合物结晶过程，对膜结构产生影响。

④ 冷却速率 冷却速率是热致相分离法制膜过程中重要的动力学参数。冷却速率能改变相分离机理，影响相分离速率及相分离的时间，从而对孔的结构和形态产生影响。在液-液相分离情形下，降低冷却速率微孔尺寸变大。这是因为有更长的液滴粗化生长时间，使微孔尺寸增大。如果冷却速率过快，体系迅速越过亚稳区而进入不稳区，按照旋节线分相机理发生液-液相分离形成双连续结构。在固-液相分离情形下，增加冷却速率，晶粒尺寸变小。这是因为冷却速率的增加伴随着成核点数目的增加及固化时间的缩短。

⑤ 后处理工艺 在后处理工艺中，萃取剂的种类和干燥方式会对膜结构产生一定的影响。聚合物与萃取剂、稀释剂之间的亲和性的竞争以及聚合物分子链的

自由排列可以对膜产生溶胀、收缩或者保持原有尺寸的影响。萃取剂的种类会影响膜的孔隙率、孔径以及渗透性能,随着萃取剂的表面张力和沸点的增加,膜孔的尺寸有减小的趋势。通过冷冻干燥的方法比室温空气中干燥的方法形成的膜尺寸的收缩要小。

⑥ 其他因素　除上述影响膜结构和性能的因素外,成核剂的加入也会对膜结构产生影响。研究发现,成核剂的加入可以提高结晶温度,增加结晶速率,减小了球晶的尺寸。

(3) 热法制备 PVDF 超滤膜的结构形态优化与选择

研究表明采用不同的稀释剂体系,不同配方、配比,可以制出不同的膜结构。比较典型的主要有五种,即球晶结构、束晶结构、叶片晶结构、胞腔结构及三维互穿网络结构,如图 3-20～图 3-24 所示。

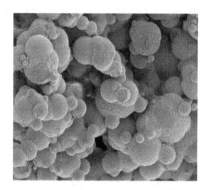

图 3-20　球晶结构

图 3-21　束晶结构

聚合物/稀释剂体系的液-固相分离会导致球晶结构的形成,如图 3-20 所示,由于球晶之间相互联系不紧密,因此膜强度很差,没有实用价值。图 3-21 所示的束晶结构,图 3-22 所示的叶片晶结构,也是通过液-固相分离而形成的,这种膜强度好，但膜孔贯通性差，一般通量较小。图 3-23 所示的是一种胞腔结构，它通过液-液相分离而形成，这种膜强度高，但孔之间贯通性差，甚至有的是封闭的胞腔，通量很小，没有实用价值。第五种如图 3-24 所示，为三维互穿网络结构，是通过液-液相分离而形成的，由于孔结构高度贯通，高分子网络相互拉扯，因此，膜的强度高，通量大，是一种理想的膜结构，但其制备难度很大，得到这种结构十分不易。

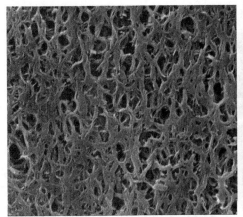 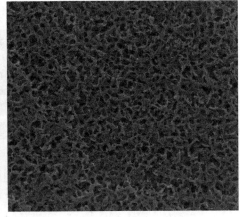

图 3-22　叶片晶结构

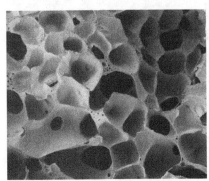 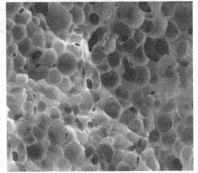

图 3-23　胞腔结构

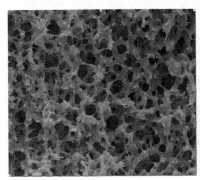 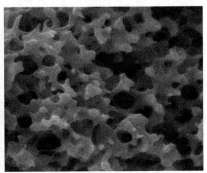

图 3-24　三维互穿网络结构

　　图 3-25 为其中一种优化条件下制备的 PVDF 中空纤维超滤膜断面扫描电镜照片图。该膜具有密度梯度孔结构，膜外表面孔径最小，断面外边缘孔径较小，从外向内孔径逐渐增大，内表面孔径最大。是典型的非对称型结构的中空纤维超滤膜，膜断面为三维互穿网络结构。膜外表面的平均孔径为 40nm，纯水通量为 $600\sim700$L/($m^2 \cdot h$)（水温为 20℃，操作压力为 0.1 MPa），拉伸强度为 $6.0\sim7.0$MPa，断裂伸长率为 90%～120%。

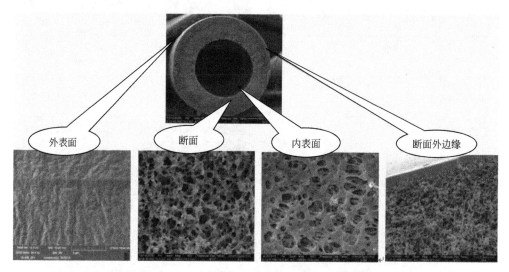

图 3-25　已经商品化的热法中空纤维膜的电镜照片

注：上面 4 张照片除外表面放大 40000 倍外，其余的均放大 10000 倍

　　这种热法制备的 PVDF 中空纤维超滤膜已由膜华科技投入工业化生产，并在大型市政饮用水工程、工业废水再生回用工程中推广应用。

3.2.3　超滤膜组件

　　所有膜装置的核心部分都是膜组件，即按一定技术要求将膜组装在一起的组合构件。膜组件一般包括膜、膜的支撑体或连接物，与膜组件中流体分布有关的流道、膜的密封、外壳以及外接口等。在开发膜组件的过程中，必须考虑以下几个基本要求：流体分布均匀，无死角；压力损失小，具有良好的机械稳定性、化学稳定性和热稳定性；装填密度大；制造成本低；更换膜的成本尽可能低；易于清洗。

　　超滤膜组件产品，特别在我国是膜产业中生产企业最多，产品种类、型号最丰富，产能最大的膜产品，能与国外产品相抗衡。其在饮用水处理及废水处理回用工程中广泛应用，工程实例多达千余个。从结构上看，超滤膜组件可分为两种类型共五种结构形式，即管式（管式膜组件、毛细管膜组件和中空纤维膜组件）

及板式（平板式膜组件、卷式膜组件）。由于卷式膜组件首先是为反渗透过程开发的，本书将在反渗透一章作介绍，本章不作重复。

（1）毛细管膜组件

毛细管膜具有自支撑的特点。毛细管膜组件是将很多的毛细管膜安装在一个膜组件中，如图 3-26 所示。膜的自由端用环氧树脂、聚氨酯或硅橡胶封装。膜组件的安装及操作方式有两种：①膜的皮层在毛细管内侧，原料液流经毛细管内腔，在毛细管外侧收集渗透物［图 3-26（a），从内向外流动式］；②膜的皮层在毛细管的外侧，原料液从毛细管外侧进入膜组件，渗透物通过毛细管内腔［图 3-26（b），从外向内流动式］。这两种方式的选择主要取决于具体应用场合，要考虑到压力、压降、膜的种类等因素。组件的装填密度为 $600 \sim 1200 \mathrm{m}^2/\mathrm{m}^3$，介于管式膜组件与中空纤维膜组件之间。

毛细管膜组件特点：投资费用较低，对料液中浊度要求比较宽松，膜装填面积较大。缺点是操作压力受到限制，对系统操作出现的错误比较敏感。

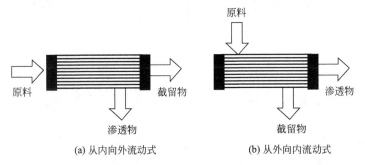

(a) 从内向外流动式　　　　　　(b) 从外向内流动式

图 3-26　毛细管膜组件示意图

（2）中空纤维膜组件

中空纤维膜也是自支撑的，但膜丝直径比毛细管膜细得多。中空纤维膜组件是装填密度最高的一种膜组件构型，单个组件内能装填几十万到上百万根中空纤维超滤膜丝，装填面积可以达到 $30000 \mathrm{m}^2/\mathrm{m}^3$。其主要优点是膜的装填密度高，产水量大；制造方便，便于大型化和集成化；成本低；应用广泛。主要缺点是膜面污垢去除困难，不能进行机械清洗，只能采用化学清洗；对进料液要求有严格的预处理。

目前，为了最大限度地减少污染和浓差极化，商品化的中空纤维膜组件，在流道设计时，采用横向流代替切向流，在膜组件中装有一个多孔的中心管，使原料垂直于纤维流动，强化了边界层的传质过程，同时纤维本身起到湍流强化器的作用。

在实际工程中广泛使用的中空纤维膜组件的形式主要有三种，即柱式膜组件（见图 3-27）、帘式膜组件（见图 3-28）、集束式膜组件（见图 3-29）。其中柱式膜组件又分为外压膜组件和内压膜组件；帘式膜组件中，中空纤维膜丝全裸在待处理水环境中；集束式膜组件分为全裸和半裸两种形式。

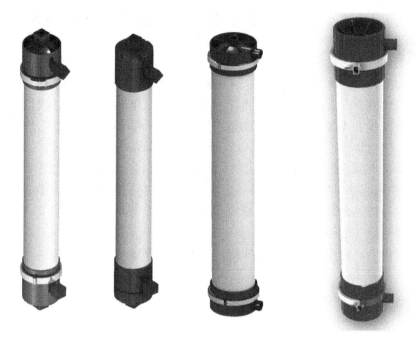

图 3-27　柱式膜组件

图 3-28　帘式膜组件

图 3-30、图 3-31 分别为柱式内压膜组件和柱式外压膜组件的错流过滤示意图。对于内压法错流过滤，从图 3-30 可见，原水从膜的一端进入中空纤维膜丝内

部，在压力的作用下（内高外低）向膜丝外部渗透，污染物被膜内壁截留，清水透过膜壁在中空纤维膜丝外汇聚成产水。被截留在膜丝内的污染物和少量原水从膜丝另一端流出，形成浓水。对于外压法错流过滤，从图 3-31 可见，原水在中空纤维膜丝外部（膜丝之间）沿丝外壁轴向流动的过程中，在压力的作用下（外高内低）向膜丝内部渗透，污染物被膜外壁截留，清水透过膜壁在中空纤维膜丝内汇聚成产水。对于外压全流过滤，从图 3-32 可见，原水在压力的作用下（外高内低），从中空纤维膜外部向膜丝内部渗透，污染物被膜外壁截留，清水透过膜成为产水，全流过滤不产生浓水。浸没式组件、家用饮水器滤芯的过滤形式往往采用外压法全流过滤。

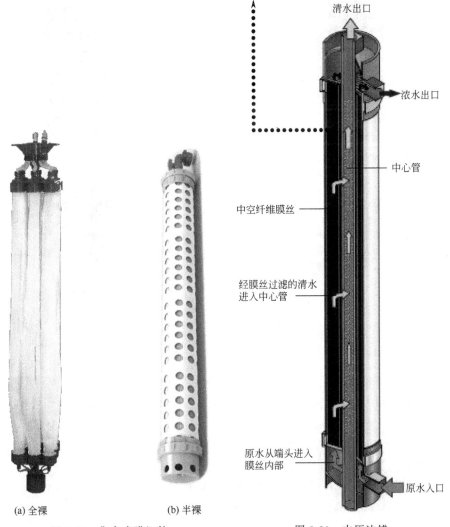

(a) 全裸　　　　　(b) 半裸

图 3-29　集束式膜组件

图 3-30　内压法错流过滤示意图

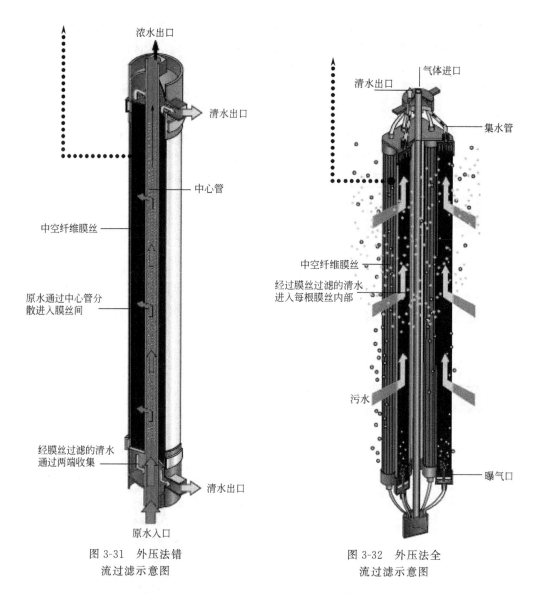

图 3-31 外压法错
流过滤示意图

图 3-32 外压法全
流过滤示意图

（3）管式膜组件

与毛细管和中空纤维膜不同，管式膜不是自支撑的，膜被固定在一个多孔的不锈钢、陶瓷或塑料管内。管直径通常 6～24mm，每个膜组件中膜管数目一般为 4～18 根，当然也不局限于这个数目。如图 3-33 所示，原料一般流经膜管内，渗透物通过多孔支撑管流入膜组件外壳。

管式膜组件的主要优点是能有效地控制浓差极化；可大范围地调节料液的流速，流动状态好；污垢容易清洗；对料液的预处理要求不高并可处理含悬浮固体的料液。其缺点是投资和运行费用较高；装填密度较低，≤300m²/m³。

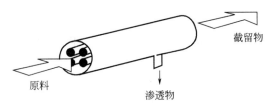

图 3-33 管式膜组件

（4）板框式膜组件

板框式膜组件结构中的基本部件是：平板膜、支撑板与进料边起流体导向作用的进料板。将这些部件以适当的方式组合堆叠在一起，构成板框式膜单元。

板框式膜单元，是由两张膜一组构成夹层结构，两张膜的膜面相对，由此构成原料腔室和渗透物腔室。在原料腔室和渗透物腔室中安装适当的间隔器。采用密封环和两个端板将一系列这样的膜单元安装在一起以满足一定的膜面积要求，这便构成板框式膜组件。

这类膜组件的装填密度约为 $100\sim400\mathrm{m}^2/\mathrm{m}^3$。图 3-34 为板框式膜组件流道示意图。为减少流量分布不均的问题，膜组件中设计了挡板。这种板框式膜组件的优点是，每两片膜之间的渗透物都是被单独引出来的，可以通过关闭各个膜单元来消除操作中的故障，而不必使整个膜组件停止运转。缺点是在板框式膜组件中需要个别密封的数目太多，同时内部压力损失也相对较高（取决于流体转折流动的情况）；价格较昂贵板框式膜组件的费用一般为 $500\sim1000$ 美元$/\mathrm{m}^2$，而膜的更换费用为 $30\sim100$ 美元$/\mathrm{m}^2$。

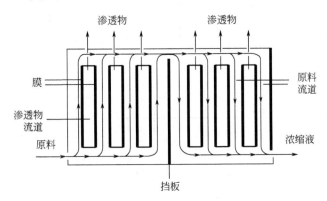

图 3-34 板框式膜组件流道示意图

3.2.4 国内外超滤膜产品简介

我国生产和销售超滤膜的公司有百余家，本书列举了几家有代表性公司的产品，见表 3-7；表 3-8 是国外公司在我国销售的膜产品，更详细的介绍可参见各公司的产品手册。

表 3-7　我国主要生产和销售的超滤膜产品介绍

组件生产商	类型	型号	膜面积/m²	膜材料	外形尺寸/mm×mm	设计产水通量/[L/(m²·h)]	孔径/μm	最大进水压力/MPa	使用温度/℃
天津膜天	柱式	UOF865	65	PVDF	1988×225	40~50	0.03	0.2	1~40
	柱式	UOT874	74	PVDF	2320×225	47~60	0.03	0.35	1~40
	帘式	ST635D	35	PVDF	1801×160	35~45	0.03	0.1	1~40
	帘式	ST655D	55	PVDF	1801×160	35~45	0.03	0.1	1~40
北京碧水源	帘式	FR-Ⅱ	11.7	PVDF	1500×680	30	—	—	—
	帘式	FR-Ⅲ	32	PVDF	2000×1250	30	—	—	—
膜华科技	柱式	iMEM-225-01TV523-W	50	热法 PVDF	225×1650	45~60	0.03	0.3	5~40
		iMEM-225-01S015-N	58	PSF	225×1650	50~120	0.01	0.5	5~40
		iMEM-250-01S015-NW	80	PSF	250×1700	50~120	0.01	0.5	5~40
		iMEM-250-01TVHJ007-N	80	热法 PVDF 合金	250×1747	45~120	0.02	0.3	5~40
		iMEM-250-01TV533-W	80	热法 PVDF	250×1700	45~60	0.03	0.3	5~40
	帘式	iMBR-B1500-01TV533	20	热法 PVDF	620×1530	15~25	0.04	0.1	5~40
		iMBR-B1500-01TV533	20	热法 PVDF	620×1530	15~25	0.04	0.1	5~40
		iSMF-C2000-01TV523	35	热法 PVDF	720×2000	25~40	0.04	抽吸压力−0.08	5~40
		iSMF-D2000-01TV523	35	热法 PVDF	746×2000	25~35	0.04	抽吸压力−0.08	5~40
北京特里高	柱式	WW8000K	30	PSF	1460×245	40~80	—	—	50
	管式	WW8060K	43	PSF	1920×245	40~80	—	—	50

续表

组件生产商	类型	型号	膜面积/m²	膜材料	外形尺寸/mm×mm	设计产水通量/[L/(m²·h)]	孔径/μm	最大进水压力/MPa	使用温度/℃
杭州北斗星	卷式	BDX4040u	5	PSF	—	10	3万~5万道尔顿	0.2	50
	卷式	BDX8040u	25	PSF	—	42	3万~5万道尔顿	0.2	50
海南立升	柱式	LH3-1060-V	40	合金PVC	277×1715	60~160	0.01	0.3	—
	柱式	LH3-06 50-V	10	合金PVC	187×1398	60~160	0.01	0.3	—
	帘式	LJ1E-2000-V160	35	合金PVC	—	—	—	—	—

表 3-8 国外主要销售超滤膜产品介绍

组件生产商	组件类型	型号	膜面积/m²	膜材料	外形尺寸/mm×mm	设计产水通量/[L/(m²·h)]	孔径/μm	最大进水压力/MPa	使用温度/℃
陶氏	柱式	SFP-2880	77	PVDF	2360×225	40~120	0.03	0.3	40
	柱式	SFP-2860	51	PVDF	1860×225	40~120	0.03	0.3	40
GE	柱式	ZeeWeed1500	51.1	PVDF	1920×180	—	0.02	—	40
海德能	柱式	HYDRAcapMAX60	78	PVDF	1833×250	34~110	0.08	0.5	40
	柱式	HYDRAcapMAX80	105	PVDF	2341×250	34~110	0.08	0.5	40
科氏	柱式	TARGA 10072	80.9	PES/PSF	2011×357	50~102	10万道尔顿	0.31	40
旭化成	帘式	UHS-620A	50	PVDF	2164×167	40~160	0.08	抽吸压力-0.08	40
	帘式	UHS-640A	35	PVDF	1553×167	42~157	0.08	抽吸压力-0.08	40

3.3 超滤膜分离过程

3.3.1 操作方式

超滤膜过滤有两种基本操作方式：全流过滤（full-flow filtration）和错流过滤（cross-flow filtration），如图 3-30～图 3-32 所示。

全流过滤是指在膜两边压力差的驱动下，溶质和溶剂垂直于分离膜方向运动，溶质被膜截留，溶剂透过膜而使溶质和溶剂分离。全流过滤中主体料液与透过液运动方向相同，过程不产生浓缩液。全流过滤也称死端过滤（dead-end filtration），它随着操作时间的增加，膜污染会越来越严重，过滤阻力越来越大，膜的渗透速率越来越低，必须周期性地停下来清洗膜表面，所以全程过滤是间歇式的。

错流过滤过程中，主体料液与膜表面切向流动，原料液从膜组件一端流入，料液中的溶质被膜截留，浓缩液从膜的另一端流出，透过液垂直膜面透过膜。因此错流过滤也被称为切向流过滤。在错流过滤过程中，料液流经膜表面时产生的剪切力会把膜面上滞留的颗粒带走，使污染层保持在一个较低的水平上，能有效地控制浓差极化和滤饼堆积，所以长时间操作仍可保持较高的膜通量。

柱式组件外压过滤时，料液通道没有被堵塞的危险，但纤维间的死角易导致堵塞，不易清洗。柱式内压过滤时，污染物集中在膜丝内部，因此避免了在膜组件端部的膜丝处累积污染物而导致污染难以被清洗的后果。

3.3.2 超滤膜污染及其控制

膜污染是指待处理体系中的微粒、胶体粒子或溶质大分子与膜发生物理、化学相互作用，在膜表面或膜孔内吸附、沉积造成膜孔径变小或堵塞，导致膜分离性能下降的现象。膜污染是超滤膜工业化应用中首先要解决的关键问题。它不但使膜的通量下降，而且使运行成本增加，膜寿命缩短，严重的甚至使膜孔堵死，整个膜系统不能工作。因此，必须采取措施减缓膜的污染。

微滤、超滤、纳滤以及反渗透膜均发生膜污染。除了产生膜污染的共性原因外，每种膜污染又有自身特点，其中，超滤膜最易发生污染。超滤膜污染通常有以下几种形式：膜孔内溶质吸附造成的孔径缩小、膜表面溶质吸附造成的堵孔；膜表面溶质沉积形成的滤饼层。膜污染成为制约超滤技术应用的瓶颈，了解产生膜污染的原因，掌握控制膜污染的对策至关重要。

3.3.2.1 引起膜污染的主要因素

导致膜污染的因素很多，因膜所应用体系的不同而不同。主要的因素有：膜的物理化学结构，如膜孔结构、表面粗糙度、膜材料的亲水性、荷电性等；溶质性能；膜材料、溶质和溶剂之间的相互作用；操作参数，如温度、压力和料液流速。

污染物的种类包括无机物（如 $CaSO_4$、$CaCO_3$、铁盐或凝胶、磷酸钙复合物、无机胶体等）和有机物（如蛋白质、脂肪、碳水化合物、微生物、有机胶体及凝胶、腐殖酸、多羟基芳香化合物等）。

（1）膜材料的性质

① 亲水性　亲水的膜表面与水形成氢键，这种水处于有序结构。当疏水溶质要接近膜表面，这需要能量来破坏有序水，因此过程不易进行，膜面不易被污染。疏水膜的表面上水无氢键作用，当疏水溶质接近膜表面时，二者之间有较强的相互作用，膜面易吸附溶质而被污染。

② 荷电性　有些膜材料带有极性基团或可离解基团，因而在与溶液接触后，由于溶剂化作用或离解作用使膜表面荷电化。它与溶液中荷电溶质产生相互作用，相同电荷排斥，膜表面不易污染；不同电荷吸引，膜面易吸附溶质而被污染。例如，阴极电泳漆超滤系统中，由于阴极电泳漆的固体含量高，且主要成分为水溶性的高分子乳液涂料和极细的胶体状颜料，故膜极易污染。为提高膜的抗污染性，目前电泳漆超滤系统中普遍采用荷电膜，以电荷排斥来防止漆在膜面上的聚集，从而实现低操作压力、高通量、长寿命和少清洗等目的。

（2）膜孔结构

从筛分机理可知，粒子或溶质尺寸与膜孔相近时易堵塞膜孔。它们大于膜孔时，由于横向切流作用，在膜表面很难停留聚集，故不易堵孔，如图 3-35 所示。同时，膜孔径分布或截留分子量的敏锐性，也对膜污染产生重大影响。

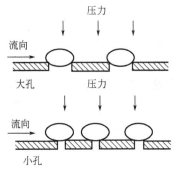

图 3-35　膜的污染机理示意图

理论上讲，在保证能截留所需粒子或大分子溶质前提下，应尽量选择孔径或截留分子量大点的膜，以得到较高透水量。但实践证明，选用较大膜孔径，由于孔径大的膜的内吸附大于孔径小的膜的内吸附，因有更高污染速率，反而使透水量下降。在超滤分离浓缩蛋白质及酶时，也有最佳截留分子量选择问题。其中，一个指导原则是被选膜的孔径比溶质的尺寸要小 $5 \sim 10$ 倍。针对不同分离对象，由于溶液中最小粒子及其特性不同，应当用实验来选择最佳孔径的膜。

对于具有双皮层的中空纤维超滤膜，由于双皮层膜中内外皮层各存在孔径分布，因此使用内压时，有些大分子透过内皮层孔，可能在外皮层被更小孔截留而产生堵孔，引起透水量不可逆衰减，甚至用反洗也不能恢复其性能。而对于单内皮层中空纤维超滤膜，外表面为开孔结构，即外表面孔径比内表面孔径大几个数量级，这样透过内表面孔的大分子不会被外表孔截留，因而抗污染能力强。此时，即使内表面被污染，用反洗也很容易恢复性能。通常原则是选择不对称结构膜较耐污染。

（3）膜表面的平整度

膜面光滑不易污染，膜面粗糙容易污染。例如，醋酸纤维素膜的表面比其他聚合物膜如聚酰胺复合膜光滑，该膜的抗污染性较好。聚酰胺类超滤膜易被生物污染。

（4）膜组件结构

当待分离溶液中悬浮物含量较低，且产物在透过液中时，用超滤分离澄清，则选择组件结构余地较大。若截留物是产物，且要高倍浓缩，选择组件结构要慎重。一般来讲，带隔网作料液流道的组件，由于固体物容易在膜面沉积、堵塞，不宜采用。但毛细管式与薄层流道式组件设计可以使料液高速流动，剪切力较大，有利于减少粒子或大分子溶质在膜面沉积，减少浓差极化或凝胶层形成。

3.3.2.2 超滤膜污染程度的监测

膜污染程度的标定对于有效控制膜污染至关重要。除了以渗透通量变化来标定膜污染外，近年来，膜污染程度的实时在线监测备受关注，且取得了重要进展。

（1）膜污染的实时监测技术

膜污染的实时检测方法主要有直接观察技术（DOTM）、直接目视观测技术、激光三角测量法、激光传感器技术以及超声时域反射技术（UTDR）等。

① 直接观察技术　如图 3-36 所示，直接观察技术设备包括一个可以调整发射和反射光源的光学显微镜和一个与显微镜相连接的摄像机。在合适的显微镜放大倍数下，摄像机显示屏可以清晰地辨别直径大于 $1\mu m$ 的颗粒。例如，Li 等人采用 DOTM 技术在线监测了酵母粉和乳胶颗粒在膜表面的沉积过程。在直径为 $6.4\mu m$ 的乳胶溶液过滤实验中，接近临界通量操作时，DOTM 技术可以观察到颗粒污染物在膜表面的滚动行为。而在直径为 $3\mu m$ 的乳胶溶液过滤实验中，DOTM 技术可以观察到膜表面流动的污染层。

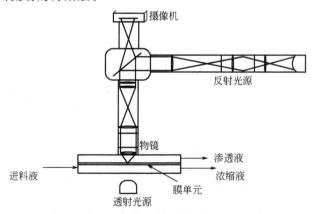

图 3-36　DOTM 技术的光学组成元件

② 直接目视观测技术 原理如图 3-37 所示,显微镜的物镜被固定在进料液一侧膜组件的外部。显微镜系统包括一个彩色摄像机,用以从显微镜采集照片,并在电脑的屏幕上显示出来。

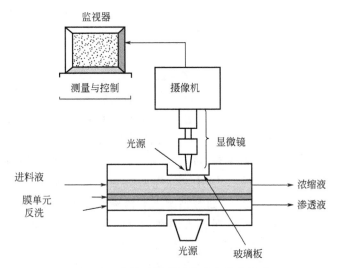

图 3-37 直接目视观测技术的设备组成

③ 激光三角测量法 借助于激光的反射作用。激光穿过膜组件顶部窗口,进入原料液测,遇到膜表面后会反射回去。当膜表面形成污染层后,与干净膜的激光反射信号相比,污染层表面的激光反射信号发生偏转。反射信号的迁移距离可以从像平面上获得,从而估算污染层的厚度,如图 3-38 所示。

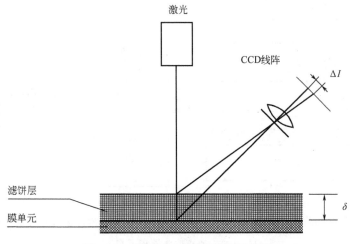

图 3-38 激光三角测量法原理示意图

④ 激光传感器技术 监测膜污染的原理是,沉积的污染层会从穿透的激光束吸收光能,激光穿透污染层后,信号强度发生变化,可以根据此变化计算污染层

的厚度。

⑤ 超声时域反射法（ultrasonic time-domain reflectometry，UTDR） 利用其反射波的振幅与到达时间变化来监测膜污染、清洗过程，并且还可以检测膜材料的性能，例如：膜的压实性、多孔性和挤压性等。其测试原理是根据超声波在反射截面中声阻抗的差异，导致其反射波振幅的不同。其中声阻抗率由（Z）下式决定。

$$Z = \rho c \tag{3-4}$$

式中，ρ 为介质密度，kg/m³；c 为介质中的声速，m/s。

图 3-39（a）为 UTDR 实验中典型平板膜组件的截面视图。膜被置于两个平板之间，传感器置于膜组件外部并与上平板表面相连接。料液从膜的上游侧流过，透过液从膜的下游侧流出。图 3-39（b）为与图 3-39（a）相应的时域反射信号图。反射波 A 代表顶部平板与料液之间的分界面反射。反射波 B 代表最初的料液（水）与膜之间的分界面的反射。通常情况下，污染层在膜表面上一旦生成，进料溶液与膜之间分界面上的声阻抗即膜表面性质将有所改变，从而导致由反射波 B 变为反射波 B′。更进一步说，如果污染层的厚度足够厚（ΔS）从而能被超声信号分辨开，料液与污染层之间的分界面会反射出新的反射波 C。如果我们能测量出反射波 B 与 C 到达时间并计算出其差值（Δt），污染层的厚度可通过下式求得。

$$\Delta S = \frac{1}{2}c\,\Delta t \tag{3-5}$$

式中，ΔS 为界面至传感器距离；Δt 是到达时间。当超声速度（c）已知时，便可以计算 ΔS 的准确值。

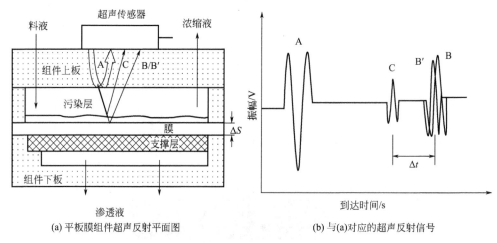

(a) 平板膜组件超声反射平面图   (b) 与(a)对应的超声反射信号

图 3-39　超声监测原理示意图

基于以上超声技术在平板膜过程研究中的应用，Li 等人还将超声时域反射法应用到中空纤维超滤膜污染的监测中。实验结果表明，此方法可以区分和识别膜上下表面与水形成的四个界面。如图 3-40（a）、（b）所示，信号峰 L、M、N 和 O 代表中空纤维膜组件内部的以下两相界面：纯水/中空纤维膜外上表面、内上表面/纯水、纯水/内下表面和外下表面/纯水。同时，将得到的超声信号经 AGU-Vallen Wavelet 软件变换为二维和三维的小波谱图，如图 3-40（c）、（d）所示，可以清楚地分辨中空纤维膜的内腔和外壁结构。

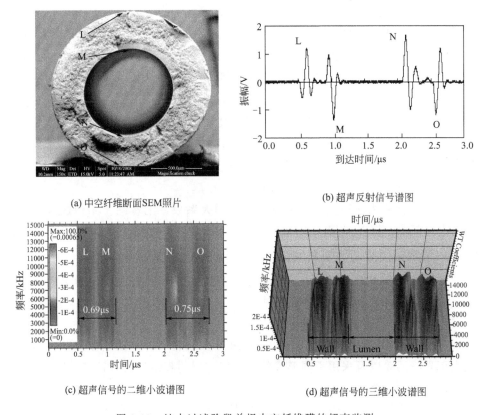

(a) 中空纤维断面SEM照片

(b) 超声反射信号谱图

(c) 超声信号的二维小波谱图

(d) 超声信号的三维小波谱图

图 3-40　纯水过滤阶段单根中空纤维膜的超声监测

由此可知，采用以上无损检测技术，在不中断膜过滤设备运行的前提下，操作人员可以对膜污染进行在线评价，为污染控制和清洗策略提供了很有价值的在线监测信息。

（2）阻力系数法

膜渗透通量的降低是由膜孔内、膜表面和靠近膜表面的状况变化，通常是由于驱动力减小或阻力增加而引起的。一般而言，膜的渗透速率可用下式来描述。

根据阻力模型可得：

$$J_v = \Delta p / [\mu(R_m + R_{bl} + R_f)] = \Delta p / (\mu R_t) \tag{3-6}$$

式中，μ 为溶液黏度；R_m 为膜阻力；R_{bl} 为浓差极化边界阻力；R_f 为膜污染产生的阻力；R_t 为膜过程的总阻力，且 $R_t = R_m + R_{bl} + R_f$。运用该方程可定性解释膜渗透速率随运行时间延长而降低的现象，但难以定量测定。真实定量地表征膜污染程度的方法有待进一步研究。膜污染的程度可以用蛋白吸附法来测定，膜污染程度的标定可采用膜阻力系数法。

该法的基本步骤如下：

① 测定膜的初始纯水渗透速率：由于此时 $R_{b1}=R_f=0$，根据式（3-6）可知

$$J_0=\Delta p/(\mu R_m) \tag{3-7}$$

② 膜运行污染后的膜通量

$$J_1=\Delta p/[\mu(R_m+R_{b1}+R_f)] \tag{3-8}$$

③ 膜运行污染后，仅用清水洗一下，再测定其纯水渗透速率，此时 $R_{b1}=0$

$$J_2=\Delta p/[\mu(R_m+R_f)] \tag{3-9}$$

根据 J_1、J_2、J_0 值，并假定 μ 在测试过程中不变，即可求出 R_m、R_{b1}、R_f 值在总阻力 R_t 中所占的比例。由式（3-7）、式（3-8）及式（3-9）可得

$$R_f=R_m[(J_0-J_2)/J_2] \tag{3-10}$$

定义：

$$m=(J_0-J_2)/J_2 \tag{3-11}$$

式中，m 值称为水通量衰减系数或阻力增大系数，无量纲。m 值越大，表示透过量衰减越大，膜污染情况越严重。

3.3.2.3 膜污染的控制及恢复通量的方法

针对膜污染产生的原因，采用合适的方法可以很好地控制膜的污染，恢复膜的通量。常用的方法有物理法和化学法两类。

（1）膜材料及膜组件的选择

根据溶质性质不同选择合适的膜及膜组件。一般来讲，孔径分布窄、亲水性强且表面光滑的膜以及采用不同形式的湍流促进器的膜组件具有较好的抗污染性。

（2）料液预处理

为了减少污染首先要确定适当的预处理方法。一般在超滤组件前均装有精度为 $5\sim10\mu m$ 的过滤器，以去除固体悬浮物及铁铝等胶体。对于含蛋白质料液应调节 pH 值，避免等电点。为了使超滤组件长期运行，可以采用其他物理或化学的方法对料液进行预处理，如絮凝沉淀、机械过滤、离心分离、软化、热处理、杀菌消毒、活性炭吸附、化学净化和微滤等。

（3）物理方法

① 水力学方法　降低操作压力，提高料液循环量，有利于提高通量。

采用液流脉冲的形式可以很快将膜污染清除，特别是洗液脉冲同反冲洗结合起来，将会得到令人满意的效果。

采用将压缩空气通向膜组件的处理液侧的鼓泡操作方式，能减轻膜的浓差极化与膜的污染，提高膜的渗透速率。

通过膜片旋转和振动等方式也是控制膜污染的有效方法。

② 反冲洗法 采用纯净液体在压力下反向透过膜,除去沉积在膜表面及内壁的污染物,注意洗涤液中不得含有悬浮物以防止中空纤维膜的海绵状层被堵塞。这种方法的效果取决于沉积层的性质,例如,胶体沉积物和可溶性大分子类凝胶层的清洗效果就差一点。另外,如果膜孔被污染,这种方法的清洗效果就不明显,结果使膜的通量逐步降低。

反冲洗的方式可分为以下几种。a. 不停机反洗,如图 3-41 (a) 所示,超滤循环不停,用高于循环的压力使透过液返回料液侧,从而除去膜表面上的沉积物;b. 停机反洗,该方法是停止料液的循环,将透过液或干净的清洗剂或纯净水等反向透过膜而达到清洗的目的。该法反洗压力较低,更适合单皮层膜的清洗,缺点是循环泵频繁启动不宜提高清洗频率;两套内压中空纤维膜并联使用,其中一套工作,分流出一部分超滤液来反冲另一套中空纤维膜,间隔一段时间后交换进行,一般是工作 10min,反冲 1min。这种边工作边反冲的方式能很好地防止膜孔道堵塞,使膜通量保持在较高的状态。它不需用清洗剂,是一种有效的方法。但对换向开关及其控制部件要求较高。

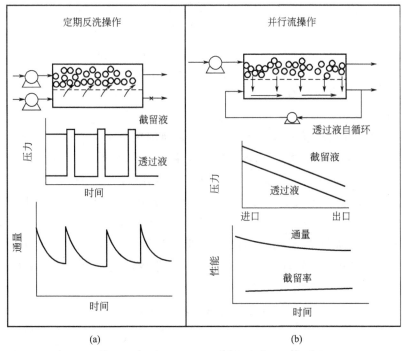

图 3-41 膜的反洗示意图 (a) 与恒定跨膜压差法示意图 (b)

对于中空纤维膜组件,还可采用负压清洗方法,即用抽吸的方法使膜的功能面处于负压状态,从而去除污染物,使膜的性能得到恢复。其优点为当膜的外侧压力为大气压时,膜内外侧的压差最大为一个大气压,膜不易损坏,其清洗效果优于等压清洗。

③ 气-液脉冲　往膜组件内间隙通入高压气体（空气或氮气）就形成气-液脉冲。气体脉冲使膜上的孔道膨胀，从而使污染物能被液体冲走。此法效果较好，气体压力一般为 0.2～0.5MPa，可以使膜通量恢复到 90％以上。

④ 恒定跨膜压差操作方式　一般来讲，为了减少膜的污染采用增加流体的膜面流速和降低膜的跨膜压差。然而，这两种方法往往是矛盾的。增加流体的膜面流速将有可能增加膜的跨膜压差，为了既能增加流体的膜面流速又能降低且恒定膜的跨膜压差，可采用透过液并行流动的方法，如图 3-41 (b) 所示。该方法将透过液用泵在一定的压力下循环，从而在能保持料液膜面高流速条件下，又能降低膜的跨膜压差并能保持恒定。

⑤ 临界或亚临界渗透通量操作法　临界渗透通量是指能使膜保持长期稳定运行的最大渗透通量。低于临界渗透通量运行，跨膜压差变化缓慢，膜的过滤阻力随时间缓慢上升。对于颗粒来讲，颗粒的反极化率高于对流率，因此无滤饼形成。膜的临界渗透通量与料液的错流速度及膜的本身性质有关。由于不同的体系溶质与膜的相互作用不同，临界渗透通量难于事先得到，一般通过试验确定。有实验得出，对于 $0.1\mu m$ 的粒子，临界渗透通量约为 $3.6～36L/(m^2 \cdot h)$。对于 $1\mu m$ 的粒子，临界渗透通量约为 $36L/(m^2 \cdot h)$。临界渗透通量概念指出亚临界或临界渗透通量可以部分避免膜的污染，最大限度减少膜的清洗频率。

此外，还有电场过滤、脉冲电脉清洗、脉冲电解清洗、电渗透反洗、超声波清洗、海绵球机械擦洗等物理清洗方法。

（4）化学清洗

当采用物理方法不能使膜性能恢复时，必须用化学清洗剂进行清洗。常用的化学清洗剂主要包括：酸类、碱类、表面活性剂、活性氯、含酶清洗剂、杀菌剂等。例如，对于牛奶造成的污染，可采用碱-酸-碱流程，有一种清洗方案是：在正常操作温度下用清水漂洗 10min，在 60～70℃下碱洗 30～60min，用清水漂洗 10min，在 50～60℃下酸洗 20～60min，用清水漂洗 10min，在 60～75℃下碱洗 15～30min，用清水漂洗 10min，消毒时通常在室温下加消毒剂循环 10～30min。而对于奶酪，先用酸，然后用碱性清洗剂；对于果胶，碱性清洗剂的效果较好。

不同污染物的清洗方法见表 3-9。

表 3-9　典型污染物清洗条件

污染物	清洗剂	时间/温度	作用机理
脂肪/油,蛋白质,多糖,细菌	0.5mol/L NaOH＋200mg/L 氯	30～60min 25～55℃	水解/氧化
DNA,矿物质	0.1～0.5mol/L 醋酸或柠檬酸	30～60min 25～35℃	溶解
脂肪/油,蛋白质,生物高分子	0.1%SDS,0.1% TritonX-100	30min 至过夜 25～55℃	润湿,乳化,悬浮,分散

污染物	清洗剂	时间/温度	作用机理
细胞碎片,脂肪,油,蛋白质	酶清洗剂	30min 至过夜 25～40℃	蛋白催化水解
DNA	0.5%DNAase	30min 至过夜 25～55℃	酶水解
脂肪,油,油脂	20%～50%乙醇	30～60min 25～50℃	溶解

3.4　超滤膜技术的应用

与微滤技术一样,超滤技术是应用最广泛的一种膜分离技术,该技术在水处理、废水深度处理及水资源回收利用、饮品发酵、果汁浓缩、生物制药等工业领域有着广阔的应用前景。

3.4.1　超滤技术的应用领域及应用情况简介

超滤技术的应用领域、处理对象、目的及效果见表 3-10。

表 3-10　超滤技术的应用领域、处理对象、目的及效果

应用领域	处理对象	处理目的及实施效果
各种水处理及水质改善	(1)市政饮用水处理	去除水中悬浮物、细菌、病毒、两虫,生产优质饮用水,饮用水达到国标要求
	(2)工业用水的初级纯化,用于电渗析,离子交换及反渗透系统的预处理	去除水中悬浮物、胶体、大分子有机物、菌类及藻类等,达到反渗透进水水质要求
	(3)超纯水系统的终端处理	作为反渗透系统制备半导体、显像管、集成电路等清洗用高纯水的把关设备
	(4)矿泉水、饮料配水的净化	除去水中悬浮物、大分子有机物、细菌、大肠杆菌等有害物质,保留水中矿物质
	(5)医药用水的制备,包括洗瓶水、输液配水、制剂用水	除浊、除菌,除热源体及大分子有机物,达到药典规定的水质标准
食品及发酵工业	(1)分离纯化制取大豆蛋白	蛋白质及低聚糖分离,实现生产零排放
	(2)蔬果汁的浓缩、澄清,如菠萝、柠檬、桃、梨、苹果、草莓、杏、南瓜等多种蔬果汁	除去果胶等引起蔬果汁浑浊的成分,替代果胶酶分解、硅藻土除悬浮物的工艺,减少助剂消耗缩短生产周期,降低成本。果汁澄清、浓缩
	(3)调味品的除菌、澄清及脱色,如酱油、醋等	除去其中的微生物、致病菌体、大分子沉淀物及胶体,保留各项有效成分如氨基酸、还原糖、香气、色素等,提高质量和保存期

续表

应用领域	处理对象	处理目的及实施效果
食品及发酵工业	(4)牛初乳加工	用于牛初乳中免疫球蛋白、胰岛素生长因子、乳白蛋白、活性物质的提纯和浓缩,避免传统工艺中高温处理引起活性物质损失,产生焦味、腥味等问题
	(5)酒的澄清和过滤,包括清酒、葡萄酒、保健酒及香槟酒等	去除酒中胶体、大分子鞣酸、多糖、杂蛋白、多酚、微生物及悬浮固体物,提高保存期,保住酒的风味
	(6)茶饮料澄清	去除茶叶中咖啡碱、多酚、蛋白质、多糖及果胶,解决放置变浊、保持茶的清香
	(7)香菇多糖的分离	提取香菇多糖,保持其抗病毒、抗肿瘤、抗感染、调节免疫功能的活性,去除固形物,减少多糖损失、提高收率
各种废水处理及再生回用	(1)电镀废水处理	回收重金属
	(2)造纸废水处理	回收磺化木质素
	(3)涤纶短纤维油剂废水	回收油剂
	(4)乳胶废水	回收乳胶
	(5)放射性废水如核电站中含钚的废水	回收放射性元素钚
医疗领域	(1)血液透析	移除肾功能衰竭患者体内多余的水分和清除尿毒病症毒素
	(2)腹水浓缩	除去肝硬化和肝癌患者腹水中癌细胞和细菌,并浓缩腹水中蛋白质
生物制品精制与提纯	(1)发酵液澄清	获得不含杂菌和悬浮物的高质量澄清液
	(2)酶及蛋白质等大分子物质浓缩和精制	去除酶制剂及蛋白质中小分子物质、盐和水
	(3)血液制品的分离	血液中血浆、红白血球白蛋白、血红蛋白的分级纯化
	(4)抗生素、多肽及氨基酸纯化	脱除溶剂小分子,提高纯度
	(5)药液过滤	药液除菌、除热原

3.4.2　超滤技术的工程应用实例

（1）市政饮用水处理

膜技术在市政饮用水领域的应用已有近30年的时间了,根据不同水质的特点,膜法水处理可以替代传统工艺中的混凝、沉淀、过滤及消毒的全部流程,可以达到传统方法难于达到的106项新国标的水质要求。

1987年,世界上第一座采用膜分离技术的水厂在美国科罗拉多州的 Keystone 建成投产,处理规模为 $105m^3/d$。1988年第二座水厂在法国 AmonCourt,处理量为 240 m³/d。近年来，以超滤为核心的第三代城市饮用水净化工艺已逐步走上市政水净化的历史舞台。如今世界上超滤水厂总规模已超过每日千万立方米，采用膜技术的小型水厂已无法统计。

我国"十二五"国家水专项把市政饮用水膜法处理列为工程应用示范目标，目前建成或正在建设的大型饮用水膜法处理工程如表 3-11 所示。

表 3-11　我国市政饮用水膜法处理工程项目

序号	工程名称	处理规模 /(m³/d)	水源水	处理工艺	膜材料	投产时间 (年·月)
1	无锡市中桥水厂自来水处理工程	150000	太湖水	砂滤＋臭氧/活性炭＋压力式超滤	PVDF 超滤膜	2009.6
2	东营市南效水厂自来水处理工程	100000	黄河水	预氧化＋活性炭＋絮凝沉淀＋过滤＋浸没式超滤	PVC 超滤膜	2009.12
3	杭州市清泰水厂饮用水处理改造工程	300000	钱塘江水	预臭氧＋混凝沉淀＋炭沙过滤＋压力式超滤	热法 PVDF 超滤膜	建设中
4	新疆红雁池水厂饮用水扩建工程	100000	乌拉泊水库	预氧化＋加药沉淀＋浸没式超滤	PVC 超滤膜	2012.5
5	上海市南公司徐泾水厂饮用水改造工程	30000	上海淀浦河	混凝沉淀＋浸没式超滤	热法 PVDF 超滤膜	2011.7
6	泰安市三合水厂饮用水处理工程	120000	泰安黄前水库	预氧化＋混凝沉淀＋浸没式超滤	热法 PVDF 超滤膜	2013.12
7	宁波东江水厂饮用水处理工程	200000	宁波白溪水库	混凝沉淀＋浸没式超滤	热法 PVDF 超滤膜	2015.12

应用实例 1：泰安三合水厂 120000m³/d 市政饮用水处理工程

该工程在中试现场试验的基础上，由上海市政院设计，由膜华科技和天津膜天提供膜技术和膜设备，采用预氧化＋混凝沉淀＋浸没式超滤的工艺，处理规模为 120000m³/d。水源水取自泰安市黄前水库，经三合水厂处理后供给泰安市居民用水。工程于 2013 年 10 月初开始安装调试，12 月投入运行。浸没式超滤的工艺流程见图 3-42，图 3-43 是膜池实景照片图。

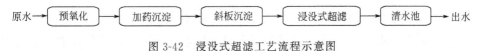

图 3-42　浸没式超滤工艺流程示意图

原水经过预氧化处理后，进入加药沉淀池、斜板沉淀池，上清洗液进入膜池，在膜池中与中空纤维超滤膜的外表面接触，由于膜的截留和分离作用，水中的固体微粒、胶体、微生物、细菌（包括大肠杆菌）等被阻挡在膜的上游侧而留在膜池内，透过膜壁的净化水称为产水，进入中空纤维膜丝中孔内部，由于泵的抽吸作用，产水从膜丝中孔流入膜组件集水管汇集后送入清水池。

(a) 未产水的膜池　　　　　　　　　　　(b) 已产水的膜池

图 3-43　泰安三合水厂膜池实景照片

膜华科技生产的膜产品是采用热致相分离法生产的 PVDF 中空纤维超滤膜，其断面是双连续网络、非对称型孔结构。膜孔隙率高，孔之间贯通性好，膜表面开孔率大，强度高，韧性好，水通量大，截留特性好，有优良的抗污染能力，最适于在大型市政饮用水处理中应用。

膜组件是大型可拆卸帘式膜组件，型号为 iMEM-SMF-D，产水管中心距 2000mm，膜帘宽度 746mm，膜丝直径为 1.6mm，膜帘的装填面积 33m²/帘。膜的设计平均通量为 30L/（m² • h）。

浸没式超滤运行程序：产水—曝气—产水—气水反洗。产水周期为 1.5h，操作条件为：反洗频率为 16 次/天，反洗时间为 90s/次，曝气频率为 16 次/天，曝气时间为 60s/次，维护性化学清洗周期为 14 天。

该项目是我国以热法 PVDF 中空纤维超滤膜为核心技术，实现饮用水升级改造的典型案例。其成功运行充分说明：

① PVDF 中空纤维膜，作为涉水产品安全卫生。产水水质指标符合新国标 106 项标准。

② 膜的强度高、韧性好，使用中不断丝，膜寿命长。

③ 热法 PVDF 中空纤维膜产品具有在超低压条件下运行的优异性能，运行能耗低。在相同产水通量条件下，膜的抽吸压力只是其他膜产品的 1/2。吨水电耗仅为 0.027kW • h。

④ 膜抗污染能力强，不易污染，清洗周期长，日常的维护性清洗周期是其他膜产品的 2 倍以上，大大节省了业主的运行维护费用及时间成本。

工程运行以来，系统运行稳定。当进水浊度为 1.6～3.2NTU 时，水温为 4～5℃时，平均产水量为 24L/（m²·h），膜的跨膜压差为 10～12kPa，产水的颗粒数为 0，产水浊度为 0.02～0.03NTU，产水水质优良。该工艺有效去除了病毒、细菌、两虫等微生物，同时产水的浊度、色度、嗅味等感官均较传统工艺大有改善，经检测产水水质指标符合新国标 106 项标准。

该项目是具有标志意义的大型膜法市政饮用水处理示范工程。

应用实例 2：上海自来水市南公司徐泾水厂 30000m³/d 饮用水改造工程

该工程由上海市政院设计，由膜华科技提供膜技术和膜设备，采用混凝沉淀＋浸没式超滤工艺。工程于 2011 年 7 月投入运行。浸没式超滤的工艺流程见图 3-44。

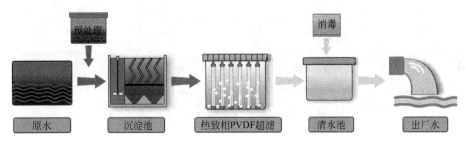

图 3-44　浸没式超滤系统的工艺流程示意图

原水经过管道混合器加入预处理剂进行预处理后进入絮凝沉淀池，上清洗液进入膜池，在膜池中与中空纤维超滤膜外表面接触，由于膜的截留和分离作用，水中的固体微粒、细菌（包括大肠杆菌）、微生物、胶体等被阻挡在膜的上游侧而留在膜池内，透过膜壁的净化水称为产水，进入中空纤维膜丝中孔内部，由于膜池和清水池之间液位差的虹吸作用，产水从膜丝中孔流入膜组件集水管汇集后，进入接触池加氯后送入清水池。

膜组件是浸没式超滤的关键设备。本工程采用的膜是膜华科技专门为市政饮用水处理所研制及生产的膜产品，组件型号：iMEM-SMF-C，产水管中心距 2000mm，膜帘宽度 720mm，膜丝直径为 1.6mm，单帘膜的装填面积 35m²。膜材料为 PVDF 中空纤维超滤膜，是采用热致相分离方法生产的，膜产品牌号为 533F。膜断面为三维互穿网络，非对称型孔结构，膜外表面的平均孔径为 50nm。图 3-45 是膜池的现场实景照片。

膜的操作运行方式为：产水—曝气—产水—气水反洗，其产水周期为 1.6h。在一个产水周期内进行一次曝气，一次气水反洗。膜的气水反洗频率为 15 次/天，时间为 90s/次，曝气频率 15 次/天，曝气时间 60 s/次。

这是我国第一个采用国产热法 PVDF 中空纤维超滤膜处理市政饮用水的典型工程案例。其成功运行表明：

① 在进水浊度为 2NTU 时，膜运行的平均通量为 24L/（m²·h）时，冬季

(a) 未产水的膜池　　　　　　　　　　　　　(b) 已产水的膜池

图 3-45　膜池现场实景照片

（水温 4～5℃）跨膜压差为 7～8kPa，夏季（水温 20～25℃）4～5kPa，膜抽吸压力可以维持在比较低的水平，运行能耗低。

② 自运行四年以来，跨膜压差及产水量稳定，通量无衰减。实践说明，用热致相法生产的 PVDF 中空纤维超滤膜产品，膜丝强度高，韧性好，在使用中不断丝，水通量大，截留特性好，可以在超低压条件下运行，有优良的抗污染能力。

③ 该工艺有效去除了病毒、细菌、两虫等微生物，同时产水的浊度、色度、嗅味等感官均较传统工艺大有改善，适合于水厂的升级改造。

④ 工程运行以来一直采用原水池和产水池之间的液位差进行虹吸产水，通过产水阀自动调节虹吸阀门开度，来控制产水量，节省了膜过滤过程的电耗，吨水电耗仅为 0.02kW·h，系统能耗很低。

（2）城市污水膜法深度处理再生回用

膜法污水深度处理再生回用是控制水污染、污水资源化、缓解水源紧缺的重要途径，开源节流的重要措施。

目前，世界上许多国家都把城市废水当作稳定、可靠的水源，处理费用往往低于开发新鲜水。净化后的废水回用于工业，作为冷却水、锅炉用水、工业用水、油井注水、矿石加工用水等。

截止 2010 年发达国家再生水利用比例已达到 70% 以上，而我国城市污水再生利用的比例才 8.5%，因此膜法再生水回用具有广阔的市场空间。

应用实例：天津纪庄子再生水厂浸没式膜过滤改扩建工程

为解决纪庄子再生水厂出水 TDS 部分超标的问题，天津纪庄子再生水厂改扩建工程采用"混凝沉淀＋浸没式超滤＋反渗透＋臭氧"的水处理工艺，其工艺流程如图 3-46 所示。

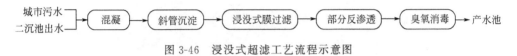

城市污水二沉池出水 → 混凝 → 斜管沉淀 → 浸没式膜过滤 → 部分反渗透 → 臭氧消毒 → 产水池

图 3-46　浸没式超滤工艺流程示意图

浸没式超滤处理规模 48000m³/d，工程出水供给天津陈塘庄热电厂用于电厂循环冷却水。再生水生产工艺中加入反渗透系统进行脱盐处理，当冬季城市水源水 TDS 较高时，通过超滤产水与反渗透产水勾兑，保证再生水厂出水 TDS 能够达标，反渗透产水规模 12000m³/d，图 3-47 是工程实景照片。

浸没式超滤（SMF）采用天津膜天膜科技股份有限公司的 SMF 技术，SMF-4 型膜组件、膜材质 PVDF，膜孔径 0.03μm，单支膜元件面积 35m²，平均运行通量 48L/(m²·h)。利用外压式中空纤维超滤膜，通过抽吸负压的作用将原水中的微生物和胶体等截留，实现过滤，滤后的产水由中空纤维的内腔汇集至产水总管输送至产水池；运行一段时间后通过低压气水双洗＋反冲洗等反洗工艺和维护清洗工艺来维持系统的运行流量。自 2010 年 5 月投产运行，运行过程中，定期对浸没式超滤产水进行水质分析，其水质监测情况见表 3-12，分析结果显示 SMF 技术对微小固体颗粒、胶体及细菌的去除效果显著。

表 3-12　浸没式膜系统水质情况监测

检测日期	检测项目	进水	产水
		平均值	平均值
2010 年 10 月至 2011 年 10 月	SS/(mg/L)	20	<1
	色度/度	40	30
	浊度/NTU	1.80	<0.1
	总大肠菌群/(个/L)	14	<3
	COD_{cr}/(mg/L)	60	<60

该项目成功应用国产浸没式膜改造了砂滤工艺，实现了再生水厂工艺的升级。改造完成后，工程运行稳定，各项指标均达到设计要求，提高了水质，增加了产水量，为后期再生水厂及给水厂的升级改造提供借鉴及依据。浸没式超滤系统出水水质稳定，为反渗透进水水质提供了保障，最大的优点是低电耗，吨水电耗 0.04～0.06kW·h，吨水运行成本为 0.05～0.07 元。

再生水供给生活及市政杂用、工业循环冷却水，使城市污水资源化，节约了宝贵的水资源，取得了显著的社会效益和经济效益。

图 3-47　工程实景照片

（3）煤化工废水处理及再生回用

应用实例：山西天脊集团煤化工废水处理再生回用工程

该项目用于处理高浓度复合肥料生产装置的循环冷却排污水和酸碱再生废水，采用超滤和反渗透工艺，用于制备高纯脱盐水作为锅炉用水。超滤的产水量11000m³/d。

该项目的超滤装置原采用美国陶氏公司生产的外压式超滤膜组件，使用过程中出现的问题有：①外压式组件结构设计不合理，膜组件内部和端头残存大量污堵物，增大进水阻力，使超滤装置在超压状态下运行，引起组件封头开裂，膜丝大面积断裂。②设计通量过高，实际运行无法达到。以上两个原因，导致超滤装置的产水量及产水水质均达不到反渗透进水的要求。③美国陶氏公司的超滤膜产品价格高昂，每支膜售价1.7万元，投资成本很高。在这种情况下，天脊集团决定更换超滤系统。

2009年9月，采用膜华科技的超滤膜技术及热法PVDF压力式中空纤维超滤膜组件，对原有超滤系统进行改造。超滤系统由四套超滤膜装置组成，单套安装40支膜组件。超滤系统的工艺流程示意见图3-48，图3-49为实景照片。该系统于2009年12月27日投入运行，单套设计产水量为120m³/h，总产水量为480m³/h。进水压力为1.2MPa，进水浊度为0.7NTU，产水浊度为0.07NTU，SDI值为2.28，符合反渗透进水要求。投资成本比美国陶氏降低50%。该装置投入运行四年多来，单套产水量维持在120m³/h，运行压力和产水水质稳定，产品深得用户的认可。

　　该项目成功应用国产超滤膜替代陶氏膜，每年可增收脱盐水 58 万吨，减少保安过滤器滤芯更换费用 28 万元/年，以上两项新增效益 220 万元/年，同时减少了新鲜水用量 160 余万吨/年，减少工业废水排放 300 余万吨/年，有良好的经济效益和环境效益。

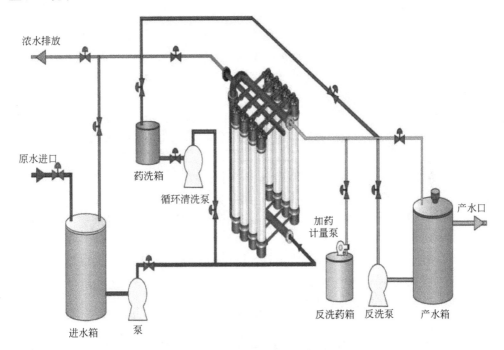

图 3-48　超滤系统工艺流程示意图

图 3-49　山西天脊集团超滤膜工程实景照片（产水量 11000 m³/d）

（4）含油废水处理

应用实例：上海宝钢益昌薄板公司陶瓷膜处理冷轧乳化液废水工程

该公司的冷轧乳化液中含有阴离子型表面活性剂、矿物油、水及其他有机、无机杂质，呈灰色，pH 为 6～7 左右，其中油含量为 3000～5000mg/L，COD 为 10000～30000mg/L。要求处理后水中油含量降到 10mg/L 以下。设计处理能力为 150m³/d。

工程采用南京久吾高科公司生产的 4 组陶瓷膜设备，每组设备由 2 并 2 串的陶瓷膜组件构成，陶瓷膜组件型号为 CMV-30-19，为 19 芯组件；所用陶瓷膜型号为 CMF-50-19×30×1016，材料为氧化铝。工艺流程见图 3-50。

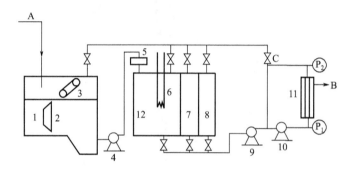

图 3-50   冷轧乳化液废水处理工艺流程
A—废水进口；B—渗透液排出口；C—浓缩液出口；1—原水池；2—刮泥机；
3—刮油机；4—离心泵；5—纸带过滤机；6—加热器；7—酸洗池；
8—水洗池；9—供料泵；10—循环泵；11—膜组件；12—循环槽

废水经刮泥和刮油预处理后，直接进陶瓷膜过滤系统，在进膜前采用纸带过滤机将部分杂质去除。陶瓷膜系统是半开放式，由供料泵和循环泵共同构成的双循环系统组成。过滤时，由循环泵和供料泵增压后，乳化液废水在内循环回路内浓缩，陶瓷膜清液合格后直接由总水管再回用到钢板的冲洗，浓液浓缩到一定浓度后返回到原水池中回收油。

工程设备现场实景照片见图 3-51。

项目于 2002 年 4 月 15 日建成，到 2003 年 9 月 15 日，据宝钢设计院统计共处理废水 13.5 万吨，回收油 500t，处理后的水中油含量均能达到 10mg/L 以下，处理后全部进入总水管，去热轧厂用于钢板的冲洗。

实践得出使用陶瓷膜处理冷轧乳化液废水吨水处理费用为 2.97 元。同等条件下进口有机膜吨水处理费用为 31 元，国产陶瓷膜处理冷轧乳化液的成本比进口有机膜大大降低，显示出陶瓷膜处理冷轧乳化液效果的优越性。

近十多年来，久吾高科公司，在陶瓷膜处理冷轧含油废水的共 20 余项工程，为国家节约外汇 5000 万美元以上，有良好的社会和经济效益。表 3-13 是部分冷轧含油废水处理工程清单。

图 3-51　冷轧乳化液废水处理膜系统实景照片

表 3-13　冷轧乳化液陶瓷膜处理工程清单

序号	建设地点	装置面积/m²	处理量/(m³/h)	建设时间
1	攀枝花新钢钒钢铁股份有限公司	65	3～4	1999 年
2	武汉钢铁股份有限公司	125	12.5	2001 年
3	上海宝钢集团公司宜昌薄板	80	6	2001 年
4	上海宝钢集团公司 2030 冷轧线	80	8	2002 年
5	宝钢钢铁股份有限公司 1800 冷轧线	240	24	2003 年
6	昆明钢铁公司	50	5	2001 年
7	马鞍山、唐山、邯钢	1200	110	2007～2010 年
8	广本、长丰、江淮汽车等	500	50	2008～2011 年

（5）重金属废水处理

应用实例：辽宁本溪铜箔厂含铜废水处理及回收工程

铜箔废水酸度大且含有重金属，如果不经处理排放，不仅污染环境还浪费了资源。该项目采用超滤加二级反渗透工艺进行处理，既解决了工艺用水问题，又回收了铜，将 Cu^{2+} 从 80mg/L 浓缩到 1200mg/L 左右，大大减少了萃取费用，基本实现了水的闭路循环，节约了水资源。

项目于 2004 年投入运行，废水处理量为 1680m³/d，原水水质见表 3-14。

表 3-14　含铜废水污染物含量　　　　单位：mg/L

酸/(mg/L)	Cu^{2+}	Zn^{2+}	Cr^{3+}	Se^{2+}
50～80	50～80	5～10	5～10	1～2

采用招金膜天公司生产的 UF$_1$IA200 型超滤膜组件 36 支，用于除去水中的有机物、胶体、微生物等。处理量 70m^3/h，要求产水浊度小于 0.1NTU，SDI 小于 3。系统的流程图见图 3-52，膜系统实景照片见图 3-53。

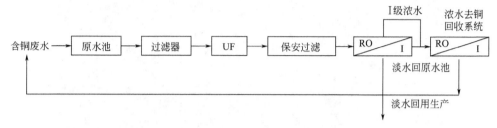

图 3-52　含铜废水处理及回用系统流程示意图

图 3-53　膜系统的实景照片

原水经过调整 pH 值后，使水中的明胶呈悬浮状而铜离子不产生沉淀，经双层滤料过滤器和超滤装置去除水中的悬浮物和胶体，出水浊度和 SDI 达到反渗透进水要求。经二级反渗透处理后，淡水回到原水箱，浓水进入到铜萃取系统中进行铜萃取回收。

含铜废水处理做到零排放，年回收铜 26.6t，年回收水资源 40 万吨，具有显著的经济效益、良好的社会效益。

（6）垃圾渗滤液处理

应用实例：上海江桥生活垃圾焚烧厂渗滤液处理工程

垃圾渗滤液具有不同于一般城市污水的特点：氨氮含量高，BOD$_5$ 和 COD 浓度高，金属离子含量较高，水质及水量变化大，微生物营养元素比例失调等。因此，垃圾渗滤液的处理相比其他废水（污水）来说难度更大。

该项目采用特里高公司的管式超滤膜技术，对垃圾渗滤液进行有效处理。工程于 2005 年设计，2006 年建成投入运行，设计处理量为 400t/d。管式超滤膜为德国 BERGHOF 产品，膜管直径为 12.7mm。该膜系统的优点是膜管强度高，最大进水压力为 0.8MPa；抗污染、抗氧化、耐酸碱（pH1～13）；工作温度为 60℃；纯水通量高，当过滤活性污泥的浓度高达 40g/L 的污水时，膜通量仍可达到 80～140L/（m^2·h）。

图 3-54 是工程流程图，图 3-55 是处理装置的实景照片。

该项目投入运行 7 年多以来，膜经受住处理量及水质的大幅度波动，数据见表 3-15，系统运行一直比较稳定，产水水质良好，其中 COD 小于 500mg/L，NH$_3$-N 在 10mg/L 以下，膜的使用寿命已超过 7 年。

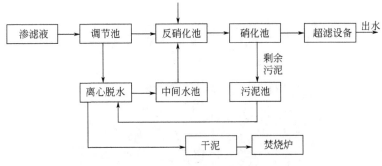

图 3-54　工程流程示意图

图 3-55　处理装置实景照片

表 3-15　上海江桥生活垃圾场渗滤液不同水量及水质情况统计

年份	渗滤液量/(t/d)	COD/(mg/L)	BOD/(mg/L)	NH₃-N/(mg/L)
2005	242	60000	30000	—
2006	468	71366	45826	—
2010	330	65000~75000	—	750~2000

（7）血液透析

应用实例：血液透析的应用

血液透析是通过弥散、对流、超滤、吸附等机理清除患者体内的有害物质以维持水电解质平衡，是急慢性肾功能衰竭的主要治疗措施。在透析过程中，患者血液和透析液同时被引入透析机内，当它们分别流经透析膜两侧时，通过透析膜的溶质和水作跨膜移动而进行物质交换。因此，透析膜的主要功能是移除体内多余的水分和清除尿毒症毒素。其中，透析膜材料是影响血液透析治疗效果的关键因素。据统计，肾病患者人群发病率为万分之五，就是说全球需要治疗的人群数量起码在 300 万人以上，按每周每人透析 2 次计算，每年最少需要 2 亿只血液透析器。人工肾脏透析器进行透析的流程示意如图 3-56。

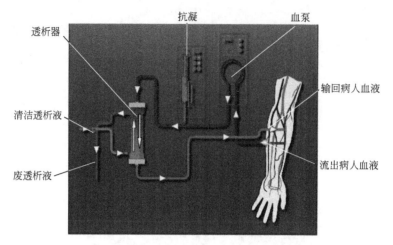

图 3-56 肾透析示意图

用于人工肾的中空纤维膜内径为 $200\sim300\mu m$，外径为 $250\sim400\mu m$。把 10000～12000 根纤维集束，两端用无毒树脂固定在透明的塑料管中，膜的透析面积为 $1m^2$ 左右。透析器长 200mm，直径 70mm。血液自患者体内流出后从透析器的一端进入中空纤维的内腔，再从透析器的另一端流出并进入人体。灭过菌的透析液自透析器的侧管进入，在中空纤维膜丝间流过，从另一侧管流出，血液中的废物、过剩的电解质和水透过膜进入透析液，随同透析液排出体外。

参 考 文 献

[1] 王学松. 现代膜技术及其应用指南. 北京：化学工业出版社，2005.

[2] Çulfaz P Z, Wessling M, Lammertink R G H. Hollow fiber ultrafiltration membranes with microstructured inner skin. J. Membr. Sci., 2011, 69：221-227.

[3] 张耀鹏, 邵惠丽, 沈新元等. 用原子力显微镜研究纤维素膜表面形貌和孔径大小及分布. 膜科学与技术，2002，22（4）：13-16.

[4] Bowen W R, Doneva T A. Artefacts in AFM studies of membranes：Correcting pore images using fast fourier transform filtering. J. Membr. Sci., 2000, 171：141-147.

[5] Ochoa N A, Prádanos P, Palacio L, Pagliero C, Marchese J, Hernández A. Pore size distributions based on AFM imaging and retention of multidisperse polymer solutes Characterisation of polyethersulfone UF membranes with dopes containing different PVP. J. Membr. Sci., 2001, 187：227-237.

[6] Cho J W, Amy, Pellegrino G. J. Membrane filtration of natural organic matter：Initial comparison of rejection and flux decline characteristics with ultrafiltration and nanofiltration membranes. Water research, 1999, 33：2517-2526.

[7] Smith S, Taha T, Cui Z F, Enhancing hollow fibre ultrafiltration using slug-flow hydrodynamic study. Desalination, 2002, 146：69-74.

[8] Mulder M. Basic Principles of Membrane Technology (second edition). second editioned. Kluwer Academic Publishers, 1996.

[9] 华耀祖等. 膜分离技术与应用丛书——超滤技术与应用. 北京：化学工业出版社，2004.

[10] Zeman L J, Zydney A L. Microfiltration and Ultrafiltration Principles and Applications. Marcel Dekker, Inc, 1996.

[11] 王湛. 膜分离技术基础. 北京：化学工业出版社，2000.

[12] Lee Y, Jeong J, Youn I J, Lee W H. Modified liquid displacement method for determination of pore size distribution in porous membranes. J. Membr. Sci., 1997, 130: 149-156.

[13] 许振良, 李鲜日, 周颖. 超滤-微滤膜过滤传质理论的研究进展. 膜科学与技术, 2008, 28 (4): 1-6.

[14] 高以烜, 叶凌碧. 膜分离技术基础. 北京：科学出版社，1989.

[15] 崔东胜, 杨振生, 王志英等. 有机-无机杂化超滤膜的研究进展. 水处理技术, 2008, 34 (10): 1-5.

[16] Nechifor G. Popescu G. Asymmetric membranes prepared by immersion precipitation technique. Revue Roumaine de Chimie, 1990, 35, 899-908.

[17] Kinnerle K, Strathmann H. Analysis of the structure-determining process of phase inversion membranes. Desalination, 1990, 79: 283-302.

[18] Boom R M, Boomgaard T V, Smolders C A. Mass transfer and thermodynamics during immersion precipitation for two-polymer system: evaluation with the system PES-PVP-NMP-water. J. Membr. Sci., 1994, 90: 231-249.

[19] Strathmann H, Scheible P, Bake RW. Rationale for the preparation of Loeb-Sourirajan-type cellulose acetate membranes, J. Appl. Polym. Sci., 1971, 15: 811-828.

[20] Teng M Y, Lee K R, Liaw D J, Lai J Y. Preparation and pervaporation performance of poly (3-alkylthiophene) membrane. Polymer, 2004, 41: 2047-2052.

[21] Leenaars A F M. Preparation, structure and separation characterization of ceramic alumina membranes. PhD Thesis, University of Twente, 1984.

[22] Van de Witte P, Dijkstra P J, Berg J W A, et al. Phase separation processes in polymer solutions in relation to membrane formation. J. Membr. Sci., 1996, 117 (1): 1-31.

[23] Tompa H. Polymer solutions. Butterworths, London, 1956.

[24] Boom R M, Wienk I M, et al. Microstructures in phase inversion membranes. Part 2. The role of a polymeric additive. J. Membr. Sci., 1992, 73: 277-292.

[25] Han Myeong-jin, Bhattacharyya Dibakar. Morphology and transport study of phase inversion polysulfone membranes. Chem. Eng. Comm. 1994, 128: 197-209.

[26] Altena F W, Smolders C A. Calculation of liquid-liquid phase separation in a ternary system of a polymer in a mixture of a solvent and a nonsolvent. Macromolecules, 1982, 15: 1491-1497.

[27] Boom R M, Th. van den Boomgaard, Smolders C A. Equilibrium thermodynamics of a quaternary membrane-forming system with two polymers. 1. Calculations. Macromolecules, 1994, 27: 2034-2040.

[28] Yilmaz L, McHugh A J. Analysis of nonsolvent-solvent-polymer phase diagrams and their relevance to membrane formation modeling. J. Appl. Polym. Sci., 1986, 31 (4): 997-1018.

[29] Li S G, Jiang C Z, Zhang Y Q. The investigation of solution thermodynamics for the polysulfone-DMAC-water system. Desalination, 1987, 62 (1): 79-88.

[30] Loeb S, Sourirajan S. Sea water demineralization by means of an osmotic membrane. Advances in Chemistry Series, 1963, 38: 117.

[31] Boom R M, Boomgaard Th. van den, Smolders C A. Mass transfer and thermodynamics during immersion precipitation for a two-polymer system Evaluation with the system PES-PVP-NMP-water. J. Membr. Sci., 1994, 90: 231-249.

[32] 李战胜, 李恕广, 江成璋. 浸入凝胶法聚合物膜形成机理的研究现状. 膜科学与技术, 2002, 22 (2):

29-36.

[33] Reuvers A J. Membrane formation: diffusion induced demixing processes in ternary systems. Ph. D. Thesis, Twente University of Technology, The Netherlands, 1987.

[34] Nunes S P, Inoue T. Evidence for spinodal decomposition and nucleation and growth mechanisms during membrane formation. J. Membr. Sci., 1996, 111: 93-103.

[35] Ribar T, Bhargave R, and Koenig J L. FT-IR image of polymer dissolution by solvent mixtures. 1. solvents. Macromolecules, 2000, 33: 8842-8849.

[36] Frommer M A, Feiner I, Kedem O, Bloch R. The mechanism for formation of "skinned" membranes: Ⅱ. Equilibrium properties and osmotic flows determining membrane structure. Desalination, 1970, 7: 393-402.

[37] Rosenthal U, Nechushtan J, Kedem A, Lancet D, Frommer M A. An apparatus for studying the mechanism of membrane formation. Desalination, 1971, 9: 193-200.

[38] Frommer M A, Matz R, Rosenthal U. Mechanism of Formation of Reverse Osmosis Membranes. Precipitation of Cellulose Acetate Membranes in Aqueous Solutions. Ind. eng. chem. prod. res. dev., 1971, 10: 193-196.

[39] Frommer M A, Lancet D. The mechanism of membrane formation v: The structure of membranes and its relation to their preparation conditions. in Reverse Osmosis Membrane Research, H. K. Lonsdale and H. E. Podall. Eds., Plenum Press New York, N. Y., 1972: 245-252.

[40] Strathmann H, Kock K, Bakeer B W. The formation mechanism of asymmetric membranes. Desalination, 1975, 16 (1): 179-203.

[41] 蒋炜, 江成璋. 聚乙烯吡咯烷酮添加剂对聚醚砜制膜体系的影响. 水处理技术, 1996, 22 (6): 63-67.

[42] Kim H J, Tyagi R K, Fouda A E, et al. The kinetic-study for asymmetric membrane formation via phase-inversion process. J. Appl. Polym. Sci., 1996, 62 (4): 621-629.

[43] Yao C W, Burford R P, et al. Effect of coagulation conditions on structure and properties of membranes from aliphatic polyamides. J. Membr. Sci. 1998, 38: 113-125.

[44] Kang Y S, Kim H J, Kim U Y. Asymmetric membrane formation via immersion precipitation method. I. Kinetic effect. J. Membr. Sci. 1991, 60: 219-232.

[45] McHugh A J, Miller D C. The dynamics of diffusion and gel growth during nonsolvent-induced phase inversion of polyethersulfone. J. Membr. Sci., 1995, 105 (1): 121-136.

[46] Barton B F, Reeve J L, McHugh A J. Observations on the dynamics of nonsolvent-induced phase inversion. J. Polym. Sci. Poly. Phys. 1997, 35 (4): 569-585.

[47] Graham P D, Brodbeck K J, McHugh A J. Phase inversion dynamics of PLGA solutions related to drug delivery. Journal of Controlled Release, 1999, 58: 233-245.

[48] Brodbeck K J, DesNoyer J R, A McHugh J. Phase inversion dynamics of PLGA solutions related to drug delivery Part II. The role of solution thermodynamics and bath-side mass transfer. Journal of Controlled Release, 1999 62: 333-344.

[49] 孙本惠, 孙斌. 非对称膜的凝胶速度及膜结构的影响因素. 水处理技术, 1995, 21 (2): 67-72.

[50] 孙本惠. 用相转换法制备非对称膜的凝胶速度——膜结构的相关性表征. 水处理技术, 1993, 19 (6): 313-318.

[51] 孙本惠. 用相转换法制备非对称膜的凝胶动力学研究. 水处理技术, 1993, 19 (6): 308-312.

[52] 李战胜. 聚合物形成机理的研究——非溶剂添加剂的效应. 中科院大连化物所博士论文, 2000.

[53] Nguyen T D, Chan K, Matsuura T, et al. Viscoelastic and statistical thermodynamic approach to the study of the structure of polymer film casting solutions for making RO/UF membranes. Ind Eng Chem

Prod Res Dev, 1985, 24 (4): 655-665.

[54] Nguyen T D. Matsuura T, Sourirajan S. Effect of the casting solution composition on pore size and pore size distribution of resulting aromatic polyamide membranes. Chem Eng Comm, 1987, 57: 351-369.

[55] Nguyen T D, Matsuura T, Sourirajan S. Effect of nonsolvent additives on the pore size and the pore size distribution of aromatic polyamide RO membranes. Chem Eng Comm, 1987, 54: 17-36.

[56] Nguyen T D, Matsuura T, Sourirajan S. Effect of iso-and tere-phthaloyl content on the pore size and the pore size distribution of aromatic polyamide RO membranes. Chem Eng Comm, 1990, 88: 91-104.

[57] Miyano T, Matsuura T, Sourirajan S. Effect of polymer molecular weight, solvent and casting solution composition on the pore size and the pore size distribution of polyethersuifone (Victrex) membranes. Chem Eng Comm, 1990, 95: 11-26.

[58] Miyano T, Matsuura T, Sourirajan S. Effect of polyvinylpyrrolidone additive on the pore size and the pore size distribution of polyethersulfone (Victrex) membranes. Chem Eng Comm, 1993, 119: 23-39.

[59] Wood H, Sourirajan S. The effect of polymer solution composition and film-forming procedure on aromatic polyamide membrane skin layer structure. J. Colloid Interface Sci, 1992, 149 (1): 105-113.

[60] Wood H, Sourirajan S. The origin of large pores on aromatic polyamide membrane surfaces. J. Colloid Interface Sci, 1993, 150 (1): 93-104.

[61] Zhu Z, Matsuura T. Discussion on the formation mechanism of surface pores in reverse osmosis, ultrafiltration, and microfiltration membranes prepared by phase inversion process. J. Colloid Interface Sci, 1991, 147 (2): 3107-3115.

[62] Panar M, Hoehn H H, Hebert R R. The nature of asymmetry in reverse osmosis membranes. Macromolecules, 1973, 6 (5): 777-780.

[63] Kesting R E. The four tiers of structure in integrally skinned phase inversion membranes and their relevance to the various separation regimes. J Appl Polym Sci, 1990, 41 (11-12): 2739-2752.

[64] Kamide K, Manabe S. Role of microphase separation phenomena in the formation of porous polymeric membranes. ACS Symp Ser (Mater. Sci. Synth. Membr.), 1985, 269: 197-228.

[65] Kimmerle K, Strathmann H. Analysis of the structure-determining process of phase inversion membranes. Desalination, 1990, 79 (2-3): 283-302.

[66] Kamide K, Iuima H, Matsuda S. Thermodynamics of formation of polymeric membrane by phase separation method I. Nucleation and growth of nuclei. Polym J, 1993, 25 (11): 1113-1131.

[67] McHugh A J, Tsay C S, Barton B F, Reeve J L. Comments on a model for mass transfer during phase inversion. J Polym Sci B: Polym Phys, 1995, 33 (5): 2175-2179.

[68] Pinnau I. Skin formation of integral-asymmetric gas separation membranes made by dry/wet phase inversion. PhD thesis University of Texas, Austin, 1991.

[69] Pinnau I, Koros W J. A qualitative skin layer formation mechanism for membranes made by dry/wet phase inversion. J Polym Sci: Polym Phys, 1993, 314 (4): 419-427.

[70] Wienk I M, van den Boomgaard Th, Smolders C A. The formation of nodular structures in the top layer of ultrafiltration membranes. J Appl Polym Sci, 1994, 53 (8): 1011-1023.

[71] Beerlage M AM. Polyimide ultrafiltration membrane for on-aqueous system. PhD thesis University of Twente, Enschede, 1994.

[72] Witte P van de, Dijkstra P, Berg J W A van den, et al. Phase separation process in polymer solutions in relation to membrane formation. J Membr Sci., 1996, 117: 1-31.

[73] Kim Y D, Kim J Y, Lee H K, Kim S C. Formation of polyurethane membranes by immersion precipitation. Ⅱ. Morphology formation. J Appl Polym Sci, 1999, 74 (9): 2124-2132.

[74] Broens L, Alterna F W, Smolders. Asymmetric membrane structure as a result of phase separation phenomena. Desalination, 1980, 32: 33-45.

[75] Stevens W E, Dunn C S, Petty C A. Surface tension induced cavitation in polymeric membranes during gelation. AICHE Annual Meeting, Chicago, Illinois, 1980, 73: 27.

[76] Matz R. The structure of cellulose acetate membranes. I. The development of porous structures in anisotropic membranes. Desalination, 1972, 10 (1): 1-15.

[77] Frommer M A, Messalam R M. Mechanism of membrane formation. 4. Convective flows and large void formation during membrane precipitation. Ind Eng Chem Prod Res Dev, 1973, 12 (4): 328-333.

[78] Wienk I M, Boom R M, Beerlage, et al. Recent advances in the formation of phase inversion membranes made from amorphous or semi-crystalline polymers. J Membr Sci, 1996, 113 (3): 361-371.

[79] Young T-S, Chen L-W, Cheng L-P. Membranes with a microparticulate morphology. Polymer, 1996, 37 (8): 1305-1310.

[80] McKelvey S A, Koros W J. Phase separation, vitrification, and the manifestation of macrovoids in polymeric asymmetric membranes. J Membr Sci, 1996, 112 (1): 29-39.

[81] Young T-H, Chen L-W. A two step mechanism of diffusion-controlled ethylene vinyl alcohol membrane formation. J Membr Sci, 1991, 57 (1): 69-81.

[82] Young T-H, Chen L-W. A diffusion-controlled model for wet-casting membrane formation. J Membr Sci, 1991, 59 (2): 169-181.

[83] Chen L-W, Young T-H. Effect of nonsolvents on the mechanism of wet-casting membrane formation from EVAL copolymers. J Membr Sci, 1991, 59 (1): 15-26.

[84] Young T-H, Chen L-W. Roles of bimolecular interaction and relative diffusion rate in membrane structure control. J Membr Sci, 1993, 83 (2): 153-166.

[85] Young T-H, Chen L-W. Pore formation mechanism of membranes from phase inversion process. Desalination, 1995, 103 (3): 233-247.

[86] 胡家俊, 郑领英. 湿法相分离不对称超滤膜形成机理. 水处理技术, 1994, 20 (4): 185-191.

[87] 施柳青, 梁雪梅, 沈卫东等. 磺化聚醚砜超滤膜的制备研究. 净水技术, 2000 (2): 10-12.

[88] 周金盛, 陈观文. CA/CTA 共混不对称纳滤膜制备过程中的影响因素探讨. 膜科学与技术, 1999 (2): 22-26.

[89] Reddy A V R, Mohan D J, Bhattacharya A. Surface modification of ultrafiltration membranes by preadsorption of a negatively charged polymer: I. Permeation of water soluble polymers and inorganic salt solutions and fouling resistance properties. J. Membr. Sci., 2003, 214 (2): 211-221.

[90] Chaturvedi B K, Ghosh A K, Ramachandhran V. Preparation, characterization and performance of polyethersulfone ultrafiltration membranes. Desalination, 2001, 133 (1): 31-40.

[91] Khan S, Ghosh A K, Ramachandhran V, Bellare J, Hanra M S, Trivedi M K, Misra, B M. Synthesis and characterization of low molecular weight cut off ultrafiltration membranes from cellulose propionate polymer. Desalination, 128 (1): 57-66.

[92] 陈学思, 郑国栋, 王秋东等. 带酰基聚芳醚酮超滤膜的研究-I 带酰基聚芳醚酮超滤膜的制备与性能. 功能高分子学报, 1994, 4: 439-444.

[93] Witte P van de, Dijkstra P, Berg J W A van den, et al. Phase separation process in polymer solutions in relation to membrane formation. J Membr Sci., 1996, 117: 1-31.

[94] Cabasso I, Klein E, Smith J K. Polysulfone hollow fibers. I. Spinning and properties. J. Appl. Polym. Sci., 1976, 20: 2377-2394.

[95] Cabasso I, Klein E, Smith J K. Polysulfone hollow fibers. Ⅱ. Morphology. J. Appl. Polym. Sci., 1977, 21: 165-180.

[96] Roesink E. Microfiltration, membrane development and module design, Thesis, University of Twente, The Netherlands, 1989.

[97] Krik H, Sourirajan S. Viscosity-temperature relationships for cellulose acetate-acetone solutions. J Appl Polym Sci, 1973, 17: 3717-3726.

[98] Zhang H, Lau W W Y, Sourirajan S. Factors influencing the production of Polyethersulfone microfiltration membrane by immersion phase inversion process. Sep Sci Technol, 1995, 30 (1): 33-52.

[99] Masselin, Isabelle; Durand-Bourlier, Laurence; Laine, Jean-Michel; et. al. Membrane characterization using microscopic image analysis, J. Membr. Sci., 2001, 186: 85-96.

[100] Qin P, Hong X, Karim M N, Shintani T, Li J, & Chen C. Preparation of Poly (phthalazinone-ether-sulfone) Sponge-Like Ultrafiltration Membrane [J]. Langmuir, 2013, 29 (12): 4167-4175.

[101] Qin P, Han B, Chen C, et al. Poly (phthalazinone ether sulfone ketone) properties and their effect on the membrane morphology and performance [J]. Desalination and Water Treatment, 2009, 11 (1-3): 157-166.

[102] Li X, Chen C, Li J, et al. Effect of ethylene glycol monobutyl ether on skin layer formation kinetics of asymmetric membranes [J]. Journal of Applied Polymer Science, 2009, 113 (4): 2392-2396.

[103] Qin P, Han B, Chen C, et al. Performance control of asymmetric poly (phthalazinone ether sulfone ketone) ultrafiltration membrane using gelation [J]. Korean Journal of Chemical Engineering, 2008, 25 (6): 1407-1415.

[104] Li X, Chen C, Li J. Formation kinetics of polyethersulfone with cardo membrane via phase inversion [J]. Journal of Membrane Science, 2008, 314 (1): 206-211.

[105] Sun W, Li L, Chen C, et al. Effects of operation conditions, solvent and gelation bath on morphology and performance of PPESK asymmetric ultrafiltration membrane [J]. Journal of Applied Polymer Science, 2008, 108 (6): 3662-3669.

[106] Sun W, Chen T, Chen C, et al. A study on membrane morphology by digital image processing. Journal of Membrane Science, 2007, 305 (1): 93-102.

[107] Qin P, Chen C, Han B, et al. Preparation of poly (phthalazinone ether sulfone ketone) asymmetric ultrafiltration membrane: II. The gelation process. Journal of membrane science, 2006, 268 (2): 181-188.

[108] Qin P, Chen C, Yun Y, et al. Formation kinetics of a polyphthalazine ether sulfone ketone membrane via phase inversion [J]. Desalination, 2006, 188 (1): 229-237.

[109] 秦培勇. 制备萘联聚醚砜酮类非对称膜的相转化凝胶动力学. 清华大学博士学位论文, 2005.

[110] 李昕. 新材料超滤膜制备的研究. 清华大学博士后研究报告, 2005.

[111] 宋玉军. 芳香聚酰胺超薄复合纳滤膜的研究 (上). 北京化工大学博士学位论文, 2000.

[112] 苏仪. TIPS 法制备 PVDF 微孔膜的研究. 清华大学博士后研究报告, 2006, 6.

[113] Castro A J. Method for making microporous products [P]. US 4247498, 1981.

[114] Lin B, Du Q G, Yang Y L. The phase diagrams of mixtures of EVAL and PEG in relation to membrane formation. J. Membr. Sci., 2000, 180: 81-92.

[115] Matsuyama H, Maki T, Teramoto M, et al. Effect of polyproylene molecular weight on porous membrane formation by thermally induced phase separation. J. Membr. Sci., 2002, 204: 323-328.

[116] Yang M C, Perng J S. Microporous polyproylene tubular membranes via thermally induced phase

separation using a novel solvent-camphene. J. Membr. Sci., 2001, 187: 13-22.

[117] Lloyd D R, Kim S S, Kinzer K E. Microporous membrane formation via thermally induced separation. Ⅱ Liquid-Liquid phase separation. J. Membr. Sci., 1991, 64: 1-11.

[118] Kim S S, Lloyd D R. Microporous membrane formation via thermally induced phase separation. Ⅲ Effect of thermodynamic interactions on the structure of isotactic polyproylene membranes. J. Membr. Sci., 1991, 64: 13-29.

[119] 侯文贵, 李凭力, 张翠兰等. 热致相分离制备聚丙烯微孔膜微观结构的研究. 膜科学与技术, 2003, 23 (2): 27-31.

[120] 郭行莲, 柳波, 葛昌杰等. 热致相分离法制备微孔 EVAL 中空纤维膜的探索. 功能高分子学报, 2001, 14 (1): 23-26.

[121] Shang M X, Matsuyama H, Teramoto M, Okuno J, Lloyd D R, Kubota N. Effect of Diluent on Poly (ethylene-co-vinyl alcohol) Hollow-Fiber Membrane Formation via Thermally Induced Phase Separation, Journal of Applied Polymer Science, 2005, 95: 219-225.

[122] Matsuyama H, Takida Y, Maki T, Teramoto M. Preparation of porous membrane by combined use of thermally induced phase separation and immersion precipitation, Polymer, 2002, 43: 5243-5248.

[123] 李永国. 用热致相分离法制备聚偏氟乙烯微孔膜的基础研究. 清华大学硕士学位论文, 2006.

[124] Bottino A, Capannelli G, Munari S, Turturro A. Solubility Parameters of Poly (vinylidene fluoride), 786-792.

[125] 程鹏, 武超, 华剑等. 超滤膜分离的技术原理及其在中药领域中的应用. 中国医药指南, 2010, 8 (11): 47-50.

[126] 王姣, 孙黎明. 超滤膜材料及发展趋势. 化学工程与装备, 2008, 9: 123-124.

[127] 赵从珏, 谭浩强, 衣雪松. 超滤膜污染的成因与防控研究进展. 中国资源综合利用, 2011, 29 (7): 17-20.

[128] Li H, Fane A G, Coster H G L, et al. An assessment of depolarization models of crossflow microfiltration by direct observation through the membrane. J. Membr. Sci., 2000, 172: 135-147.

[129] Mores W D, Davis R H. Direct visual observation of yeast deposition and removal during microfiltration. J. Membr. Sci., 2001, 189: 217-230.

[130] Ripperger S, Altmann J. Crossflow microfiltration state of the art [J]. Sep. Purif. Technol., 2002, 26: 19-31.

[131] Hamachi M, Mietton-Peuchot M. Cake thickness measurement with an optical laser sensor [J]. Chem. Eng. Res. Des., 2001, 79: 151-155.

[132] Chen J C, Li Q L, Elimelech M. In situ monitoring techniques for concentration polarization and fouling phenomena in membrane filtration. Adv. Colloid. Interfac., 2004, 107: 83-108.

[133] Li J X, Hallbauer D K, Sanderson R D. Direct monitoring of membrane fouling and cleaning during ultrafiltration using a non-invasive ultrasonic technique. J. Membr. Sci., 2003, 215: 33-52.

[134] Xu X C, Li J X, Xu N N, Hou Y L, Lin J B. Visualization of fouling and diffusion behaviors during hollow fiber microfiltration of oily wastewater by ultrasonic reflectometry and wavelet analysis. J. Membr. Sci., 2009, 341: 195-202.

[135] Pierre L C, Chen V, Fane A G. Fouling in membrane bioreactors used in wastewater treatment J. Membr. Sci., 2006, 284: 17-53.

[136] Chang S, Lee C H. Membrane filtration characteristics in membrane-coupled activated sludge system-the effect of physiological states of activated sludge on membrane fouling [J]. Desalination, 1998, 120: 221-233.

[137] Cheryan M. Ultrafiltration and Microfiltration Handbook [M]. 1998: Pennsylvania: Technomic Publishing co. Inc.

[138] Chen J C, Elimelech M, Albert S. Kim A S. Monte Carlo simulation of colloidal membrane filtration: Model development with application to characterization of colloid phase transition. J. Membr. Sci., 2005, 255: 291-305.

[139] Weis A, Bird M R, Nystrom M, The chemical cleaning of polymeric UF membranes fouled with spent sulphite liquor over multiple operational cycles [J]. J. Membr. Sci., 2003, 216: 67-79.

[140] 杨永强, 王玉杰, 万国晖等. 超滤膜系统污染物的形貌及组成分析 [J]. 化工环保, 2012, 32 (2): 189-192.

[141] Smolders C A, Reuvers A J, Boom R M, Wielk I M. Microstructures in phase-inversion membranes. part 1. Formation of macrovoids. J. Membr. Sci., 1992, 73: 259-275.

[142] Mulder M. 膜技术基本原理. 李淋译. 北京: 清华大学出版社, 1999.

[143] 时均, 袁权, 高从堦. 膜技术手册. 北京: 化学工业出版社, 2001.

[144] 刘茉娥. 膜分离技术. 北京: 化学工业出版社, 1998.

[145] 张安辉, 游海平. 超滤膜技术在水处理领域中的应用及前景. 化工进展, 2009, 28: 49-50.

[146] 李正明, 吴寒, 矿泉水和纯净水工业手册. 北京: 中国轻工业出版社, 2000.

[147] 高以烜, 叶凌碧, 膜分离技术基础. 北京: 科学出版社, 1989.

[148] 袁其朋等. 膜分离技术处理大豆乳清废水. 水处理技术, 2001. 27 (3): 161.

[149] 栾金水. 高新技术在调味品中的应用. 中国调味品, 2003 (12): 3-6.

[150] 徐京, 刘志坚, 郑玉芝. 超滤技术在茶饮料研制中的应用. 食品工业科技, 2000. 21 (4): 43-45.

[151] 钟耀广, 刘长江. 超滤膜技术在香菇多糖提取中的应用. 北方园艺, 2009 (1): 123-125.

[152] Miyagi A, Nakajima M. Membrane process for emulsified waste containing mineral oils and nonionic surfactants (alkyphenolethoxylate). Water Research, 2002. 36: 3389.

[153] 徐振良. 膜法水处理技术. 北京: 化学工业出版社, 2001.

[154] 刘梅红. 膜技术在纺织印染工业中的应用. 水处理技术, 2001, 27 (5): 308-310.

[155] 王虹, 谷和平. 膜分离技术处理含胶乳废水的研究. 江苏化工, 2001. 29 (6): 40-43.

[156] 侯立安, 左莉. 纳滤膜分离技术处理放射性污染废水的试验研究. 给水排水, 2004. 30 (10): 47-49.

[157] 徐波, 王丽萍. 膜分离技术及其在现代中药制剂中的应用研究. 天津药学, 2005, 17 (3): 64-67.

[158] Katsoufidou K, Yiantsios S G, Karabelas A J. A study of ultrafiltration membrane fouling by humic acids and flux recovery by backwashing: experiments and modeling, Journal of Membrane Science, 2005, 266 (1-2): 40-50.

[159] Möckel D, Staude E, Guiver M D. Static protein adsorption, ultrafiltration behavior and cleanability of hydrophilized polysulfone membranes, Journal of Membrane Science, 1999, 158 (1-2): 63-75.

[160] Loeb S, Sourirajan S. Sea water demineralization by means of an osmotie membrane. Advanees in Chemistry Series, 1962, 38: 117-132.

[161] 裴玉新, 沈新元, 王庆瑞. 膜科学与技术, 1998, 2, 18 (1).

[162] 唐克诚, 李谦, 王瑞, 李海, 冯洪玲. 血液透析膜材料的研究进展. 医疗设备信息, 2007, 22 (8): 49-51.

[163] 孙俊芬, 王庆瑞. 中空纤维分离膜在人工脏器中的应用. 合成纤维, 2002, 31 (3): 18-20.

[164] 中国土木工程学会水工业分会给水深度处理研究会编写组. 给水深度处理技术原理与工程案例. 北京: 中国建筑工业出版社, 2013.

第<big>**4**</big>章

纳滤

4.1　纳滤技术简介

纳滤（nanofiltration，NF）是 20 世纪 80 年代后期发展起来的一种介于反渗透和超滤之间的新型膜分离技术，早期称为"低压反渗透"或"疏松反渗透"。纳滤膜的截留分子量在 200～2000 之间，膜孔径约为 1nm 左右，适宜分离大小约为 1nm 的溶质组分，故称为"纳滤"。纳滤过程可在常温下进行，无相变，无化学反应，不破坏生物活性，能有效地截留二价及高价离子、分子量高于 200 的有机分子，而使大部分一价无机盐透过，可分离同类氨基酸和蛋白质，实现高分子量和低分子量有机物的分离，且成本比传统工艺还要低。因而被广泛应用于超纯水制备、食品、化工、医药、生化、环保、冶金等领域的多种溶液的浓缩和分离过程。

近年来，纳滤膜的研究与发展非常迅速。从美国专利看，使用"纳滤"一词的专利技术最早出现于 20 世纪 80 年代末，到 1990 年，只有 9 项专利，而在以后的 5 年中（1991～1995），增加了 69 项，到目前为止，有关纳滤膜及其应用的专利已千余项。

我国从 20 世纪 80 年代后期就开始了纳滤膜的研制，在实验室中相继开发了 CA-CTA 纳滤膜、S-PES 涂层纳滤膜和芳香聚酰胺复合纳滤膜，并对其性能的表征及污染机理等方面进行了试验研究，取得了一些初步的成果。但与国外相比，有关纳滤膜的制备技术和应用开发都还处于起步阶段。

4.1.1　纳滤分离原理及特点

（1）分离原理

如图 4-1 所示，在原料侧施加一定的压力，在膜上下游压力差的作用下，溶液中的分子量低于 200 的小分子物质、单价离子及水透过膜上的纳米孔流到膜的低压侧为透过液，而分子量为 200～2000 的有机物质及多价离子被膜阻挡而留在膜的上游侧，从而实现了分子量大于 200 的有机物、多价离子及分子量低于 200 的有机物、单价离子及水的分离。纳滤膜的推动力是膜两侧的压力差。

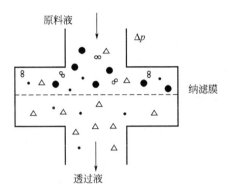

图 4-1　纳滤原理示意图
●代表分子量 200 以上的有机分子；∞多价离子；
△单价离子；•水及分子量低于 200 的小分子

纳滤膜具有特殊的孔径范围和制备时的特殊处理（如复合化、荷电化），使其具有较特殊的分离性能。纳滤膜的一个重要特征是膜表面或膜中存在带电基团，因此纳滤分离具有两个特性，即筛分效应和电荷效应。分子量大于膜的截留分子量（MWCO）的物质，将被膜截留，反之则透过，这就是膜的筛分效应（也称为位阻效应）。另外，纳滤膜的分离层一般由聚电解质构成，使膜表面带有一定的电荷，离子与膜所带电荷的静电相互作用使纳滤膜产生电荷效应（Donnan 效应）。对不带电荷的不同分子量物质的分离主要是靠筛分效应；而对带有电荷的物质的分离主要是靠电荷效应。大多数纳滤膜的表面带有负电荷，它们通过静电相互作用，阻碍多价离子的渗透。

（2）纳滤的特点

纳滤膜的分离特点如下：

① 对不同价态的离子截留效果不同，对二价和高价离子的截留率明显高于单价离子。对阴离子的截留率按下列顺序递增：NO_3^-，Cl^-，OH^-，SO_4^{2-}，CO_3^{2-}；对阳离子的截留率按下列顺序递增：H^+，Na^+，K^+，Mg^{2+}，Ca^{2+}，Cu^{2+}。

② 对离子的截留受离子半径的影响。在分离同种离子时，离子价数相等，离子半径越小，膜对该离子的截留率越小；离子价数越大，膜对该离子的截留率越高。

③ 截留分子量在 200～2000 之间，适用于分子大小为 1nm 的溶质组分的分离。

④ 对疏水型胶体油、蛋白质和其他有机物具有较强的抗污染性。

⑤ 与反渗透膜相比，纳滤膜具有操作压力低、水通量大的特点。与超/微滤膜相比，纳滤膜又具有截留低分子量物质的能力。纳滤膜对许多中等分子量的溶质，如消毒副产物的前驱物、农药等微量有机物、致突变物等杂质能有效去除，从而决定其在水处理中的地位。

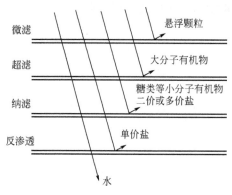

图 4-2   纳滤膜的分离特性

纳滤技术填补了超滤和反渗透之间的空白，它能截留透过超滤膜的小分子量有机物，透过被反渗透膜所截留的无机盐（对比如图 4-2）。纳滤与电渗析、离子交换和传统热蒸发技术相比，它可以在脱盐的同时兼浓缩，在水的软化、净化、有机物与无机物混合液的浓缩与分离方面具有无可比拟的优点。

4.1.2   纳滤膜的结构及电学性能表征

（1）纳滤膜的结构

纳滤膜按结构分为非对称膜及复合膜。非对称膜是由致密皮层及多孔支撑层构成的，致密皮层起分离作用，支撑层起机械支撑作用。该膜是采用同一种材料一次成型的。由界面聚合法得到的复合纳滤膜一直是商品化纳滤膜的主要形式，这种膜由多孔的、不具选择性的支撑膜和复合在支撑膜表面起分离作用的超薄功能层组成。纳滤是相对新的概念，Eriksson 最早使用"nanofiltration"一词。在相对短暂的发展史中，实际纳滤膜一直定义为反渗透或超滤膜的边缘产品。尽管近年来纳滤膜和纳滤技术得到了重视和发展，但是许多相关的理论，如纳滤膜的材料选择理论、纳滤膜的物理化学结构在传质过程中的实际变化和对纳滤过程的影响（纳滤传质机理）等均未成熟。如果已知膜的结构特点就有可能建立可借鉴的材料选择理论，澄清现有的众多纳滤模型，并能根据应用的需求优化纳滤膜的结构，调控纳滤膜的性能。全面表征纳滤膜的结构是完善和提高纳滤理论的基础，也是促进纳滤技术发展的重要方法。复合纳滤膜的表层结构也大多是聚电解质网络，在水溶液中溶胀后才显示出纳滤的特殊性能，如筛分效果和电荷选择性。因为聚合物膜在干态和湿态下的结构、性能不同，最好能在与膜的应用状态相同的条件下来表征膜的性能。

无机纳滤膜的孔径在 $0.5 \sim 2.0nm$，它们不会在溶液中溶胀，在干态和湿态下的形态一致。

在非水环境中，每种溶剂与聚合物膜之间的作用均不相同，相应膜的性能也不同。

（2）纳滤膜的电学性能

大多数纳滤膜是荷电膜，荷电性是决定纳滤膜分离性能的重要方面，对纳滤膜结构性能表征主要是对与其电性能有关参数的表征。纳滤膜的荷电性能主要用流动电位、Zeta 电位及电荷密度来表征。

对于荷电纳滤膜，由于膜的高分子材料中引入了荷电基团，使得膜表面带有一定的电荷。膜内荷电基团的性质与荷电量的多少影响膜的分离效果。在溶液中，与膜同号电荷的离子会受到荷电膜强烈的排斥作用，异号电荷离子则会被吸附。如在一般的天然水中含有带负电荷的胶体微粒和杂质，当膜表面带有正电荷时，胶体杂质易沉淀于膜的表面或膜孔隙中造成膜的污染与毒化，使膜的性能下降。当膜表面具有与胶体微粒同号电荷时，膜不易被污染。另外，由于膜中荷电基团具有较大的亲水性，改变了膜的含水率，致使膜对一些低分子有机物有良好的脱除性。

① 流动电位　当对荷电膜一侧的电解质溶液施加一压力使电解质溶液通过荷电膜时，膜两侧就会相应地产生电位差（ΔE）。通过电位差测量出流动电位，它的大小反映了水携带反离子流动的能力。可用于判断荷电膜表面所带电荷的性质及其电性能的强弱，还可计算出流动电现象的一个重要参数：膜面的 Zeta 电位。Zeta 电位越高，离子迁移数越大，膜的选择性越好。

② Zeta 电位　高分子材料中引入固定荷电基团或高分子固相对溶液中某些离子（正离子或负离子）的优先吸附（或排斥）在固液两相的界面形成双电层。Stern 层面是电子之间的接触面，也就是膜表面电荷附近的稳定离子层（Stern 层）和流动部分形成双电层。Stern 电位实际上影响着各层电荷的行为，能够表征膜的荷电性能，但是 Stern 电位不能被直接测出。Zeta 电位是 Stern 层与溶液之间的相对运动产生的剪切表面电位差，所以通过 Zeta 电位可以间接表征 Stern 层电位，进而反映膜的荷电性能（假定剪切面与 Stern 面是一致的）。Zeta 电位（ζ）的零电势被定义为在膜表面无限远处。可以测量流动电位，再通过公式计算得到 Zeta 电位值。

实验中，Zeta 电位 ζ 和流动电位 ΔE 之间用著名的 Helmholtz-Smoluchowski 公式来表示：

$$\zeta = \frac{\Delta E \eta \kappa_s R_{el,s}}{\Delta p \varepsilon R_{el}} \tag{4-1}$$

式中，Δp 即为测流动电位时 A、B 两端的实际压力；ε 是电解质的介电常数；η 是电解质溶液的黏度；R_{el} 是电解质溶液的电阻；$R_{el,s}$ 是标准溶液的电阻，通常取 0.1mol/L KCl 溶液作为标准溶液，它的电导率 κ_s 可以用电导率仪直接测出。

③ 膜表面电荷密度　带电膜和电解质溶液中电荷的形成和分布情况各异。当吸附离子存在于 Stern 层中时，按电荷在体系中的分布和作用不同可分为：a. 在膜表面的固定电荷 $\sum^0$；b. Stern 层中的电荷 $\sum^s$；c. 在双电层的扩散层内的电荷

Σ^{d}。双电层的总电荷等于零，故体系表现为电中性。

$$\Sigma^0 + \Sigma^{\mathrm{s}} + \Sigma^{\mathrm{d}} = 0 \tag{4-2}$$

在测定膜的表面电荷时，需要溶液和膜表面发生相对运动。若溶液通过的孔或缝宽远远大于双电层的厚度，则各层的表面电荷密度 σ 之间的关系为：

$$\sigma^0 + \sigma^{\mathrm{s}} + \sigma^{\mathrm{d}} = 0 \tag{4-3}$$

表面电荷的分布范围可具有一定厚度。比如，膜的表面电荷密度 σ^0 可位于靠近膜表面的某些地方。双电层的扩散部分的表面电荷密度 σ^{d}，一般是用膜表面的一定区域内的一个柱形体内存在的总电荷表示。在距离平膜表面 x 处的表面电荷密度可写作：

$$\sigma^{\mathrm{d}}(x) = \int_x^\infty \rho(x)\,\mathrm{d}x \tag{4-4}$$

在含有不同的价态离子的电解质溶液中，动力学表面电荷密度 σ^{d} 可从下式中获得：

$$\sigma^{\mathrm{d}} = \frac{\varepsilon\zeta}{\kappa^{-1}} \tag{4-5}$$

式中，κ^{-1} 是 Debije 长度，可以用公式（4-6）计算出来：

$$\kappa^{-1} = \sqrt{\frac{\varepsilon\kappa T}{4\mathrm{e}^2 N_{\mathrm{A}} I}} \tag{4-6}$$

式中，ε 是介电常数；κ 是 Boltzmann 常数；T 是温度；e 是基本电荷电量；N_{A} 是 Avogadro 常数；I 是离子强度，$I = 0.5\sum z_i^2 c_i$，z_i 是化合价，c_i 是浓度。

Stern 层的电性是由吸附离子引起的。其中一种吸附电荷的总量同离子浓度之间的关系符合 Freundlich 吸附等温线，Freundlich 吸附等温线通过一个能量定理来描述电荷密度和阴离子间的非线形关系：

$$\sigma^s(x_-) = ax_-^b \tag{4-7}$$

其中，a 和 b 是常数，并且 x_- 表示阴离子在溶液中的百分数：

$$x_- = \frac{c\nu_- M_{\mathrm{H_2O}}}{\rho - c[\nu_+ M_+ + \nu_- M_- - (\nu_+ - \nu_-)M_{\mathrm{H_2O}}]} \tag{4-8}$$

式中，c 是电解质溶液的浓度；ν 表示化学计量系数；M 表示摩尔质量；ρ 表示密度；下角标－、＋和 H_2O 分别表示阴离子、阳离子和水。

膜上的总电荷，包括吸收层和分散层：

$$\sigma^{\mathrm{d}} = \sigma^0 + ax_-^b \tag{4-9}$$

4.1.3 纳滤膜分离性能评价指标

（1）截留率（R）

无论溶质是否荷电，纳滤实验中溶质的截留率和在此截留率下溶剂的透过量可以作为衡量纳滤膜的选择性和实用性的指标。

纳滤膜的截留率的定义如下式：

$$R = \frac{c_f - c_p}{c_f} \qquad\qquad (4\text{-}10)$$

式中，c_f、c_p 分别代表原液浓度和透过液浓度。

（2）膜通量（J_v）

纳滤膜的通量定义如下式：

$$J = \frac{V}{At} \qquad\qquad (4\text{-}11)$$

式中，V 为透过液的体积，L；A 为有效膜面积，m^2；t 为透过时间，h；J 为膜通量，L/（$m^2 \cdot h$）。

4.2　纳滤膜及组件

纳滤膜按膜材料分有有机高分子膜、无机膜和有机-无机杂化膜。按膜的结构特点分有非对称均质膜和复合膜。按膜的荷电性分，根据膜中固定电荷电性的不同，可将荷电纳滤膜分为荷正电膜、荷负电膜和中性膜。根据荷电位置不同，可分为表层荷电膜和整体荷电膜。目前已工业化的多为表层荷负电膜。

除了常见的上述几类以外，各大制膜公司也在不断推出自己的特色纳滤膜，如海德能公司推出的 ESNA 节能型纳滤膜元件、HYDRACoRe 脱色用纳滤膜；科氏（KOCH）公司给出特定截留分子的纳滤膜 SR3。另外，按照待处理体系的极性，纳滤膜可分为水系纳滤膜和耐有机溶剂型纳滤膜。常见的纳滤膜均为水系纳滤膜，耐有机溶剂型的纳滤膜正在研制中，如聚酰亚胺纳滤膜。

由于高分子复合纳滤膜是目前商品膜的主流，所以本节将重点介绍高分子复合纳滤膜，包括膜材料、膜制备及膜产品。

4.2.1　高分子复合纳滤膜

（1）复合纳滤膜的材料

大多数商品复合纳滤膜的支撑膜均由聚砜类材料制成。聚砜类材料机械强度高，耐酸碱，有优异的介电性，对除浓硫酸和浓硝酸外的其他酸、碱、醇、脂肪族烃等相当稳定，可连续在 pH 1～13 的体系中运行。但聚砜作为疏水性聚合物，不易被水或其他高表面张力的液体浸润，作为纳滤膜支撑材料时，需要对其表面进行改性处理，以改善其性能。

复合纳滤膜的复合层材料有芳香聚酰胺、聚哌嗪酰胺、磺化聚砜、聚脲、聚醚、聚二烯醇/聚哌嗪酰胺混合物等，其化学结构式及对应的商品膜牌号如下。

① 芳香聚酰胺类复合纳滤膜　该类复合膜主要有美国 Film Tec 公司的 NF-50 和 NF-70；日本日东电工 Nitto Denko 公司的 NTR-759HR、ES-10，日本东丽

（Toray）的 SU-700，Tri Sep 公司的 A-15。其复合层材料化学结构式如下所示：

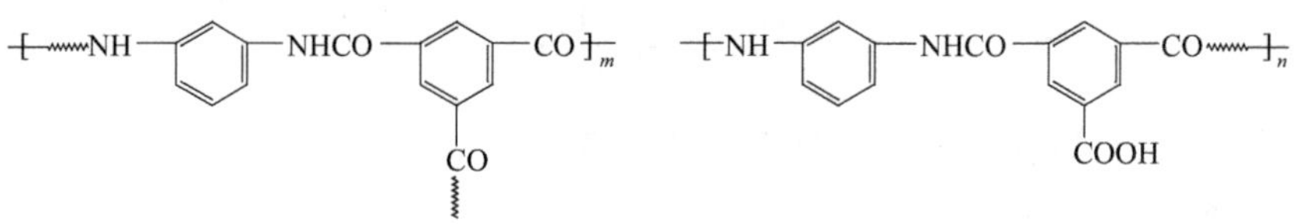

② 聚哌嗪酰胺类复合纳滤膜　该类复合膜主要有美国 Film Tec 公司的 NF-40 和 NF-40HF 膜，日本东丽公司的 SU-600、UTC-20HF 和 UTC-60 膜，美国 AMT 公司的 ATP-30 和 ATF50 膜，日本日东电工 Nitto Denko 公司的 NTR7250，其复合层材料化学结构式如下所示：

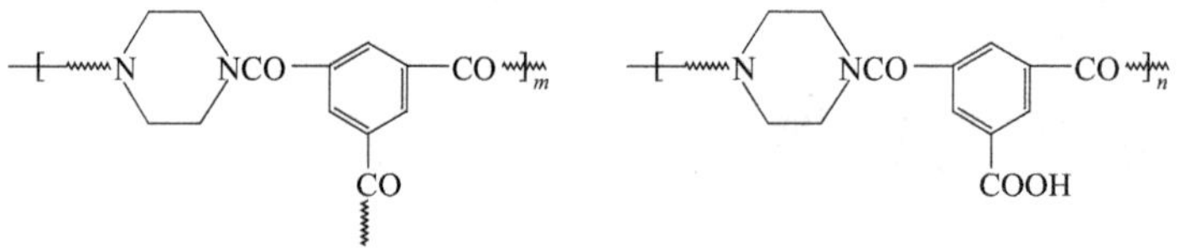

③ 磺化聚（醚）砜类复合纳滤膜　该类膜主要有日本日东电工公司开发的 NTR-7400 系列纳滤膜，其超薄层材料化学结构式如下：

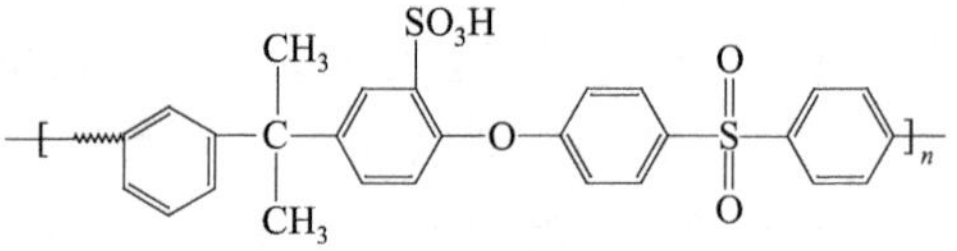

④ 聚脲　该类膜主要有日本日东电工公司的 NTR-7100，UOP 的 TEC（PA300，RC-100），其超薄表层材料化学结构式如下：

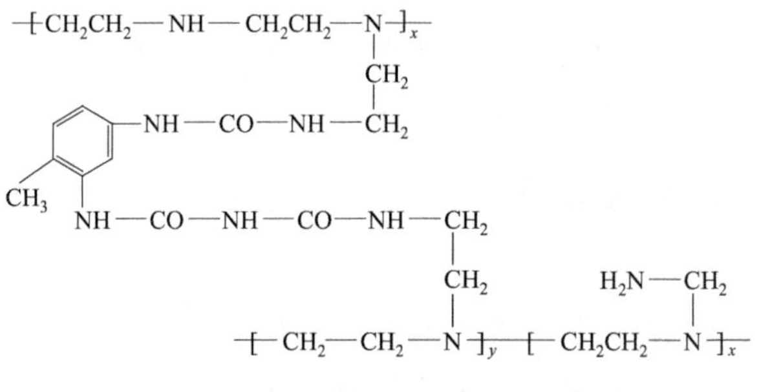

⑤ 聚醚类复合纳滤膜　这类膜主要有日本东丽公司的 PEC-1000，表层材料化学结构式如下：

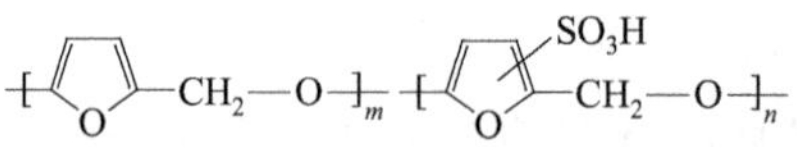

⑥ 混合型复合纳滤膜　该类膜主要有日本日东电工公司的 NTR-7250 膜，其表层化学结构如下，由聚乙烯醇和聚哌嗪酰胺组成。美国 Desalination 公司的 Desal-5 也是此类膜，其表面复合层由磺化聚（醚）砜和聚哌嗪酰胺组成。

（2）复合纳滤膜的制备方法

复合法是目前应用最广、也是最有效的制备纳滤膜的方法。该方法是在多孔基膜上，复合一层具有纳米级孔径的超薄复合层。复合膜的优点是可以分别选取不同的材料制取基膜和复合层，使其性能（如选择性、渗透性、化学和热稳定性）达到最优化。由于这类膜的复合层和支撑层由不同的聚合物材料构成，因此每层均可独立地发挥其最大作用。

与用相转化法制作的非对称结构膜相比，复合纳滤膜能制成具有良好重复性和不同厚度的超薄复合层。可以方便地调整膜的渗透性能和分离选择性，以及物化稳定性和耐压密性。

① 多孔基膜的制备　多孔基膜的制备方法：对于高分子材料膜采用 L-S 相转化法，可由单一高聚物形成，如聚砜超滤膜；也可由 2 种或 2 种以上的高聚物经液相共混形成合金基膜。如含酞侧基聚芳醚酮-聚砜（PEKC-PSF）合金膜。高性能的多孔基膜是制备性能优良的复合纳滤膜的基础。由于聚砜化学和热稳定性好，故商品化复合纳滤膜大多采用聚砜多孔膜为支撑底膜。

② 超薄复合层的制备　复合纳滤膜的传质阻力主要来自于超薄复合层。为了减小膜的传质阻力，应在保证分离要求的前提下尽可能减小超薄复合层的厚度。复合层的制备方法主要有涂敷法、界面聚合法、原位聚合法、接枝法、化学蒸气沉降法、等离子体聚合法、动力形成法等。除了涂敷法外，其他几种方法都是通过聚合反应形成很薄的聚合物层。目前，使用较多的有两种方法：涂敷法和界面聚合法。

a. 涂敷法　将铸膜液直接刮涂到基膜上，再借外力将铸膜液轻轻压入基膜的大孔中，然后用相转换法成膜。

对高聚物铸膜液，涂刮到基膜后，经外力将铸膜液压入基膜的微孔中，再经 L-S 相转化成膜，该方法的关键是合理选择和基膜相匹配的复合液并调节工艺条件。

涂敷方式有喷涂、浸涂和旋转涂敷三种，最简单、实用的为浸涂法。

此方法是把常用于超滤过程的一个不对称膜（中空纤维或平板）浸入到含有聚合物、预聚物或单体的涂膜液中，涂膜液中溶质浓度一般较低（小于 1%）。当把此不对称膜从涂膜液中取出后，一薄层溶液附着其上，然后将其置于加热炉内使溶剂蒸发，从而使表皮层固定在多孔亚层上。当涂层的化学或机械稳定性不好或其分离性能在非交联状态下不理想时，通常要进行交联。

浸涂法制膜过程中需注意的问题有聚合物状态、孔渗、非浸润液体等。

b. 界面聚合法 界面聚合法是目前世界上最有效的制备纳滤膜的方法，也是制备工业化 NF 膜品种最多、产量最大的方法。已商品化的纳滤膜主要有 NF 系列、NTR 系列、UTC 系列、ATF 系列、ATP 系列、PA 系列膜等。界面聚合是利用两种反应活性很高的双官能团或三官能团的反应单体（A 和 B），在互不相溶的两相界面处聚合成膜，从而在多孔支撑体上形成一超薄表层（0.1~1.0μm）的方法，反应的示意图见图 4-3。

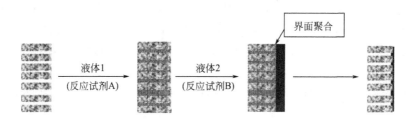

图 4-3 界面聚合法制备复合膜的示意图

界面聚合法的优点是：反应具有自抑制性。这是由于当两相单体接触并进行反应时，在两相界面间会立即形成一层薄膜，界面处的单体浓度降低，未反应单体则需穿过薄膜互相接触后才能继续进行反应，这就使得反应的速率大大降低；到一定的时间后，反应则会完全受通过该薄膜的扩散控制。一般来说，薄膜的厚度应由反应时间来控制，反应时间在几秒到几十秒之间，可通过改变两种溶液的单体浓度，很好地调控选择性膜层的性能。

界面聚合法制取高分子复合纳滤膜，用于界面聚合的单体中水相单体有二胺（如间苯二胺、哌嗪等）、聚乙烯醇和双酚等；有机相单体有二酰氯、三酰氯等。影响界面聚合反应的主要因素有：反应物的种类、两相溶液中的单体浓度、界面聚合的温度、界面聚合反应时间；添加剂的种类及浓度等。为了得到更好的膜性能，一般还需水解荷电化、离子辐射或热处理等后处理过程。该方法的关键是基膜的选取和制备、调控两类反应物在两相中的分配系数和扩散速度，以及优化界面缩合条件，使表层疏松程度合理化并且尽量薄。复合纳滤膜的表层化学结构和表面形貌对膜的性能也有很大的影响。

有关界面聚合法制膜的更详细介绍请参阅第 5 章反渗透。

4.2.2 高分子非对称型纳滤膜

(1) 制膜的高分子材料

常见的制备非对称纳滤膜的材料有醋酸纤维素（CA）、三醋酸纤维素（CTA）、聚酰胺（PA）、聚酰亚胺（PI）、磺化聚砜等。其中以 CA 制备的非对称纳滤膜研究及应用最多。这是因为醋酸纤维素来源丰富，价格便宜、制膜工艺简便，用途广泛，水渗透率高，截留率好，膜具有耐氯性，已应用于海水淡化领域。缺点是抗氧化性能差、pH 使用范围窄（3～6）、易压密和易水解，限制了它在某些领域中的应用。为克服本身的缺陷，可进行化学改性和接枝，如在纤维素主链中引入共轭双键、叁键或环状键，提高抗氧化能力和热稳定性。鉴于纳滤膜的分离特性，还必须改变常规醋酸纤维素膜的组成和配比，特别是致孔剂。中国国家海洋局杭州水处理中心采用甲酰胺和酸类混合物作为致孔剂，不仅改善了膜性能，还使成膜工艺大大简化。采用三醋酸纤维素（CTA）为膜材料，环丁砜作溶剂，以聚乙二醇（PEG）为主、加入适量其它添加剂组成多元型致孔剂，制得中空纤维纳滤膜，对 $MgSO_4$ 的脱除率可大于 96%，且透水量大于 25L/（$m^2 \cdot h$）。

（2）非对称型纳滤膜的制备方法

非对称型纳滤膜的制备方法就是 L-S 法，由于纳滤膜的表面致密皮层较反渗透膜疏松，较超滤膜致密，因此，采用 L-S 法制备纳滤膜时，可以采用两种途径。一种是借助于反渗透的制备工艺条件，在此基础上，把制膜工艺条件向有利于形成较疏松的表面结构方向调整，如调整聚合物的浓度、添加剂的组成及动力学成膜等。另一种途径是借助超滤膜的制备工艺条件，使超滤膜表面孔变小后，采用热处理、荷电化或表面接枝等方法使膜表面致密化，以得到具有纳米级表面孔的非对称型纳滤膜。详见第 3 章的非溶剂相分离法（L-S 法）制膜工艺。

4.2.3 无机纳滤膜

（1）陶瓷纳滤膜材料

与有机高聚物膜相比，无机陶瓷膜作为一类新型的纳滤膜有独特的优点，诸如耐高温、化学稳定性好、机械强度大、分离效率高等，因而成为高效节能对环境友好的膜材料。无机纳滤膜通常由 3 种不同孔径的多孔层组成，大孔支撑体可以保证无机纳滤膜的机械强度；中孔的中间层可以降低支撑体的表面粗糙度，有利于纳孔层的沉积；而纳孔层（孔径＜2nm）决定着无机纳滤膜的渗透选择性。广泛应用的陶瓷膜材料有 Al_2O_3、ZrO_3、TiO_2、HfO_2、SiC 和玻璃等（表 4-1），所采用的载体主要是氧化铝多孔陶瓷。添加 SiO_2 等物质作为助烧结剂有利于成型和烧结，但会降低陶瓷膜的性能。美国 US filter（国际上最大的陶瓷膜公司）对氧化铝载体改性，得到的陶瓷膜能够耐一定浓度的强碱，但仍不能在热的强碱溶液中长时间使用。ZrO_2 具有极高的化学稳定性，但价格昂贵，ZrO_2 分离膜通常以氧化铝作为基膜。Larbo 等制备出了孔径为 0.5～2.0nm 的氧化铝复合 NF 膜，膜的通量可达 15L/（$m^2 \cdot h$）（20℃，1 MPa），其 MWCO 约为 500。法国 CNRS 膜材料与膜过程实验室以 HfO_2 纳滤膜对含 Na_2SO_4 和 $CaCl_2$ 溶液的脱除性能的研究表明，pH 3～4 时膜对 $CaCl_2$ 的脱除率达 85%～90%，而对 Na_2SO_4 的脱除率不足 5%；在 pH 10～12 时其习性则刚刚相反。

表 4-1   几种无机陶瓷膜的性能

材料	MWCO	孔径/nm	pH 使用范围
γ-Al_2O_3	200~2000	0.6~5.0	3~11
阳极氧化铝	—	>5.0	—
TiO_2	480~1000	5.0	1.5~13
TiO_2-α-Al_2O_3	500,600,800,>1000	0.8~3.5	1.5~13
TiO_2-γ-Al_2O_3-α-Al_2O_3	<200	0.8	3~11
ZrO_3(内含 Y_2O_3)	—	—	2~12
ZrO_3(内含 MgO_2)	—	<2.0	—
SiO_2-ZrO_2	200~1000	1.0~2.9	2~12
HfO_2	>420	1~2	1~14

(2) 无机纳滤膜的制法

① 化学气相沉积法   化学气相沉积法是无机纳滤膜制备中应用较广泛的一种方法。该方法是先将某化合物（如硅烷）在高温下变成能与基膜（如 Al_2O_3 微孔基膜）反应的化学蒸气，在一定的温度、压力下于固体表面发生反应，生成固态沉积物，反应使基膜孔径缩小至纳米级而形成纳滤膜。化学气相沉积法必须满足下列 3 个条件：第一，在沉积温度下，反应物必须有足够高的蒸气压；第二，反应生成物除需要的沉积物为固体外，其他都必须是气体；第三，沉积物的蒸气压要足够低，以保证在整个沉积反应进行过程中，能保持在加热的载体上。

② 动力形成法   该方法是利用溶胶-凝胶相转化原理，首先将一定浓度的无机电解质，在加压循环流动系统中，使其吸附在多孔支撑体上，由此构成的是单层动态膜，通常为超滤膜。然后需在单层动态膜的基础上再次在加压闭合循环流动体系中将一定浓度的无机电解质吸附和凝聚在单层动态膜上，从而构成具有双层结构的动态纳滤膜。

几乎所有的无机聚电解质均可作为动态膜材料。无机类有 Al^{3+}、Fe^{3+}、Si^{4+}、Th^{4+}、V^{4+}、Zr^{4+} 等离子的氢氧化物或水合氧化物，其中 Zr^{4+} 的性质最好。动态膜的多孔支撑体可用陶瓷、烧结金属、炭等无机材料。多孔支撑体的孔径与它的材质有关，孔径范围通常要求为 $0.01~1\mu m$，适宜的范围在 $0.025~0.5\mu m$ 之间。厚度没有特别限制，只需保证足够的机械强度即可。通过控制合适的循环液组成及浓度、加压方式等工艺条件，可制得高水通量的动态纳滤膜。以前动态膜形成于炭或陶瓷管的内表面，近年来大多采用不锈钢管。

影响动态膜性能的主要因素有多孔支撑基体的孔径范围、无机聚电解质的类型、浓度和溶液的 pH 值。

4.2.4   纳滤膜的表面修饰

在制膜过程中，往往需要对纳滤膜进行表面修饰来进一步提高膜的性能或者增加膜的长期稳定性。表面修饰技术能够改变孔结构、引入功能基团或者改变膜的亲水性等。表面修饰技术包括等离子体处理、化学反应改性、聚合物接枝、光化学反应和表面活性剂改性等。

（1）等离子体处理

等离子体改性，等离子体是气体在高频下电解离子化产生的。

（2）化学反应改性

一些化学反应如磺化、硝化、酸碱处理、有机溶剂处理和交联等可用于改变基膜的荷电性、亲水性，或者是改变表面层及孔的结构，从而使被处理的膜具有纳滤膜的特点。

（3）聚合物接枝

对多孔膜表面的化学接枝来改善膜的分离特性是其中最为有效的一种，可以制备性能优良的纳滤膜。用于多孔膜的亲水改性、固定化酶膜和活性层析膜的制备。表面接枝的方法如紫外辐照、γ射线辐照、低温等离子体辐照和高能辐照。

其中紫外辐照接枝是一种自由基接枝聚合反应，聚合物膜表面的化学键在紫外辐照下发生断裂，生成自由基。当在辐照体系中存在可反应的烯烃类单体时，自由基接枝反应就能在聚合膜表面和膜的孔径中进行，形成化学键合的接枝聚合物链。采用不同结构的单体，就能在聚合膜表面引入羟基、羰基、羧酸基等活性基团，使其呈现很好的亲水性。对于一些在紫外辐照下无法生成自由基的聚合物膜，则常需加入光敏剂等助剂。

4.2.5 纳滤膜组件

（1）纳滤膜组件的类型及特点

纳滤膜组件于 20 世纪 90 年代中期实现工业化，并在许多领域得到了应用。与反渗透膜一样，纳滤膜组件主要形式有卷式、中空纤维式、管式及板框式等。卷式、中空纤维式膜组件由于膜的装填密度大、单位体积膜组件的处理量大，常用于脱盐软化处理过程。而对含悬浮物、黏度较高的溶液则主要采用管式及板框式膜组件。工业上应用最多的是卷式膜组件，它占据了绝大多数陆地水脱盐和超纯水制备市场，此外也有采用管式和中空纤维式的纳滤膜组件。

有关膜组件的结构在其他章节已有介绍，其中板式、管式及中空纤维膜组件参见第 3 章超滤，卷式膜组件参见第 5 章反渗透。不同的只是这些组件内安装的膜不同。

表 4-2 是各种形式的纳滤膜组件特点比较。可以看出，最适合于 NF 的组件形式是螺旋卷式和管式。螺旋卷式（SWM）组件的优点是实现了行业的标准化，便于选择和更换。

表 4-2 各种形式的纳滤膜组件特点比较

性 能	平板和板框式	卷式	管式	中空纤维式
装填密度 /(m²/m³)	中等 (200～500)	高 (500～1000)	较低 (70～400)	高 (500～5000)
能量利用率	较低(层流)	中等(隔网损失)	高(湍流)	低(层流)
污染控制	中等	好(无固体)	好	较好
标准化要求	没有	有	没有	没有
更换方式	单张(或整框)	元件	单管(或元件)	元件
清洗难易	中等	较困难(有固体)	较好的物理清洗	可反冲洗
NF 的限制	压力限制	无	无	纤维的爆破压力

（2）纳滤膜组件操作的组合方式

为了抑制膜面浓差极化和结垢污染，要保证卷式膜组件内料液的流速大于一定值，同时还要使膜装置保持较高的回收率，常常采用多个膜元件（2～6 个）串接起来并放置在一个压力膜壳中。膜组件的排列方式有单段式、多段式及部分循环式（图 4-4）。单段式［图 4-4（a）］适于对处理量较小回收率要求不高的场合，部分循环式［图 4-4（b）］适于处理量较小并对回收率有要求的场合，而多段式［图 4-4（c）］处理量较大并可达到较高的回收率。在实际操作中，螺旋卷式纳滤膜同反渗透膜一样，也是将 2～6 个膜元件串联在一个压力膜壳中使用。

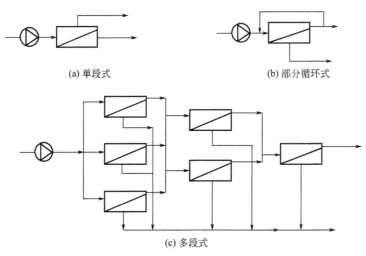

(a) 单段式   (b) 部分循环式

(c) 多段式

图 4-4 膜组件的组合方式

4.2.6 国内外纳滤膜组件产品简介

国外海德能公司、GE 公司、Koch 公司，国内杭州北斗星及沁森环保高科公司等生产和销售 10 余种纳滤膜组件产品。相关主要产品见表 4-3 及表 4-4。

表 4-3 我国企业销售的主要纳滤膜组件产品

组件生产商	型号	操作压力/MPa	膜材质	膜面积/m²	产水量/(m³/d)	稳定脱盐率/%		回收率/%	最高进水温度/℃	最大进水SDI	进水pH范围
						NaCl	MgSO₄				
湖南沁森环保	NF1-4040	0.48	聚酰胺复合膜	7.2	6.6	70	98	15	45	4	2~11
	NF1-8040	0.48	聚酰胺复合膜	37.2	34.2	70	98	15	45	4	2~11
	NF2-4040	0.48	聚酰胺复合膜	7.2	7.7	40	96	15	45	4	2~11
	NF2-8040	0.48	聚酰胺复合膜	37.2	39.7	40	96	15	45	4	2~11
杭州北斗星	BDX4040	0.03	聚酰胺复合膜	7.5	8.0	65~75	95	15	45	5	1~12
	BDX8040	1.03	聚酰胺复合膜	36	38	65~75	95	15	45	5	1~12
	BDX4040-SF	1.03	聚酰胺复合膜	7.5	8.0	65~75	95	15	45	5	1~12
	BDX8040-SF	1.03	聚酰胺复合膜	36	38	65~75	95	15	45	5	1~12

表 4-4 国外部分纳滤膜组件产品

组件生产商	型号	操作压力/MPa	膜材质	膜面积/m²	产水量/(m³/d)	稳定脱盐率/%	回收率/%	最高进水温度/℃	最大进水SDI	进水pH范围
						NaCl				
美国海德能	HYDRACoRe10	—	磺化聚醚砜	26	37.9	10	15	60	5	2~11
	HYDRACoRe50	—	磺化聚醚砜	26	34.1	50	15	60	5	2~11
	HYDRACoRe70pHT	—	磺化聚醚砜	25	11.4	70	15	70	5	1~13.5

4.3　纳滤膜技术的应用

4.3.1　纳滤技术的应用领域及应用情况简介

纳滤是一种新型膜分离技术，该技术可以广泛应用于水的软化和有机污染物的脱除；制药工业中医药中间体浓缩、母液回收、氨基酸和多肽的分离、中药的分离及有效成分的提取、浓缩，可促进产品质量的提高。纳滤技术的应用领域、处理对象、目的及效果见表4-5。

表 4-5　纳滤技术的应用领域、处理对象、目的及效果

应用领域	处理对象	处理目的及实施效果
各种水处理及水软化	(1)市政饮用水处理	去除水中的小分子有机污染物,生产优质饮用水,水中致突变物质去除率大于90%
	(2)水的软化	降低水的硬度、替代传统石灰软化和离子交换工艺
	(3)矿泉水纯化	除去水中有机污染物,保留一价离子有效成分
	(4)直饮水生产	
染料工业	(1)制备高强度活性黑	以 KN-B 为基本原料开发高强度活性黑 KN-G2RC、活性黑 BES 等新品种
	(2)活性染料生产过程中除盐、除副染料、未反应完全的中间体杂质	① 提高活性染料的溶解度,如活性艳蓝 KN-R、KN-3R、P-3R 等品种溶解度提高 1 倍多 ② 提高染料的纯度,使产品色光稳定
	(3)活性蓝 222 生产中,用纳滤处理替代传统盐析-压滤-打浆工艺	减少用盐量,降低单耗 30% 左右,降低生产成本
	(4)活性黑 KN-B、艳红 KE-7B、蓝 K-GR 等生产中,染料液的浓缩	节省喷雾造粒干燥的能量,提高产品收率
制药工业	(1)多肽浓缩、脱盐	提高产品浓度及纯度、节省能源
	(2)氨基酸和多肽的分离	制取氨基酸及多肽产品
	(3)抗生素解吸液浓缩、脱盐,如头孢 C、氨基酸苷类、克林霉素等 (4) 半合成抗生素 6-APA、7-ACA、7ADCA 等的浓缩、提纯 (5)结晶母液回收如阿莫西林、头孢拉定等 (6)维生素浓缩如维生素 C、维生素 B_2、维生素 B_{12} 等	① 常温操作,解决热敏物质受热分解、失活的问题,提高产品回收率和产品质量 ② 节省能耗,包括真空浓缩的加热蒸汽、冰盐水和电能 ③ 降低操作费用 ④ 节省化学添加剂

续表

应用领域	处理对象	处理目的及实施效果
中药生产	(1)中药注射液、口服液、浸膏等生产中药液提取精制和浓缩	① 去除中药中非药用成分及药用性较差的成分 ② 克服药剂量大,制剂粗糙,质量不稳定的缺点 ③ 解决传统浓缩工艺中能耗高、效率低的问题
	(2)从中药中提取皂苷	① 膜对皂苷的截留率在 99.5% 以上 ② 浓缩倍数高、能耗低、生产周期短 ③ 产品质量稳定
废水处理及资源回收	(1)大豆乳清废水处理 (超滤＋纳滤＋反渗透)	废水中低聚糖与水的分离,大豆低聚糖截留率达到 90%,水可回用生产线
	(2)镀铬废水处理,含镍废水处理 (微滤＋纳滤)	去除废水中的重金属离子,铬离子截留率98%,镍的截留率大于 99%,回收金属、水回用生产线
	(3)造纸废水处理及水回用 (生化法＋纳滤)	废水经处理后水达到生产回用标准
	(4)印染废水 (超滤＋纳滤)	脱除水中盐、色度及有机物(芳烃及杂环化合物),水达到排放标准。浓缩液再回到生产线上使用
	(5)炼油厂综合废水处理 (混凝＋气浮＋两级多介质＋两级氧化＋生物活性炭＋纳滤)	废水处理及回用,水回收率为 75%

4.3.2 纳滤技术的工程应用实例

（1）市政饮用水处理

生活污水、工业废水的排放加上农田径流、大气沉落等非点源污染,直接或间接地造成了饮用水水源的污染,其中以有机污染最为严重,污染有机物的种类急剧增加。通过流行病学调查研究和对污染物质毒理学的验证,发现很多物质与居民发病率具有很大的相关性,从而引起了人们对饮用水的卫生性与安全性的极大重视。常规的絮凝沉淀、过滤、消毒净化工艺已不能有效去除水中的病原菌、病毒及有机物污染物,不能保障饮用水的卫生与安全。因此,以去除饮用水中有机污染及有毒有害物质为目标的饮用水深度净化技术日益得到重视。李灵芝等分别以太湖水和淮河水为水源的两地水厂出水为研究对象,研究纳滤膜组合工艺对饮用水中可同化有机碳（AOC）和致突变物的去除效果。结果得知,纳滤膜对AOC 的去除率为 80%,能确保饮用水的生物稳定性,对致突变物的去除率大于90%,对两地不同原水均能生产出安全优质的饮用水。

应用实例：法国巴黎西郊 200000m^3/d 纳滤膜饮用水处理工程

法国的 Mery-sur-Oise 水处理厂负责巴黎西郊居民的饮用水供给。该厂于1999 年建成了纳滤膜饮用水处理工程，处理量 200000m³/d，1999 年 9 月开始运行，并于 2000 年 4 月开始正常供水，其中传统水处理法和纳滤系统供水比例为1：4。从 1999～2003 年，S Peltier 等调查了该纳滤系统对供水水质的影响，研究表明：采用纳滤系统后水中的 DOC 降低到平均 0.7 mg/L，这样出水残留氯的含量由 0.35 mg/L 降至 0.1 mg/L，三卤甲烷（THMs）减少了 50%。另外，由于生物降解型溶解有机碳（BCOD）的减少，改进了产水的生物稳定性。图 4-5 是200000m³/d 饮用水纳滤处理系统的实景照片。

图 4-5　200000m³/d 饮用水纳滤处理系统的实景照片

（2）市政水软化

应用实例：美国佛罗里达州印第安河县（VERO Beach，Florida）纳滤软化水工程

美国佛罗里达州近 10 多年来新的软化水厂都采用膜法软化，代替常规的石灰软化和离子交换过程。如科氏在印第安河县（VERO Beach，Florida）设计并安装总产水为 11355m³/d 的两套膜装置，用于降低当地井水的硬度、TDS 和减少潜在的三卤代甲烷的形成。该系统满足了市镇用水供给，处理流程见图 4-6。所用的纳滤膜为 TFC-S 8921 超低压聚酰胺复合纳滤膜，按 35：19 排布，每根膜外壳中填装 6 支膜元件。

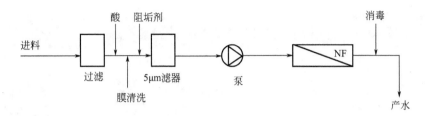

图 4-6　纳滤膜软化水的流程示意图

该项目虽然在投资、操作和维修及价格等方面与常规法相近，但具有无污泥、不需再生、完全除去悬浮物和有机物、操作简便和占地省等优点。

（3）居民直饮水生产

应用实例：湖南省长沙市湘江风光带直饮水工程

长沙湘江风光带位于长沙市湘江大道，沿湘江南起湘江黑石铺大桥，北至月亮岛北端。建于 1995 年，它由十余个休闲健身广场、绿化带以及历史文化景观组成，集防洪、观光、旅游、休闲、健身等功能于一体。

为方便市民的需要，政府在长沙湘江风光带设置了公共直饮水，是利用纳滤膜分离技术及多道过滤、净化、消毒工艺处理的可直接生饮的优质饮用水。直饮水中央净水站有先进的过滤、净化和消毒设备。该项目采用了纳滤膜为核心处理工艺，由湖南沁森环保公司提供膜技术及膜设备，采用其自行生产的 NF1-4040 纳滤膜组件，其工艺如图 4-7，图 4-8 是直饮水纳滤处理系统的实景照片。

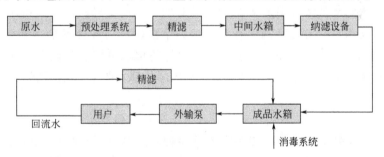

图 4-7　直饮水工艺流程示意图

预处理工艺为：石英砂过滤—活性炭过滤—保安过滤器

深度处理工艺：纳滤膜系统—产水箱—消毒系统—供水泵—市民饮用点

自来水通过砂滤器滤掉泥砂、铁锈等肉眼能看到的杂质；通过碳滤器吸附除去自来水中的余氯和异味；通过纳滤膜滤除病菌、病毒、有毒重金属、有毒化合物、有机毒害物等；通过口感调节器调节水中的酸碱度；然后经过紫外线灭菌，产生优质的饮用水，输入供水管道，输送过程中还要经过臭氧杀菌处理。到供水龙头出水处，市民可以喝到洁净的饮用水。

图 4-8   直饮水纳滤处理系统的实景照片

（4）制药工业生产中应用

应用实例 1：华北制药厂青霉素中间体 6-APA 膜法浓缩工程

厦门三达与华北制药厂合作，将纳滤技术成功应用于青霉素 6-APA 浓缩工艺，解决了青霉素低浓度裂解和 6-APA 高浓度结晶的关键技术。三达应用自行开发的纳滤膜技术，在常温下高倍数浓缩酶裂解液，浓缩液含固量达到 24％以上，改低浓度结晶为高浓度结晶，不但节省了大量的化学添加剂和能源消耗，而且比传统方法提高收率 5％以上，产品质量达到国际标准。图 4-9 是纳滤浓缩装置的实景照片。

应用实例 2：山东省寿光市制药公司维生素 C 的纳滤浓缩装置

维生素是生物的生长和代谢必需的营养物质。山东寿光制药公司的万吨级维生素 C 生产过程，采用厦门三达开发的膜分离与离子交换耦合提取技术，实现了维生素 C 生产的自动化，提高了产品质量，降低了生产成本。该项目于 2010 年投入使用。图 4-10 是膜分离与连续离子交换耦合工艺流程示意图，图 4-11 为纳滤浓缩维生素 C 装置的实景照片。

（5）废水处理中的应用

应用实例 1：长沙市黑麋峰垃圾渗滤液处理工程

长沙市固体废物处理场位于长沙市望城区，工程总投资 2.53 亿元，于 2003 年 4 月 28 日正式启用。整个工程占地 2610 亩，总库容 4500 万立方米，设计最终填埋标高 270m，目前日均处理垃圾约 5000t。

图 4-9　纳滤膜装置的实景照片

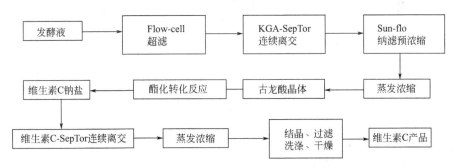

图 4-10　膜分离与连续离子交换耦合提取工艺流程示意图

图 4-11　纳滤浓缩维生素 C 装置实景照片

2009 年下半年，运营公司对渗滤液处理厂进行了提标改造，采用"外置 MBR
＋RO/NF 膜工艺"，由湖南沁森环保公司提供纳滤技术及设备，渗滤液处理量为

1800m³/d，是国内规模最大的渗滤液处理厂，处理后的排放液能达到《生活垃圾填埋污染控制标准》（GB 16889—2008）要求。其工艺流程如图 4-12 所示。

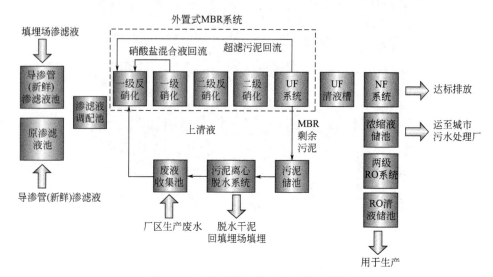

图 4-12　垃圾渗滤液处理工艺流程简图

　　来自填埋场内的渗滤液（老液＋新液），经袋式过滤器去除较大颗粒物后进入生化系统，经过反硝化和硝化作用降解大部分有机物，其上清液出水经过超滤膜分离作用后进入纳滤系统。纳滤系统采用浓水内循环式系统，回收率在85％以上，出水 COD_{Cr} 去除率在 90％左右。当生化系统脱氮不完全时，则出水经清液罐调节后进入 RO 系统进行深度处理。

　　纳滤系统采用沁森生产的 NF2-8040 组件，系统分为两组并联排列。依据原水COD、盐浓度波动范围较大，每组均采用了浓水内循环三段式循环系统，每段 2根膜壳并联，为 6 芯装（第三段 5 芯装），累计纳滤膜元件 34 支。每组纳滤系统的设计能力为 600m³/d，回收率约为 85％，进水 30m³/h，产水 25m³/h。图 4-13是该装置实景照片。

　　该装置自投入运行以来，出水水质稳定，COD 的脱除率高达 90％，达到了项目对纳滤系统设计要求。

　　应用实例 2：河北唐山焦化厂焦化废水深度处理工程

　　焦化废水是典型的难处理工业废水，常规处理工艺为：预处理＋生化处理＋混凝，出水的色度、COD、SS 和油含量较高，所含有机物基本不能被微生物降解。本项目采用纳滤膜技术对焦化废水进行深度处理，设计处理量 280m³/h。为了保证纳滤膜在高回收率下的稳定运行，在进入砂滤之前对二沉池出水进行了强化混凝处理，将砂滤的进水 COD 控制在 200mg/L 以内，通过砂滤和超滤进一步去除悬浮物和可能出现的浮油，纳滤系统的进、出水水质指标见表 4-6。

图 4-13 纳滤装置实景照片

表 4-6 纳滤系统进、出水水质指标

水样 \ 指标	pH 值	Cl⁻ /(mg/L)	COD /(mg/L)	BOD₅ /(mg/L)	TDS /(mg/L)	氨氮 /(mg/L)	SS /(mg/L)
纳滤进水	6.5~9.0	≤500	≤150	≤10	≤2000	≤20	70
纳滤出水	6.5~9.0	≤250	≤60	≤10	≤1000	≤10	—

该项目由 GE 水处理与过程处理公司提供膜分离技术和设备，采用纳滤膜组件的型号为 DK8040F，处理工艺流程见图 4-14，图 4-15 是纳滤系统的实景照片。

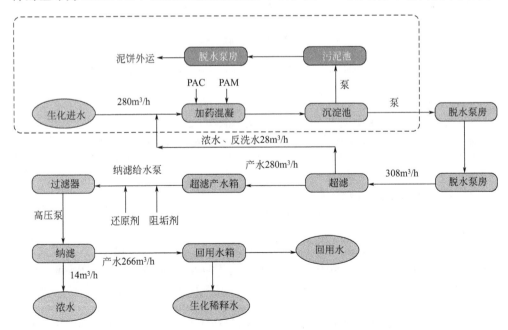

图 4-14 纳滤系统工艺流程示意图

图 4-15   用于焦化废水处理的纳滤装置实景照片

系统自 2009 年 10 月投入运行以来，运行稳定，砂滤进水 COD 为 120～200mg/L，纳滤产水 COD 为 10～30mg/L，平均截留率 80%～93%。该项目有效去除了焦化废水中的难降解有机物，并实现了水的软化和部分脱盐。为焦化废水的达标排放和回用提供了可靠的解决方案。

参 考 文 献

[1] Bequet S，Abenoza T，Aptel P，et al. New composite membrane for water softening. Desalination，2000，131：299-305.

[2] 汪锰，王湛，李政雄. 膜材料及其制备. 北京：化学工业出版社，2003.

[3] 徐铜文. 膜化学与技术教程. 合肥：中国科学技术大学出版社，2003.

[4] 梁希，李建明，陈志等. 新型纳滤膜材料研究进展. 过滤与分离，2006，16（3）：18-21.

[5] 裴雪梅，陆晓峰，王彬芳等. 高分子纳滤膜的研究及进展. 功能高分子学报，1999，12（1）：102-108.

[6] 美国海德能公司. 反渗透和纳滤膜产品技术手册，2005.

[7] 科氏（KOCH）. 反渗透/纳滤膜产品技术手册.

[8] 李铧，王霖，张金利等. 耐溶剂聚酰亚胺纳滤膜的制备与分离性能. 化学工业与工程，2005，22（3）：166-172.

[9] 葛目荣，许莉，曾宪友等. 纳滤理论的研究进展. 流体机械，2005，33（1）：34-39.

[10] Fievet P，Szymczyk A，Aoubiza B，et al. Evaluation of three methods for the characterisation of the membrane-solution interface：streaming potential，membrane potential and electrolyte conductivity inside pores. J Membrane Science，2000，168：87-100.

[11] Andriy E，Yaroshchuk，Alexander L. Makovetskiy，Yuriy P. Boikob. Non-steady-state membrane potential：theory and measurements by a novel technique to determine the ion transport numbers in

active layers of nanofiltration membranes. J Membrane Science，2000，172：203-221.

[12] Peeters，Mulder，Strathmann. Streaming potential measurements as a characterization method for nanofiltration membranes. Colloids and Surfaces A：Physicochemical and Engineering Aspects，v 1999，150（1）：247-259.

[13] Amy K，Zander，N，Kevin Curry. Membrane and solution effects on solute rejection and productivity. Wat Res，2001（35），18：4426-4434.

[14] Wang X L，Zhang C H，Ouyang P K. The possibility of separating saeeharides from a NaC1 solution by using NF in diafihration mode. J Membrane Sci，2002，204：271-281.

[15] Garba Y，Taha S，Cabon J，et al. Modeling of cadmium salts rejection through a nanofiltration membrane：relationships between solute concentration and transport parameters. J Membrane Science，2003，211：51-58.

[16] 王晓琳. 纳滤膜分离技术最新进展. 天津城市建设学院学报，2003，29（2）：82-89.

[17] Xiao-Lin Wang，Toshinori Tsuru，Shin-ichi Nakao，et al. The electrostatic and steric-hindrance model for the transport of charged solutes through nanofiltration membranes. J Membrane Science，1997，135：19-32.

[18] Bowen W R，Mohammad A W. A theoretical basis for specifying nanofiltration membranes- dye/salt/water streams. Desalination，1998，117：257-264.

[19] Bowen W R，Mohammad A W. Diafiltration by nanofiltration：prediction and optimisation. AIChE J 1998，44：1799-1812.

[20] Bowen W R，Mohammad A W. Characterization and prediction of nanofiltration membrane performance-a general assessment. Trans Inst Chem Eng 76A，1998，104：885-893.

[21] Labbez C，Fievet P，Szymczyk A，et al. Analysis of the salt retention of a titania membrane using the "DSPM" model：effect of pH，salt concentration and nature. J Membrane Science，2002，208：315-329.

[22] A Wahab Mohammad，Lim Ying Pei，A. Amir H. Kadhum. Characterization and identification of rejection mechanisms in nanofiltration membranes using extended Nernst-Planck model. Clean Techn Environ Policy，2002，4：151-156.

[23] Daniele Vezzani，Serena Bandini. Donnan equilibrium and dielectric exclusion for characterization of nanofiltration membranes. Desalination，2002，149：477-483.

[24] W.B. Samuel de Lint，Nieck E. Benes. Predictive charge-regulation transport model for nanofiltration from the theory of irreversible processes. J Membrane Science，2004，243：365-377.

[25] Bargeman G，Vollenbroek J M，Straatsma J，et al. Nanofiltration of multi-component feeds. Interactions between neutral and charged components and their effect on retention. J Membrane Science，2005，247：11-20.

[26] A. Wahab Mohammad，Nidal Hilalb，M. Nizam Abu Semana. A study on producing composite nanofiltration membranes with optimized properties. Desalination，2003，158：73-78.

[27] Atkinson A，Segal D L. Some Recent Developments in Aqueous Sol-Gel Processing. J Sol-Gel Science and Technology，1998，13：133-139.

[28] 王晓琳，中尾真一. 低分子量中性溶质体系的纳滤膜的透过特性. 南京化工大学学报，1998，26（4）：37-40.

[29] 裴雪梅，陆晓峰，王彬芳等. 高分子纳滤膜的研究及进展. 功能高分子学报，1999，12（1）：102-108.

[30] 吴学明，赵玉玲，王锡臣. 分离膜高分子材料及进展. 塑料，2001，30（2）：42-46.

[31] Du Runhong，Zhao Jiasen. Properties of poly（N，N-dimethylaminoethyl methacrylate）/polysulfone

positively charged composite nanofiltration membrane，J. Membr Sci，2004，239（2）：183-189.

［32］ Runhong Du，Jiasen Zhao，Positively charged composite nanofiltration membrane prepared by poly（*N*,*N*-dimethylaminoethyl methacrylate）/polysulfone，J. Applied Polymer Sci，2004，4（91）：2721-2728.

［33］ 王薇，杜启云. 聚甲基丙烯酸 *N*，*N* -二甲氨基乙酯复合纳滤膜的制备. 膜科学与技术，2005（3）.

［34］ 梁希，李建明，陈志等. 新型纳滤膜材料研究进展. 过滤与分离，2006，16（3）：18-21.

［35］ 孟广耀，董强，刘杏芹等. 无机多孔分离膜的若干新进展. 膜科学与技术，2003，23（4）：261-268.

［36］ Cot L，Aryal A，Durand J，et al. Inorganic membranes and solid state sciences. Solid State Sci，2000，2：313-334.

［37］ Starov V M，Bowen W R，Welfooty J S. Flow of Multicomponent Electrolyte Solutions through Narrow Pores of Nanofiltration Membranes. J Colloid and Interface Science，2001，240，509-524.

［38］ Kim S H，Kwak S Y，SohmB H，et al. Design of TiO_2 nanoparticle self-assembled polyamide thin film-compisite（TFC）membrane as an approach to solve biofouling problem. J Membr Sci，2003，211：157-165.

［39］ Gomes，Dominique，Buder，Irmgard，et al. Sulfonated silica-based electrolyte nanocomposite membranes. J Polymer Science，Part B：Polymer Physics，2006（44）16：2278-2298.

［40］ A.Wahab Mohammad，Nidal Hilalb，M. Nizam Abu Semana，A study on producing composite nanofiltration membranes with optimized properties. Desalination，2003，158：73-78.

［41］ 彭海媛，陈坚锐，董声雄等. 以 PAN 为基膜的复合纳滤膜的制备研究. 化工新型材料，2005，33（9）：45-47.

［42］ Stéphane Béqueta，Jean-Christophe Remigy，Jean-Christophe Roucha. From ultrafiltration to nanofiltration hollow fiber membranes：a continuous UV-photografiing process. Desalination，2002，144：9-14.

［43］ Aust U，Moritz T，Popp U，et al. Direct Synthesis of Ceramic Membranes by Sol-Gel Process. J Sol-Gel Science and Technology，2003，26：715-720.

［44］ Schafer A I，Fane A G，Water T D. Nanofiltration-Principles and Applications. Amrican 2005：1-537.

［45］ Kononova S V，Kuznetsov Yu P，Shchukarev A V，et al. Structure and Gas Separation Properties of Composite Membranes with Poly（2，2，3，3，4，4，5，5-octafluoro-*n*-amyl Acrylate）Cover Layer. Applied Chemistry，2003，76（5）：791-799.

［46］ 高以烜，叶凌碧，膜分离技术基础. 北京：科学出版社，1989：10-39.

［47］ Kruidhof Henk，Blank Dave H A，et al. ZrO_2 and TiO_2 membranes for nanofiltration and pervaporation. Part 1. Preparation and characterization of a corrosion-resistant ZrO_2 nanofiltration membrane with a MWCO less than or equal 300 Van Gestel，Tim（Inorganic Materials Science. J Membrane Science，2006，284，(1-2)：128-136.

［48］ 蒲通，曾作祥. 高分子纳滤膜的制备技术. 高分子通报，2001，(3)：53-57.

［49］ Wang H，Fang Y E，Yan Y. Surface modification of chitosan membranes by alkane vapor plasma. J Mater Chem. 2001，11：1374-1377.

［50］ Changquan Qiu，Zhang Q T，Liheng Nguyena，et al. Nanofiltration membrane preparation by photomodification of cardo polyetherketone ultrafiltration membrane. Separation and Purification Technology，51（3）：325-331.

［51］ Jinsheng Zhou，Ronald F. Childs，Alicja M. Mika. Pore-filled nanofiltration membranes based on poly（2-acrylamido-2-methylpropanesulfonic acid）gels. J Membrane Science，2005，254：89-99.

［52］ 高悦. 用于碱纤压榨液过滤的纳滤膜技术. 人造纤维，2006，36（4）：39-40.

[53] Dongfei Li, Rong Wang, Tai-Shung Chung. Fabrication of lab-scale hollow fiber membrane modules with high packing density. Separation and Purification Technology, 2004, 40: 15-30.

[54] He T, Mulder M H V, Strathmann H, et al. Preparation of composite hollow fiber membranes: co-extrusion of hydrophilic coatings onto porous hydrophobic support structures. J Membrane Science, 2002, 207: 143-156.

[55] 张宇峰, 梁长亮, 杜启云等. Fabrication of a Polyamide/Polysulfone Hollow Fiber Composite Membrane, 东华大学学报: 英文版, 2005, 22 (2): 69-73.

[56] 宋玉军, 刘福安, 赵晨阳等. 界面聚合复合膜膜结构的表征方法研究. 化工新型材料, 2006, 27 (10): 33-37.

[57] Choi J H, Dockko S, Fukushi K, et al. A novel application of a submerged NF membrane bioreactor for wastewater treatment. Desalination, 2002, 146: 413-420.

[58] Freger V, Bottino A, Capannelli G, et al. Characterization of novel acid-stable NF membranes before and after exposure to acid using ATR-FTIR, TEM and AFM. J Membrane Science, 2005, 256: 134-142.

[59] Anthony Szymczyk, Patrick Fievet. Investigating transport properties of nanofiltration membranes by means of a steric, electric and dielectric exclusion model. J Membrane Science, 2005, 252: 77-88.

[60] Peeters J M M, Mulder M H V, Strathmann H. Streaming potential measurements as a characterization method for nanofiltration membranes. J Physicochemical and Engineering Aspects, 1999, 150: 247-259.

[61] Freger V, Bottino A, Capannelli G, et al. Characterization of novel acid-stable NF membranes before and after exposure to acid using ATR-FTIR, TEM and AFM. J Membrane Science, 2005, 256: 134-142.

[62] 宋玉军, 刘福安, 赵晨阳等. 界面聚合复合膜膜结构的表征方法研究. 化工新型材料, 2006, 27 (10): 33-37.

[63] 邵文尧, 杨翠娴. 膜分离技术在活性染料生产中的应用研究. 陕西理工学院学报, 2006, 22 (2): 56-60.

[64] 杨军浩. 膜分离装置在活性染料生产中应用 (一). 上海染料, 2005, 33 (3): 40-42.

[65] Tsuru, Toshinori, Miyawaki, et al. Inorganic porous membranes for nanofiltration of nonaqueous solutions. Separation and Purification Technology, 2003, 32 (1-3): 105-109.

[66] Garem A, Daufin G, Maubois J L. Selective separation of amino acids with a charged inorganic nanofiltration membrane: effect of physicochemical parameters on selectivity. Source: Biotechnology and Bioengineering, 1997, 54 (4,): 291-302.

[67] 李杰妹, 周培艳, 王亚卿 等. 应用膜分离技术改进林可霉素提炼工艺. 化工学报, 2005, 56 (4): 738-744.

[68] 朱国民, 李菊芳. 纳滤膜技术在庆大霉素 B 浓缩中的应用. 过滤与分离, 2006, 12 (2): 36-38.

[69] 张道方. 纳滤膜技术在硫酸奈替米星生产中的应用. 海峡药学, 2005, 17 (5): 15-17.

[70] 何旭敏, 夏海平, 胡建华等. 基于膜分离过程的 6-APA 生产技术. 精细与专用化学品, 2002, (19): 13-14.

[71] 谢全灵, 何旭敏, 夏海平. 膜分离技术在制药工业中的应用. 膜科学与技术, 2003, 23 (4): 180-187.

[72] 王晓琳, 杨健, 徐南平等. 我国液体分离膜技术现状及展望. 南京工业大学学报, 2005, 27 (5): 104-110.

[73] 纪晓声, 楼永通, 高从堦. 膜分离技术在中药制备中的应用, 2006, (32) 3: 11-14.

[74] Peltier S, Benezet M, Gatel D, et al. Effects of nanofiltration on water quality in the distribution system. J water supply: Research and technology-AQUA, 2002, 51 (5): 253-263.

[75] Peltier S, Cotte M, Gatel D, et al. Nanofiltration: improvements of water quality in a large distribution system. J water supply: Research and technology-AQUA, 2003, 3 (1-2): 193-200.

[76] Escobar I C, Randall A A, Hong S K, et al. Effect of solution chemistry on assimilable organic carbon removal by nanofiltration: full and bench scale evaluation. J Water Supply: Research and Technology-AQUA, 2002, 51 (2): 67-71.

[77] 杜宇欣, 王玉海, 李玉玲等. 农村饮水降氟设备运行效果研究, 2006, 23 (4): 316-318.

[78] Kuan-Seong Ng, Zaini Ujang, Pierre Le-Clech. Arsenic removal technologies for drinking water treatment, Environmental Science and Bio/Technology 2004, (3): 43-53.

[79] 李灵芝, 王占生. 纳滤膜组合工艺去除饮用水中可同化有机碳和致突变物. 重庆环境科学, 2003, 25 (3): 17-18.

[80] 刘研萍, 王琳, 王宝贞. 一体化纳滤设备处理生活污水的中试研究. 水处理技术, 2005, 31 (1): 41-45.

[81] 陈尧, 方富林, 熊鹰等. 超滤-纳滤膜处理垃圾填埋场渗沥液. 膜科学与技术, 2005, 25 (1): 44-49.

[82] 袁其朋, 马润宇. 膜分离技术处理大豆乳清废水. 水处理技术, 2001, 27 (31): 61-163.

[83] Ines Frenzel, Dimitrios F. Stamatialis, Matthias. Wessling Water recycling from mixed chromic acid waste effluents by membrane technology. Separation and Purification Technology, 2006, 49: 76-83.

[84] 朱贤, 陈桂娥, 叶琳. 膜分离在镀镍废水处理中的应用. 上海应用技术学院学报, 2006, 6 (2): 141-148.

[85] Koyuncu I, Kural E, Topacik D. Pilot scale nanofiltration membrane separation for waste management in textile industry. Water Science and Technology, 2001, 10 (43): 233-240.

[86] Lien L, Simonis D. Case histories of two large nanofiltration systems reclaiming effluent from pulp and paper mills for reuse, in: Proceedings of the TAPPI 1995 International Environmental Conference [M], Book 2, May 7-10, USA, 1995: 1023-1027.

[87] 张林生, 沈剑斌. 文英等. 纳滤膜的分离机理及其在染料废水处理中应用, 2003, 23 (12): 1-3.

[88] Ismail Koyuneu. Reactive dye removal in dye, salt mixtures by nanofiltration me mb ranes containing vinylsulphone dyes efects of feed concentration and cross flow velocity. Desalination, 2002, 143 (3): 243-253.

[89] 田国军, 张宇峰. 纳滤膜性能及其在染料分离中的应用. 天津工业大学硕士学位论文, 2007: 26-48.

[90] 毕飞, 刘翔, 钱文英等. 效能与成本的权衡——美国海德能公司纳滤膜元件应用于炼油废水回用工程. 流程工业, 2006, (10): 26-27.

[91] Tarleton, Robinson J P, Millington C R, et al. Non-aqueous nanofiltration: solute rejection in low-polarity binary systems E. S. J Membrane Science, 2005, 252: 123-131.

[92] Ana Manito Pereira, Martin Timmera, Jos Keurentjes. Swelling and compaction of nanofiltration membranes in a non-aqueous environment. Desalination, 2006, 200: 381-382.

[93] Rogelio Valadez-Blanco, Frederico C. Ferreira, Ruben Ferreira Jorge, et al. A membrane bioreactor for biotransformations of hydrophobic molecules using organic solvent nanofiltration (OSN) membranes. Desalination, 2006, 199: 429-431.

[94] Chayaporn Roengpithya, Darrell A. Patterson, Paul C. Taylor. Development of stable organic solvent nanofiltration membranes for membrane enhanced dynamic kinetic resolution. Desalination, 2006, 199: 195-197.

[95] Koris A, Vatai G. Dry degumrrang of vegetable oils by menlbrane filtration. Desalination, 2002, 148: 149-153.

第 5 章

反渗透

5.1 反渗透技术简介

反渗透（reverse osmosis，RO）是利用半透膜使溶液中的小分子物质和溶剂分离的一种膜过程。能有效去除水中的无机离子及 $0.1\sim2nm$ 的有机小分子物质。反渗透技术广泛应用于海水淡化，苦咸水淡化，电子、制药工业中超纯水的制造，电厂锅炉给水、制冷机循环用水的生产，各种废水的处理及再生回用，医药工业、食品饮料工业中低分子物质水溶液的浓缩和有机物质的回收等。其应用前景广阔，市场潜力很大。

5.1.1 反渗透分离原理及特点

（1）分离原理

如图 5-1 所示，采用一张只能透水不能透盐的半透膜将纯水和盐水隔开，纯水会自发地透过膜进入盐水侧，这种现象称为渗透现象。当渗透进行到盐水一侧的液面达到某一高度产生了压头时，抑制了纯水向盐水一侧的渗透，达到了平衡，平衡的压头称为渗透压。渗透压的大小与盐溶液的种类、浓度和温度有关，与膜本身无关。反之，若在盐水一侧施加一个大于渗透压的压力时，盐水中的水分就会透过半透膜进入纯水侧，盐水侧浓度上升，这一现象称为反渗透。反渗透技术就是利用这一原理来进行溶质和溶剂分离的一种膜技术。反渗透的膜传递机理有各种不同的理论，但比较流行的是 Sourirajan 等提出的优先吸附-毛细孔理论。如图 5-2 所示，以醋酸纤维素反渗透膜为例，当盐水与反渗透膜接触时，由于膜是亲水性膜，它具有选择性地吸附纯水而排斥溶质（盐）的化学物理特性，则在膜表面附近形成一薄层纯水层，此时，如果膜孔合适，在反渗透压力作用下，水通过膜并连续形成纯水层，这就是脱盐过程。这一模型给出了组分透过膜的临界孔径概念，临界孔径显然是膜选择性吸附界面纯水层厚度的两倍。基于这一模型，膜的表面必须有相应大小的毛细孔。根据这一理论 Sourirajan 等研制出具有高脱盐率高透水性的实用反渗透膜，从而奠定了反渗透技术的发展基础。

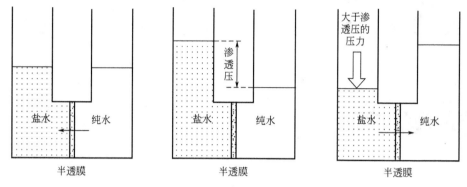

图 5-1 反渗透原理示意

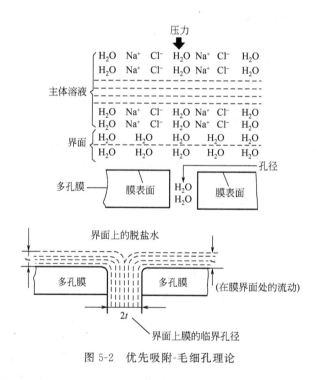

图 5-2 优先吸附-毛细孔理论

（2）反渗透的特点

与其他传统分离技术（如蒸发和冷冻法）相比，反渗透有如下的特点：

① 膜的分离效率高，用于海水淡化平均脱盐率高达 99.7%。

② 杂质去除范围广，不仅可以去除水中溶解的无机盐，也可以去除各类有机物杂质。

③ 产水量大，设备占地小，投资成本低。

④ 能耗低，由于过程不发生相变，不需要对待处理物料进行加热，适于对热敏性物质的分离、浓缩并且过程能耗很低，用海水生产每立方米淡水仅需耗电 3kW·h。

⑤ 生产成本低，大型反渗透装置每立方米淡水生产成本约合人民币 3.5～5.0元，可以用反渗透技术大规模生产廉价、高品质的纯净水。

5.1.2 国内外技术发展简史

1748 年，Abble Nollet 发现水能自发地扩散到装有酒精溶液的猪膀胱内，首次揭示了膜渗透现象。20 世纪 20 年代 van't Hoff 和 J. W. Gibbs 建立了完整的稀溶液理论，揭示了渗透压与其他热力学性能之间的关系，为渗透现象的研究奠定了坚实的理论基础。反渗透膜过程走向工业应用的标志性事件之一是 1953 年美国佛罗里达大学的 C. E. Reid 教授首先发现了醋酸纤维素类材料具有良好的半透性，同年在 C. E. Reid 的建议下，反渗透被列入美国国家计划。与此同时，美国加利福尼亚大学的 S. T. Yuster、S. Loeb 和 S. Sourirajan 等于 1960 年首次制成了具有历史意义的高脱盐率、高通量的非对称醋酸纤维反渗透膜，使反渗透膜过程迅速从实验室走向工业应用，大大地促进了膜技术的发展。

1970 年美国 DuPont 公司推出由芳香族聚酰胺中空纤维制成的 "Permasep" B-9 渗透器，使反渗透膜的性能有了较大幅度的提高，之后又开发了 B-10 渗透器。与此同时，Dow 和东洋纺公司先后开发出三醋酸纤维素中空纤维反渗透器用于海水和苦咸水淡化，UOP 公司成功地推出卷式反渗透膜元件。

复合膜的研究开始于 20 世纪 60 年代中期，但直到 1980 年 Filmtec 公司才推出性能优异的、实用的 FT-30 复合膜。80 年代末高脱盐率的全芳香族聚酰胺复合膜工业化，90 年代中期超低压和高脱盐全芳香族聚酰胺复合膜开始进入市场，2000 年初耐污染、高脱硼、极低压和高压聚酰胺复合膜相继研发成功，使反渗透膜的性能进一步提高。由于芳香聚酰胺复合反渗透膜具有高脱盐率，高产水量，低操作压力和低的制造成本，可以大规模生产廉价的、高品质的纯净水等优势，因而使反渗透技术有了长足的进步，为其工业化生产及推广应用开辟了广阔的前景。

我国反渗透膜的研究始于 1965 年，20 世纪 70 年代进行了中空纤维和卷式反渗透膜的研究，80 年代初步实现了工业应用，当时主要是醋酸纤维素膜材料。80 年代开始进行反渗透复合膜的研究，90 年代开始研发、引进、吸收相结合，迄今，无论是膜材料还是膜装置的研究均取得可喜的成果。

5.1.3 反渗透膜的结构及其表征

(1) 反渗透膜的结构

反渗透膜多为非对称膜和复合膜结构。

① 非对称膜的结构　用扫描电镜观测膜的横断面，非对称膜具有不同层次的结构。它是由致密的分离皮层、微细孔结构的过渡层和较大开放孔结构的支撑层构成。皮层的厚度一般为 $0.1 \sim 0.3 \mu m$，过渡层厚达数微米，其余为支撑层。反渗透膜的致密分离皮层孔径在 1nm 以下，过渡层的孔径在 $0.01 \mu m$ 左右，支撑层的孔径分布宽，多在亚微米至微米级范围。

20 世纪 60 年代非对称膜出现之前，膜多数为数十微米厚的致密对称膜，渗透的阻力很大，导致膜无实用价值。非对称膜有效表层厚度仅 $0.1 \sim 0.3 \mu m$，这样渗透传递阻力小，使渗透通量增加 $2 \sim 3$ 个数量级。非对称膜的缺点是表层下有一层可压密的过渡层，其被压密会影响水通量。

② 复合膜的结构　反渗透复合膜由致密的超薄复合层、多孔支撑层和增强织物组成。超薄复合层厚度为 $0.1 \sim 1 \mu m$、多孔支撑层厚度为 $40 \sim 60 \mu m$，织物增强层厚度为 $120 \mu m$ 左右，见图 5-3。反渗透复合膜一般先制备多孔支撑层，再制备超薄复合层。其中超薄复合层结构致密，具有选择性分离功能；多孔支撑层大多采用聚砜超滤膜，不具有选择性分离功能；增强支撑层采用聚酯类无纺布或涤纶布，也不具有选择性分离功能。

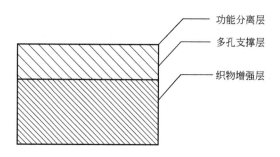

图 5-3　反渗透复合膜结构示意图

复合膜的皮层可以选择最优材料来制备，膜的皮层和膜的支撑体可以分别由不同材料制造，性能易优化，而且不易压密。所以复合膜的水通量大、脱盐率高，膜的综合性能比非对称膜优异得多。

至今开发的反渗透复合膜，大多不同程度地带负电荷（少数带正电荷）。用这种膜来处理天然水时，不易被水源中含有的有机物污染，若被污染，膜也易于清洗。当然亲水非荷电膜是优选的。

（2）反渗透膜表层结构及表征

20 世纪 60 年代开发的醋酸纤维素反渗透膜和初期开发的复合膜，表层光滑平整，为二维结构。70 年代末开发的复合膜，其表层是不光滑的，带有高约 $0.2 \mu m$，平均直径约为 $0.05 \mu m$ 的一层突起，为三维结构。到 90 年代中期，这种结构进一步得到发挥，复合膜表层高约 $0.4 \mu m$，平均直径约 $0.07 \mu m$ 的一层明显突起，使膜的表面积大约增加了一倍。原子力显微镜（AFM）特别适用于薄膜表面结构形态的研究。通过原子力显微镜观测可以给出平均表面粗糙度等膜结构特征，能充分表现膜表面突出物的大小、形状和三维表面粗糙度等。图 5-4 为原子力显微镜给出的膜样品照片。

（3）膜的其他结构参数

反渗透膜的发展中，除膜的形态和结构研究之外，还进行过如下一些结构参数的研究，如用称量法和密度法测定膜中含水量和孔隙率；用钴盐法，DSC 和 NMR 技术测定膜的结合水含量；用 X 射线衍射、IR、DSC 等对膜的结晶结构（单晶大小，结晶度，结晶取向）等进行研究。

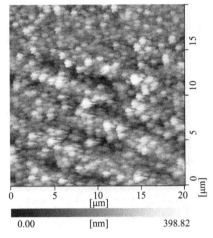

图 5-4　反渗透膜超薄复合层
的原子力显微镜照片

5.1.4　反渗透膜性能评价指标

在反渗透过程应用及工程设计中常用的膜评价指标如下。

（1）水通量

水通量表示膜在给定工艺条件下，单位时间单位膜面积上透过水的量，是膜的透水速率的量度，是反渗透膜的重要指标之一。

$$J = \frac{V}{At} \tag{5-1}$$

式中，V 为透过水的体积，L；A 为反渗透膜的有效面积，m^2；t 为测试时间，h；J 为水通量，$L/(m^2 \cdot h)$。

膜的水通量与操作温度、压力，原水的离子种类、浓度及膜的种类有关。

（2）脱盐率

脱盐率表示反渗透膜脱除盐的能力，是反渗透膜的另一个重要指标。

$$R = (1 - c_p/c_f) \times 100\% \tag{5-2}$$

式中，c_p 为膜的透过侧（产水侧）水中的盐浓度，mg/L；c_f 为膜的进水侧给水中的盐浓度，mg/L。

反渗透膜的脱盐率受到膜的种类，操作温度、压力，原水中离子种类、浓度等因素的影响。一般生产膜的厂家给出的脱盐率是在标准条件下测得的，称为公称脱盐率，所以在膜应用时，要考察厂家给出的脱盐率是在什么条件下获得的。

（3）膜的物化性能

膜的物理化学性能是指抗压性、耐酸碱性、耐温、耐余氯、耐氧化、耐生物及化学污染性等。

5.2 反渗透膜及组件

反渗透膜是反渗透技术的核心，膜的基本性能取决于膜材料，没有好的膜材料就得不到性能好的膜。

反渗透对膜材料要求是制成的膜要有高脱盐率和高通量，以满足脱盐的经济性；要有足够的机械强度，以保证在所承受的压力下正常工作；另外，膜材料还应有良好的化学稳定性，耐水解、耐清洗剂侵蚀、耐强氧化消毒以及可在苛刻条件下应用；要有耐热性，以便能在较高温度下工作；要耐生物降解，不会因生物的活动而丧失其优异性能；要耐污染，可长期保持膜的性能，少清洗，长寿命。

目前，国际上通用的反渗透膜材料主要有醋酸纤维素和芳香聚酰胺两大类，另外还有一些用于提高膜性能或制备特种膜的材料，如聚苯并咪唑（PBI）、聚苯醚（PPO）、聚乙烯醇缩丁醛（PVB）等耐氯耐热材料。

其中，以芳香聚酰胺（PA）为功能分离材料的反渗透复合膜是现今商品膜产品的主流，本节将重点介绍聚酰胺类反渗透复合膜，包括膜材料、膜制备和膜产品。

5.2.1 反渗透复合膜

工业化的反渗透复合膜超薄复合层是采用芳香族聚酰胺（PA）类材料，界面聚合法制备的。界面聚合法要求在短时间内形成完整而致密的复合膜，采用多元（官能度 $f \geqslant 2$）胺和多元（官能度 $f \geqslant 2$）酰氯（或异氰酸酯）进行反应是最好的，两种单体至少有一种为芳香族化合物。为了获得耐久性好的膜，适度的交联是必要的，所以酰氯或多胺的分子中应有一个官能度大于2。

用于制备复合芳香聚酰胺反渗透膜的多元胺种类很多，其中，间苯二胺（MPDA）、邻苯二胺（OPDA）和对苯二胺（PPDA）是最常用的芳香族多胺。哌嗪（piperazine）是制备复合芳香聚酰胺反渗透膜的二元脂肪族仲胺，最早应用于NS-300 的制备。另外，1,2-乙二胺（DMDA）、1,4-环己二胺（HDA）、1,3-环己二甲胺（HDMA）等脂肪族多胺也用于复合芳香聚酰胺反渗透膜的制备。

部分多元胺的化学结构式见图 5-5。

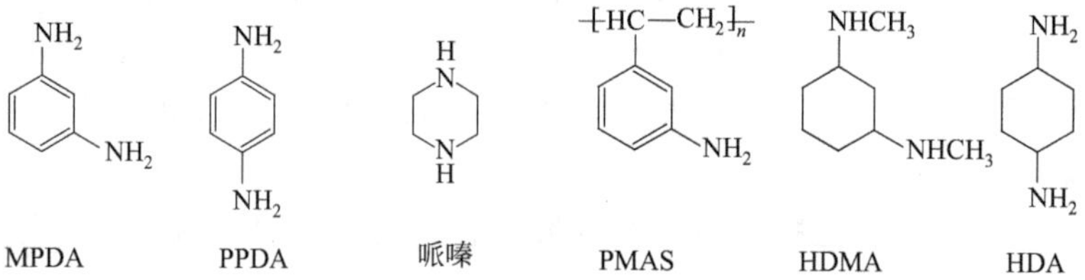

图 5-5 部分多元胺的化学结构式

均苯三甲酰氯（TMC）是最常用的一种多元酰氯，日本和美国较早地进行了均苯三甲酰氯研制，但反应条件苛刻。5-氧甲酰氯-异酞酰氯（CFIC）和 5-异氰酸酯-异酞酰氯（ICIC）是两种新型的功能性单体，Du Pont 公司采用这两种单体制出了高通量、高脱率的复合芳香聚酰胺反渗透膜。两种单体均含有两个甲酰氯，前者有一个氧甲酰氯基，是一种氯代酸酯；后者有一个异氰酸酯基，是一种异氰酸酯。三个功能基团的位置与均苯三甲酰氯的一样，处于 1,3,5-位置上。图 5-6 是部分多元酰氯（或异氰酸酯）的化学结构式。

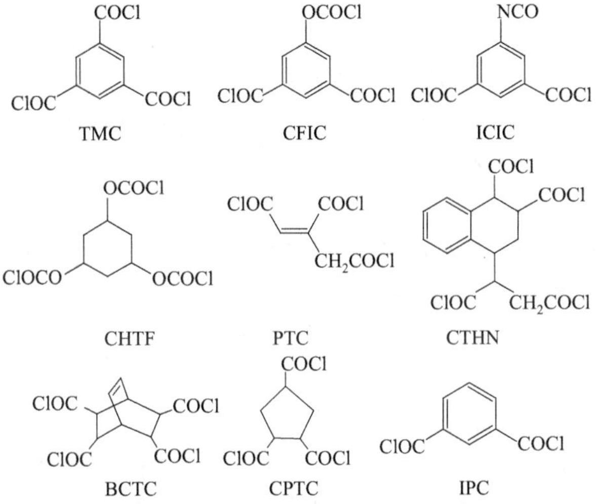

图 5-6 部分多元酰氯（或异氰酸酯）的化学结构式

部分商品化的反渗透复合膜如下。

（1）NS-100 反渗透复合膜

1977 年北极星研究所（North Star Research Institute）报道了 NS-100 反渗透复合膜的制备方法及性能。其超薄复合层是通过支化的聚亚乙基胺与甲基间苯二异氰酸酯（toluene diisocyanate，TDI）在聚砜支撑膜上界面聚合制得的。

从某种意义上说，NS-100 反渗透复合膜是首次开发成功的非纤维素类复合膜，也是第一种采用界面聚合法制得的反渗透复合膜。它的水通量和对盐类、有机小分子的截留效果明显优于当时的其他反渗透复合膜。但是这种膜的耐氯性很差，特别是对次氯酸和次氯酸根离子。

（2）PA-300、RC-100 反渗透复合膜

NS-100 反渗透复合膜的成功为反渗透复合膜的发展指引了一个方向，很多具有多胺基团的反应物被用来制备反渗透复合膜，其中多胺基聚氧乙烯效果最为显著。

Riley 等分别用间苯二甲酰氯（isophthaloyl chloride，IPC）和 TDI 与多胺基聚氧乙烯开发出了 PA-300 和 RC-100 两种工业化的反渗透复合膜。

（3）NS-300 反渗透复合膜

1983 年 Parrini 报道了一种耐氯性能很好的反渗透复合膜材料——聚哌嗪酰胺，并用它制成了不对称的反渗透膜。Cadotte 通过优化反应条件，发现可以采用哌嗪（piperazine，PIP）和间苯二甲酰氯在多孔支撑膜上界面聚合制得反渗透复合膜，后来又掺入部分均苯三甲酰氯（trimesoyl chloride，TMC）调节水通量和溶质截留率，开发出了 NS-300 反渗透复合膜。

（4）FT-30 反渗透复合膜

Cadotte 在不断改进聚哌嗪酰胺类反渗透复合膜的同时，发现采用均苯三甲酰氯和间苯二胺在多孔支撑膜上界面聚合可制得一种高水通量和高溶质截留率的反渗透复合膜。这就是 FilmTech 公司推出的 FT-30 反渗透复合膜，这种膜表面呈明显的峰谷状结构。后来，经过工艺优化推出了自来水脱盐、苦咸水脱盐、海水淡化等一系列的反渗透复合膜。

1987 年，流体公司（UOP Fluid Systems）推出的 TFCL 系列反渗透复合膜也具有相同的化学结构。其高压膜可用于海水淡化，低压膜则适用于苦咸水脱盐。

1990 年，海德能公司（Hydranautics，Inc）推出了 CPA2 反渗透复合膜，其功能超薄复合层由间苯二胺与间苯甲酰氯/均苯三甲酰氯通过界面聚合制得。其性能与 FilmTech 公司推出的 FT-30 反渗透复合膜相近。

（5）UTC-70 反渗透复合膜

东丽公司开发的 UTC-70 反渗透复合膜中采用了均苯三胺（1，3，5-benzenetriamine），间苯二胺与间苯甲酰氯/均苯三甲酰氯通过界面聚合反应得到其功能超薄复合层。由于 UTC-70 反渗透复合膜对痕量物质脱除十分有效，非常适合在超纯水领域应用。

（6）A-15 反渗透复合膜

杜邦公司（DuPont）的 Sundet 等用 1,3,5-环己烷三甲酰氯（cyclohexane-1,3,5-tricarbonyl chloride，HT）替代均苯三甲酰氯与间苯二胺界面聚合制得 A-15 反渗透复合膜。其对氯化钠截留率低于 FT-30 反渗透复合膜，但水通量有较大程度的提高。

聚酰胺制备的膜脱盐率高、通量大、操作压力要求低，并有很好的机械稳定性、热稳定性、化学稳定性及水解稳定性，但不耐游离氯，抗结垢和污染能力差。近 20 多年来，人们通过开发新型制膜材料和膜材料改性等方法提高聚酰胺反渗透膜的抗氧化和耐污染能力，取得了很好的成果。目前聚酰胺类反渗透复合膜已成为反渗透膜产品的主流。

5.2.2 反渗透复合膜的制备方法

反渗透复合膜的制备分两步进行，先制备多孔支撑层，再制备超薄复合层。其中超薄复合层结构致密，具有选择性分离功能；多孔支撑层大多采用聚砜多孔膜，不具有选择性分离功能；增强层采用聚酯类无纺布或涤纶布，也不具有选择性分离功能。

复合膜的超薄复合层制备方法很多，有水面形成法、稀溶液涂布法、界面聚合法。当今大规模工业化应用的反渗透复合膜是采用界面聚合法制备出来的。

（1）界面聚合法的制膜工艺

界面聚合是利用两种反应活性很高的单体（或预聚物）在两个不相溶的溶剂界面处发生聚合反应。制膜方法是将支撑体（通常是超滤膜）浸入含有活泼单体（多元胺）的水溶液中，然后将此膜浸入另一个含有活泼单体（多元酰氯）的有机溶液中，多元胺和多元酰氯反应在支撑膜表面形成致密的皮层，最后进行热处理。图 5-7 是用界面聚合法连续制备复合膜的工艺过程示意。聚砜支撑膜先通过第一单体槽，吸附第一单体后经初步干燥，接着进入第二单体槽，并在这里反应制成超薄复合层，再经洗涤除去未反应的单体，经干燥后制得成品复合膜。这种复合膜与此前的反渗透膜相比，操作压力大幅度降低，水通量和氯化钠截留率都有较大程度的提高。这使得反渗透技术进入了一个高速发展的时期。

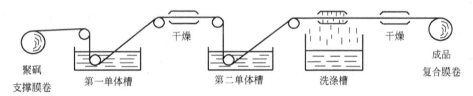

图 5-7　复合膜制备工艺示意图

（2）影响膜性能的界面反应因素

影响反渗透复合膜性能的界面反应因素有：单体的种类，聚合分子量，界面缩聚成膜的最佳单体浓度比、最佳反应时间、反应温度、反应的 pH 值和溶剂体系等。

单体种类的选择主要考虑单体的反应活性和官能度。最通用的复合反渗透膜是以均苯三甲酰氯（TMC）与间苯二胺（MPDA）反应制得。

分子量控制主要是通过选择合适的多胺和酰氯及其溶剂，控制其浓度，保证环境和设备的洁净度，以及各种试剂的纯度，选择合适的催化剂和表面活性剂，调节多胺的 pH 值，控制反应时间和温度，以及后处理的温度和时间等手段来控制所成聚酰胺分子量的大小。

界面缩聚反应是非均相反应，具有明显的表面反应特征。能获得最佳膜性能的两种单体的浓度比为最佳浓度比（各自的浓度为最佳浓度）。显然，不同的单体，其最佳浓度比是不同的，就均苯三甲酰氯和多胺来说，最佳浓度范围分别为：$0.1 \times 10^{-2} \sim 0.5 \times 10^{-2}$ 和 $0.5 \times 10^{-2} \sim 2.5 \times 10^{-2}$。

界面聚合反应的时间、温度、pH 值对膜性能的影响很大，膜性能最佳情况下的反应时间为最佳反应时间，从试验可以得出 TMC 与多胺类反应的最佳反应时间范围为 $5 \sim 30s$。pH 值的最佳范围也以膜的性能为标准来衡量，酰氯与多胺的反应会放出氯化氢，氯化氢与多胺形成胺盐，降低胺的活性，不利于大分子的形成，所以调节反应介质中的 pH 值也十分重要。实验表明 pH 值的最佳范围为 8～11 之间。

酰氯与多胺的反应为放热反应，但热效应不大，温度太高会抑制反应进行，且使酰氯水解加快，不利于大分子形成；另一方面温度高，体系黏度小，各种分子扩散快，反应速率也快，又有利于大分子形成。实验表明温度对膜性能的影响不大，所以常在室温下进行反应。

5.2.3 反渗透膜组件

反渗透工程中使用过的膜组件，有四种结构形式，即卷式、中空纤维式、管式、板式。板式和管式是早期开发的两种结构形式，由于膜填充密度低、造价高、难于规模化应用等原因，目前仅用于小批量的浓缩分离。卷式和中空纤维式组件具有填充密度高、易规模生产、造价低，可大规模应用等特点，是反渗透水处理中应用的主要组件形式。其中卷式膜组件是专门为反渗透技术应用而开发的。

目前，反渗透卷式膜组件销售占反渗透市场总量的 91％，中空纤维组件占 5％，管式和板式组件占 4％。

本节只介绍卷式膜组件，其他形式的膜组件已在前面相关章节介绍过了。

制造卷式膜组件所用的膜通常直接涂刮在聚酯无纺布增强材料上，将两张这种膜的背面之间放入一张透过液（产水）隔网，然后将二张膜的三个周边用胶黏剂密封，第四边开口形成好似一只仅装一片产水隔网的信封状的膜对（又称为叶）。这个膜对的开口端与打孔的塑料（如 PVC 或 ABS）或不锈钢中心产水收集管相连，在每两个膜对之间插入相对柔软的聚丙烯之类的导流网，最后将其卷在中心产水收集管上便成卷膜元件，如图 5-8 和图 5-9 所示。

将卷成的元件装入耐压壳体（通常为玻璃钢，也有不锈钢的）配上端板等部件即成组件。组件的耐压壳体最多能装 6～7 个元件，图 5-10 为组件装配示意图。

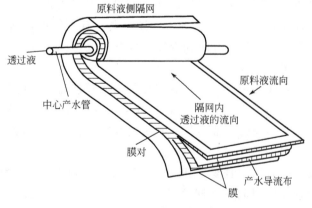

图 5-8　卷式组件卷膜示意图

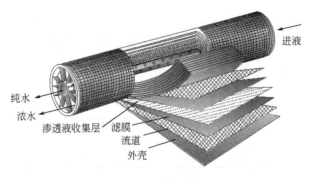

图 5-9 卷式元件

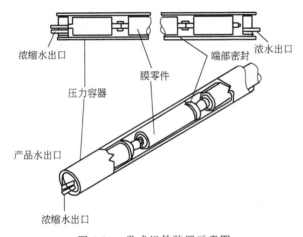

图 5-10 卷式组件装置示意图

现在用得最多的膜组件是直径为 4in 和 8in，长为 40in 或 80in 的元件，它们分别由约 5 叶和 20 叶膜对，采用螺旋状卷制而成。

5.2.4 国内外反渗透膜产品简介

据报道，全球从事反渗透膜及膜组件生产及销售的公司有两百余家，本书列举了几家有代表性公司的产品，见表 5-1 和表 5-2，更详细的介绍参见各公司的产品手册。

表 5-1 国外部分反渗透膜产品介绍

组件生产商	型号	外形尺寸[①]	有效膜面积/m²	平均透过水量/(m³/d)	稳定脱盐率/%	稳定操作压力/MPa	最高操作压力/MPa	最高进水流量/(m³/h)
美国海德能	PROC10-LD	8040	37.2	39.7	99.75	—	4.14	20
	CPA3-LD	8040	37.2	41.6	99.7	—	4.14	17
	ESPA1	8040	37.2	45.4	99.3	—	4.14	17

续表

组件生产商	型号	外形尺寸①	有效膜面积/m²	平均透过水量/(m³/d)	稳定脱盐率/%	稳定操作压力/MPa	最高操作压力/MPa	最高进水流量/(m³/h)
美国陶氏	SW30XLE-400i	8040	37.2	34.1	99.7	—	83bar	—
	SW30HR-400i	8040	37.2	28.4	99.75	—	83bar	—

①国际统一规格,表示膜组件直径 8in,长度 40in(1in=0.0254m)。

表 5-2　国内部分反渗透膜产品介绍

组件生产商	型号	外形尺寸①	有效膜面积/m²	平均透过水量/(m³/d)	稳定脱盐率/%	稳定操作压力/MPa	最高操作压力/MPa	最高进水流量/(m³/h)
贵阳时代沃顿	LP22-8040	—	37	39.7	99.5	—	4.14	17
	ULP12-8040	—	37	49.9	98.0	—	4.14	17
	SW22-8040	—	35.2	22.7	99.7	—	6.9	17
湖南沁森环保	FR 系列	8040	—	45	99.5	—	4.1	
	BW 系列	8040	—	40	99.5	—	4.1	
	XLP 系列	8040	—	45	99	—	4.1	
	ULPT 系列	8040	—	42	99.5	—	4.1	
	SW 系列	8040	—	—	99.7	—	6.9	
杭州华滤	HA8040F3-PW	8040	36	48	98	0.8~1.0	—	16
	HG8040F1-BW	8040	36	36.3	99.5	1.5~2.5	—	16
	HG8040F2-BW	8040	40	39.7	99.5	1.5~2.5	—	16
	HM8040F1-GT	8040	36	36.3	99.5	1.5~3.0	—	16
蓝星东丽	TM720N-400	—	37	39	99.7	—	—	—
	TM820M-440	—	41	29.2	99.8	—	—	—
	TML20D-400	—	37	39.7	99.8	—	—	—

① 国际统一规格,表示膜组件直径 8in,长度 40in。

5.3　反渗透膜过程

5.3.1　反渗透工艺过程设计

5.3.1.1　工艺设计的基本内容及方法

反渗透工艺设计是以合理的工艺流程和运行参数,较低的成本实现预定的目标,满足用户的需要。通过系统设计,确定工艺流程和运行参数,相应的原水预处理,所需膜元件数量及组合方式,工艺所需的配套设备及规格等。设计的目标是根据所需盐度的产水时，确定能耗增加与投资成本下降之间的平衡点，使工艺过程的经济最佳化。

一些大的膜公司都有各自的一整套软件，供工程设计用，要求既保证产水的产量和质量，又保证浓水有一定流速和浓度范围，以减少污染和结垢，实现长期安全、经济的运行。

（1）给出设计限定范围

设计范围包括不同进水时的平均水通量，水通量年下降百分率；不同膜类型的盐透过率，盐透过的年增长率；浓水中难溶盐的饱和极限，饱和指数的限度；元件最大进水和最低浓水流速等。

（2）设计要求

根据给定系统参数及产生最有效的成本设计和经济操作。在尽可能高的回收率的条件下，保证所需的水质和水量。确定系统操作参数：操作压力、回收率、产水水质、产水水量、平均水通量、反渗透膜单元（膜元件数、排列方式和操作模式）等。

（3）基本设计思路

① 设定计量单位：包括压力、流速、通量、浓度、温度等单位。

② 建立新的进水记录（工程名称、代号等），输入新数据：进水水质、水源类型、组成、离子浓度、pH 值、温度、浊度、SDI、H_2S、Fe、SiO_2、TOC、TDS、电导率、渗透压。

③ 数据计算和转换　计算渗透压、离子强度、结垢盐的饱和值，比较进水阴、阳离子当量平衡，误差在 10% 以内，存盘。

④ 据进水，设置预处理，达到所要求的 SDI。

⑤ 输出回收率，确立难溶盐的浓度限制（浓水 pH 值、LSI、离子强度、HCO_3^-、CO_3^{2-}、CO_2、总碱度），确定调 pH 值或加防垢剂。

⑥ 选择膜组件类型，结合进水，确立盐透过的年增长率、水通量，水通量的年下降百分率等。

⑦ 输入产水流速，据膜元件的面积和水通量可知膜的元件数，压力容器数等；据回收率等可初步给出压力容器排列和段（级）数。

⑧ 总计算程序为一重复计算：原则是进水压力满足回收率。先计算第一个元件的性能，其浓水为第二个元件的进水，计算第二个元件性能……将所有渗透水相加，与目标值比较，据此调节进水压力，直到收敛为所要求的压力和回收率，同时满足各限制范围要求。

⑨ 计算结果　显示流量、压力、水通量、β 系数、产水水质、浓水饱和度；超出设计限制时报警显示；结果输出到打印机；图形显示系统流程；操作压力、产水水质、回收率、温度等之间曲线；给出能耗和系统经济成本，据泵的压力、流量、回收率、效率和电机效率，得出电机功率；据输入的投资、材料、劳务费

用，再据设计部分的有关资料（产水量、功耗、膜元件、试剂用量等），可计算产水的成本。

5.3.1.2 工艺设计中需要考虑的问题

反渗透工艺设计是个复杂过程，变量众多，如原水的组分、pH 值、水温、操作压力、回收率、膜性能、能源价格、取水口条件及工厂环境等，参数之间彼此关系密切，相互影响。

在工艺设计中，一般要考虑以下因素：

（1）料液状况

料液中悬浮固体、溶解无机盐、微生物、溶解有机物、可溶性物质、有机溶剂、氧化物、化学试剂量、温度和 pH 值等情况。

（2）预处理

预处理的目的通常为：①除去悬浮固体，降低浊度；②抑制和控制微溶盐的沉淀；③调节和控制进水的温度和 pH；④杀死和抑制微生物的生长和除去氧化剂等；⑤去除各种有机物，乳化和非乳化的油类；⑥防止铁、锰等金属氧化物和二氧化硅的沉淀等。

预处理的方法和采用的设备应根据原水水质，反渗透的进水要求及设备的规模来决定。在考虑方案时既要保证运行可靠，操作方便，又要注意经济合理，避免设备过于庞大和复杂，以便降低预处理的投资费用和操作管理费用。

若微溶盐的浓度超过其溶度积时，可采用以下方法处理：①降低装置的产水回收率；②用离子交换等方法软化除去钙（镁）离子；③加酸除去进水中的碳酸根和重碳酸根；④加阻垢剂。

金属氧化物的预处理：料液中溶解的金属盐在反渗透过程中也会发生沉淀。常见的沉淀是氢氧化铁、氢氧化铝和氢氧化锰。铁的污染来自以下几个源头：①亚铁离子的氧化，亚铁离子本身对膜没有影响，但当进水中含有溶解氧时，氧化成三价铁，形成沉淀；②来自预处理或铁管的腐蚀产物；③铁腐蚀产物中的部分铁胶体，亚铁浓度高时，采用以下预处理措施：曝气、加氯或高锰酸钾氧化，然后过滤除去；锰砂过滤，除去三价铁沉淀物。铁含量<1mg/L 时，也可采用钠型阳离子交换软化除铁。

铝盐是常用的絮凝剂，在 pH 值 6.5～6.7 时的溶解度最小。因此，在采用铝盐作絮凝剂的系统中，必须控制 pH 值在 6.5～6.7 之间，以防止铝对反渗透膜的污染。

胶体的预处理：胶体主要是黏土、铁、铝、硅等化合物及动植物有机体的分解产物。胶体主要来自水流过黏土层时溶出的硅酸铝胶体和上游管道设备的铁腐蚀产物中的铁溶胶，及铝型絮凝剂处理时因 pH 值控制不当产生的氧化铝胶体。胶体是分子和离子的集合体，粒径很小，通常在 0.003～1.0μm。胶体比表面积大，吸附其他分子和离子而带电荷，由于同种电荷相互排斥而呈悬浮状态。稳定胶体的 Zeta 电位多数大于 $-30\mathrm{mV}$，当这类胶体凝结在膜表面上时，则引起膜的污染，其凝结速率方程为

$$\frac{-\mathrm{d}n}{\mathrm{d}t}=K_2n^2 \tag{5-3}$$

式中，K_2 为凝结速率常数；n 为胶体的浓度。

污染速度与胶体浓度的平方成正比。反渗透预处理中采用淤塞密度指数（SDI）来判断进水的好坏，SDI 就是胶体和微粒浓度的一种量度。用常规的过滤方法不能除去胶体。

5.3.1.3　工艺参数的选择

反渗透系统的工艺参数主要有操作压力、温度、流速、压力降和回收率等。

操作压力主要控制膜的水通量。在膜耐压范围内，膜元件的水通量与有效压力成正比。由于温度变化引起 RO 系统产水量变化可以通过压力调节得到补偿。设计和运行的压力必须符合膜制造商给定的系数和最高耐压之内的条件。虽然提高运行压力可以增加膜元件的产水量，提高了回收率，但也增加了浓差极化的程度。反映膜元件内浓差极化应以串联膜元件中最末端元件的浓差极化系数为基准。

压力对膜的压密系数也有较大的影响。在较高的运行压力时，应采取较为保守的水通量衰减率。

回收率大小对投资费和运行费有很大影响。在反渗透海水淡化中，膜组件的价格只略高于苦咸水脱盐膜组件，但是，海水淡化的吨水成本明显高于苦咸水脱盐成本。其原因除海水提取设备的成本高，需采用耐海水腐蚀的贵重合金钢外，回收率低是最主要的原因。海水淡化回收率一般为 40% 左右，海水预处理量大，设备费用高。对设备投资和操作费用影响最大的工艺参数是产水回收率。

反渗透海水淡化过程中所有设备大小随产水回收率的增加而下降。如海水取水系统的大小和取水泵的能耗，所有预处理设备、贮水槽、增压泵、过滤设备、化学品注入设备的大小、浓缩海水排放管的粗细及排放设施的大小、反渗透膜组件的数量和压力管的数目、膜壳的大小等均与产水回收率有关。

膜元件的回收率与膜元件构型有关，卷式与中空纤维元件有较大的差别。卷式单个元件回收率大约为 10%，中空纤维约为 30%。卷式元件的回收率必须按照膜制造商给定的系数加以限制。欲达到设计的总回收率，可以采取膜元件的串并联方式来调整。采用多段结构，第二段的组件数大约是第 1 段组件数的一半。

确定最佳的回收率是件较复杂的工作。回收率不仅与膜元件固有特性（脱盐率或盐透过率、平均水通量等）有关，还与料液的情况、目标要求、能源（电力）价格、预处理系统等有密切的关系。回收率的提高受到几个方面的限制，首先随着回收率的提高，浓水含盐量亦相应提高，导致渗透压增大。为维持原来产水量，操作压力必须提高，操作压力提高到一定程度，高压设备的投资费将增大，产水

的比能耗也会增加。其次，随着浓水含盐量的增加，渗透水的含盐量也相应增加，影响了产水水质。再次，随着回收率增加，膜污染加重，结垢和生物污染的危险性增大。

对于海水淡化工程的设计者和用户来讲，不仅应该重视原水的水质，同时根据水质中可能产生的膜结垢和生物污染的危害，慎重选择合适的产水回收率。

5.3.2　浓差极化

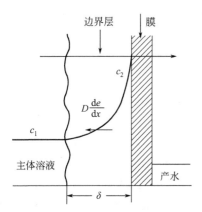

图 5-11　浓差极化现象示意图

（1）浓差极化

在反渗透过程中，由于膜的选择渗透性，溶剂（通常为水）从高压侧透过膜，而溶质则被膜截留，其浓度在膜表面处升高；同时发生溶质从膜表面向主体流方向的扩散迁移，当这两种传质过程达到动态平衡时，膜表面处的溶质浓度 c_2 高于主体溶液中溶质的浓度 c_1，这种现象称为浓差极化，c_2/c_1 称为浓差极化度（见图 5-11）。

浓差极化度可根据膜-溶液界面层邻近的质量平衡微分方程，然后代入边界条件积分求得。

在反渗透操作过程中，假如料液的速度无限大时，几乎不存在浓差极化，此时膜高压侧的浓度几乎是均一的。但通常的反渗透过程中，流速不能太高，因为随着流速的提高，流道的阻力升高，能耗增加。因此，反渗透过程只能在适当的流速下运行，浓差极化是不可能避免的。

浓差极化将导致反渗透过程水通量下降，脱盐率降低，并且膜面上结垢沉淀的可能性增加。例如水中的某些微溶盐产生沉淀而增加膜的透水阻力和流道的阻力，从而导致反渗透膜性能急剧恶化。

（2）降低浓差极化的途径

反渗透过程中浓差极化不能消除、只能降低。其途径为：

① 合理设计和精心制作反渗透基本单元——膜元（组）件，使流体分布均匀。

② 适当提高操作流速，改善流动状态，使膜-溶液界面层的厚度减少，以降低浓差极化度。通常浓差极化度有一个合理的值，一般为 1.2。

③ 适当提高操作温度，以降低流体黏度和提高溶质的扩散系数。

5.3.3　反渗透的工艺操作方式

在实际反渗透应用中，对不同的处理对象有不同的要求。例如，对纯水制备，着眼点在于透过液是否符合标准；而对废液的处理，则需要考虑透过液是否可达到排放标准，浓缩液有无回用价值等两个方面。为此，可以通过组件的不同配置方式来满足不同要求。另一方面，膜组件的排列组合对膜元件的使用寿命有重要的影响。如果排列组合不合理，则将造成某一段内的膜元件的水通量过大，并导致此处膜元件的污染速度加快，致使膜元件需要频繁清洗，严重的是这些膜元件很快不能再使用，需要更换造成经济损失。对于大规模的处理系统，这种代价将是很高的。

在膜分离工艺流程中常常会遇到"段"与"级"的概念。所谓段，指膜组件的浓缩液（浓水）不经泵自动流到下一组膜组件处理。流经 n 组膜组件，即称为 n 段。所谓级，指膜组件的产水再经泵输送到下一组膜组件处理。膜组件的产水经 n 次膜组件处理，称为 n 级。

反渗透装置是由其基本单元——组件以一定的配置方式组装而成的。装置的流程根据应用的对象和规模的大小，通常采用不同的操作方式。

（1）连续-分段式操作方式

这种方式如图 5-12 所示。将前一段的浓水作为下一段的进水，最后一段的浓水排放，而各段产水汇集利用。这一流程适用于处理量大、回收率高的应用场合。通常苦咸水淡化、低盐度水或自来水的纯化均可采用这种方式。

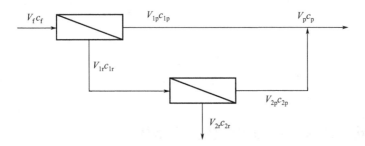

图 5-12　连续-分段式操作

（2）连续-分级式操作方式

如图 5-13，第一级产水作为第二级进料液。第二级浓缩水回流与原料水混合作为第一级进料液。第一级浓缩液外排，第二级产水为产品水。

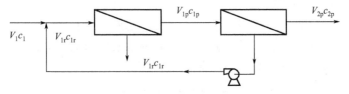

图 5-13　连续-分级式操作

该工艺流程中，料液通过二次处理可以提高产品水的水质。主要用于高盐度溶液（如海水）脱盐制取淡水或从一般水制取高品质纯水。二级均采用反渗透膜，也可以第一级用纳滤膜，第二级用反渗透膜。

（3）部分透过水循环操作方式

这种操作方式如图 5-14 所示。部分透过水循环至装置进口与其原料的进水相混后作为装置的进水，浓水连续排放废弃，部分透过水作为产水收集。

这一流程便于控制产水的水质和水量，适用于原水质经常波动、在反渗透水中有可能出现微溶盐（$CaCO_3$ 和 $CsSO_4$ 等）沉淀和在无加温条件下要求连续生产预定的产水量等小规模应用的情况。

图中，V 和 c 分别为流体的流量和浓度；下标 f、p 和 r 分别指原（进）水、透过水和浓缩水；下标 fm、pc 和 pp 分别指混合进水、循环透过水和产水。

（4）部分浓缩液循环的操作方式

如图 5-15 所示，在反渗透过程中，将连续加入的原料液与部分浓缩液混合作为进料液，其余的浓缩液作为产品液连续收集；其透过液连续排放或重复利用。

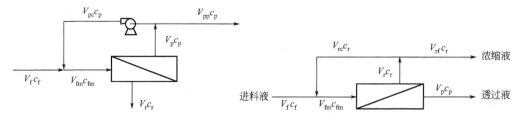

图 5-14　部分透过水循环的操作方式　　　图 5-15　部分浓缩液循环的操作方式

这一流程是用于某些料（废）液连续除溶剂（水）浓缩的场合，如废液的浓缩处理等。

5.3.4　反渗透法进行海水淡化的经济性

（1）影响海水淡化成本的因素

海水淡化成本是一个比较复杂的问题，也是最受关注的问题。人们希望海水淡化的成本尽可能接近自来水的价格。而如今海水淡化已经达到或基本达到这一目标，美国佛罗里达海水淡化工程的产水出厂价为 0.55 美元/m^3，这比西欧等工业发达国家自来水价格低。

淡化成本受淡化工艺、规模、水质、水温、地质、气候、能源价格、淡化水的水质要求、设计运行、使用寿命、投资及税收等因素的影响。综合考虑，反渗透淡化成本主要由投资回收费、能耗和操作维修费组成，其在总成本中所占比重见表 5-3。

表 5-3　淡化产水成本的组成

成本构成	所占比重/%
投资回收费	30~50
能耗费	30~50
操作维修费(人工、配件、膜、化学品等)	15~30

　　投资回收费与海水淡化厂的规模、地理位置和工艺形式等有关；能源费与海水淡化厂的设计和电价有关；操作维修费与淡化厂的规模有关。

　　具体的影响因素如下。

　　① 海水提取的影响　海水提取成本费包括提取的管道系统或者沟渠、筛滤装置、海水提取池和海水泵等辅助设备的费用。一般反渗透装置需要处理的海水量是淡水产量的 2～3 倍。海水提取费用高，是反渗透淡化成本高的原因之一。因此在海水淡化设计中，应对工厂的位置，海水提取位置和提取的方式进行精确的论证。

　　② 反渗透预处理的影响　在反渗透海水淡化设备投入中，预处理设备费占总投资费用的 32％，反渗透装置占 53％，取排水设备费占 15％。

　　预处理设备包括过滤器、化学品注入设备、澄清池、活性炭过滤和其他设备。预处理成本与原水的水质和化学性质有关。

　　③ 水回收率的影响　在反渗透海水淡化中，对设备投资和操作费用影响最大的工艺参数是水回收率。由于作为反渗透进水的海水流量与水回收率成反比，因此反渗透系统中所有设备投资，能耗和运行费用都随水回收率的增加而下降。但在反渗透系统中，水回收率不能任意增加，提高水回收率将导致平均盐度升高，这就意味着渗透压和产水的含盐量增加。反渗透系统的最佳水回收率与膜性能和过程的经济性有关。

　　图 5-16 为水回收率与产水成本的相关性。由图可见，水回收率与产水成本之间存在最佳值，此值出现在 55％～60％之间，随海水盐度不同而有所不同。

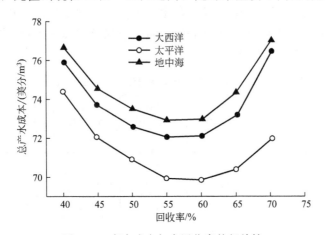

图 5-16　产水成本与水回收率的相关性

　　④ 膜寿命的影响　膜的寿命关系到膜更换费用的多少。自 1970 年以来，膜寿命得到改进，目前，多数生产商对膜元件提供 5 年以上保证。对于大型海水淡化系统，膜投资费用占总投资费用的 15％～20％，膜更换费用占产水成本的 10％。

⑤ 系统运行的可靠性的影响 反渗透系统运行的可靠性与产水成本直接相关。合理的设计，好的运行和管理可以增加淡化厂运行的可靠性，保证系统运行有效时间在90%以上，节省系统的产水成本。

（2）反渗透进行海水淡化的成本

近几年随着海水淡化规模的不断扩大及膜材料改进，海水淡化的成本不断下降。据报道，以色列阿什科隆（Ashkelon）反渗透海水淡化厂日产淡水为 $3.3 \times 10^5 m^3$，吨水最大电耗小于 $4kW \cdot h$，水价 0.527 美元/t。表5-4列出我国不同规模的反渗透海水淡化工程制水成本的比较。

表5-4 我国几个不同规模反渗透海水淡化工程投资运行成本比较

项目名称	嵊山海水淡化工程	天津海水淡化工程	长海县海水淡化工程	荣成海水淡化工程	玉环电厂海水淡化工程
规模/（m³/d）	500	1000	1500	5000	35000
运行年度	1997	2004	2001	2003	2006
工程总投资/万元	616	750	1594	2000	19244
电耗(淡化主体)/（kW·h/m³）	5.2	4.16(3.2)	4.0(3.0)	3.54(3.31)	3.3
电费成本/（元/m³）	3.12	2.08	2.8	2.4	1.2
投资成本/（元/m³）	1.72	1.46	1.5	1.17	1.48
造水成本合计/（元/m³）	6.15	5.467	6.30	4.60	4.21

从表中数据可见，随处理规模增加，吨水电耗降低，电费也降低；吨水投资成本变化不大；除了大连长海县海水淡化因冬季需要增加保温费用，导致造水成本高出嵊山海水淡化工程外，其他工程均随处理规模增加吨水造水成本降低。表5-5为反渗透海水淡化工程成本构成。

表5-5 我国几个不同规模反渗透海水淡化工程成本构成

项目名称	嵊山海水淡化工程	天津海水淡化工程	长海县海水淡化工程	荣成海水淡化工程	玉环电厂海水淡化工程
电费/（元/m³）	3.12	2.08	2.8	2.4	1.2
折旧成本/（元/m³）	1.72	1.46	1.5	1.17	1.61
膜更换/（元/m³）	0.4	0.89	0.679	0.36	0.88
化学药剂/（元/m³）	0.3	0.45	0.22	0.36	0.23
劳动力/（元/m³）	0.25	0.244	0.13	0.13	0.07
维修/（元/m³）	0.36	0.343	0.967	0.18	0.22
电费和投资占比	78.7%	64.75%	68.3%	77.61%	66.75%
造水成本合计/（元/m³）	6.15	5.467	6.30	4.60	4.21

5.4　反渗透技术的应用

5.4.1　反渗透技术的应用领域及应用情况简介

目前，反渗透技术已发展成为海水淡化、苦咸水淡化、纯水和超纯水制备及物料预浓缩的最经济的手段，在水处理、电子、化工、医药、食品、饮料、冶金和环保等领域有着广泛的应用。表 5-6 是反渗透技术的应用领域及应用情况简介。

表 5-6　反渗透技术的应用领域、处理对象、目的及效果

应用领域	处理对象	处理目的及实施效果
水处理	海水淡化	海水、苦咸水脱盐制取优质饮用水，除了把水中绝大部分盐截留在浓水中外，还能使水中致癌、致突变有机物、病毒、细菌均截留，产水水质优于国家饮用水标准
	苦咸水淡化	
	高压锅炉补给水制备 电子工业用超纯水制备 医疗用水制备 制冷机循环水制取	用自来水制取高品质超纯水，有效去除水中溶解性无机物、有机物、细菌、病毒，产水中电导率≤0.2μS/cm，硬度接近 0。不但提高产水水质，还能降低生产成本，防止环境污染
食品工业	牛奶、果汁、氨基酸、茶饮料等浓缩	代替蒸发浓缩工艺，常温操作，无相变发生，防止物质变性，保住色、香、味，保持有效成分，降低能耗，节约成本
医药工业	抗生素浓缩	
废水处理及资源回收	电镀废水 纺织废水 焦化废水 生活污水	废水深度处理，使水资源再生利用。回收工业废水中有用物质

5.4.2　反渗透技术的工程应用实例

（1）海水淡化

国际脱盐协会（IDA）2010 年年底的统计资料显示，全球已建成 15000 多座产水总规模达 $6.52×10^7m^3/d$ 海水直接利用和淡化工厂，其中反渗透海水淡化产水总规模为 $3.9×10^7m^3/d$，80％用于饮用水，解决了全球 2 亿多人的用水问题。2010 年全球海水淡化工程总投资达 340 亿美元，且每年以 10％～20％的速度递增。市场研究机构 Lux Research 研究指出，到 2020 年，海水淡化的淡水量必将达到现在的 3 倍，才有可能满足全球不断增长的人口需求，海水淡化市场有望在未来的 10 年里以年均 9.5％的增长率增长。

2013 年我国已建成反渗透海水淡化装置 58 套，日产淡水能力 $38.3×10^4m^3$。在我国几乎所有用于市政供水的海水淡化工程都采用了反渗透技术。为促进我国海水淡化产业健康快速发展，2012 年国务院办公厅下达《关于加快发展海水淡化

产业的意见》（国办发［2012］13号）文件，同年国家发展和改革委员会办公厅下发"关于开展海水淡化产业发展试点示范工作的通知"（发改办环资［2012］1305号）。海水淡化与利用作为新兴产业，受到了国家的重视。

根据全国海水利用专项规划，到2020年海水淡化能力将达到每日250万～300万吨，发展前景广阔。

应用实例1：以色列Ashkelon330000m³/d反渗透海水淡化工程

2005年以色列建立了Ashkelon海水淡化反渗透厂。该项目位于以色列南部，每年为南部城市提供1.11×10^8 m³的饮用水，项目占地面积75000m²，是当前世界最大的采用膜技术进行海水淡化的项目。该项目主要设备系统由3部分组成：高压泵系统、能量回收装置和反渗透系统。目前，每天可提供饮用水量为3.3×10^5 m³，可以满足以色列全国15%的淡水需求量。进水含盐量40750mg/L，产水含盐量小于40mg/L，脱盐率达99.9%，吨水最大耗电量小于4kW·h，其售水价格控制在0.527美元/t。Ashkelon海水淡化厂提供的水量相当于以色列生活用水总量的13%。该项目造价近2.12亿美元。图5-17是330000m³/d反渗透海水淡化装置的实景照片。

图5-17　Ashkelon海水淡化项目实景照片

应用实例2：我国曹妃甸50000m³/d海水淡化工程

曹妃甸阿科凌50000m³/d海水淡化工程，位于唐山曹妃甸工业区，华润电厂北侧，是曹妃甸海水淡化起步工程。由北控阿科凌海水淡化有限公司（香港）与北控曹妃甸水务投资有限公司共同出资建设，占地面积约35亩。项目采用世界上先进的双膜法工艺，预处理采用气浮系统和超滤系统的组合，在国内海水淡化领域中尚属首例，是目前国内海水淡化工程较大规模的工程项目之一。工艺流程见图 5-18。

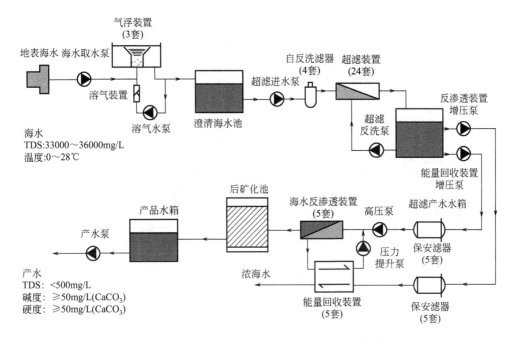

图 5-18　曹妃甸 50000m³/d 反渗透海水淡化工艺流程

海水取水系统主要由挡渔网、固定格栅、旋转滤网、取水泵、冲击氯化加药装置等组成。

海水预处理系统主要由气浮系统和超滤系统组成。超滤膜的孔径大约为 0.02μm，经过超滤过滤后的海水 SDI<3。

反渗透海水淡化系统由保安滤器、高压泵、反渗透装置、能量回收装置、压力提升泵和辅助设备组成。

系统由 5 套装置组成，采用多组件并联单级除盐流程。反渗透膜采用日本东丽公司生产的 TM820M-440 元件。考虑到曹妃甸地区海域水温季节性波动较大，为保证反渗透系统在 1～28℃ 范围内，满足产水要求，在水温不同的时间段，采用不同数量的膜元件，以满足产水硼含量小于 1mg/L。

系统使用高效率的能量回收装置，能够大幅度地减少单位产水能耗。能量回收装置为 Aqualyng AS 公司生产的 AL-500-32-01-04，回收效率为 90% 以上。系统配置淡水冲洗装置和化学清洗装置，对膜装置进行冲洗和清洗。

表 5-7、表 5-8 分别列出了系统运行的操作参数、运行数据和淡化水水质分析结果。

表 5-7　曹妃甸 50000m³/d 反渗透海水淡化系统运行数据

项目	设计值	实测值
海水取水量/(m³/h)	5085.5	5085
淡化水产量/(m³/h)	2084.8	2085
淡化水 TDS/(mg/L)	<300	196
装置水回收率/%	46	46
水温/℃	1~28	10
耗电量/kW·h	9063	7944
吨水耗电量/kW·h	4.35	3.81
反渗透进水压力/MPa	6.8	5.3

表 5-8　曹妃甸 50000m³/d 反渗透海水淡化系统水质分析结果

项目	海水进水水质	淡化水水质	脱除率/%
总固体 TDS/(mg/L)	33105.30	196.45	99.4
pH 值	8.0	7.6	—
钾(K^+)/(mg/L)	376.00	1.75	99.5
钠(Na^+)/(mg/L)	10155.00	33.82	99.7
钙(Ca^{2+})/(mg/L)	389.00	20.34	94.7
镁(Mg^{2+})/(mg/L)	1216.00	1.05	99.9
碳酸氢盐(HCO_3^-)/(mg/L)	142.00	61.49	56.7
碳酸盐(CO_3^{2-})/(mg/L)	1.24	0	—
氯化物(Cl^-)/(mg/L)	18264.65	55.30	99.7
硫酸盐(SO_4^{2-})/(mg/L)	2557.00	2.46	99.9

　　该工程自运行以来,系统运行稳定,产水水质优良,吨水电耗为 3.81kW·h,图 5-19 和图 5-20 分别为曹妃甸 50000m³/d 海水淡化系统反渗透装置实景照片和预处理气浮装置实景照片。

图 5-19　反渗透装置实景照片　　　　图 5-20　海水预处理气浮装置实景照片

应用实例 3：我国舟山六横 20000m³/d 反渗透海水淡化示范工程

该项目由舟山市普陀区六横水务公司投资建设，是国家科技支撑计划课题和浙江省科技兴海重大项目的示范工程。2008 年 5 月完成设计，2008 年 9 月开工，2010 年 1 月完成 2 万吨土建和 1 万吨海水淡化系统建设，2011 年 5 月完成第二个 1 万吨海水淡化系统的建设。单机规模、吨水电耗、关键设备国产化率等达到了国内最好水平，荣获 2012 年度中国化工科学技术特等奖，中国海洋工程科学技术一等奖。其工艺流程见图 5-21。

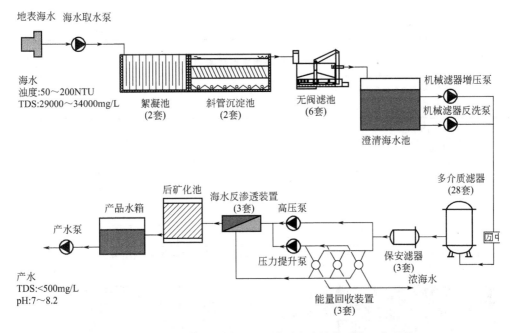

图 5-21　舟山六横 20000m³/d 反渗透海水淡化系统工艺流程

海水取水泵直接从黄海取水，增压后送往预处理系统。海水预处理由混凝沉淀池、无阀滤池、自动加药装置、多介质滤器及其反洗设备组成。

海水淡化系统由保安滤器、高压泵、反渗透装置、能量回收装置、压力提升泵、辅助设备等组成。一期反渗透膜元件为美国陶氏公司生产的 SW30HRLE-400，能量回收装置为美国 ERI 公司生产的 PX-220。二期反渗透系统中，除了能量回收装置采用进口产品外，其余核心设备均实现了国产化，其中反渗透膜元件为杭州水处理技术研究开发中心研发的海水膜元件，高压泵选用国产节段式多级离心泵，由江苏大学和浙江科尔泵业研发。

系统投运多年来，运行情况良好，产水水质符合《生活饮用水卫生标准》，其中第二套反渗透装置本体吨水能耗小于 2.2kW·h。表 5-9 为系统运行数据。生产成本的各项费用见表 5-10。反渗透海水淡化装置见图 5-22。

表 5-9   舟山六横 20000m³/d 反渗透海水淡化系统运行数据

项目	设计值	实测值
海水取水量/(m³/h)	2200	2100
淡化水产量/(m³/h)	834	850
淡化水 TDS/(mg/L)	500	235
水回收率/%	37.9	40.5
水温/℃	15	15
吨水耗电量/kW·h	4	2.7
反渗透进水压力/MPa	≤6.0	5.0

表 5-10   系统吨水生产成本测算表

项目名称	年支出金额/万元	吨水费用/元
电费	1458.6	2.21
药剂费	180.18	0.273
膜与材料费	369.94	0.561
维修费	68.98	0.105
工资及福利费	100	0.152
其他费用	50	0.076
合计		3.377

注:膜与材料费包括微孔滤芯和反渗透膜元件更换费,反渗透膜元件寿命按 3 年计算。

图 5-22   舟山六横 20000m³/d 反渗透海水淡化装置实景照片

（2）苦咸水淡化

采用反渗透技术进行苦咸水淡化是解决水危机的一种途径。与传统的离子交换方式相比，反渗透法用于苦咸水淡化，具有效率高、能耗低的优点。由于不需要频繁的化学再生，避免了化学品污染物排放，同时装置占地小，操作简便，系统运行成本降低，因此该技术被广泛用于苦咸水淡化。

应用实例：内蒙古二甲醚生产企业 $2000m^3/d$ 苦咸水淡化工程

内蒙古某化工企业采用地下水作为二甲醚产品精馏塔的冷却水，当地地下水的水质情况见表 5-11。由表可见，地下水的含盐量高，Na^+、K^+、Cl^- 的含量约 $2250mg/L$，总溶解性固体含量 TDS 值约为 $3950mg/L$。总硬度高，折合 $CaCO_3$ 的含量约 $1150mg/L$，总碱度约 $550mg/L$。为了达到循环冷却水的水质标准，该项目由贵阳时代沃顿承担建设，采用反渗透技术对地下水进行处理，工程于 2007 年建成投入运行，图 5-23 是该项目水处理工艺流程图。该流程在反渗透之前设置了盘式过滤器和超滤，并将混凝剂（PAC）加入到盘式过滤器之前，以去除水中的胶体和悬浮性固体，确保反渗透进水的 SDI 值小于 3。由于地下水硬度较大，系统添加了阻垢剂；为防止微生物对反渗透膜的污染，在超滤水箱中添加了氧化剂；为使水中余氯达到反渗透的进水要求，在水入反渗透膜之前投加了还原剂（亚硫酸氢钠）。

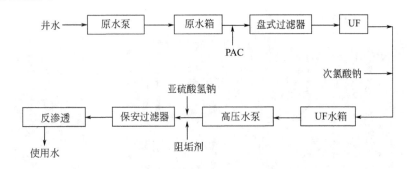

图 5-23　水处理工艺流程

表 5-11　地下水水质

pH	7.74	电导率/(μS/cm)	6710	水温/℃	18
离子含量/(mg/L)			离子含量/(mg/L)		
钙离子(Ca^{2+})	220.4		氯离子(Cl^-)	1347.2	
镁离子(Mg^{2+})	145.9		硫酸根(SO_4^{2-})	653.2	
钠离子(Na^+)	896.4		碳酸氢根(HCO_3^-)	671.2	
钾离子(K^+)	8.6		氟离子(F^-)	0.2	
亚铁离子(Fe^{2+})	0.5		硝酸根(NO_3^-)	0.5	

续表

铁离子(Fe^{3+})	1.5	二氧化硅(SiO_2)	15.1
总阳离子	1274.3	总阴离子	2672.4
TDS 总溶解固体含量/(mg/L)	3946.7	化学需氧量(COD)/(mg/L)	3.5
硬度/($CaCO_3$ mg/L)	1151.0	总碱度/(mg/L)	550.5

反渗透系统一共由 2 套反渗透膜装置组成，每套装置有 12 支 6 芯装的 8in 的膜壳，采用一级两段式设计：(8:4)×6，单套膜装置的膜元件数量 72 支，2 套系统膜元件数量共 144 支。单套装置设计产水量 45m³/h，设计回收率为 75%。膜元件采用贵阳时代沃顿科技有限公司的低压反渗透膜元件 LP22-8040，膜元件的设计寿命是 3 年，清洗周期 6 个月，清洗药剂费（酸和碱等化学药品）为 0.08 元/m³，水处理药剂费 0.14 元/m³。

该系统自建成投入使用以来，运行稳定，虽然进水的水质波动较大，反渗透膜产水水质稳定。产水量为 45m³/h，水回收率为 75%，平均脱盐率 98%，产水中电导率在 60μS/cm 以下，溶解性固体 TDS 值＜35mg/L，总硬度（以 $CaCO_3$ 计）＜1mg/L。吨水处理成本 2 元人民币（包括设备折旧、能耗、药剂费、人工费）。图 5-24 是反渗透苦咸水淡化装置的实景照片。

图 5-24　反渗透苦咸水淡化装置的实景照片

（3）城市污水再生回用

工业废水、市政污水通过二级生化处理后，再经膜法深度处理，就可以回用为工业净水，用作循环水、工艺水、冷却水等。国际上废（污）水回用、膜法处理已占总量的 95% 以上，国内也有一定规模的应用。

应用实例：大连北海热电厂 2000m³/d 污水再生回用工程

大连北海热电厂，针对解决发电成本上升、企业用水紧张等问题，于 2006 年由贵阳时代沃顿承担建设了反渗透污水处理回用系统，将城市污水厂达标排放的水进行处理后，作为生产工艺用水。工程于 2006 年 3 月开工建设，同年 9 月投入运行。图 5-25 是反渗透处理系统的工艺流程图。

图 5-25　反渗透污水再生系统工艺流程图

鉴于中水回用系统源水的水质特点，首先通过生物曝气塔对二级污水进行好氧生物处理，达到降低废水 COD 的目的，沉淀池出水投加次氯酸钠进行杀菌，经过纤维束过滤和砂滤池去除悬浮物后进入反渗透原水池，原水池中保持 0.2mg/L 左右的余氯浓度，以达到持续杀菌的效果。为避免残留余氯对聚芳香酰胺复合反渗透膜元件的氧化破坏，进而影响反渗透系统的产水水质，在进入反渗透系统前投加亚硫酸氢钠对进水中的余氯进行还原，同时投加阻垢剂，防止反渗透系统出现结垢的情况，确保反渗透系统的稳定运行。

反渗透系统的膜元件使用时代沃顿科技有限公司生产的抗污染膜元件，牌号为 FR11-8040。抗污染膜主要用于废水回用及进水为地表水等微污染水源，针对较差的水质条件，采用宽进水流道网设计更易清洗，同时对膜表面采用特殊工艺进行处理，改变了膜表面的电荷性及光滑度，增加了膜表面的亲水性，减小了污染物及微生物在膜表面的附着，具有更强的抗结垢和抗有机物、微生物污染的性能，从而降低膜元件污染速度，延长使用寿命。反渗透设备系统由 4 套反渗透膜装置组成，每套膜装置有 25 根 7 芯装 8in 膜壳，采用一级两段式设计：（17：8）× 7，共 175 根膜。产水量在 100m³/h（25℃）左右，系统水回收率为 70% 左右。

该系统自投入运行以来，运行稳定，产水质量优良，经国家一级水质检测站检测，出水指标达到设计标准，优于再生水工业用水标准。表 5-12 及表 5-13 分别是本系统进水水质及产水水质。

运行表明，时代沃顿科技有限公司生产的 Fk11-8040 抗污染膜及其应用技术，用于污水处理再生回用性能稳定，吨水处理成本 2.7 元人民币（包括设备折旧、能耗、药剂和人工费）。图 5-26 是反渗透系统的实景照片。

表 5-12　反渗透系统进水的水质

项目	指标/(mg/L)	项目	指标/(mg/L)
pH	6.5～9.0	总硬度（以 CaCO₃ 计）	450

续表

项目	指标/(mg/L)	项目	指标/(mg/L)
BOD$_5$	20	氨氮	10
COD	60	溶解性固体(TDS)	1000

表 5-13 反渗透系统产水水质

分析项目	数值	分析项目	数值
TDS/(mg/L)	<50	COD	检不出
电导率/(μS/cm)	<100	总氮/(mg/L)	<5
氨氮/(mg/L)	<0.5	总硬度/(mg/L)	<10
pH	5~8	TOC	无

图 5-26 2000m³/d 污水再生回用反渗透系统实景照片

（4）工业废水处理和有用资源回收

应用实例 1：1200m³/d 电镀镍漂洗废水处理工程

我国有 1 万余家电镀厂，每年排的电镀废水（主要是电镀和镀后的漂洗水）约 40 亿立方米，其中电镀镍废水约 13 亿立方米，每天排放约 400 万吨。由于电镀废水中含有重金属，无法改变其物理和化学形态，电镀废水中的重金属为"永久性污染物"，加上电镀工艺中加入各种化工原料，因此电镀废水给周围环境带来严重污染。

电镀镍漂洗水一般含镍 40~300mg/L，采用膜分离技术可以将漂洗水浓缩后返回电镀槽。

　　杭州水处理中心与某电镀厂合作，采用反渗透膜技术进行电镀镍漂洗水的处理及镍回收。1200m³/d 电镀镍漂洗水膜法回收工程由以下几部分组成：一级纳滤处理废水量 50m³/h，浓缩 10 倍；二级反渗透处理量为 5m³/h，浓缩 5 倍；三级海水膜反渗透处理量 1m³/h，浓缩 2 倍以上，三级总计浓缩 100 倍以上。

　　电镀漂洗水回用工程工艺流程见图 5-27。

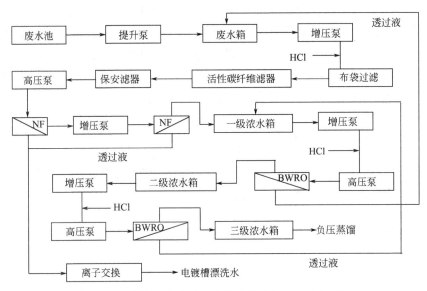

图 5-27　电镀漂洗水反渗透膜处理回收工艺流程框图

　　漂洗水处理设备从投运以来，整个系统水回收率 98% 以上，镍回收率 97% 以上，处理废水电耗为 1.112kW·h/m³。系统一般 6 个月清洗一次，每处理 1t 废水约为 0.1 元。1.32 年可以收回设备投资。

　　废水浓缩过程中氢氧化镍等物质在膜元件表面沉淀，堵塞膜导致通量下降。选用了①0.2% HCl 溶液；②0.1% EDTA＋0.1% NaOH 溶液；③0.2% 柠檬酸作为清洗剂，清洗效果较好。

　　工程设备投资 265 万元。年运行费用 104 万元，水和硫酸镍的回收年增值 286 万元。收、支相抵，年净收益 183 万元，故设备投资回收期为 1.45 年。这里，计算时未考虑因工程上马而节省的排污费。

　　应用实例 2：处理能力为 40m³/h 的甘露醇提取工业改造工程

　　从海带中提取甘露醇的传统工艺是重结晶法，该工艺存在如下弊端：

　　① 海带浸泡液中甘露醇含量约 1% 左右，而其结晶浓度为 20%，必须蒸发大量水分才能使甘露醇结晶析出。料液要经过两次蒸发浓缩和结晶过程，因此能耗高，每制取 1t 甘露醇需耗蒸汽 60t 左右。

　　② 由第一次浓缩结晶得到的粗品需要重新用水溶解，采用离心水洗等方法除去糖胶等有机杂质和无机盐，在水洗的同时，甘露醇被溶解流失，收率将损失

10%左右。

③ 海带浸泡液中除含 1%左右的甘露醇外，还含有 3%的无机盐，主要是 NaCl（盐酸中和法），由于 Cl^- 会对不锈钢材质的蒸发器产生严重腐蚀，缩短蒸发器的使用寿命，增大设备的维修和更换费用，还会给生产带来不安全因素。

④ 工人劳动强度大，生产环境恶劣。落后的生产工艺造成了过高的生产成本，产品质量也难提高。因此改造传统工艺已势在必行。

杭州水处理中心与青岛海藻工业公司合作，采用膜集成技术对甘露醇提取工艺进行系统性改造。设计建造一套新的甘露醇的工业生产线，处理海带浸泡液，处理能力 40m³/h。该工艺由料液预处理、超滤净化、电渗析一次脱盐、反渗透浓缩和电渗析二次脱盐等五部分组成。工艺流程见图 5-28。

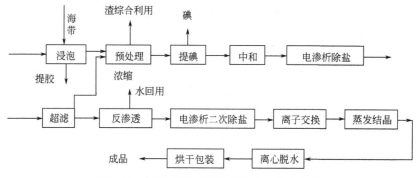

图 5-28　膜集成技术提取甘露醇工艺流程图

年产甘露醇 2600t，新旧工艺相比，每生产 1t 甘露醇可节省 65%的蒸汽，节约用水 60%，提高产品的成品率 1%，减少蒸发器维修费用 50%，总的生产成本降低 1560 元/t 左右。同时也改善了工人的劳动强度和生产环境。

甘露醇年增效益 420 万元，水回用年增效益 57 万元，降低废水排放的年增效益 9 万元，以上三项合计年增效益 486 万元。设备投资费 350 万元，投资回收期 1.4 年。

参 考 文 献

[1] 高从堦，陈国华. 海水淡化技术与工程手册. 北京：化学工业出版社，2004.

[2] 时钧，袁权，高从堦. 膜技术手册. 北京：化学工业出版社，2001.

[3] Zahid Amjad. 反渗透-膜技术，水化学和工业应用. 殷琦，华耀祖译. 北京：化学工业出版社，1999.

[4] 王湛，周翀. 膜分离技术基础. 北京：化学工业出版社，2006.

[5] Abble Nollet. Lecons de physique-experimental, Hippolyte-Louis Guerin. Paris, 1748.

[6] Van't Hooff. Phys. Chem, 1887，1：481.

[7] Einstein A. Ann. Phys, 1905，17：549.

[8] Sollner K. Elektrochem, 1930，36：234.

[9] Reid C E, Breton E J. J Appl Polym Sci, 1959，1：133.

[10] Geroges Belfort. Synthetic membrane processes fundamentals and water applications. ACS Symposium series 224, Washington: American Chemical Society, 1984.

[11] Sourirajan S. Reverse osmosis. New York. Academic, 1970.

[12] 吴礼光, 周勇, 张林, 陈欢林, 高从堦. 化学进展, 2008, 20 (07/08): 1216.

[13] Mulder M. Basic principles of membrane technology. Kluwer Academic Publisher, 1991.

[14] Hong SungPyo, Kim In-Chul, Tak Taemoon, et al. Interfacially synthesized chlorine-resistant polyimide thin film composite (TFC) reverse osmosis (RO) membranes. Desalination, 2013, 309: 18-26.

[15] Xu J, Wang Z, Yu L L, et al. A novel reverse osmosis membrane with regenerable anti-biofouling and chlorine resistant properties. Journal of Membrane Science, 2013, 435: 80-91.

[16] Yu S C, Cheng Q B, Huang C M, et al. Cellulose acetate hollow fiber nanofiltration membrane with improved permselectivity prepared through hydrolysis followed by carboxymethylation. Journal of Membrane Science, 2013, 434: 44-54.

[17] Guezguez Intissar, Mrabet Bechir, Ferjani Ezzedine. XPS and contact angle characterization of surface modified cellulose acetate membranes by mixtures of PMHS/PDMS. Desalination, 2013, 313: 208-211.

[18] Pendergast MaryTheresa M, Ghosh Asim K, Hoek E M V. Separation performance and interfacial properties of nanocomposite reverse osmosis membranes. Desalination, 2013, 308: 180-185.

[19] Barona, Garry Nathaniel B.; Lim, Joohwan; Choi, Mijin, et al. Interfacial polymerization of polyamide-aluminosilicate SWNT nanocomposite membranes for reverse osmosis. Desalination, 2013, 325: 138-147.

[20] Wang, Tunyu, Dai Lei, Zhang Qifeng, et al. Effects of acyl chloride monomer functionality on the properties of polyamide reverse osmosis (RO) membrane. Journal of Membrane Science, 2013, 440: 48-57.

[21] 周勇. 高性能反渗透复合膜及其功能单体制备研究. 浙江大学博士学位论文, 杭州, 2006.

[22] Cadotte J E. US Patent 4039440, 1975.

[23] Riley R L, Case P A, Lloyd A L, Milstead C E, Tagami M. Desalination, 1981, 36 (3): 207.

[24] Parrini P. Desalination, 1983, 48: 67.

[25] Cadotte J E. US Patent 4277344, 1981.

[26] Larson R E, Cadotte J E, Petersen R J. Desalination, 1981, 38: 473.

[27] Uemura T, Himeshima Y, Kurihara M, US Patent 4761234, 1988.

[28] Sundet S A, Arthur S D, Campos D, Eckman T J, Brown R G. Desalination, 1987, 64: 259.

[29] Zhang Z, Wang Z, Wang J X, et al. Enhancing chlorine resistances and anti-biofouling properties of commercial aromatic polyamide reverse osmosis membranes by grafting 3-allyI-5,5-dimethylhydantoin and N,N'-Methylenebis(acrylamide). Desalination, 2013, 309: 187-196.

[30] Ettori Axel, Gaudichet-Maurin Emmanuelle, Aimar Pierre, et al. Mass transfer properties of chlorinated aromatic polyamide reverse osmosis membranes. Separation and Purification Technology, 2012, 101: 60-67.

[31] Kah Peng Lee, Tom C Arnot, Davide Mattia. Journal of Membrane Science, 2011, 370 (1/2): 1.

[32] Buonomenna M G. Nano-enhanced reverse osmosis membranes. Desalination, 2013, 314: 73-88.

[33] Lipnizki Jens, Adams Beryn, Okazaki Motohiro, et al. Water treatment: Combining reverse osmosis and ion exchange. Filtratiom & Seperation, 2012, 49 (5): 30-33.

[34] Kim,S G, Chun J H, Chun B H, et al. Preparation, characterization and performance of poly (aylene ether sulfone) /modified silica nanocomposite reverse osmosis membrane for seawater desalination.

Desalination, 2013, 325: 76-83.

[35] Park S Y, Kim S G, Chun J H, et al. Fabrication and characterization of the chlorine-tolerant disulfonated poly (arylene ether sulfone) /hyperbranched aromatic polyamide-grafted silica composite reverse osmosis membrane. Desalination and Water Treatment, 2012, 43 (1-3): 221-229.

[36] Melian-Martel N, Sadhwani J J, Malamis S, et al. Structural and chemical characterization of long-term reverse osmosis membrane fouling in a full scale desalination plant. Desalination, 2012, 305: 44-53.

[37] Ruiz Saavedra Enrique, Gomez Gotor Antonio, Perez Baez Sebastian O, et al. A design method of the RO system in reverse osmosis brackish water desalination plants (procedure). Desalination and Water Treatment, 2013, 51 (25-27): 4790-4799.

[38] Sim L N, Wang Z J, Gu J, et al. Detection of reverse osmosis membrane fouling with silica, bovine serum albumin and their mixture using in-situ electrical impedance spectroscopy. Journal of Membrane Science, 2013, 443: 45-53.

[39] Kang Guo-dong, Cao Yi-ming. Development of antifouling reverse osmosis membranes for water treatment: A review, 2012, 46 (3): 584-600.

[40] Kim S G, Hyeon D H, Chun J H, et al. Nanocomposite poly (arylene ether sulfone) reverse osmosis membrane containing functional zeolite nanoparticles for seawater desalination. Journal of Membrane Science, 2013, 15 (1-3): 69-75.

[41] Lu Yanyue, Liao Anping, Hu Yangdong. The design of reverse osmosis systems with multiple-feed and multiple-product. Desalination, 2012, 307: 42-50.

[42] Penate Baltasar, Garcia-Rodriguez Lourdes. Current trends and future prospects in the design of seawater reverse osmosis desalination technology. Desalination, 2012, 284: 1-8.

[43] Kim Do Yeon, Gu Boram, Kim Joon Ha. Theoretical analysis of a seawater desalination process integrating forward osmosis, crystallization, and reverse osmosis. Journal of Membrane Science, 2013, 444: 440-448.

[44] Zhou Fanglei, Wang Cunwen, Wei Jiang. Simultaneous acetic acid separation and monosaccharide concentration by reverse osmosis. Bioresource Technology, 2013, 131: 349-356.

[45] Xie Ming, Nghiem Long D, Price William E, et al. Comparison of the removal of hydrophobic trace organic contaminants by forward osmosis and reverse osmosis. Water Research, 2012, 46 (8): 2683-2692.

[46] Jin Xuewen, Li Enchao, Lu Shuguang, et al. Coking wastewater treatment for industrial reuse purpose: Combining biological processes with ultrafiltration, nanofiltration and reverse osmosis. Journal of Environmental Sciences, 2013, 25 (8): 1565-1574.

[47] Alnouri Sabla Y, Linke Patrick. Optimal SWRO desalination network synthesis using multiple water quality parameters. Journal of Membrane Science, 2013, 444: 493-512.

[48] Toufic Mezher, Hassan Fath, Zeina Abbas, Arslan Khaled. Desalination, 2011, 266 (1/3): 263.

[49] Misdan N, Lau W J, Ismail A F. Desalination, 2012, 287 (1/3): 228.

[50] Baltasar Peñate, Lourdes García-Rodríguez. Desalination, 2012, 284 (1/3): 1.

[51] Menachem Elimelech William A Phillip. Science, 2011, 333, 712.

[52] Sassi Kamal M, Mujtaba Iqbal M. Effective design of reverse osmosis based desalination process considering wide range of salinity and seawater temperature. Desalination, 2012, 306: 8-16.

[53] Liu,Clark C. K. The Development of a Renewable-Energy-Driven Reverse Osmosis System for Water Desalination and Aquaculture Production. Journal of Integrative Agriculture, 2013, 12 (8): 1357-1362.

[54] El-ghonemy A M K. Waste energy recovery in seawater reverse osmosis desalination plants. Part 1: Review. Renewable and Sustainable Energy Reviews，2013，18：6-22.

[55] 赵欣，丁明亮，陈晓华，陈畅. 中国给水排水，2010，26（10）：81-84.

[56] 国务院办公厅. 关于加快发展海水淡化产业的意见（国办发［2012］13 号）

[57] 国家发展和改革委员会办公厅. 关于开展海水淡化产业发展试点示范工作的通知（发改办环资［2012］1305 号）.

[58] 郑祥，魏源送. 中国水处理行业可持续发展战略研究报告. 膜工业卷. 北京：中国人民大学出版社，2013.

[59] 中国膜工业协会. 中国膜工业信息，2014.

[60] 孙本惠，孙斌编著. 功能膜及其应用. 北京：化学工业出版社，2013.

第6章

气体分离

6.1 气体分离技术简介

气体分离（gas separation，简称 GS）是用于进行气体混合物组分分离的一种膜过程，该过程具有"经济、便捷、高效、洁净"的技术特点，是继"深冷分离"和"变压吸附分离"之后，被称为最具发展应用前景的第三代新型气体分离技术，已成为膜分离技术中的独立技术分支。在石油、天然气、化工、冶炼、医药等工业领域广泛用于 N_2/H_2、O_2/N_2、CO_2/CH_4、CO/N_2 等混合气体的分离和提浓，对工业企业的节能降耗、技术进步起到了积极的推动作用，产生了显著的经济和社会效益。

6.1.1 分离原理及特点

（1）分离原理

如图 6-1 所示，气体分离是在压力差的作用下，依靠待分离气体混合物各组分在气体分离膜中的渗透速率不同而使各组分分离的一种膜过程。一般来讲，所有的高分子膜对一切气体都是可渗透的，但不同的气体通过膜的渗透速率是不同的，研究者把渗透速率高的气体叫"快气"，渗透速率低的气体叫"慢气"。当混合气体与某种膜接触时，快气优先透过膜，在膜的下游侧富集为渗透气，而慢气则较多地留在膜的上游侧，成为渗余气。快气和慢气不是绝对的，例如对 O_2/H_2

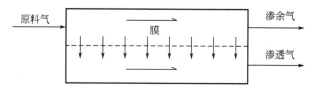

图 6-1 气体分离原理示意图

体系而言，H_2 是"快气"，O_2 是"慢气"；而对 O_2/N_2 体系来说，O_2 是"快气"，N_2 是"慢气"。

气体分离膜包括多孔膜及非多孔膜，由于在实际工业应用中有价值的多为非多孔膜，因此本章所介绍的内容为非多孔膜的气体分离。非多孔气体分离膜包括致密均质膜、具有致密皮层的非对称膜及复合膜。应该说明，绝对无孔的致密膜是不存在的，即使在完整晶体表面的晶格中仍有 0.4nm 左右的孔道存在，在分离膜技术中，通常孔径小于 1nm 的膜称为致密膜。

非多孔气体分离膜的分离机理是溶解-扩散机理，即气体分子在膜上游侧溶解于膜界面上，然后扩散通过膜，在膜的下游侧脱溶。

（2）气体分离的特点

与传统的深冷分离和变压吸附分离相比，气体分离有如下的优点：

① 过程常温操作，能耗低，操作费用省；

② 工艺简单，操作方便，占地面积小，投资省；

③ 操作弹性大，可通过调节膜面积和工艺参数来适应处理量的波动；

④ 过程不引入其他试剂（例如分子筛等），不需要再生，没有二次污染。

6.1.2　外技术发展简史

气体分离膜技术于 20 世纪 50 年代开始研究，到 20 世纪 70 年代末，美国的 Monsanto 公司研制出 Prism 膜分离装置，成功应用在合成氨弛放气中回收氢气，从此气体分离膜开始商业化。20 世纪 80 年代，Henis 发明了阻力复合膜，实现了气体膜分离发展与飞跃，N_2/H_2 分离、O_2/N_2 分离、CO_2/CH_4 分离、H_2O/CH_4 分离实现了大规模工业化应用。

我国中科院大连化物所、长春应化所等单位对气体分离膜开展了研究。20 世纪 80 年代，大连化物所研制成功中空纤维 N_2/H_2 分离器，填补了国内空白。以后陆续开发了多种气体分离膜材料，用于 H_2 的回收，制取富氮、富氧空气。由国家工程研究中心天邦膜技术公司在国内外 200 余家石油化工企业推广应用。

6.1.3　膜性能评价指标

对于非多孔膜的气体分离，主要特征参数有渗透系数、渗透速率、溶解度系数、扩散系数和分离系数。

（1）渗透系数

渗透系数表示气体通过膜的难易程度，是体现膜性能的重要指标。它是指每单位时间、单位压力下气体透过单位膜面积的量与膜厚的乘积。渗透系数的计算公式为：

$$P = \frac{qL}{At\Delta p} \tag{6-1}$$

式中，P 为渗透系数，cm^3（STP）· cm/（cm^2 · s · cmHg）（1cmHg = 1.33kPa），P 的值随气体种类不同差别很大，一般是在 $10^{-14} \sim 10^{-8}$ 的数量级；q 为气体透过量，cm^3；L 为膜厚度，cm（对一些非对称膜来说，由于无法准确估算它的致密皮层厚度，通常不予考虑）；A 为膜的有效面积，cm^2；t 为时间，s；Δp 为膜两侧的压力差，cm Hg。

气体分离膜对气体的渗透系数因气体的种类、膜材料的化学组成和分子结构的不同而不同。

（2）渗透速率

对于非对称膜，由于无法准确估算出致密皮层的厚度，在这种情况下，通常是不考虑它的厚度而多采用如式（6-2）所示气体的渗透速率 J 的形式：

$$J = \frac{q}{At\Delta p} \tag{6-2}$$

式中，J 为渗透速率，cm^3(STP)/(cm^2 · s · cmHg)（1cmHg = 1.33kPa）。

（3）溶解度系数

溶解度系数（S）表示聚合物膜对气体的溶解能力，它与被溶解的气体性质及高分子的种类有关。高沸点容易液化的气体在膜中容易溶解，具有较大的溶解度系数。溶解度系数随温度的变化遵循 Arrhenius 关系：

$$S = S_0 \exp\left(\frac{-\Delta H}{RT}\right) \tag{6-3}$$

式中，S 为溶解度系数；ΔH 为溶解热，其值较小，约为 ±2kcal/mol。

（4）扩散系数

扩散系数表示由于分子链热运动引起的气体分子在膜中传递能力的大小。由于气体分子在膜中传递时需要能量来使链与链之间排开一定的体积，而能量的大小与分子直径有关，因此，扩散系数随分子增大而减少。扩散系数表示渗透气体在单位时间内透过膜的扩散能力的大小。

扩散系数随温度升高而增大，遵循 Arrhenius 关系：

$$D = D_0 \exp\left(\frac{-\Delta E_D}{RT}\right) \tag{6-4}$$

式中，D_0 为组分无限稀释时的扩散系数，cm^2/s；ΔE_D 为扩散活化能。

（5）分离系数

气体膜的分离能力以分离系数 α 来表征，是评价气体分离膜分离选择性能的重要指标。分离系数一般用下式表示：

$$\alpha_{a/b} = \frac{[a\text{组分的浓度}/b\text{组分的浓度}]_{透过气}}{[a\text{组分的浓度}/b\text{组分的浓度}]_{原料气}} = \frac{p_a}{p_b} \times \frac{(1 - p_a'/p_a)}{(1 - p_b'/p_b)} \tag{6-5}$$

式中，α 为气体分离膜的分离系数；p_a'、p_b' 为 a、b 组分在透过气中的分压，Pa；p_a、p_b 分别为 a、b 组分在原料气中的分压，Pa。

6.2 气体分离膜及组件

6.2.1 气体分离膜

在气体分离中，决定膜的分离性能的主要因素是膜材料的物理和化学性能，理想的气体分离膜材料应具有高透气性、高的渗透选择性、好的化学稳定性和热稳定性。气体分离膜按膜结构分有均质膜、非对称膜和复合膜；按材料分主要有有机高分子膜、无机材料膜和有机-无机杂化膜；按功能分有富氢膜、富氧或富氮膜、二氧化碳分离膜、气体除湿膜、脱气膜等。本书从材料的角度介绍气体分离膜。

（1）高分子膜

本书所介绍的高分子膜主要有聚砜、聚二甲基硅氧烷、聚三甲基硅-1-丙炔、聚 4-甲基-1-戊烯、聚酰亚胺、聚磷腈、聚吡咯等。

① 聚砜膜　聚砜属于典型的玻璃态聚合物，其分子主链上含有砜基，力学性能优异，刚性大，耐磨，高强度，即使在高温下也保持优良的力学性能，常用来作为气体分离膜的基本材料。

② 聚二甲基硅氧烷（PDMS）膜　聚二甲基硅氧烷，从结构上看这类高分子属于半无机、半有机结构的高分子，兼有有机高分子和无机高分子的特性，是目前发现的气体渗透性能优良的高分子膜之一。

聚二甲基硅氧烷主链上的 Si—O 键极易内旋转，分子链非常柔顺，对称的甲基侧基阻碍了高分子链段的接近，内聚能密度较低，结构疏松，使得高分子的自由体积较大，无定形区域形成很多空隙，因而具有高的透气性能。此外，由于分子之间的相互作用力较小，导致成膜性差，膜强度较低。针对上述缺陷，研究工作的任务是部分牺牲其高透气性的前提下，能明显提高分离选择性和成膜性，对 PDMS 进行了大量的改性研究工作。改性研究主要是主链改性、侧基改性，与其他材料共混、复合，添加小分子化合物等。包括硅橡胶与聚碳酸酯、聚氨酯、聚脲等嵌段共聚；与聚苯醚、聚苯硫醚、聚丙烯酸等接枝共聚；与聚乙烯共混；引入三氟丙基、叔胺基侧基；添加剂小分子的种类颇多，作用各异，但大致归纳起来有这样几类：金属络合物、小分子液晶、含氟含氮化合物以及无机物等。此外，利用超临界 CO_2 对 PDMS 富氧膜进行溶胀改性以及在富氧膜材料中添加铁氧体制备富氧"磁化膜"，有望成为未来富氧膜开发研究的一个新方向。

③ 聚三甲基硅-1-丙炔（PTMSP）膜　聚三甲基硅-1-丙炔是一种高自由体积的玻璃态聚合物，是目前聚合物膜中气体渗透性能最好的膜材料。由于 PTMSP 的化学稳定性和热稳定性较差，限制了 PTMSP 的应用。采用在 PTMSP 中加入低挥发性材料、氟化、溴化、等离子体辐射、紫外线照射、与其他单体共聚、与

其他共聚物共混等方法，能提高 PTMSP 膜的化学稳定性和热稳定性。

④ 聚 4-甲基-1-戊烯膜 聚 4-甲基-1-戊烯的性能兼具非结晶树脂所具有的透明性、耐热性和结晶树脂所具有的耐化学腐蚀性及电气特性。由于其密度小，有粗的结晶结构，透气性好，特别对氧的透过率远高于对氮的透过率，可作为富氧膜。

⑤ 聚酰亚胺（PI）膜 聚酰亚胺（PI）是由二酐和二胺先缩聚后高温亚胺化而得到的。PI 具有较高的强度、耐高温、优良的力学性能和稳定性，已在气体分离方面引起了重视。

理想的聚酰亚胺气体分离膜材料具有如下结构特征：a. 刚性分子骨架，低链段活动性；b. 较差的链段堆砌，即大的自由体积；c. 链段相互作用要尽可能弱。

二酐和二胺的结构是影响透气性的主要因素，为了提高聚酰亚胺膜的透气性，人们正致力于 PI 的改性以期得到高选择性和高透过性的膜。

聚酰亚胺膜的选择性比其他高分子膜高得多，并能用于高温条件，特别是聚酰亚胺在可凝性烃类中不溶胀，所以从含可凝性烃类气体中回收氢气具有无可比拟的优点。

⑥ 聚磷腈膜 聚磷腈是一种新近开发的气体分离膜材料，它是以磷、氮为主骨架，每个磷原子上连有两个侧基的一类高分子材料，结构式 $\leftarrow P(RR') = N \rightarrow_n$，由于是由 P、N 构成主链的高分子，聚磷腈具有优良的耐碳氢溶剂的性能，因此是一种用于石油天然气行业的很有潜力的膜材料，有望解决现有的有机高分子气体膜在石油天然气行业与烃类物质长期接触下性能不稳定的问题。

聚磷腈制备过程中首先通过三聚磷腈单体聚合成链状的聚二氯磷腈，由于 P-Cl 键的化学活泼性，可亲核取代不同的侧基。由于侧基不同，这类高分子材料具有结构和性能的多样性，可制备从亲水性到疏水性、玻璃化温度从 $-100\,℃$ 到 $155\,℃$ 变化的各类气体分离膜，且容易进行交联，形成结构与性能稳定的分离膜。

⑦ 聚吡咯（PPY）膜 聚吡咯是一种全阶梯或半阶梯型的含有四稠环、七稠环甚至多稠环结构的芳香族含氮杂环聚合物。

聚吡咯的气体透过行为与其链结构之间存在着密切关系。不同链结构的聚吡咯，其大分子链的堆积密度、链间距及自由体积分数等都存在差异，导致膜的透气行为产生差异。通过对不同结构的聚吡咯均质膜气体透过性的研究，发现刚性适度的半阶梯型的聚吡咯具有较高的气体选择性，是一种理想的气体分离膜。

聚吡咯最大缺点是渗透性能较差，需探索新的单体并控制聚合反应条件以制得适宜链刚性及自由体积分数、单一链间距的聚吡咯，使其渗透性与选择性均达到最佳值。

部分气体在高分子膜中的渗透选择性见表 6-1。

表 6-1　部分气体在高分子膜中的渗透性和分离系数

膜材料	温度/℃	渗透系数(Barrer)			分离系数 α			
		H_2	CO_2	O_2	H_2/CH_4	CO_2/CH_4	O_2/N_2	N_2/CH_4
PDMS	35	—	4553	933	—	3.37	2.12	0.33
PTMSP	25	16200	33100	10000	1.01	2.07	1.48	0.42
PTMS	35	—	28000	7730	—	2.15	1.56	0.38
聚砜	35	14.0	5.6	1.4	53	22	5.6	1.0
6FDA-6FPDA	35	—	63.9	16.3	—	39.9	4.7	2.17
3,3′ODA-PMDA	35	14	2.1	0.68	437	64	6.8	3.0
4,4′ODA-PMDA	35	52.5	22	5.05	97	41	5.4	1.7
2,6 DAT-6FDA	35	107	42.5	11.0	115	40	5.2	2.3
DAM-6FDA	35	433	691	—	12	14.2	—	—
DAD-BTDA：6FDA1：19	25	340	—	141	6.8	—	3.4	—
DAM-1,5ND-6FDA	25	—	1250	100	—	—	3.6	—

注：渗透系数单位为 $10^{-10} cm^3 (STP) \cdot cm/(cm^2 \cdot s \cdot cmHg)$。

（2）无机膜

常用的无机膜有金属膜、玻璃膜、陶瓷膜、分子筛（包括碳分子筛）等。

① 金属膜　致密金属膜是无孔的，通过溶解-扩散或离子传递等机理对气体进行分离，具有很高的选择性。适合作为气体分离的金属膜主要分为两类：一类是以 Pd 及 Pd 合金为代表的能透过氢气的金属及其合金膜。Pd 在常温下可溶解大量的氢，可以达到自身体积的 700 倍，在真空条件下，当加热到 100℃时，Pd 又把溶解的氢释放出来。在 Pd 膜两侧形成氢分压差，氢就会从压力高的一侧渗透到压力低的一侧。另一类则是以 Ag 为代表的能够透过氧的 Ag 膜，氧在 Ag 表面不同部位发生解离吸附，溶解的氧以原子形式扩散通过 Ag 膜。

② 碳分子筛膜　20 世纪 80 年代初 Koresh 等首次以纤维素为原料，经碳化和活化制备出碳分子筛膜。碳分子筛膜作为一种特殊的碳分子筛，是一种新型的由碳素材料构成的具有分离功能的无机膜，其渗透能力远大于高分子有机膜，且膜孔径可通过简单的热化学调变。碳分子筛膜与传统的有机膜相比，具有耐高温、稳定性好、高选择性、高渗透性、高分离能力、机械强度好以及清洁状态好等优点。

碳分子筛膜可从空气中有效分离出高纯度的氮气和氧气，且费用很低。碳分子筛膜分离空气时，操作温度为室温，工艺简单，分离系数大。

③ 混合导体透氧膜　混合导体透氧膜是一类同时具有电子和氧离子导电性的无机陶瓷膜，其在透氧过程中，氧的传递不是以分子氧的形式而是以离子氧的形式，通过氧空穴来传氧，对氧的扩散选择性为 100%，此类膜只透氧气不透氮气。

自 20 世纪 80 年代中期，国内外的学者针对混合导体透氧膜进行了研究，先后开发出 $Sr Co_{0.8} Fe_{0.2} O_{3-\delta}$（SCF）型、改进的 SCF 如 ZrO_2-SCF 及 SSO-SCF 型、$Ba_{0.5} Sr_{0.5} Co_{0.8} Fe_{0.2} O_{3-\delta}$（BSCF）型、$BaCo_{0.4} Fe_{0.4} Zr_{0.2} O_{3-\delta}$（BCFZ）型等混合导体透氧膜材料。目前研究工作正进一步深入，这是一种极具应用前景的膜材料。

6.2.2　气体分离膜的制备方法

（1）具有致密皮层非对称膜的制备

相分离法制膜是制高分子非对称膜的最主要方法，也是目前制备气体分离膜的主流方法。其制膜的工艺方法已在第 3 章超滤膜制备方法中详细介绍过，本章不作重复。但要说明的是二者不同之点是非对称超滤膜的皮层是多孔的，而气体分离膜的皮层是致密的。相分离法制备致密皮层非对称膜的最大困难就是难以得到无缺陷超薄皮层膜，而这正是提高气体膜选择性的关键所在。一般来说，环境因素对相分离法成膜影响较大，所以采用此法必须严格控制好环境条件。

（2）复合膜的制备

高分子材料复合膜的制备方法有高分子溶液涂布（coating）、界面缩聚、原位聚合、等离子体聚合、水上展开法、动力形成法等。

① 高分子溶液涂布法　高分子溶液涂布法是制备气体分离复合膜的常用方法。即在气体渗透性较好，但选择性不良的多孔支撑体的表面涂布一层高选择性、高渗透性的高分子溶液，形成超薄复合层；可以采用喷涂法、浸渍法及轮涂法来形成超薄复合层。

气体分离膜对分离起控制作用的复合膜有两种，一种是超薄复合层控制；另一种由多孔支撑层控制。两者的差别在于谁起主导作用。当超薄复合层主导时，为了提高渗透性，复合层的厚度不高于 $0.5\mu m$ 时，才有实用价值，此时复合层上容易出现疵点（针孔），导致选择性降低。实际应用比较成功的气体分离复合膜是支撑层控制，Monsanto Co. 发明的 Prism 膜就是用这种原理和方法制备的。该膜是将聚砜中空纤维多孔支撑体的外表面涂上硅橡胶复合层，在这里硅橡胶的作用是填补聚砜支撑膜表面孔及缺陷的。

② 界面聚合法　界面缩聚制膜法是一种有效的制备气体分离膜的方法，也就是在微孔支撑层膜上就地制备超薄致密分离层。该法在反渗透一章详细介绍，本章不作重复。

③ 水上展开法　水上展开法最早是由美国通用电气公司（GE）开发出来的。其原理是少量聚合物溶液借助水的表面张力作用铺展成薄膜层，待溶剂蒸发后得到固体薄膜。由于这层膜非常薄，只有数十纳米，机械强度差，不能直接使用，通常把多层膜覆盖到多孔支撑膜上，制成累积膜。具体工艺可以分为垂直累积法、水平累积法和回转法。水上展开法用简单装置就可以制造出很薄的膜，并可连续

大规模生产超薄膜。但在连续制膜过程中水面污染会导致表面张力改变，使制膜过程稳定性变差，另外，制膜速度太快会产生水面波动使得膜薄厚不均匀，影响膜的性能。

（3）金属钯膜的制备

首先，通过化学镀在多孔支撑体（多孔氧化铝陶瓷）的表面镀钯使其表面小孔得到封堵，化学镀采用含有钯离子的镀液在多孔支撑体的表面镀 $0.1\sim2\mu m$ 的钯膜。然后，采用抽真空和（或）加压的方式将负载型钯/金属氧化物（Pd/Al_2O_3，Pd/ZrO_2，Pd/CeO_2，Pd/TiO_2，Pd/SiO_2）粒子的一种或几种填入到表面大孔或缺陷中进行修饰，其中钯的担载量分别为 $0.2\%\sim15\%$。最后，采用含有钯离子的镀液在上述经预处理过的多孔支撑体的表面化学镀 $1\sim15\mu m$ 厚的钯膜，从而形成高透氢金属钯复合膜。

通过上述方法制备的钯复合膜不仅可以获得高的透氢量，而且具有高的透氢选择性。已研究过的金属钯复合膜的透氢性能举例见表 6-2。

表 6-2　部分金属钯复合膜的透氢性能

修饰剂	化学镀时间/min	钯膜厚度/μm	透氢量/[mol/(m²·s·bar)]	分离因子(H₂/N₂)
Pd/Al_2O_3	120	0.12	1.11	27000
Pd/ZrO_2	30	1.31	1.52	408
Pd/TiO_2	60	0.70	1.38	22000
Pd/CeO_2	120	1.80	1.27	32000

（4）混合导体透氧膜的制备

选择化学性能稳定、透氧性能优良的金属透氧膜材料，采用 EDTA-柠檬酸联合络合法制备混合导体透氧材料粉体原料。将粉体原料按比例与高分子材料 PES 混合，溶解于 N-甲基吡咯烷酮中，配制成均匀的制膜溶液。经中空纤维膜设备纺制成初生纤维，在水中凝胶 $2\sim4$ 天后，用吊式烧结法在管式炉中进行烧结，制成混合导体中空纤维膜，其中烧结温度为 $1100\sim1500℃$，时间为 $5\sim24h$。

6.2.3　气体分离膜组件

分离膜组件（也称气体分离器）要求在单位体积内有较大的膜的装填面积，并且气体与膜表面有良好的接触。用于气体分离的聚合物膜组件主要有板框式、螺旋卷式和中空纤维式三大类。螺旋卷式膜组件在反渗透一章详细介绍，本章不作重复。

（1）板框式

如 Union Carbide 公司早期的氢气回收装置是一种板框式气体膜组件。外形呈平板状的膜制成板框式膜叶后，被密封固定在圆柱形钢外壳内，组件外径为 0.25m，长度为 1.5m，组件的有效膜面积为 18m²，如图 6-2 所示。

图 6-3 是德国 GKSS 研究中心新开发的板框式组件，其外径为 0.32m，长度为 0.5m，单个组件的有效膜面积为 8～10m^2，组件内设有多层挡板以增大气速、改变流动方向，增加气流与膜表面的有效接触。板框式膜组件主要优点是制造方便，膜的皮层可以制得比非对称中空纤维的皮层薄 2～3 倍，但其主要缺点是膜的装填密度低。

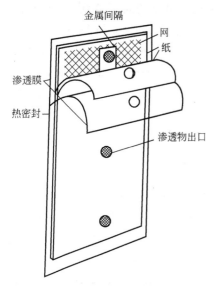

图 6-2　Union Carbide 公司板框式气体膜组件示意图

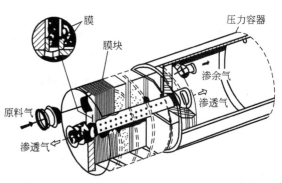

图 6-3　德国 GKSS 研究中心板框式组件示意图

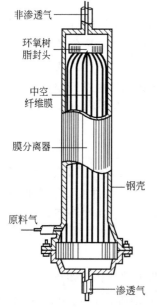

图 6-4　中空纤维膜组件

（2）中空纤维式

气体分离中空纤维膜组件如图 6-4 所示。中空纤维膜是非对称膜，它的优点是具有自支撑结构，装填密度大；膜组件的密封和设计比较容易，自支撑结构使得制造过程简单，价格低廉，与平板及螺旋式膜组件设计比较，经济上较为有利。但其缺点是流体通过中空纤维内腔时有相当的压力降。为了补偿这一点，常常要考虑产品气的压缩或再压缩，这样就增加了过程的费用。一般在高压操作条件下，多选用中空纤维膜组件。

（3）无机膜分离器

目前，用于气体分离的无机膜分离器有三种类型，即平板式、管式及多通道式（蜂窝式）。平板式主要用于实验室，管式和多通道式更适合于工业应用。其中的多通道结构具有单位体积内膜的装填面积大的优点。

6.2.4　国内外气体分离膜产品简介

我国主要气体膜产品介绍见表 6-3，国外生产和销售气体膜产品见表 6-4。

表 6-3　国产主要气体分离膜组件产品介绍

生产商	产品名称	产品型式及规格/mm	膜材料	用途
大连天邦膜公司	氮氢膜分离器	中空纤维式 $\phi 50 \times 3000$ $\phi 100 \times 3000$ $\phi 200 \times 3000$	聚砜复合膜	合成氨弛放气及炼厂气中氢回收
	空气富氧器	卷式 $\phi 100 \times 1000$ $\phi 200 \times 1000$	聚砜-硅橡胶复合膜	各种窑炉助燃节能，医疗保健和环保

表 6-4　国外一些公司的特色产品和性能指标

国家	公司	产品用途	技术指标或处理能力
美国	孟山都	合成氨弛放气氢回收 乙烯气氢分离 裂解排放气、二甲苯异构化废气、加氢脱硫排放气氢回收	$30000 m^3/h$ $50000 m^3/h$ $60000 m^3/h$
	流体系统	富氧	$100 m^3/h$，氧浓度 30%
	空气产品	富氮	$500 m^3/h$，氮浓度 99%
	柏美亚	富氮	$10 \sim 1000 m^3/h$， 氮浓度 95%～99%
日本	旭硝子	富氧	$1000 m^3/h$
	宇部兴产	气体脱湿 氢、氮、二氧化碳分离	氮氢分离系数大于 40
	帝人	医用富氧	富氧浓度 35%～40%
欧洲	GKSS	氮气分离	氮浓度不小于 99%
	BOC/DOW	富氧、富氮	$30 \sim 50 m^3/h$，氧浓度 30%～35%， 氮浓度不小于 97%

6.3　气体分离技术的应用

6.3.1　气体分离技术的应用领域及应用情况简介

气体膜分离技术具有节能、高效、操作简单、使用方便、不产生二次污染并可回收有机溶剂的优点，已广泛用于氢气回收，空气分离富氧、富氮，天然气中脱湿、酸性气体的脱除与回收，合成氨中的一氧化碳和氢气的比例调节等，为工业企业的节能降耗发挥了重要的作用。气体分离技术的应用领域、应用对象、目的及效果见表 6-5。

表 6-5   气体分离技术的应用领域、应用对象、目的及效果

应用领域	气体分离膜种类	应用对象	处理目的及实施效果
石油化工、煤化工	氢/氮分离膜 氢/甲烷分离膜 氢/一氧化碳分离膜	(1)合成氨工业生产放空气中氢气回收 (2)合成甲醇工业生产放空气中氢气回收	回收的氢气作为合成氨的原料气,氢气的浓度可从 60% 提高到 90% 以上,氢的回收率为 95%～98.5%,对于日产 1000t 的合成氨装置,每日可增产 50t 氨
		(3)炼厂气中回收氢气,包括催化裂化干气、加氢裂化尾气、催化重整尾气、PSA 解吸气等过程中氢气回收	将尾气中氢的含量从 40% 提浓到 95% 以上作为加氢反应的原料气,回收了有用资源,又避免了环境污染。比深冷法及变压吸附法节省能耗 50%
		(4)合成气中 H_2 和 CO 比例调节	在用 H_2 和 CO 合成甲醇、乙醇、乙二醇、乙酸等产品中,在高压下直接调控 H_2 和 CO 比例,可大幅降低能耗
石油化工、冶金、热力、钢铁、水泥、玻璃、陶瓷、生物发酵、环保	富氧膜	以各种油、煤、气、焦和浆等为燃料的工业锅炉、加热炉、焙烧炉、焚烧炉、造气炉、冶炼炉、玻璃窑炉、陶瓷窑、水泥窑等富氧空气助燃	用富氧膜分离器替代传统的深冷法及变压吸附法,制备氧的摩尔分数为 28%～30% 的富氧空气,用于燃烧助燃,可提高燃烧效率,节能 8%～15%,同时投资成本还比传统法低
医疗、保健、富氧空调、高原氧		生产家用、医用富氧机	用于肺气肿、哮喘病人的紧急抢救,能连续提供物质的量浓度为 40% 的富氧空气。常压操作,克服了化学法制氧供氧量小、时间短的缺点,避免了氧气瓶更换的麻烦及高压操作的危险性
石油开采、煤炭开采	富氮气体膜	(1)低渗油井注氮采油	膜法富氮装置,将空气制成纯度为 99.9% 的高纯氮气,采油过程通过向井下注入氮气和水蒸气混合物,有效提高地层压力,增加原油产量 50% 以上
		(2)石油、天然气钻井过程,向钻井液中加入氮气,防火、防爆 (3)煤井防火、灭火	避免直接加入空气钻井引起井下爆炸、起火、钻具腐蚀,减轻钻井液对地层的腐蚀,保护油气层,降低井喷风险,提高钻井速度
航空安全		(4)飞机燃油箱膜法充氮气惰化保护	膜分离装置产生的富氮气体通过管道送入油箱惰化,使油箱里充满氮气,燃油不会发生燃烧及爆炸,保证了飞行安全
		(5)机场油罐充氮惰化	膜法富氮装置将含氮 78% 的空气制成纯度为 99.9% 的氮气供给罐区使用,设备可移动,使用方便,有效防止燃油爆炸,保证罐区安全

续表

应用领域	气体分离膜种类	应用对象	处理目的及实施效果
天然气输送	气体除湿膜	油气田开采出来的天然气除湿及去除酸性气体	在远距离输送天然气之前,脱除其中的水蒸气和酸性气体,以避免水蒸气与甲烷、乙烷等形成冰状结晶水合物,堵塞输气管路上的阀门及管件;同时防止酸性气体对管线的腐蚀,保障输气安全。采用膜技术工艺连续、节能环保、设备简单、操作方便
石油化工精细化工煤化工医药化工	透有机物膜	回收生产过程中排放出的有机蒸气(VOC)	工业领域排放出来的有机蒸气量大、毒性大、易燃易爆,部分被列为致癌物,如氯乙烯、苯、多环芳烃等。也有些有机蒸气具有回收价值,如烷烃、烯烃等。采用膜法集成技术回收有机蒸气,可净化环境,回收有用资源,经济效益也十分显著

6.3.2 气体分离技术在我国的工程应用实例

(1) 合成氨厂弛放气中氢气的回收

合成氨装置生产过程中,会有气体放空,这部分放空气体称为弛放气,其中含有氢气和氨气,氢和氨分别是合成氨工业的反应物和产品。围绕弛放气中氢、氨的回收和利用是合成氨厂节能减排增效的重要措施;此外,合成氨厂还普遍面临氨水及有毒害气体排放的环保压力。因此,回收氢气减少含氨废水废气的排放不仅是出于增加收益的需要,更是合成氨厂的社会责任。

合成氨厂可供回收的氢、氨主要有两个来源:高压合成弛放气(通常称为合成放空气)和低压弛放气(通常称为氨槽气)。生产每吨氨的高压弛放气,排放量约 $200Nm^3/tNH_3$,其中 H_2 体积分数为 $50\%\sim60\%$,NH_3 体积分数为 $5\%\sim10\%$,其余为 N_2、CH_4 和 Ar。生产过程中低压弛放气的排放量约 $60Nm^3/tNH_3$,其中 H_2 体积分数为 $25\%\sim35\%$,NH_3 体积分数为 $40\%\sim50\%$,其余为 N_2、CH_4 和 Ar。

采用膜分离技术和氨吸收技术结合可实现氢气和氨回收,回收的氢气重返合成系统,回收的氨水可以直接作为产品销售。

应用实例:四川美青氰胺化工公司 20 万吨/年的合成氨弛放气中氢气的回收工程

该项目采用膜分离-精馏集成工艺,由天邦膜公司提供技术和设备,其工艺流程图见图 6-5。

由图 6-5 可见,弛放气分别经过高低压膜分离回收氢气,膜分离预处理产生的氨水送精馏塔,塔顶获得液氨产品,塔底水返回膜分离洗氨塔吸收氨。膜分离尾气中氨体积分数降至 0.02% 以下,送去燃烧。

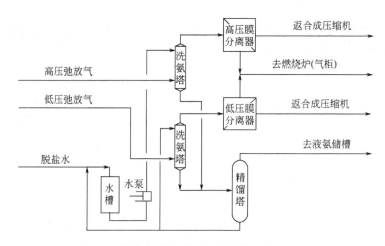

图 6-5　膜分离/精馏集成工艺氢氨回收示意图

回收装置主要设备包括高压膜分离器 6 台、低压膜分离器 2 台、高压洗氨塔 1 台、低压洗氨塔 1 台、三柱塞高压水泵 2 台、高压气液分离器 1 台、低压气液分离器 1 台、高压套管加热器 1 台、低压套管加热器 1 台、氨水精馏塔 1 台、预换热器 1 台、水冷器 1 台、塔顶冷凝器 1 台、再沸器 1 台、液氨回流槽 1 台、离心式精馏塔进料泵 2 台、离心式液氨回流泵 2 台。装置实景照片见图 6-6。

图 6-6　20 万吨/年合成氨弛放气中氢气回收装置实景照片

装置自 2008 年投入运行，各项技术和经济指标达到设计要求。其中，高压弛放气中氢气的体积分数达到 91.33%，回收率为 90.64%；低压弛放气中氢气的体积分数达到 91.88%，回收率为 92.42%。回收的液氨的纯度达到 99.9%（质量），回收率 100%，同时，精馏塔釜的水返回洗氨塔，实现了氨和水的零排放，在稳定运行期间几乎不消耗脱盐水。

年运行时间按 8000h 计算，回收的氢气每小时能增产液氨 3.04t，回收的液氨为每小时 0.643t，液氨售价按 3000 元/t 计，扣除生产过程各种消耗及费用，年经济效益 8100 多万元。

与传统氢氨回收工艺相比，合成氨厂"膜分离-精馏集成工艺进行氢/氨回收整体解决方案"解决了氢/氨回收的问题，同时将含氨废水排放降为零，有毒害气体排放降为零，实现了经济效益与环保效益最大化的目标，有十分重要的应用和推广价值。

(2) 炼厂气中回收氢气

重质油品经过催化裂化反应生成汽油、煤油和柴油等轻质油品，此过程伴随着加氢反应，可以防止生成大量焦炭，还可以将原料中的硫、氮、氧等杂质脱出，并使烯烃饱和。加氢裂化具有轻质油收率高、产品质量好的突出特点。加氢反应对 H_2 的需求量相当大，炼油行业普遍面临氢源紧张问题。与此同时，炼油厂又有大量含氢废气排放，如瓦斯气、加氢裂化低分气、催化裂化干气、PSA 解析气等，其废气中 H_2 纯度在 20%～80%，如能将其中的氢回收返回氢气管网，必将产生较好的经济环保效益。

天邦膜技术国家工程研究中心有限责任公司针对炼油厂 H_2 回收成功开发了中低压膜分离氢回收技术，相继在安庆石化、镇海炼化、金陵石化、辽化等 20 多家炼油厂成功应用。

应用实例：玉门油田粮油化工总厂膜法氢气提纯工程

该项目采用膜法氢回收装置，从炼油生产过程中产生的低氢含量的高压瓦斯气中回收氢气。待处理瓦斯原料气中氢气含量为 40%，压力为 0.9MPa，温度为 30℃，气体流量为 7000Nm³/h。要求处理后氢气浓度达到 90% 以上。

项目由天邦公司提供膜工艺技术及膜分离成套装置。图 6-7 是膜法氢气回收的工艺流程示意图。

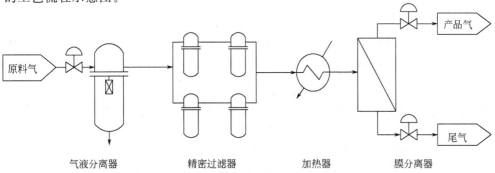

图 6-7　高压瓦斯气膜法氢回收装置工艺流程示意图

如图 6-7 所示，由于高压瓦斯气中可能含有少量的油污、水等对膜组件有害物质，为防止此类物质进入膜组件，在入膜前先进行预处理，使之达到入膜要求。高压瓦斯气首先进入气液分离器，脱去直径≥5μm 的水滴，然后气体进入二级精密过滤器，除去油污和水雾，再经过加热器升温至 45～50℃，以保证入膜前气体干燥，最后进入膜分离器进行分离，分离后的产品气去加氢裂化工段，尾气去燃烧。

主要设备包括：膜分离器 5 组、气液分离器 1 台、精密过滤器（一开一备）2 级、加热器 1 台。

膜分离器是由壳体及膜芯组成的中空纤维膜组件。膜材质为聚酰亚胺。当经预处理后的瓦斯气进入膜分离器时，在膜两侧压力差作用下，渗透速率相对较快的气体，如水蒸气、氢气等优先透过膜而被富集，而渗透速率相对较慢的气体，如甲烷、氮气和一氧化碳等气体则在膜的上游侧被富集，从而达到混合气体中氢富集的目的。图 6-8 是氢回收装置的实景照片。

图 6-8　氢回收装置的实景照片

装置于 2013 年 11 月正式投入使用以来，设备运行安全可靠，膜分离性能超出设计指标。运行数据见表 6-6。

表 6-6　膜分离装置运行数据

原料气组成（体积分数）/%	原料气	尾气	产品气
H_2	39.767	10.755	90.627
Cl	34.211	50.566	5.538

续表

压力/MPa	0.9	0.45	0.1
温度/℃	30	45	45
流量/(Nm³/h)	7000	4457.4	2542.6
氢气回收率/%	82		

年运行时间以 8000h 计，每小时回收氢气折合纯氢 $2290Nm^3$，预计经济效益为 2000 万元/年。经济效益显著，并可有效缓解炼厂氢源紧张问题。

（3）合成甲醇弛放气中氢气的回收

氢气、一氧化碳和二氧化碳在高温、高压和催化剂作用下合成甲醇。由于受化学平衡的限制，反应物不能完全转化为甲醇。为了充分利用反应物，就必须把未反应的气体进行循环。在循环过程中，一些不参与反应的惰性气体（如 N_2、CH_4、Ar 等）会逐渐累积，从而降低了反应物的分压，使转化率下降。为此，要不定时排放一部分循环气来降低惰气含量。在排放循环气的同时，也将损失大量的反应物（H_2、CO、CO_2），其中氢含量高达 50%～70%，若不回收利用会造成很大的损失。采用传统的分离方法来回收氢气，成本高，经济上不合理。用膜分离技术从合成甲醇放空气中回收氢和二氧化碳，投资小，增产节能效果显著，已被甲醇行业普遍采用。

近年来，随着甲醇市场需求的增加，国内纷纷建造年产 10 万吨、30 万吨甚至 40 万吨以上规模的大型甲醇生产厂。合成放空气量大，大量的氢被排放，损失巨大。在合成甲醇放空气氢气回收中，各厂家都选择膜分离技术。

多年来，天邦公司膜分离技术已成功应用于河南新郑化肥厂、伊川化肥厂、河南中原大化、龙宇煤化工等进行甲醇放空气氢回收。

应用实例：大连开发区 30 万吨/年甲醇弛放气中氢气的回收工程

该项目采用气体膜分离技术回收甲醇生产过程弛放气中的氢气。其弛放气中氢气的体积分数为 65.46%，气流量为 $6300Nm^3/h$，要求氢回收后产品中氢气的体积分数大于 80%，氢气的回收率大于 85%。

项目由天邦公司提供膜技术及设备。其工艺流程如图 6-9 所示。

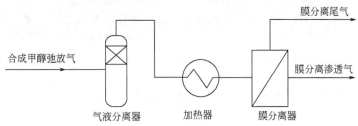

图 6-9 甲醇弛放气膜法氢回收示意图

在合成甲醇放空气的气体组分中，H_2 和 CO_2 渗透速率高于 CO、CH_4 和 N_2。膜分离装置利用甲醇弛放气的原有压力作为推动力，使氢气等快气在低压侧富集，称为渗透气，返回循环压缩机入口。慢气在膜的高压侧富集，称为尾气，其压力基本不降低。

原料气先通过气液分离器除掉气体中夹带的液滴和固体颗粒，再经加热器加热到 60℃ 进入膜分离器。膜分离器采用并联形式连接，每根分离器均可用阀门切断或接通，可根据不同的处理量改变回收氢气的纯度和回收率。经过膜分离，在低压侧得到氢浓度较高的渗透气，作为产品气返回合成甲醇系统；而在高压侧得到贫氢尾气，经过减压，可并入用户的燃料气管网。

主要设备包括 AH 型高压膜分离器 3 台、气液分离器 1 台、套管加热器 1 台。

装置于 2011 年 3 月正式投入使用，设备运行稳定，技术指标达到设计要求。处理放空气流量为 6540Nm³/h，能将放空气中氢气浓度从 60.51% 提浓到 81.96%，氢气回收率达到 86.5%，装置实景照片见图 6-10。

膜分离每小时回收氢气量折合纯氢为 3421Nm³，可生产甲醇 1.5t/h，年运行时间 8000h，每吨甲醇 3000 元计，则年增效益 3600 万元。经济效益显著。

图 6-10　30 万吨/年甲醇弛放气中膜法氢气回收装置的实景照片

（4）环氧乙烷/乙二醇生产过程中乙烯的回收

应用实例：浙江宁波禾元化学公司膜法乙烯回收工程

该项目采用气体膜分离技术，解决环氧乙烷/乙二醇（EO/EG）生产过程中，排放的乙烯气体回收问题。其待处理排放气体的体积流量为 1911Nm³/h，其中的乙烯含量（体积）33.65%，要求乙烯气体的回收率大于 90%。

项目由天邦公司提供膜分离技术和设备，回收系统的工艺流程见图 6-11。

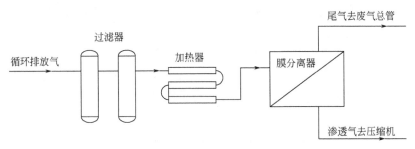

图 6-11　工艺流程示意图

循环排放气先经过过滤、加热的预处理，净化和干燥后进膜分离器。系统有两级过滤系统，第一级过滤器的精度为 $1\mu m$，第二级过滤器为 $0.1\mu m$。可有效去除待处理气体中携带的固体颗粒和液滴，保证膜分离系统的正常稳定运行以及使用寿命。

原料气在入膜前经加热器加热，其目的是使入膜气体远离露点，防止气体在管路和设备中冷凝出液体，损害膜组件，同时保证气体膜分离过程的活性，得到好的分离效果。

主要设备：精密过滤器（$1\mu m$）2 台，微滤器（$0.1\mu m$）2 台，套管加热器 1 台，螺旋卷式膜分离器 2 组。图 6-12 是乙烯回收系统实景照片。

图 6-12　乙烯回收系统的实景照片

膜系统自2013年9月投入运行以来，系统操作稳定，设备安全可靠。其技术指标超过预期，乙烯回收率达到91％，每年回收乙烯气4400t，年增收2200万元，企业经济效益显著，同时减少了有机污染物排放，有良好的环境效益。

（5）膜法制氮装置在石油开采中的应用

应用实例：新疆克拉玛依油田膜法制氮注氮项目

在石油开采中会有近2/3的原油因为一二次未能采出而被封锁在地下，人们正探索解决问题的新方法和新技术。向油层注氮以提高原油采收率就是其中一项新技术。

油井注氮气可进一步改善稠油的流动性，提高单井产能。高压氮气注入地层后体积膨胀，补充地层能量，达到驱油助排的目的。同时，氮气注入油、套管环行空间，可防止油、套管因受热膨胀变形，提高油井寿命。

天邦公司将膜法制氮技术用于克拉玛依油田三次采油，设计制造了车载移动式制氮车，图6-13是制氮车的实景照片。

图6-13　车载移动式制氮车的实景照片

该制氮车包括制氮系统和动力供应系统，分别安装在两辆9.5m载重车底盘上。其中膜分离制氮车包括空气压缩机、净化系统、膜分离系统、膜分离控制系统、氮气增压机。动力供应车包括柴油发动机、油箱、值班房。压缩机、膜制氮设备、增压机和柴油发电机均被成撬为陆运标准集装箱的尺寸。这样，方便用户野外作业的运输。为方便现场组装，每一个主要设备均被单独成撬。熟练的操作人员在短时间内即可将所有设备连接起来，无须重新调整参数或试运行。膜分离制氮装置的工艺流程示意图如图6-14所示。

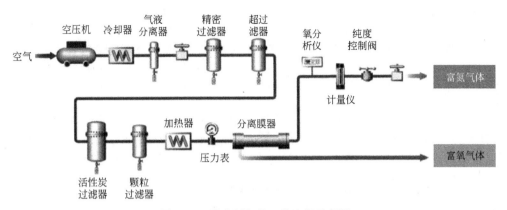

图 6-14　膜法制氮的工艺流程示意图

压缩空气经气液分离器、前置过滤器及冷干机脱湿，常压露点可以达到
−17℃；再经过精密过滤器、超过滤器及活性炭的过滤，脱除颗粒及油雾，将压缩
空气中的含油量降低到 0.01mg/L 以下，并去除直径大于 0.01μm 的固体颗粒；
再经过加热器加热到 40～50℃进入膜分离器，进行氧氮分离。压缩空气经膜分离
器，得到高压氮气，氮气的浓度为 95%～99%。氮气的露点为 −60～−40℃；同
时可以得到富氧空气，富氧空气的浓度最高可以达到 40%。膜分离出来的浓度为
95%的氮气，经压缩机增压进入采油树，最大压力可达 35MPa，流量为 900m³/h。
其中的中空纤维膜分离制氮装置，其主体部分采用了日本 UBE 氮气膜分离器。膜
特性是抗污染能力强，适应温度范围宽，可在 −40～80℃温度下工作，性能稳定
可靠，并且在污染后可以清洗修复。

新疆克拉玛依油田现场运行表明，油井生产率由注氮前的 32.3%提高到注氮
后的 78.8%；平均单井产油量比上个周期提高 218t，生产天数延长 51d，油气比
提高 0.05～0.37，回采水率提高 12%～141%。以实施注氮 16 井次计，累计增油
4158t，获效益 400 多万元，而投入不到 50 万元，投入产出比高达 1:9。

参 考 文 献

[1] 时钧，袁权，高从堦等. 膜技术手册. 北京：化学工业出版社，2001.

[2] 彭跃莲，秦振平，孟洪等. 膜技术前沿及工程应用. 北京：中国纺织出版社，2009.

[3] 彭福兵，刘家祺. 气体分离膜材料研究进展. 化工进展，2002，20 (11)：820-823.

[4] 刘丽，邓麦村，袁权. 气体分离膜研究和应用新进展. 现代化工，2000，20 (1)：17-21.

[5] Henis J M S, Tripodi M K. Composite hollow fiber membranes for gas separation: the resistance model
approach. J. Membr. Sci., 1981, 8: 233-246.

[6] 王学松. 膜分离技术及其应用. 北京：科学出版社，1994.

[7] 刘茉娥. 膜分离技术. 北京：化学工业出版社，2000.

[8] 林刚，陈晓惠，金石等. 气体膜分离原理、动态与展望. 低温与特气，2003，21 (2)：13-18.

[9] 王湛，周翀. 膜分离技术基础. 北京：化学工业出版社，2006.

[10] Kesting R E, Fritzsche A K. Polymelic Gas separation Membranes. John nikey & sons, Inc, 1993.

[11] 王从厚. 膜法气体分离生产富氧. 膜信息荟萃第四集, 1993, 6: 7-8.

[12] 朱长乐, 刘茉娥, 朱才全. 化学工业手册 (4) 第18篇 薄膜过程. 北京: 化学工业出版社, 1989.

[13] Won J, Kang Y S, Park H C, et al. Light scattering and membrane formation studies on polysulfone solutions in NMP and in mixed solvents of NMP and ethyl acetate [J]. J. Membr. Sci., 1998, 145 (1): 45-52.

[14] 苏小明, 王景平, 邓祥等. 聚苯胺气体分离膜研究进展. 膜科学与技术, 2006, 26 (4): 66-70.

[15] Samuel P K, Toshiyuki K, Kimio S, et al., Development of polymer inclusion membranes based on cellulose triacetate: carrier-mediated transport of cerium (Ⅲ). J. Membr. Sci., 2004, 244 (1~2),: 251-257.

[16] 谭婷婷, 展侠, 冯旭东等. 高分子基气体分离膜材料研究进展. 化工新型材料, 2012, 40 (10): 4-23.

[17] 周剑, 熊云, 周贤爵等. 硅橡胶富氧膜材料研究进展. 化工新型材料, 2012, 40 (2): 31-34.

[18] 吴学明, 赵玉玲, 王锡臣. 分离膜高分子材料及进展. 塑料, 2001, 30 (2): 42-48.

[19] Ruiz-Trevino F A, Paul D R. Modification of polysulfone gas separation membranes by additives. J. Appl. Polym. Sci., 1997, 66 (10): 1925-1941.

[20] 刘宗华. 新型改性硅橡胶气体分离膜的富氧性能研究. 广州: 暨南大学, 2002.

[21] 张子勇, 刘宗华. 高乙烯基含量硅橡胶室温硫化膜的富氧性能. 膜科学与技术, 2001, 21 (5): 29-32.

[22] 刘宗华, 张子勇. 小分子添加剂在气体分离膜中的应用进展. 高分子通报, 2001, (4): 63-69.

[23] 化工百科全书编辑委员会. 化工百科全书. 北京: 化学工业出版社, 1990.

[24] Houston K S, Weinkauf D H, Stewart F F. Gas transport characteristics of plasma treated poly (dimethylsiloxane) and polyphosphazene membrane materials. Journal of Membrane Science, 2002, 205 (1): 103-112.

[25] Orme C J, Harrup M K, Luther T A, et al. Characterization of gas transport in selected rubbery amorphous polyphosphazene membranes. Journal of Membrane Science, 2001, 186 (2): 249-256.

[26] Peterson E S, Stone M L, Mccaffery R R, et al. Mixed-gas separation properties of phosphazene polymer membranes. Sep. Sci. Technol., 1993, 28: 423-440.

[27] Graves R, Pintauro P N. Polyphosphazene Membranes. Ⅱ. Solid-State Photo cross linking of Poly [(alklphenoxy) (phenoxy) phosphazene] Films. J. of Appl. Sci., 1998, 68: 827-836.

[28] Guo Q, O'Connor S. Polyphosphazene Membranes. Ⅲ. Solid-State Characterization and Properties of Sulfonated Poly [bis (3-methylphenoxy) phosphazene. J. of Appl. Polym. Sci., 1999, 71: 387-399.

[29] 黄美荣, 李新贵, 李圣贤. 聚吡咯膜的气体透过性能及应用. 工程塑料应用, 2003, 31 (6): 63-66.

[30] Winstonno W. S, Kamalesh K. Sirkar. MembraneHandbook (膜手册). 张志成, 崔恩典, 顾忠茂等译. 北京: 中国海洋出版社, 1997.

[31] 文命清, 隋贤栋, 黄肖容. 金属膜的研究进展. 材料导报, 2002, 16 (1): 25-27.

[32] 李安武, 熊国兴, 郑禄彬. 金属复合膜. 化学进展, 1994, 6 (2): 141-150.

[33] 徐恒泳, 唐春华, 李春林等. 一种高透氢选择性金属钯复合膜的制备方法. CN 200810013153, 2008-9-10.

[34] Birguil S, Atalay-Oral T C. Tatlier M et al. Effect of zeolite particle size on the performance of polymer-zeolite mixed matrix membranes. J. Membr. Sci., 2000 (175): 285-288.

[35] Liu K, Song C, Subramani V, et al. Frontmatter in Hydrogen and syngas production and purification technologies. John Wiley & Sons, Inc. Hoboken, NJ, USA, 2010.

[36] Koreshi J E, Soffer A. Study of Molecular Sieve Carbons, Part I, Pore structure Gradual Pore Opening and Mechanism of Molecular Sieving. Chem. Soc. Faraday Trans., 1980, (6): 2427-2471.

[37] Koresh J E, Soffer A. Molecular Sieve Carbon Permselective Membrane, Part I, Presentation of a New Device for Gas Mixture Separation. Sep. Sci. Technol, 1983 (18): 723-734.

[38] Koresh J E, Soffer A. Carbon Molecular Sieve Membranes General Properties and the Permeability of CH_4/H_2 Mixture. Sep. Sci. Techn, 1985, (22): 973-982.

[39] 邱海鹏, 刘朗. 炭分离膜. 新型炭材料, 2003, 18 (1): 74.

[40] Qiu L, Lie T H, et al. Oxygen permeation studies of $SrCo_{0.8}Fe_{0.2}O_{3-\delta}$, Solid State Ionics, 1995, 76: 321-329.

[41] Gu X H, Jin W Q, Chen C L, et al. $YSZ-SrCo_{0.4}Fe_{0.6}O_{3-\delta}$ membranes for the partial oxidation of methane to syngas, AICHE J, 2002, 48: 2051-2060.

[42] Fan C G, Deng Z Q, Zuo Y B, et al. Preparation and characterization of $SrCo_{0.8}Fe_{0.2}O_{3-\delta}$ $SrSnO_3$ oxygen-permeable composite membrane, Solid State Ionics, 2004, 166: 339-342.

[43] Zhu X F, Wang H H, Yang W S. Novel cobalt-free oxygen permeable membrane, Chem. Commun, 2004, 9: 1130-1131.

[44] Wang H H, Tablet C, Feldhoff A, et al. A cobalt-free oxygen permeable membrane based on the perovskite-type oxide $Ba_{0.5}Sr_{0.5}Zn_{0.2}Fe_{0.8}O_{3-\delta}$, Adv. Mater, 2005, 17: 1785-1788.

[45] Rui Z B, Li Y D, Lin Y S. Analysis of oxygen permeation through dense ceramic membranes with chemical reactions of finite rate, Chem. Eng. Sci, 2009, 64: 172-179.

[46] Tan X Y, Wang Z G, Liu S M. Enhancement of oxygen permeation through $La_{0.6}Sr_{0.4}Co_{0.2}Fe_{0.8}O_{3-\delta}$ hollow fibre membranes by surface modifications, J. Membr. Sci, 2008, 324: 128-135.

[47] Cheng Y F, Zhao H L, Teng D Q, et al. Investigation of Ba fully occupied A-site $BaCo_{0.7}Fe_{0.8-x}Nb_xO_{3-\delta}$ perovskite stabilized by low concentration of Nb for oxygen permeation membrane, J. Membr. Sci, 2008, 322: 484-490.

[48] 宋东升, 杜启云, 王薇. 有机-无机杂化膜的研究进展. 高分子通报, 2010, 3: 12-15.

[49] Goh P S, Ismail A F, Sanip S M, et al. Recent advances of inorganic fillers in mixed matrix membrane for gas separation. Separation and Purification Technology, 2011, 81: 243-246.

[50] Richard D N. Persectives on mixed matrix membranes. J. Membr. Sci., 2011, 378: 393-397.

[51] Niwa M, Kawakami H, Nagaoka S, et al. Title: Fabrication of an asymmetric polyimide hollow fiber with a defect-free surface skin layer. J Membr Sci., 2000, 171: 253.

[52] Morgen P. Condensation polymer: By interfacial and solution methods. New York: Interscience, 1965.

[53] Cadotte, John E. Reverse osmosis membrane. US 3926798, 1976, 12, 16.

[54] Gaikar V G, Mandal T K, Kulkarni R G. Adsorptive separations using zeolites: Separation of substituted anilines. Sep. Sci & Techn., 1996, 31 (2): 259-270.

[55] 柯杨般. 聚合物纳米复合材料. 北京: 科学出版社, 2009.

[56] Won J, Kang Y S, Park H C, et al. Light scattering and membrane formation studies on polysulfone solutions in NMP and in mixed solvents of NMP and ethyl acetate. J. Membr. Sci., 1998, 145 (1): 45-52.

[57] Fried J R, Goyal D K. Molecular simulation of gas transport in poly [1- (trimethylsilyl) -1-propyne]. J. Poly. Sci., Part B: Polymer Physics, 1998, 36 (3): 519-536.

[58] Hirayama Y, Yoshinaga T, Kusuki Y et al. Relation of gas permeability with structures of aromatic polyimides I. J. Membr. Sci., 1996, 111 (2): 169-182.

[59] Hirayama Y, Yoshinaga T, Kusuki Y et al. Relation of gas permeability with structure of aromatic polyimides II. J. Membr. Sci., 1996, 111 (2): 183-192.

[60] 刘桥生, 王海辉, 罗惠霞等. 含锌系列钙钛矿混合导体透氧膜及其制备方法和应用. CN

200810027522，2008-4-18.

[61] 余灵辉，刘桥生，王海辉等. 一种钙钛矿中空纤维膜的制备方法. CN 200810028483，2008-6-3.

[62] 陈勇，王从厚，吴鸣. 气体膜分离技术与应用. 北京：化学工业出版社，2004.

[63] 陈桂娥，韩玉峰，阎剑. 气体膜分离技术的进展及其应用. 化工生产与技术，2005，12（5）：23-26.

[64] Rao M B, Sircar S. Nanoporous carbon membrane for gas separation. Gas Sep. Purif. 1993, (7)：279.

[65] 郭文泰，徐徜徉，单世东. 气体膜分离技术在合成氨生产中的综合应用. 化工技术与开发，2013，42（3）：24-26.

[66] Zolandz R R, Fliming G K. Gas permeation applications ［A］. Ho W S W, Sirkar K K （Eds）. Membrane Handbook ［C］. New York：Chapman and Hall, 1992；78-94.

[67] 董子丰. 气体膜分离技术在石油工业中的应用. 膜科学与技术，2003，3：38-49.

[68] 蒋国梁，徐仁贤，陈华. 膜分离法与深冷法联合用于催化裂化干气的氢烃分离. 石油炼制与化工，1995，26：26-29.

[69] 李可彬，李玉凤，李可根等. 膜分离技术在 H₂ 回收中的应用. 四川理工学院学报（自然科学版），2012，25（5）：11-14.

[70] 徐仁贤. 气体分离膜应用的现状和未来. 膜科学与技术，2003，23（4）：123-128.

[71] Baker R W. Future direction of membranes separation technology. Membr. Techn., 2001, 138：5-10.

[72] 刘毅，李光界，孙鹤等. 富氧助燃技术及其应用. 节能与环保，2005，(2)：28-29.

[73] 杨福隆，王连杰，奕吉益希等. 热风炉富氧燃烧技术的开发与应用. 山东冶金，2005，27（5）：8-10.

[74] 刘光仙，孙晓然. 富氧膜技术的进展. 化学工程师，2012，(12)：33-37.

[75] 沈光林. 膜法富氧在国内应用新进展. 深冷技术，2006，(1)：1-6.

[76] Fuertes A B. Adsorption-selective carbon membrane for gas separation. J Membr Sci, 2000, 177：9-16.

[77] 殷合香，姚本军，陈友龙. 膜分离技术在新型航空制氮装备中的应用. 军民两用技术与产品，2009：42-48.

[78] 赵素英，王良恩，郑辉东. 膜法气体脱湿的工艺及应用研究进展. 化工进展，2005，24（10）：1113-1117.

[79] 李兰廷，解强. 温室气体 CO₂ 的分离技术. 低温与特气，2005，23（4）：1-6.

[80] 刘露，段振红，贺高红. 天然气脱除 CO₂ 方法的比较与进展. 化工进展，2009，28（增刊）：290-292.

[81] 毛玉如，张永刚，张国胜等. 火电厂 CO₂ 的排放控制和分离回收技术研究. 锅炉制造，2003，186（1）：20-22.

[82] 张卫风，俞光明，方梦祥. 温室气体 CO₂的回收技术. 能源与环境，2006，(3)：26-28.

[83] 孙翀，李洁，孙丽艳等. 气体膜分离混合气中二氧化碳的研究进展. 现代化工，2011，31（增刊1）：19-23.

[84] 王志伟，耿春香，安慧. 膜法回收有机蒸汽进展. 环境科学与管理，2009，34（3）：100-105.

[85] 王慧，杜洪，王彦俊. 膜分离技术在聚丙烯尾气回收中的应用. 化学工业与工程技术，2006，27（3）：57-58.

[86] 李晖，刘富强，曹义鸣等. 膜法分离有机蒸气/氮气混合气的过程研究. 膜科学与技术，2000，20（2）：39-42.

[87] 曹义鸣，左莉，介兴明等. 有机蒸气膜分离过程. 化工进展，2005，24（5）：464-470.

[88] 邓立元，钟宏. 酸性侵蚀气体分离膜材料研究及应用进展. 化工进展，2004，23（9）：958-962.

[89] 吴庸烈，李国民，彭曦等. 水蒸气的膜法分离用于压缩空气脱湿. 膜科学与技术，2011，31（3）：239-242.

[90] 杨健. 膜法脱除易凝气中水蒸气及其渗透机理研究. 大连：大连理工大学，2008.

[91] 刘彬，熊小辉. 富氧燃烧技术的研究与探讨. 有色冶金设计与研究，2013，34（1）：21-23.

第 **7** 章

渗透蒸发

7.1 渗透蒸发技术简介

渗透蒸发，或称渗透汽化（pervaporation，简称 PV），包括蒸气渗透（vapour permeation，简称 VP）是用于液（气）体混合物分离的一种新型膜技术。它是在液体混合物中组分蒸气分压差的推动下，利用组分通过致密膜的溶解和扩散速率的不同实现分离的过程，其突出的优点是能够以低的能耗实现蒸馏、萃取、吸收等传统方法难以完成的分离任务。它特别适于蒸馏法难以分离或不能分离的近沸点、恒沸点有机混合物溶液的分离；对有机溶剂及混合溶剂中微量水的脱除、废水中少量有机污染物的分离及水溶液中高价值有机组分的回收具有明显的技术上和经济上的优势。它还可以同生物及化学反应耦合，将反应生成物不断脱除，使反应转化率明显提高。渗透蒸发技术在石油化工、医药、食品、环保等工业领域中具有广阔的应用前景及市场，是一种符合可持续发展战略的"清洁工艺"，不仅本身具有少污染或零污染的优点，而且可以从体系中回收污染物。它是目前正处于开发期和发展期的技术，国际膜学术界的专家们称之为 21 世纪化工领域最有前途的高技术之一。

7.1.1 分离原理及特点

（1）分离原理

渗透蒸发过程的分离原理如图 7-1 所示。具有致密皮层的渗透蒸发膜将料液和渗透物分离为两股独立的物流，料液侧（膜上游侧或膜前侧）一般维持常压，渗透物侧（膜下游侧或膜后侧）则通过抽真空或载气吹扫的方式维持很低的组分分压。在膜两侧组分分压差（化学位梯度）的推动下，料液中各组分扩散通过膜，并在膜后侧汽化为渗透物蒸气。由于料液中各组分的物理化学性质不同，它们在膜中的热力学性质（溶解度）和动力学性质（扩散速度）存在差异，因而料液中

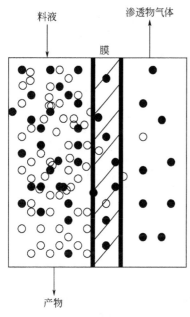

料液

渗透物气体

膜

产物

图 7-1　渗透蒸发的分离原理示意图

各组分渗透通过膜的速度不同，易渗透组分在渗透物蒸气中的份额增加，难渗透组分在料液中的浓度则得以提高。可见，渗透蒸发膜分离过程主要是利用料液中各组分和膜之间化学物理作用的不同来实现分离的。渗透蒸发过程中组分有相变发生，相变所需的潜热由原料的显热来提供。

渗透蒸发过程赖以完成传质和分离的推动力是组分在膜两侧的蒸气分压差，组分的蒸气分压差越大，推动力越大，传质和分离所需的膜面积越小，因而在可能的条件下，要尽可能地提高组分在膜两侧的蒸气分压差。这可以通过提高组分在膜上游侧的蒸气分压，或降低组分在膜下游侧的蒸气分压来实现，为提高组分在膜上游侧的蒸气分压，一般采取加热料液的方法，由于液体压力的变化对蒸气压的影响不太敏感，料液侧采用常压操作方式。为降低组分在膜下游侧的蒸气分压，可以采取以下几种方法。

① 冷凝法　在膜后侧放置冷凝器，使部分蒸气凝结为液体，从而达到降低膜下游侧蒸气分压的目的。如果同时在膜的上游侧放置加热器，如图 7-2 所示，这种方式也称作"热渗透蒸发"过程，最早是由 Aptel 等研究提出的。但这种操作方式的缺点是不能有效地保证不凝气从系统中排出，同时蒸气从下游侧膜面到冷凝器表面完全依靠分子的扩散和对流，传递速度很低，从而限制了膜下游侧可达到的最佳真空度，因而这种方法的实际应用意义不大。

② 抽真空法　在膜后侧放置真空泵，将渗透过膜的渗透物蒸气抽出系统，从而达到降低膜下游侧蒸气分压的目的，如图 7-3 所示。这种操作方式对于一些膜后真空度要求比较高，且没有合适的冷源来冷凝渗透物的情形比较适合。但由于膜后渗透物的排除完全依靠真空泵来实现，大大增加了真空泵的负荷，而且这种操作方式不能回收有价值的渗透物，对以渗透物作为目标产物的情形（如从水溶液中回收香精）不能适用。

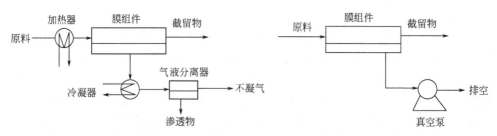

图 7-2　"热渗透蒸发"过程示意图　　　图 7-3　下游侧抽真空的渗透蒸发过程示意图

③ **冷凝加抽真空法**　在膜后侧同时放置冷凝器和真空泵，使大部分的渗透物凝结成液体而除去，少部分的不凝气通过真空泵排出，如图 7-4 所示。同单纯的膜后冷凝法相比，该法可使渗透物蒸气在真空泵作用下，以主体流动的方式通过冷凝器，大大提高了传质速率。同单纯的膜后抽真空的方法相比，该法可以大大降低真空泵的负荷，还可减轻对环境的污染，因而是广泛采用的方法。

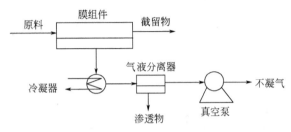

图 7-4　下游侧冷凝加抽真空的渗透蒸发过程示意图

④ **载气吹扫法**　不同于上述几种方法，载气吹扫法一般采用不易凝结、不和渗透物组分反应的惰性气体（如氮气）循环流动于膜后侧。在惰性载气流经膜面时，渗透物蒸气离开膜面而进入主体气流，从而达到降低膜后侧组分蒸气分压的目的。混入渗透气体的载气离开膜组件后，一般也经过冷凝器，将其中的渗透蒸气冷凝成液体而除去，载气则循环使用，如图 7-5 所示。在特定情形下也可以考虑采用可凝气为载气，离开膜组件后载气和渗透物蒸气一起冷凝后分离，载气经汽化后循环使用，如图 7-6 所示。这种方式在工业上较少采用。

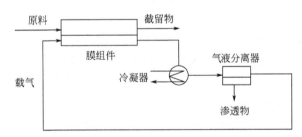

图 7-5　下游侧惰性气体吹扫渗透蒸发过程示意图

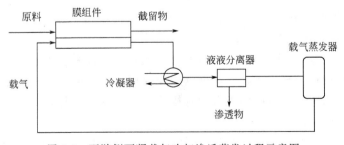

图 7-6　下游侧可凝载气吹扫渗透蒸发过程示意图

⑤ 溶剂吸收法　这种方法类似于膜吸收，在膜后侧使用适当的溶剂，使渗透物组分通过物理溶解或化学反应而除去。吸收了渗透物的溶剂需经过精馏等方法再生后循环使用，如图 7-7 所示。这种方法称为吸收渗透蒸发法。与下游侧抽真空或载气吹扫法相比，该方法操作较为复杂，在膜后侧的传质阻力往往较大，因而不常用。

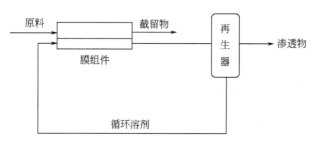

图 7-7　下游侧采用溶剂吸收法的渗透蒸发过程示意图

在上述几种渗透蒸发过程中，料液相维持液相，分离过程中渗透物通过吸收料液的显热汽化为蒸气。近年来，一些研究者提出了所谓的"蒸气渗透"过程。在该过程中，原料液经加热蒸发后变为蒸气，然后通过膜进行分离。在膜的下游侧，同样可以利用上述几种方式维持低的组分分压。蒸气渗透过程和渗透蒸发过程的原料相态不同，渗透蒸发过程涉及组分的相变而蒸气渗透过程无相变发生，但其分离原理、过程设计原则基本类似，因而本书将一并讨论这两种过程。有关渗透蒸发和蒸气渗透过程的异同点后文将作具体比较。

（2）过程特点

与蒸馏等传统的分离技术相比，渗透蒸发过程具有如下的特点。

① 高效，选择合适的膜，单级就能达到很高的分离度。一般地讲，渗透蒸发过程的分离系数可以达到几百甚至上千，远远高于传统的精馏法所能达到的分离系数，因而所需装置体积小。

渗透蒸发过程的分离原理不再是传统精馏法的气液两相之间的非平衡传质，因而组分的分离可以不受相平衡的限制，能够用于恒沸物或近沸物体系的分离。

② 能耗低，一般比恒沸精馏法节能 $1/2 \sim 2/3$。

③ 过程简单，附加的处理少，操作方便，而且系统可靠性和稳定性高。

④ 过程中不引入其他试剂，产品和环境不会受到污染。

⑤ 渗透蒸发系统具有较高的适应性。一套渗透蒸发系统不仅可以用来处理浓度范围很大的同种分离体系，而且可以用来处理多种不同的分离体系。如同一套渗透蒸发脱水系统，可以应用于多种有机溶剂的脱水。另外，同一套系统可以适应不同处理量的料液。

⑥ 渗透蒸发过程的操作温度可以维持较低，能够用于一些热敏性物质的分离。

⑦ 便于放大，便于与其他过程耦合和集成。

渗透蒸发过程的通量较小，一般每平方米膜面积每小时渗透物的量小于 20kg，通常在数百至数千克。因而目前主要适用于从大量体系中分离出少量的渗透物，如有机溶剂中少量水的脱除，或废水中少量有机污染物的分离。对于待分离体系中组分浓度相近的情形，还有待于高渗透通量膜的开发，以进一步提高渗透蒸发过程的经济性。

7.1.2　国内外技术发展简史

目前，人们普遍认为"渗透蒸发（pervaporation）"这一概念最早由 Kober 于 1917 年在研究水通过火棉胶器壁从蛋白质-甲苯溶液中选择渗透时提出。其后，Farber 于 1935 年提出了用渗透蒸发过程浓缩蛋白质，Heisler 等 1956 年完成了渗透蒸发法进行乙醇脱水的实验研究。但直到 20 世纪 50 年代中期的 40 年间，关于渗透蒸发过程的研究始终是零散的，也没有引起人们的广泛重视。

20 世纪 50 年代末期美国石油公司（Amoco）Binning 等人的研究工作极大地促进了渗透蒸发技术的发展。他们利用纤维素膜和聚乙烯膜对渗透蒸发过程分离碳氢化合物和醇水混合物进行了系统的研究，发表了多篇论文，申请了十多项专利，并建立了规模为 $10ft^2$（$1ft^2=0.0929m^2$）膜面积的间歇性渗透蒸发装置。与此同时，Sanders 和 Choo 等对乙醇、异丙醇、甲基乙基酮、乙腈和甲醛等水溶液的浓缩，及正庚烷-异辛烷、混合二甲苯等混合物的分离进行了深入的研究。Cater 等研究了用聚乙烯和赛璐玢膜从苯、四氯化碳和水中选择分离各种醇的渗透蒸发过程。在法国，Aptel 等应用含 N-取代酰胺或内酰胺侧基的单体，如 N-乙烯基吡咯烷酮，N-二烷基丙烯酰胺等合成的功能性聚合物或共聚物，成功地制备了对乙醇/水，四氢呋喃/水等恒沸物体系有很高选择性的渗透蒸发均质膜。

尽管在 20 世纪 60 年代的 10 年间，渗透蒸发技术的研究取得了较大的进展，合成了多种渗透蒸发膜，并对许多有机水溶液和有机混合物体系进行了研究，但这些研究仍然停留在实验室验证的阶段。受渗透蒸发膜性能的限制，当时低廉的能源价格和传统分离方法的方兴未艾使得渗透蒸发技术缺乏竞争力。

20 世纪 70 年代的世界能源危机促进了渗透蒸发技术的进一步发展和商业化。由于人们对可再生能源和节能分离技术的重新认识和研究，发酵法制备和浓缩能源成为人类可持续发展的迫切需求，人们对渗透蒸发技术的兴趣进一步增加。加之反渗透和气体分离技术等新膜技术的广泛应用，新型膜制备技术的成功，和新型膜材料的合成，使渗透蒸发技术的经济、环保竞争力进一步增加。特别是在欧洲，渗透蒸发技术得到了广泛的关注和研究。德国的 GFT 公司在 20 世纪 70 年代中期率先开发出优先透水的聚乙烯醇/聚丙烯腈复合膜（GFT 膜），在欧洲完成中试试验后，于 1982 年在巴西建立了乙醇脱水制无水乙醇的小型工业生产装置，生产能力为 1300L/d 成品乙醇，从而奠定了渗透蒸发膜技术的工业应用基础，也成为渗透蒸发技术研究和应用过程中的一个里程碑。随后，在 1984～1996 年间，

GFT 在世界范围内共建造了 63 个渗透蒸发装置，其中包括了 22 套乙醇脱水装置，16 套异丙醇脱水装置，12 套多用途脱水装置用于处理多种不同的有机溶剂，4 套酯脱水装置，4 套醚脱水装置，3 套混合溶剂脱水装置，1 套三乙基胺脱水装置和 1 套从水中萃取四氯乙烯的装置。这些装置的生产能力一般在 1000 ～ 50000L/d，但其中最大的一套生产装置，生产能力达到 4 万吨/年无水乙醇，于 1988 年在法国的 Betheniville 建成。GFT 公司建造的一些渗透蒸发装置的运行参数和指标见表 7-1。

表 7-1　GFT 公司建造的一些渗透蒸发装置的运行参数和指标

序号	地点	膜面积/m²	料液	处理量/(kg/h)	浓度/% 进口	浓度/% 出口	消耗 蒸气/(kg/h)	消耗 电力/kW
1	Betheniville,法国	2100	乙醇	5000	96	99.8	560	200
				3000	96	99.95	500	
2	Provins,法国	480	乙醇	1195	85.7	99.8	195	85
				1500	93.9	99.8	110	
				840	85.7	99.95	145	
				970	93.9	99.95	83	
3	ICI,澳大利亚	210	异丙醇	500	96	99.9	30	10
4	BASF,美国	60	Solvenon	75	55	98	204	5
5	Nattermann,德国	28	乙醇	2600	96	96.4	70	7
6	ALKO,芬兰	12	乙醇	19	94.5	99.8		11
7	德国	80	乙酸乙酯	250	96.5	99.8	25	5

但在 20 世纪 90 年代末，GFT 公司被 Sulzer Chemtech 公司并购之后，Sulzer Chemtech 公司继续推进渗透蒸发过程的工业化应用。Sulzer Chemtech 及以前的 GFT 公司共同建造安装了超过 100 套的渗透蒸发和蒸气渗透工业装置，如表 7-2 所示。据统计，到 2005 年，全世界建造了 300 余套 PV 装置，目前已有 400 多套工业装置在运行。

表 7-2　Sulzer Chemtech 及 GFT 公司共同建造安装的渗透蒸发和蒸气渗透工业装置

用途	规模/(t/a)	数目/套
乙醇脱水	1500～45000	24
异丙醇脱水	1500～4500	16
酯类脱水	75～1800	4
醚类脱水	600～1800	4

续表

用途	规模/（t/a）	数目/套
其他有机溶剂脱水	75～4500	10
多用途系统（渗透蒸发，蒸气渗透，脱水，有机物萃取）		18
中试工厂	膜面积 1～4m²	41
总计		117

当 GFT 公司在 20 世纪 80 年代初致力于渗透蒸发技术工业化的同时，Lurge 公司应用 GFT 的膜和 Lurge 型板框式膜组件也在德国 Karlsruhe 附近的一个造纸厂建立了一套生产能力为 6000～12000L/d 的乙醇脱水制无水乙醇的装置。同一时期，日本也建成了若干用渗透蒸发法进行有机溶剂脱水的工厂，用于乙醇、异丙醇、丙酮、含氯碳氢化合物等有机物的脱水。

蒸气渗透过程的研究发展是近二十多年的事，第一套工业规模的蒸气渗透装置于 1989 年 9 月投入运行。Favre 等的统计表明，到 1994 年共有约 38 套工业装置在运行，到 1998 年达到了约 100 套，2000 年有约 160 套的工业装置在世界各地运行。组件统计数据表明，VP 技术的发展和工业应用是极为迅速的。

我国对渗透蒸发和蒸气渗透技术的研究始于 20 世纪 80 年代初，主要工作集中在优先透水膜的研制和醇中少量水的脱除。近年来也开展了优先透有机物膜、水中有机物脱除、有机混合物的分离及渗透蒸发与其他过程集成的研究。

在工业化方面，清华大学和北京燕山石化公司于 1999～2000 年联合进行了渗透蒸发苯脱水及 C₆ 溶剂油脱水中试，并获成功。2001 年底，蓝景膜工程技术有限公司以清华大学为技术依托，进行渗透蒸发膜产业化开发，在山东省泰安高新技术开发区建成了渗透蒸发复合膜生产基地，能生产 10 余种牌号的渗透蒸发复合膜产品，用于不同有机物体系脱水。2003 年 6 月在广州天赐建立了我国第一套处理量为 7000t/a 的异丙醇脱水装置，开始在我国石油化工、制药及相关工业领域推广应用。目前在全国已有 80 套渗透蒸发工业装置在运行（见表 7-3），其中规模最大的是东北制药总厂的 3.2 万吨/年的乙醇脱水装置，为我国工业领域的节能降耗，促进传统工艺的技术提升改造发挥了重要作用。

表 7-3　山东蓝景膜工程技术有限公司在我国建立的渗透蒸发工业装置

用途	地区	规模/（t/a）	数目/套
乙醇脱水	深圳、珠海、广东、江苏、浙江、安徽、四川、山东、河北、陕西、辽宁、北京、天津、重庆、河南、黑龙江、广西、湖南	600～32000	31
异丙醇脱水		300～20000	25
正丙醇、丁醇脱水		3000～10000	5
酯类脱水		500～20000	10
四氢呋喃脱水		1000～15000	4
甲苯脱水		3000～20000	5
	总计		80

7.1.3   渗透蒸发膜材料的选择原则

实际中待分离的体系成千上万种，目前开发成功的膜材料也有几百种之多，对于一个特定的分离体系，如何通过理论分析和计算从现有的膜材料中选出最合适的品种，或指导合成出新的更好的膜材料，是渗透蒸发技术最迫切需要解决的问题之一，也直接影响到这一技术在工业上的进一步应用。对一个特定的分离体系，一种合适的膜材料不仅必须有高的分离能力，即高的分离选择性和渗透通量，还要有长的寿命、低的价格。渗透物分子在膜中的渗透性取决于其在膜中的溶解性和扩散性。因而，一种膜材料对两种渗透物分子的选择性由这种膜材料对这两种渗透物分子的溶解选择性和扩散选择性所决定。研究表明，在大多数情况下，优先溶解的组分优先渗透，即组分在膜中的溶解对整个膜分离过程起着比较重要的作用。据此，一些研究者提出了几种膜材料的选择方法。它们是溶度参数法、表面热力学法、液相色谱法、接触角法、极性参数法、Flory-Huggins 法、亲憎组分平衡理论等，其中用得比较多的是溶度参数法，本书着重介绍溶度参数法，其他方法参见渗透蒸发和蒸气渗透一书，这里就不再叙述。

溶度参数法原理基于这样的假设，即膜材料的优先溶解性是优先透过性的先决条件，而组分在膜中的溶解性主要由膜材料的化学结构和渗透分子的特性决定，并且可以用溶度参数进行定量的描述。一种物质的溶度参数 δ 可以用 Hansen 提出的三元溶度参数法得到：

$$\delta = \sqrt{\delta_d^2 + \delta_p^2 + \delta_h^2} \tag{7-1}$$

式中，δ_d、δ_p 和 δ_h 分别表示溶度参数的色散分量、极性分量和氢键分量，它们反映了色散力、极性力和氢键力对分子间内聚能的贡献，它们的值可以从相关文献中获得。

考虑渗透组分 A 和膜 M，其溶度参数的差值 Δ_{AM} 定义为：

$$\Delta_{AM} = \sqrt{(\delta_{dA}^2 - \delta_{dM}^2)^2 + (\delta_{pA}^2 - \delta_{pM}^2)^2 + (\delta_{hA}^2 - \delta_{hM}^2)^2} \tag{7-2}$$

如果组分 A 和膜 M 的相互溶解性越大，其溶度参数的差值 Δ_{AM} 越小。基于这一点，Lloyd 和 Meluch 在 1985 年提出用 Δ_{AM}/Δ_{BM} 作为衡量渗透组分 A 和 B 在膜 M 中优先吸收的指标，以指导进行膜材料的选择。Δ_{AM}/Δ_{BM} 越大，说明膜对渗透组分 A 和 B 的溶解性的差别越大，越有利于 A 和 B 的分离。如果需要制备的膜是透过组分 B 而阻止组分 A 的，那么应该选择具有最大 Δ_{AM}/Δ_{BM} 值的膜材料。

根据溶度参数理论选择渗透蒸发的膜材料，在某些情况下能作出正确的判断，但在应用中也发现不少情况下估算的结果与实际情况不符，其原因是多方面的。第一，膜的渗透性归根到底是由组分在膜中的溶解性和扩散性两方面决定的，根据溶解扩散模型，组分 A 和 B 通过膜的分离系数 $\alpha = \alpha_S \alpha_D$，其中 α_S 和 α_D 分别为组分 A 和 B 通过膜的溶解选择性和扩散选择性：

$$\alpha_S = \frac{C_i'/C_j'}{x_i/x_j} \tag{7-3}$$

$$\alpha_D = \frac{D_i}{D_j} \tag{7-4}$$

式中，C_i'、C_j'、x_i 和 x_j 分别为 i、j 组分在膜中和料液中的浓度；D_i 和 D_j 分别为 i、j 组分在膜中的扩散系数。

实验中已经观测到 α_S 和 α_D 的三种情形，即 $\alpha_S > 1$、$\alpha_D > 1$；$\alpha_S > 1$、$\alpha_D < 1$ 和 $\alpha_S < 1$、$\alpha_D > 1$，对于后两种情形，溶解选择性 α_S 和扩散选择性 α_D 对于总选择性的贡献作用相反，也就是说不能保证优先吸附就一定能导致优先渗透，因而不能只用溶解选择性来表征总的选择性。第二，实验发现有些时候尽管吸附选择性决定着分离过程，也出现了溶度参数法不适用的情形。第三，混合物体系通过膜的分离至少涉及三种物质，而溶度参数法只考虑到纯组分与膜之间的二元作用，而没有考虑到待分离两组分和膜之间的三元作用，或者说是伴生效应。第四，由于来源不同，物质的溶度参数，特别是膜的溶度参数值有所差别，也给估算造成了困难。而且目前工业上所用的膜大部分是非均质膜或复合膜，溶度参数法很难衡量这种膜结构上的变化。

尽管溶度参数法有种种局限，但是在膜材料的选择中它仍是最方便的首要的预测方法，常常被用作膜材料的初步选择。

7.1.4　渗透蒸发膜性能评价指标

渗透蒸发过程的主要作用元件是膜，评价渗透蒸发膜的性能主要有两个指标，即膜的渗透通量和选择性。

（1）渗透通量

渗透通量为在单位面积和单位时间内渗透过膜的物质量，其定义式如下：

$$J = \frac{M}{At} \tag{7-5}$$

式中，M 为透过膜的组分的渗透量，g；A 为有效膜面积，m^2；t 为操作时间，h；J 为渗透通量，$g/(m^2 \cdot h)$。

渗透通量用来表征组分通过膜的渗透速率，其大小决定了为完成一定分离任务所需膜面积（即膜组件）的大小，膜的渗透通量越大，所需膜的面积就越小。

渗透通量受许多因素的影响，包括膜的结构与性质，料液的组成、性质，操作温度、压力和流动状态等。

（2）选择性

膜的选择性表示渗透蒸发膜对不同组分分离效率的高低，一般用分离系数 α 来表示。

$$\alpha = \frac{Y_A/Y_B}{X_A/X_B} \tag{7-6}$$

式中，Y_A 与 Y_B 分别为在渗透物中 A 与 B 两种组分的摩尔分数；X_A 与 X_B 分别表示在原料液中 A 与 B 两种组分的摩尔分数。如果两种组分透过膜的速率相同，Y_A/Y_B 等于 X_A/X_B，分离系数 α 等于 1，即膜对组分 A 和 B 无分离能力。如果组分 A 比 B 更易透过膜，Y_A/Y_B 大于 X_A/X_B，分离系数 α 大于 1。组分 A 比 B 的透过速率越大，则 α 越大。如果 B 基本不能透过膜，则 α 趋于无穷大。显然，膜的分离系数越大，组分分离得越完全。

有时，也用增浓系数 β 来表征膜的分离效率，定义式如下：

$$\beta = \frac{Y_F}{X_F} \tag{7-7}$$

式中，Y_F 与 X_F 分别表示易渗透组分在渗透物和料液中的摩尔分数。增浓系数越大，膜对易渗透组分的选择性越好。增浓系数 β 应用于多组分体系时比较方便。一般情况下，分离系数 α 应用较为普遍。

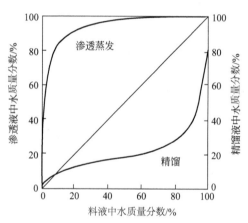

图 7-8　乙醇/水体系的渗透蒸发（使用 PVA 优先透水膜）和精馏过程的 McCabe-Thiele 图

无论是分离系数还是增浓系数，均受料液性质和操作条件的影响较大。因此，人们有时也用表征汽-液相平衡的 McCabe-Thiele 图来描述渗透蒸发过程中膜的选择性。图 7-8 给出了乙醇/水体系的渗透蒸发分离过程（使用 PVA 优先透水膜）和精馏分离过程的 McCabe-Thiele 图。对渗透蒸发过程，也可以应用类似于精馏中的图解法对过程进行初步设计。

渗透通量和分离系数往往是相互矛盾的。分离系数高的膜，渗透通量一般较小。综合考虑这两个因素的影响，Huang 和 Yeom 引入了渗透蒸发分离指数（PSI），它定义为分离系数和渗透通量的乘积。

$$PSI = J\alpha \tag{7-8}$$

这种定义的缺点是不能正确反映当分离系数为 1 时的情况，因为当分离系数为 1 时，PSI 也可能很大。为此，Huang 和 Feng 引入修正的渗透蒸发分离指数（PSI），定义为：

$$PSI = J(\alpha - 1) \tag{7-9}$$

（3）膜寿命

膜的寿命一般指在一定的使用条件下，膜能够维持稳定的渗透性和选择性的最长时间。膜的寿命受其化学、机械和热稳定性能的影响。对于工业上可接受的渗透蒸发膜，其寿命要求在 1 年以上。

7.2　渗透蒸发膜及膜组件

渗透蒸发膜有多种分类方法。按结构分有均质膜、非对称膜和复合膜；按基本分离体系分有优先透水膜、优先透有机物膜和有机物分离膜；按膜材料分有有机高分子膜、无机膜和有机/无机杂化膜；按膜的形态可分为玻璃态膜、橡胶态膜和离子型聚合物膜。本节将从膜材料分类角度对渗透蒸发膜进行介绍。

7.2.1　高分子膜

7.2.1.1　高分子膜的种类

（1）均质膜

渗透蒸发过程所用的均质膜为质地均匀且无物理孔的致密薄膜，厚度一般在几十微米到几百微米，均质膜通常是在空气中自然蒸发凝胶而成的。这类膜的特点是制备简单，性能容易控制，但由于厚度较大，组分通过膜的阻力较大，导致渗透通量较小。因此这类膜没有实际应用的价值，常被用作实验室研究用膜，用来研究组分在膜中的溶解和扩散特性，或用来比较和初步筛选膜材料。

（2）非对称膜

渗透蒸发过程所用的非对称膜是由同一种材料制备而成，膜的结构并非均匀一致，而是沿膜的厚度方向由疏松逐渐变为致密，疏松的部分主要起机械支撑的作用，而致密的皮层主要起分离作用，致密皮层的厚度约为 $0.1\sim1.0\mu m$。

常用的制备非对称膜的方法为相转化法。其中用于制备具有致密皮层非对称膜的方法为蒸发凝胶法。

非对称膜的分离性能主要取决于致密分离层，通常致密分离层越薄，通量越大，因而膜的研究致力于减小致密分离层的厚度。致密分离层厚度的减小一般都伴随着缺陷产生可能性的增加，从而劣化膜的选择性。制备非对称膜的材料既要有良好的分离性能，又有优良的成膜性能，但目前能同时满足这两个要求的膜材料非常少见，从而限制了非对称渗透蒸发膜的研究和应用。

（3）复合膜

渗透蒸发复合膜的特点是在多孔的基膜（支撑层）上覆盖一层致密的分离层，支撑层和分离层可以使用不同的材料。复合膜的基膜一般为非对称的超滤膜，主要起机械支撑的作用，厚度在 $10\sim100\mu m$，基膜一般制备在厚度约 $100\mu m$ 的无纺布上（如聚酯无纺布）。致密分离层的厚度一般为 $0.1\mu m$ 到几微米，分离层越薄，渗透通量越大。复合膜的电镜照片如图 7-9 所示。

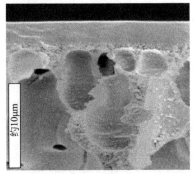

图 7-9　渗透蒸发复合膜电镜照片

由于复合膜的基膜和分离层采用不同的材料制备而成，从而大大地增加了渗透蒸发膜的选择范围和适应性。目前，工业上所用的渗透蒸发膜主要为复合膜。

7.2.1.2 复合膜的制备方法

（1）层压结合法

这种方法的操作过程类似于日常生活中在绘画上裱上一层塑料薄膜的过程。做法是先分别制备支撑层和分离层，然后在外力的作用下将两者叠合在一起。层压结合法适用于基膜和分离层不相容的情形，而且可以很好地控制分离层的厚度，这一点对实验室研究膜的传递机理比较有用。但缺点是分离层的厚度不能太薄，而且在压合过程中基膜和分离层必须紧密结合在一起，它们之间的任何间隙都将劣化渗透蒸发的分离选择性，因而这种方法在工业上的使用并不广泛。

（2）涂布法

涂布法的基本做法是先将致密分离层的膜材料溶解于合适的溶剂中，配制成一定浓度的膜液，然后用涂布、浸渍或喷涂等方法将膜液均匀地涂布在基膜上，经干燥、交联、淋洗、烘干等后处理制备而成。涂布过程是复合膜制备过程的关键步骤之一，要求涂布而成的分离层薄而均匀、无孔致密、与支撑层结合牢固。

（3）表面聚合法

表面聚合法就是将单体直接涂在基膜表面，就地进行聚合，形成致密分离层，使单体的聚合反应和复合膜的制备同步进行。一般情况下，表面聚合法制备的分离层，也需要进行后处理，以提高分离层的机械或分离性能。

（4）表面反应法

表面反应法是通过合适的化学反应将分离层活性材料结合到基膜表面。一般，基膜要先进行一定的化学处理以使其表面产生一定的活性基团，然后将活化处理后的基膜与含有分离层活性材料的试剂进行接触，使其发生化学反应而将分离层活性材料结合到基膜表面。

（5）辐照接枝法

辐照接枝法是通过紫外线或γ射线对基膜表面进行活化处理，以在基膜表面产生一定的活性基团，然后将基膜与含有分离层活性材料的试剂进行接触，使其发生化学反应而在基膜表面形成活性分离层。可见，辐照接枝法实际上也可归结为表面反应法一类，所不同的是辐照接枝法是通过辐照技术在基膜表面产生活性基团。

（6）蒸气气相沉积法

蒸气气相沉积法制备复合膜是化学气相沉积法（CVD）在膜领域的典型应用。它的具体步骤为，在高真空条件下使单体蒸发，然后沉积到基膜表面，最后通过单体间的聚合反应而在基膜表面形成分离层。这种方法的优点是可以制备出很薄的分离层，而且通过改变操作条件和单体组成可以方便地改变分离层的性能。实际上，这种方法也可归结为表面反应法一类，所不同的是通过蒸气气相沉积的方法将聚合物单体涂覆到基膜表面。

（7）等离子体聚合法

等离子体聚合法是采用等离子体技术，在高真空条件下，通过气体放电而产生的等离子体对单体蒸气和基膜表面进行处理，从而在基膜表面形成活性分离层。通过改变操作条件，等离子体聚合法可以方便地制备出不同性能的渗透蒸发复合膜。而且等离子体聚合法除适用于含不饱和键的聚合物单体外，也能应用于含饱和键的有机化合物。近年来，一种称为等离子体接枝填充聚合技术也被用于制备渗透蒸发复合膜。该方法使用对料液具有惰性的多孔支撑层，在等离子体的作用下聚合物单体接枝到支撑层孔中。由于多孔支撑层的惰性可以限制分离膜的溶胀，从而使膜具有更好的稳定性和分离性能。这种方法制备的膜对于有机物体系的分离和从水中脱除有机物比较适用。尽管人们对等离子体聚合技术的研究已经有 40 多年的历史，但目前用这种技术制备的渗透蒸发膜还只用于中试试验中，这主要是缘于这种技术用于大规模的工业膜制备仍然存在一些技术困难，另外膜性能的重复性也需要进一步改进。

7.2.1.3　膜材料及其膜的分离特性

从应用角度讲，渗透蒸发膜分为优先透水膜、优先透有机物膜和有机物/有机物分离膜。值得注意的是，这里所指的膜都是指活性分离层而言，不涉及基膜的性质。下面分别介绍这三类膜的材料及相关的膜分离性能。

（1）优先透水膜

优先透水膜就要求其活性分离层含有一定的亲水性基团，可以与水发生氢键作用、离子-偶极作用或偶极-偶极作用，从而具有一定的亲水性。一般地讲，优先透水膜大都处于玻璃态或为离子型聚合物。从膜材料角度可以分为以下几类。

① 含亲水基团的非离子型聚合物膜　这种膜的活性分离层材料为含有羟基（—OH）、酰胺基（—NHCO—）、醚基（—O—）、羰基（—CO—）等亲水基团的非离子型聚合物，例如聚乙烯醇（PVA）、聚羟基亚甲基（PHM）、交联聚甲基丙烯酸酯等。

以聚乙烯醇为分离层而制备的渗透蒸发膜是世界上第一张商品膜（GFT 膜），目前仍然广泛用于有机溶剂的脱水。聚乙烯醇是聚醋酸乙烯的水解产物。其分子链上含有大量的羟基，羟基在大分子上主要处于 1，3 位置，也有少量处于 1，2 位置。聚乙烯醇具有良好的水溶性、成膜性、粘接力和乳化性，有卓越的耐油脂和耐溶剂性，因而是一种优良的渗透蒸发透水膜材料。但聚乙烯醇作为水溶性高分子，存在耐水、耐热、耐溶剂性差及蠕变较大等缺点。为了克服上述缺点，提高聚乙烯醇渗透蒸发膜的耐水性，增加膜的寿命，需对聚乙烯醇膜进行后处理，解决其溶于水的问题。对聚乙烯醇进行化学交联处理是一种有效的方法。化学交联可以采用缩醛化反应、酯化反应、辐射等方法对聚乙烯醇膜进行处理。商品化的乙醇脱水复合膜就采用经马来酸交联的聚乙烯醇为活性分离层。

马来酸对聚乙烯醇膜进行交联时，发生了分子之间脱水而交联。聚乙烯醇非结晶区的部分羟基与羧基发生如下的（主要）反应。

$$2(CH_2-CH-CH_2-CH) + HOC-CH=CH-COH \xrightarrow{H^+} O=C-CH=CH-C=O + H_2O$$

20 世纪 80 年代初期，德国 GFT 公司率先开发成功的 GFT 商品膜，其性能见表 7-4。

表 7-4　GFT 膜性能一览表

型号	1000	1001	1510	1005	2302
主要用途	有机溶液脱水	有机溶液脱水(高水分)	异丙醇脱水	有机酸脱水	胺系有机溶液脱水
膜材料	PVA	PVA	PVA	PVA	PVA
可处理料液中水质量分数/%	≤15	≤50	≤20	≤20	
最高使用温度/℃	100	100	100	100	100
进料浓度（质量分数）/%	95(乙醇)	90(乙醇)	90(异丙醇)	80(醋酸)	
操作温度/℃	80	80	80	80	
渗透通量/[kg/(m² · h)]	0.225	0.350	0.700	0.500	
透过液浓度/%	<5(乙醇)	<3(乙醇)	<5(异丙醇)	≤1(醋酸)	

此外，在实验室中还研究了其他几种不同的交联剂。李福绵等人通过缩醛化，在聚乙烯醇主链上引入了吡啶基和芳叔胺基官能团，这些材料都表现了很强的亲水性。

张可达等人研究了以草酸、柠檬酸、偏苯三酸酐、邻苯二酸酐及 1,6-己二酸为交联剂的交联聚乙烯醇膜。渗透蒸发的实验结果表明，交联剂的结构对渗透蒸发膜的性能有很大的影响。当使用同样当量剂量的交联剂时，交联剂的官能团越大，膜的分离系数越大，而通量越小。交联剂分子中芳香基的存在将导致渗透通量的增大和分离系数的减小。

② 含亲水基团的离子型聚合物膜　这类膜的分离层由含有亲水基团的离子型聚合物膜材料制备而成。根据亲水离子基团的电荷种类不同，又可分为阳离子型聚合物、阴离子型聚合物和阴阳离子复合聚合物。

典型的阳离子型聚合物如壳聚糖，聚丙烯基铵氯化物和聚乙烯醇改性聚阳离子等。

典型的阴离子型聚合物如含—SO_3H 基团的磺化聚乙烯、含—COO^- 的羧甲基纤维素（CMC）、藻朊酸及聚乙烯醇改性聚阴离子等。

阴阳离子复合物是在一定的条件下，由电荷相反的两种高分子离子通过相互作用而形成的聚电解质复合物（polyelectrolyte complex，简称 PEC）或 Symplex 或聚离子复合物（polyion complex，简称 PIC）。聚电解质复合物不仅可以由两种电荷相反的高分子离子形成，还可以由一种高分子离子和离子型表面活性剂、聚磷酸盐、聚硅酸盐等形成。聚电解质复合物的作用力主要是相反电荷基团间的库仑力，另外还有亲疏水性引起的相互作用力、氢键和范德华力。在一定条件下将具有相反电荷的聚电解质水溶液混合可能会产生 PIC 的沉淀。

阴阳离子聚合物膜的种类有：以壳聚糖为一种配对离子的阴阳离子复合物膜；基于聚乙烯醇的阴阳离子复合物膜；以聚丙烯酸为一种配对离子的阴阳离子复合物膜。

各种基于聚丙烯酸的聚电解质复合物膜对乙醇水的分离性能见表 7-5。

表 7-5　聚丙烯酸型聚电解质复合物膜的乙醇水分离性能

对立离子	进料中乙醇的质量分数/%	进料温度/℃	分离系数(α)	渗透通量 $J/[g/(m^2 \cdot h)]$
聚烯丙基胺(polyallyl amine，PAAM)	95	70	750	510
PCA-101	95	70	1710	790
PCA-107	95	70	1940	820
PAL-2	95	70	830	340
PCQ-1	95	70	380	220
聚乙烯亚胺(polyethyleneimine)	95	70	220	830
壳聚糖	95	70	547	70
	70	40	387	407

③ 亲水改性膜　采用共聚、共混和接枝等技术，在疏水材料中引入亲水基团，也可以得到优先透水膜。其中等离子体接枝或辐射接枝技术一般适用于聚四氟乙烯或聚偏氟乙烯等化学性质很稳定的高聚物。几种典型的接枝膜分离乙醇/水溶液的实验结果见表 7-6。由表可以看出，接枝处理后膜的通量一般都比较大，除丙烯酸/K^+ 作为接枝单体的膜外，其他膜的分离系数都比较小。

表 7-6　几种接枝膜对乙醇/水溶液的分离性能

主体聚合物	接枝单体	料液中乙醇质量分数/%	进料温度/℃	渗透通量 $J/[g/(m^2 \cdot h)]$	分离系数 α
聚四氟乙烯	N-乙烯吡咯烷酮	95.6	25	2200	2.9
	磺化苯乙烯	47(体积分数)	25	1.25	4.1
		71(体积分数)	25	0.9	4.4

主体聚合物	接枝单体	料液中乙醇质量分数/%	进料温度/℃	渗透通量 $J/[g/(m^2 \cdot h)]$	分离系数 α
聚偏氟乙烯	N-乙烯吡咯烷酮	80	70	800	7
	4-乙烯吡啶	80	70	670	8
	4-乙烯吡啶/CH₃I	80	70	1000	73
聚丙烯腈	丙烯酸	80	70	1600	9
	丙烯酸/K⁺	80	70	3400	866

(2) 优先透有机物膜

优先透有机物膜的材料通常选用极性低、表面能小和溶度参数小的聚合物，如聚乙烯、聚丙烯、有机硅聚合物、含氟聚合物、纤维素衍生物和聚苯醚等。这些聚合物一般处于橡胶态，但也有少数玻璃态聚合物，如聚乙炔衍生物，呈现出优先透有机物性质。

① 有机硅聚合物　有机硅聚合物具有很好的憎水、耐热性能和很高的机械强度及化学稳定性。它对醇类、酯类、酚类、酮类、卤代烃类、芳香族烃类、吡啶等有机物都有很好的吸附性。选用的有机硅聚合物除最常用的聚二甲基硅氧烷（PDMS）外，还有聚三甲基硅丙炔（PTMSP）、聚乙烯基二甲基硅烷（PVDMS）、聚乙烯基三甲基硅烷（PVTMS）、聚甲基丙烯酸三甲基硅烷甲酯（PTSMMA）、聚六甲基二硅氧烷（PHMDSO）等。以 PDMS 为例，它对多种有机物都显示出一定的优先透过性，见表 7-7，但 PDMS 膜对所有醇类的分离系数都小于 100。

表 7-7　PDMS 膜对水中一些有机物的分离特性

有机物	膜厚/μm	料液中有机物质量分数/%	料液温度/℃	膜后压力/Pa	分离系数 α	渗透通量 $J/[g/(m^2 \cdot h)]$
乙醇	100	5～5.5	22.5	100	7.6	24
乙醇	100	8	30	70	10.8	25
乙醇	1	5	30		7.4	350
1-丙醇	100	5.5	22～25		19.1	22.5
2-丙醇	100	5.5	22～25		9.5	21.2
1-丁醇	180	1	30	100	72	87
1-丁醇	180	6.0	30	100	82	170
二噁烷	180	10	25		43.6	152
氯仿	125	200mg/L	22	400	500	33
	125	1000mg/L	22	400	1400	52
	1	700mg/L	30		200	500

Chen 等制备了 PDMS 复合膜，在乙醇发酵渗透蒸发耦合分离系统中考察了 PDMS 膜的稳定性。

童灿灿等以正己烷为溶剂、以正硅酸乙酯为交联剂制备了 PDMS/PVDF 复合膜，用于丙酮-丁醇发酵液的分离，对丙酮和丁醇的分离系数分别达到 19.1 和 22.2。

Zhou 等利用乙烯基三甲氧基硅烷处理 silicate-1 分子筛表面，获得了分离性能较高的渗透蒸发复合膜，在 50℃时，对丁醇/水的分离系数大于 160，效果明显。

② 含氟聚合物　含氟聚合物也是一种得到广泛研究的优先透有机物膜材料。典型的含氟聚合物有聚四氟乙烯（PTFE）和聚偏氟乙烯（PVDF），此外还有聚六氟丙烯（PHEP）、聚磺化氟乙烯基醚与聚四氟乙烯共聚物（Nafion），聚四氟乙烯和聚六氟丙烯的等离子体共聚物等。这些材料的化学性质稳定，耐热性好，疏水性强，抗污染性好，但除 PVDF 外难溶于一般的溶剂，通常是采用融熔挤压法或在聚合期间直接成膜。

③ 纤维素衍生物　通过酯化、醚化、接枝、共聚和交联等方式对纤维素类高聚物材料进行处理，调节其高分子链段中亲憎水功能团的比例，也可以制备得到优先透有机物的渗透蒸发膜。用纤维素膜从水溶液中回收一些有机物的实验结果见表 7-8。

表 7-8　纤维素衍生物膜回收有机物的实验结果

膜材料	有机溶剂	料液中有机物含量/(mg/L)	操作温度/℃	分离系数 α	增浓系数 β
乙基纤维素	氯仿	100	22	9.2	
醋酸纤维素	四氯化碳	737	27		570
醋酸纤维素	丙酮	134	27		246
丁酸醋酸纤维素	丙酮	40	30		260

（3）有机混合物分离膜

与有机物脱水或从水中脱除有机物不同，有机物/有机物体系分离膜的研究和开发十分复杂和困难，因为其涉及的体系非常多，体系之间的性质差异也非常大，在膜材料的选择方面，没有像有机物脱水或从水中脱除有机物这两种过程那样有规可循，即有机物脱水可以选择亲水膜，从水中脱除有机物可以选择亲有机物膜，而有机物/有机物分离膜的材料必须针对单个的体系进行选择和设计。根据极性差异，有机混合物体系可以分为极性/非极性混合物，极性/极性混合物和非极性/非极性混合物。对于第一类极性/非极性混合物，可以根据其极性差异来选择和设计膜材料，对于第二类和第三类混合物，必须针对混合物组分的分子大小、形状、化学结构的差异选择和设计膜材料。下面就有机物/有机物分离体系及膜材料的研究情况进行介绍。

① 醇/醚分离膜　醇/醚分离具有典型意义的例子是甲醇/甲基叔丁基醚（MTBE）的分离和乙醇/乙基叔丁基醚（ETBE）的分离，已经研究的膜材料包括醋酸纤维素、聚酰亚胺、Naifon、聚苯醚和聚吡咯等，这些膜材料分离甲醇/甲基叔丁基醚的实验结果见表7-9，研究表明聚酰亚胺是一种比较好的膜材料，其对甲醇/甲基叔丁基醚的分离不仅具有较好的分离系数，而且具有较高的通量。

表 7-9　一些膜材料分离甲醇/甲基叔丁基醚的典型实验结果

膜材料	料液中甲醇质量分数/%	操作温度/℃	分离系数 α	通量 $J/[g/(m^2 \cdot h)]$
醋酸纤维素	0.83～6.9	22～48.9	13.9～454	93～1410
Naifon-117	3.2～5.3	室温	25	53.3
Naifon-417	3.2～5.3	室温	25	189.5
		50	35	637.2
聚酰亚胺	4.1	60	1400	600
聚吡咯	5～20	50	62～100	35～125
聚苯乙烯磺酸/Al_2O_3	5～14.3	25	1200～3500	1.1～63

② 芳烃/烷烃分离膜　典型的芳烃/烷烃分离体系有苯/环己烷和甲苯/正辛烷或异辛烷的分离。用于分离苯/环己烷的膜材料如：聚乙烯醇/聚烯丙胺共混物、聚乙烯醇/聚烯丙胺 Co 螯合物、聚丙烯酸甲酯接枝聚乙烯和聚γ-甲基-L-谷氨酸酯等。

用于分离甲苯/环己烷的膜材料如聚乙烯醇/聚丙烯酰胺、聚乙烯、聚膦酸/醋酸纤维素和液晶聚合物等。

用于分离甲苯/辛烷的膜材料如聚酯、聚氨酯和聚酰亚胺/聚酯共聚物等。

③ 芳烃/醇类分离膜　芳烃/醇类分离的典型体系有苯、甲苯与甲醇、乙醇混合液。由于醇类具有较高的极性而芳烃的极性较小，这类体系的分离属于极性/非极性溶剂的分离，可以利用组分极性和分子大小的差异选择和设计膜材料。已经研究过的膜材料包括全氟磺酸、PPO 和聚吡咯等。

④ 同分异构体分离膜　相对于上述的分离体系，同分异构体的分离更为困难，因为同分异构体，如二甲苯同分异构体和丁醇同分异构体，各异构体之间的性能差异很小，因而要求分离膜具有很高的分离特异性。目前所开发的膜，例如，聚丙烯酸/环糊精膜、聚乙烯醇/环糊精膜等，分离系数及通量还很小，距离实际应用较远。

7.2.2　无机膜

无机膜具有优良的分离性能和化学稳定性，可以在高温条件下使用，有非常广阔的应用前景，近 10 多年来无机渗透蒸发膜已成为膜技术领域研究开发重点之一。按材料分，无机膜可分为陶瓷膜、合金膜、高分子金属配合物膜、分子筛膜、玻璃膜等；按结构分，无机膜可以分为两类，即非支撑型膜和支撑型膜。其中支撑型无机膜的研究更为广泛和深入。

7.2.2.1　无机膜的制备方法

（1）非支撑型无机膜

非支撑型膜也称作自支撑型膜，可以通过传统的湿法（"就地"水热合成反应）、分子筛纳米颗粒浇铸成型或固体相态转化等方法制备而成。

① "就地"水热合成法　在"就地"水热合成过程中，分子筛膜一般先在聚四氟乙烯、纤维素或聚乙烯等支撑体上制备，然后通过拆装或焚烧的方法将这些支撑体除去。利用这种方法，目前已经成功地制备出硅酸盐（Silicalite）、ZSM-5、SAPO 和 L 型分子筛非支撑膜。这种膜一般由随机且疏松排列的不规则晶体组成，因而具有较大的脆性，同时膜中存在许多孔缺陷，从而影响了其分离性能。

② 分子筛纳米颗粒浇铸成型法　将分子筛溶胶置于一个支撑平面上，如用蜡处理过的皮氏培养皿中，缓慢将水蒸发后，将膜从培养皿表面剥离即可得到非支撑型无机膜。这种膜没有微米量级的缺陷，可以用来作为纳米颗粒第二次浇铸成型的支撑底膜，但缺点是脆性较大。

③ 固体相态转化法　将硅土或硅土/氧化铝凝胶和某种分层化合物混合后，添加有机胺，然后在封闭条件下加热处理，使其转化为分子筛无机膜。用这种方法已经成功地制备出了硅酸盐（Silicalite）、ZSM-5 和 ZSM-11 分子筛非支撑型无机膜。这种膜存在微米级的缺陷，但由于膜比较厚，有比较高的机械强度，可以用于分离和催化反应过程。

（2）支撑型无机膜

支撑型无机膜类似于高聚物复合膜，是将分离层材料结合在支撑体的表面而成的。支撑体提供机械支撑作用，很薄的分离层起分离作用。类似于高聚物复合膜，支撑型无机膜的材料选择范围更加广泛，研究也更为深入。支撑型无机膜的制备方法有：传统的液相"就地"水热合成反应、气相合成反应（干凝胶转化）、二次生长（secondary growth）、分子筛纳米颗粒浇铸成型或这些方法的集成等。

① "就地"水热合成法　先用黏土和纤维素通过挤压成型制备出蜂窝状支撑体模板，然后将其放入炉中，在温度为 1650℃下加热处理后，支撑体模板转化为含多铝红柱石和硅石玻璃的烧结体。将烧结体置于含有机模板（template）的热碱性溶液中，硅石溶解于溶液中，剩余的多铝红柱石将形成多孔状结构，与此同时，硅石将转化为 ZSM-5 晶型并沉积于多铝红柱石的蜂窝状支撑体模板表面。这种分子筛膜的分离层和支撑体结合非常牢固，即使在 900℃下使用 60h 也没有裂缝或针孔产生。

② 二次生长合成法　二次生长合成法是将分子筛纳米颗粒涂层或接种到支撑

体上，然后用通常的水热合成反应生长成为连续的薄膜。涂层或接种分子筛纳米颗粒的方法包括简单的涂覆或吸附，用表面活性剂处理支撑体表面后再吸附，或脉冲激光消融法等。

③ 微波技术和上述技术的集成方法　利用微波技术和上述技术的集成过程来制备无机支撑膜是近年来比较热门的研究课题之一。在水热合成法制备以硅酸盐（silicalite-1）结晶为分离层、硅为支撑体的无机膜时，微波加热可以得到具有取向性的无机膜。在微波的作用下在阳极电镀处理过的多孔型/氧化铝支撑体表面，可以得到在垂直方向排列整齐的 $AlPO_4$-5 和 SAPO-5 无机膜。微波处理的主要作用就是保持结晶形成过程的方向性，同时缩短结晶时间，并进而控制膜的性能。

7.2.2.2　无机膜材料及其膜的分离特性

适合作为渗透蒸发膜分离层的无机材料主要是无机微孔晶体材料，即沸石分子筛。该膜材料是具有四面体骨架结构的硅铝酸盐，具有规则的孔道结构，较大的比表面和较强的吸附性。沸石分子筛膜的厚度为几微米或十几微米，具有规整均一、分子水平大小可控可调的孔结构，有良好的热稳定性，其分离选择性优于有机物膜。

目前研究比较多的渗透蒸发膜材料主要有亲水性的 NaA、NaY、NaX 及 T型，可作为有机溶剂脱水膜，表 7-10 为沸石分子筛脱水膜的分离性能实验结果。

表 7-10　沸石分子筛膜进行醇水溶液脱水的渗透蒸发实验结果

膜材料	分离体系	料液中水质量分数/%	料液温度 T/℃	渗透通量 J/[kg/(m²·h)]	分离系数 (α)
NaA	异丙醇/水	5	70~80	1.16~1.67	4700~10000
NaA	乙醇/水	10	75~125	3.80~5.60	3600~5000
NaA	异丙醇/水	5	70	1.44	10000
Silica 硅石、二氧化硅	乙醇/水	10	80	1.00	800
Silica	异丙醇/水	5	70	2.00	1000
Silica	正丁醇/水	5	80	2.90	1200
Mordenite 丝光沸石	乙醇/水	10	50	0.16	139

在亲水沸石分子筛膜中，NaA 分子筛膜因其具有优良的对醇水溶液的分离选择性，已被开发成工业上实用化的技术，目前有商品膜出售。

7.2.3　有机-无机杂化膜

大部分膜材料是有机聚合物材料，这些材料在高温、高压和有机溶剂中的稳定性较差。单纯的无机材料具有良好的耐温、耐溶剂性能，但是无机膜成本高且大面积制备相当困难，因而限制了其广泛应用。因此制备有机-无机杂化膜以兼顾二者的优点，是当前渗透蒸发膜的研究热点，预示着未来的发展方向。但目前还处于实验室研究阶段。

有机-无机杂化膜包括三种基本类型：无机主链、有机基团通过共价键或螯合键连接在无机主链上；有机分子分散在无机主链中；有机交联单元固定在无机主链上，如图 7-10 所示。第一种类型可以看作是无机、有机间在原子尺度上的复合，杂聚硅氧烷属于这一类型；后两类是在无机分子和有机大分子基础上形成的，一般称为有机-无机纳米复合材料。无机和有机单元间连接的化学性质，对于整个体系的结构和性能有很大的影响。

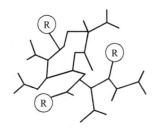

(a) 有机基团修饰无机骨架

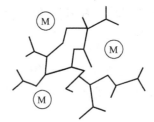

(b) 有机分子分散在无机网络中

(c) 具有互穿网络的有机-无机复合物

图 7-10　三种有机-无机杂化膜的结构

R—有机物或有机官能团，如烷基、芳香基、酸、碱等；M—染料、酸、碱、合成物等；
Y—无机分子和有机主链间的化学链接，如螯合键或共价键

有机-无机杂化膜的制造方法通常采用溶胶-凝胶法，类似于有机高聚物膜，可以制备均质膜和复合膜。

已经研究过的有机-无机杂化膜材料如下。

（1）杂聚硅氧烷

杂聚硅氧烷为含有—Si—O—Si—骨架、具有硅氧烷性质并由含硅键的有机官能团或网络元素（如 Al 或 Ti）修饰的一种化合物。

杂聚硅氧烷膜材料具有溶解性小、在有机溶剂中难溶胀以及耐高温的优点，可以通过控制反应条件和配比调节杂聚硅氧烷的结构，有可能用于高温膜过程。在材料中引入特殊的有机官能团，也有可能用于一些特殊的分离过程。

（2）聚乙烯醇/二氧化硅共混膜

该膜具有优良的力学性能和稳定性。通过溶胶-凝胶（Sol-Gel）法，将这两种材料有效地结合在一起，就有可能得到新型的有机/无机复合材料。

（3）沸石或硅酸盐填充 PDMS 膜

为了提高 PDMS 膜对醇的选择性，可以在膜中加入沸石或硅酸盐（silicalite）等优先吸附醇的填充物。

近年来用碳纳米管填充 PDMS 膜也有报道。

7.2.4 国内外渗透蒸发商品膜产品简介

（1）优先透水商品膜

尽管世界范围内对优先透水膜已经进行了广泛的研究，但到目前为止，能提供工业应用的优先透水膜的厂商仍比较少。世界上主要的优先透水膜及生产商见表 7-11。

表 7-11 优先透水商品膜产品

膜商品名	提供商	膜特征	用途
PERVAP 2200	Sulzer Chemtech	交联的 PVA/PAN 复合膜	
PERVAP 2201	Sulzer Chemtech	交联的 PVA/PAN 复合膜	选择性增加，通量下降
PERVAP 2202	Sulzer Chemtech	交联的 PVA/PAN 复合膜	酯类脱水
PERVAP 2205	Sulzer Chemtech	交联的 PVA/PAN 复合膜	酸类脱水
PERVAP 2210	Sulzer Chemtech	交联的 PVA/PAN 复合膜	醇类深度脱水
PERVAP 2510	Sulzer Chemtech	交联的 PVA/PAN 复合膜	异丙醇脱水
GKSS Simplex	GKSS	聚电解质/PAN 复合膜	
MPV0702	山东蓝景膜工程技术有限公司	改性 PVA/PAN 复合膜	无水乙醇的生产
MPV9803	山东蓝景膜工程技术有限公司	改性 PVA/PAN 复合膜	苯、甲苯、己烷、环己烷、甲乙酮、碳六油等溶剂中微量水脱除
MPV9804	山东蓝景膜工程技术有限公司	改性 PVA/PAN 复合膜	有机硅环体、一氯甲烷等有机溶剂微量水脱除
MPV0301	山东蓝景膜工程技术有限公司	改性 PVA/PAN 复合膜	酮类、醚类、酯类、乙二醇等溶液脱水
MPV0901	山东蓝景膜工程技术有限公司	改性 PVA/PAN 复合膜	含水 10% 左右的乙醇、异丙醇等溶液脱水
MPV0302	山东蓝景膜工程技术有限公司	改性 PVA/PAN 复合膜	异丙醇脱水
MPV0303	山东蓝景膜工程技术有限公司	改性 PVA/PPES 复合膜	特殊醇脱水
MPV0902	山东蓝景膜工程技术有限公司	改性 PVA/PAN 复合膜	含水超过 15%（质量分数）的醇脱水

（2）优先透有机物商品膜

优先透有机物膜的研究开发已经有几十年的历史，已实现工业化的应用。为了提高膜产品的竞争力，优先透有机物膜的分离系数和通量还有待于进一步提高。世界上生产优先透有机物商品膜的公司见表 7-12。

表 7-12　目前世界上生产优先透有机物商品膜的公司

膜商品名	提供商	膜特征	用途
PERVAP 1060	Sulzer Chemtech	交联的 PDMS/PAN 复合膜	
MTR 100	Membrane Technology and Research Inc.	交联的 PDMS/多孔支撑层复合膜	
MTR 200	Membrane Technology and Research Inc.	交联的 EPDM-PDMS/多孔支撑层复合膜，分离层由两层构成	
GKSS PEBA	GKSS	PEBA/多孔支撑层复合膜	用于脱除酚类
GKSS PDMS	GKSS	交联的 PDMS/多孔支撑层复合膜	
GKSS PMOS	GKSS	交联的 PMOS/多孔支撑层复合膜	

（3）有机混合物分离商品膜

目前世界上仅有 Sulzer Chemtech 公司提供两种商品化的有机物/有机物分离膜，见表 7-13。

表 7-13　有机物/有机物分离商品膜

膜商品名	提供商	应用范围	应用举例
PERVAP 2256 1	Sulzer Chemtech	甲醇提取	甲醇与甲基叔丁基醚（如 MTBE）分离
PERVAP 2256 2	Sulzer Chemtech	乙醇提取	乙醇与乙基叔丁基醚（如 ETBE）的分离

（4）分子筛优先透水商品膜

目前，提供 NaA 分子筛优先透水膜的公司有荷兰 PERVATECH 公司，日本 Mitsui &Co., Ltd，中国武汉智宏思博化工科技有限公司，南京九天科技公司，北京中科普行科技发展公司，山东蓝景膜工程技术有限公司等。

7.2.5　渗透蒸发膜组件

渗透蒸发过程所用的膜组件主要有板框式、螺旋卷式、圆管式和蝶片式。

（1）板框式膜组件

板框式膜组件是目前应用最为广泛的渗透蒸发膜组件。蓝景膜技术工程公司的板框式膜组件产品如图 7-11 和图 7-12 所示，其板框式膜组件结构如图 7-13 所示。

图 7-11 板框式膜组件产品（500mm×500mm）

图 7-12 板框式膜组件产品
（500mm×275mm）

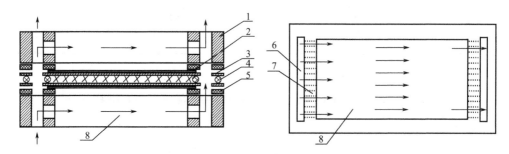

图 7-13 蓝景膜板框式膜组件结构示意图

1—板框；2—膜；3—支撑板；4，5—垫圈；6—料液主流道；7—进框流道；8—框内料液流道

原德国的 GFT 公司渗透蒸发膜组件也为板框式膜组件。其结构示意图如图 7-14 所示。

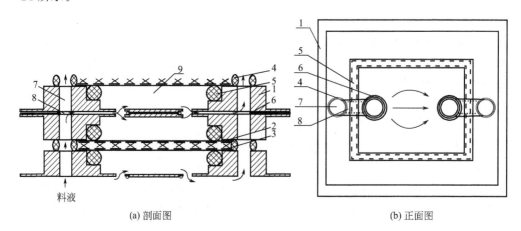

(a) 剖面图   (b) 正面图

图 7-14 GFT 板框式膜组件结构示意图

1—膜框；2—膜；3—支撑板；4～6—垫圈；7—料液主流道；8—进框流道；9—框内料液流道

　　板框式膜组件由盖板、膜框、支撑板、膜和弹性垫片等部件组成，其中由一块膜框和一块支撑板构成组件单元，其间放置膜与垫片。板框式膜组件原则上也都可以用于蒸气渗透过程。

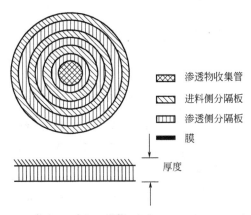

▨▨▨　渗透物收集管
▨▨▨　进料侧分隔板
▥▥▥　渗透侧分隔板
▬▬▬　膜
　　厚度

图 7-15　卷式膜组件的横截面示意图

　　(2) 卷式膜组件

　　卷式膜组件实际上使用的也是平板膜，只不过是将平板膜和支撑材料、分隔材料等一起绕中心管卷起来，因而卷式膜组件的单位体积的膜面积要大于板框式膜组件。卷式膜组件多用于低温下从水中提取低浓度有机物。组件的横截面和立体构造示意图见图 7-15 和图 7-16。

　　美国膜技术和研究公司生产的系列卷式蒸气渗透膜组件直径为 0.1~0.2m（4~8in），长 0.9m（3ft），可以同时有四根组件封装在标准真空罩内。使用时，组件之间可以串联排列，也可以并联排列。

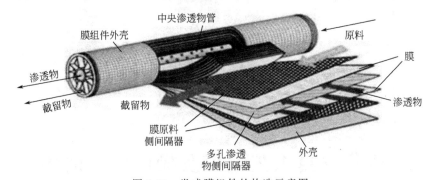

图 7-16　卷式膜组件的构造示意图

　　(3) 管式膜组件

　　一般地讲，管式膜组件多见于无机膜，因为无机膜组件制备时所需的支撑体一般是管状的陶瓷或金属材料。Mitsui & Co.，Ltd 生产的分子筛渗透蒸发管式膜组件如图 7-17 所示。目前，该公司可以提供从单管到最多 344 管的渗透蒸发膜组件，组件总膜面积为 0.03~10m^2。

　　(4) 渗透蒸发膜组件供应商

　　渗透蒸发膜组件的供应商见表 7-14。

表 7-14　主要生产渗透蒸发膜组件的公司

公司	组件类型	膜	应用领域
Sulzer Chemtech	板框式，卷式	优先透水膜，优先透有机物膜，分子筛填充优先透有机物膜	水/有机物分离；有机物/有机物分离；空气中 VOC 的去除

续表

公司	组件类型	膜	应用领域
MET(美国)	卷式	优先透有机物膜	水和空气中 VOC 的去除
GKSS(德国)	卷式,袋型平板式(GS组件)	优先透有机物膜	水和空气中 VOC 的去除
PERVATECH (荷兰)	管式	陶瓷优先透水膜	有机溶剂脱水
山东蓝景膜工程技术有限公司(中国)	板框式、管式、卷式、蝶片式	优先透水膜,优先透有机物膜	有机溶剂脱水;水中有机物脱除
南京九天科技公司(中国)	管式	优先透水膜	有机溶剂脱水

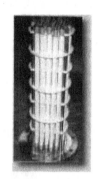

(a) 单管组件　　　　　　　　　(b) 多管组件　　　　　　　　　(c) 多管内部结构

图 7-17　分子筛渗透蒸发管式膜组件

7.3　渗透蒸发膜工艺流程及操作条件的确定

对于一个给定的分离任务,进行渗透蒸发膜分离过程的工艺流程和操作条件确定的基本步骤可分为以下几个主要步骤。

7.3.1　选择适合的渗透蒸发膜

渗透蒸发膜是渗透蒸发过程的关键元件,渗透蒸发过程能否用来分离某一种特定的体系关键是是否有合用的膜。对于一个给定的分离任务,可能有多种膜可供选择,例如醇/水体系的分离,可以选择优先透水膜,也可以选择优先透醇膜,而且优先透水膜和优先透醇膜也有多种不同的材料可供选择。制膜所用的聚合物不同,膜的分离性能会有非常大的差别。应该根据具体的体系性质、膜的选择性和通量、膜的稳定性等角度综合考虑,选出最佳的膜。由于渗透蒸发过程的通量一般较小,因此一个比较普遍的膜选择原则是膜对体系中的少量组分要有优先选择性。例如对于高浓度醇中少量水的分离,交联的聚乙烯醇膜是目前最好的选择,但对于低浓度醇/水体系的分离，可能优先透醇膜更具有经济性。

7.3.2　选择工艺流程和操作方式

（1）基本流程的确定

在选择确定合适的膜后，就要确定分离所用的基本流程，是采用渗透蒸发的操作方式，还是采用蒸气渗透的方式，以及确定下游侧合适的操作方式。一般讲，料液侧加热，膜后侧采用冷凝加抽真空的流程安排是渗透蒸发膜过程最普遍的操作方式，对于蒸气渗透膜分离过程讲，膜后侧采用冷凝加抽真空的流程安排也比较普遍。其基本的工艺流程如图 7-18 所示。操作时，料液通过泵进入预热器和加热器，达到预定温度后进入渗透蒸发膜组件，料液在流经膜面的过程中，在膜两侧组分蒸气分压的作用下，优先渗透组分汽化、渗透通过膜而进入膜后侧，然后渗透气体在真空作用下流经冷凝器，优先渗透组分被冷凝成液体后经气液分离器排出，不凝气则经真空泵排出系统。工业实际中，由于膜的分离系数不可能达到无限大，总会有部分难渗透物组分渗透通过膜而进入膜后侧，根据不同的渗透液体系，需要对渗透液进行不同的后处理。例如，对于醇/水分离体系，一般情况下膜后侧得到的是很稀的醇溶液，渗透液可以用精馏法浓缩处理后返回渗透蒸发膜过程的进料侧。

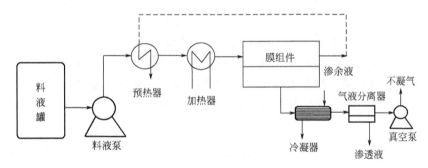

图 7-18　料液侧加热，膜后侧采用冷凝加抽真空的
连续式渗透蒸发膜分离过程示意图

根据不同的分离体系，有时渗透物是目标产物，也有的情况下渗余物是目标产物。前者如从水溶液中用优先透有机物膜回收各种香精，后者如各种有机溶剂的脱水等。

为了充分利用系统能量，减小系统能耗，有时可以利用渗余液来作为预热原料液以提高料液的温度。

（2）连续/间歇操作方式的确定

同其他所有的化工分离过程类似，渗透蒸发膜分离过程可以采用连续式操作，也可以采用间歇式操作。图 7-18 所示为一种连续式操作的过程。料液侧加热，膜后侧采用冷凝加抽真空的间歇式渗透蒸发膜分离过程示意图如图 7-19 所示。其与连续式操作的唯一不同点是流经膜面的渗余液要返回料液罐，不断地循环，直到料液达到要求为止。间歇式操作比较适合于小批量料液的处理，或膜的通量比较小、单级操作需要较大膜面积的情形。对于物料性质和操作条件多变的分离体系，间歇式操作也比较适宜。但对于大规模的工业生产，或渗余液要作为下游工艺原料的情形，连续式操作是比较合适的。

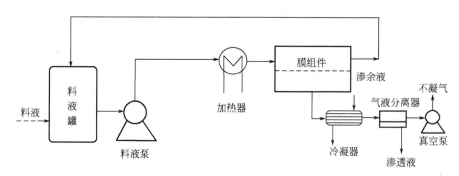

图 7-19　料液侧加热，膜后侧采用冷凝加抽真空的
间歇式渗透蒸发膜分离过程示意图

（3）组件排列方式的确定

工业上所用的渗透蒸发膜组件一般是定型产品，单个膜组件有确定的膜面积和处理量的限制。因此，对于一个给定的分离任务，如果料液处理量大于单膜的极限处理量，就要考虑采取多个膜组件并联处理的方式；如果料液处理所需的总膜面积大于单个膜组件的面积，就要考虑采取多个膜组件串联处理的方式；如果料液的处理量和总膜面积都大于单个膜组件的相应指标，就要考虑采取多个膜组件串、并联的方式。上述三种膜组件的排列方式如图 7-20 所示。

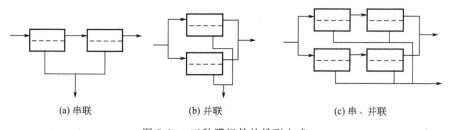

图 7-20　三种膜组件的排列方式

在上述的串、并联操作中，总的膜组件个数 N 可通过下式计算：

$$N = \frac{总膜面积}{单个膜组件的面积} \tag{7-10}$$

需并联的膜组件个数 N_s 可通过下式计算：

$$N_s = \frac{总处理量}{单个膜组件的处理量} \tag{7-11}$$

因此，需串联的膜组件个数 N_p 为：

$$N_p = \frac{N}{N_s} \tag{7-12}$$

（4）加热方式的确定

由于渗透蒸发过程涉及组分的相变，而组分相变所需的潜热需由料液的显热供给，因此，在渗透蒸发过程中，料液温度将不断下降，从而导致渗透通量的下降。如果当料液温度下降很大，渗透通量很小时，就要考虑在过程中从外界输入热量，以维持料液的温度在一个比较高的水平。理论上讲，渗透蒸发过程有几种加热方式可供选择，即不加热、恒温度加热、恒功率加热、级间恒膜面积加热和级间恒温度差加热等。

利用基于平板膜的渗透蒸发过程的物料衡算和热量衡算模型，韩宾兵等对无外源加热、等温加热、恒功率加热、恒温差级间加热（当温度低于某一值后加热料液到起始温度）和恒膜面积级间加热（当间隔膜面积到某一值后加热料液到起始温度）五种条件进行了模拟计算。计算条件为乙醇水溶液，年处理量 $400m^3$，入口温度 $80℃$，入口水含量可变，出口水含量要求小于 0.2%，膜后真空度 $1600Pa$，年运行时间以 $8000h$ 计，忽略过程的热焓损失，料液密度近似以乙醇密度计算。

① 无外源加热　在无外源加热条件下，进料中水含量对水浓度剖面和温度剖面的影响如图 7-21 所示。当进料中水含量较低时（如 1%），过程中料液温度不会下降很多（料液温度 $>70℃$），料液的显热可以满足渗透汽化过程所需的热量，可以不用外源加热；但当进料中水含量较高时（如 6%），如果外界不提供热量，料液温度将降至接近 $20℃$，所需膜面积超过 $420m^2$，大大降低了过程的经济性。因此当料液中水含量较高时，外源加热是必需的。

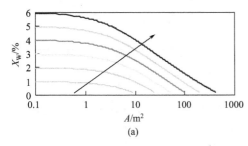 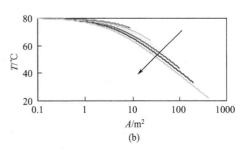

图 7-21　无外源加热条件下，进料水含量对水浓度剖面（a）和温度剖面（b）的影响
进料中水质量分数按图中箭头所示［图 7-21（a）中从下到上，图 7-21（b）中从右到左］
分别为 1%、2%、3%、4%、5% 和 6%

② 等温加热　在等温（$80℃$）条件下，进料中水含量对水浓度剖面和单位面积加热功率剖面的影响如图 7-22 所示。由图可见，在等温加热条件下，料液温度不下降，渗透通量能保持一个较高的水平，因而料液中水浓度下降较快。渗透通

量沿膜面不是一个常数，外部提供的热量沿膜面分布也不是一个常数，而是沿膜面呈下降趋势，进料中水含量越低，单位面积加热功率下降的幅度越小。由于单位面积加热功率沿膜面变化，这种操作方式实现起来是不现实的。

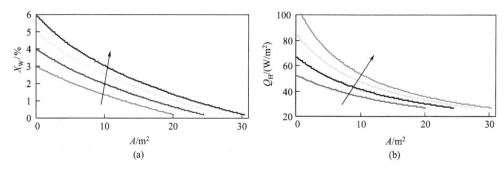

图 7-22　等温加热条件下进料中水含量对水浓度
剖面（a）和单位面积加热功率剖面（b）的影响
进料中水质量分数按图中箭头所示（从下到上）分别为 3%、4%、5% 和 6%

③ 恒功率加热　在恒功率加热条件下，单位面积加热功率对水浓度剖面和温度剖面的影响如图 7-23 所示。由温度剖面可见，当单位面积加热功率较小时，温度沿膜面出现最小值，随单位面积加热功率增大，最小值前移，最后消失，温度沿膜面单调增大。这种操作方式对单位面积加热功率的选择比较苛刻，单位面积加热功率高，所需膜面积较小，但料液的最高温度可能超过体系要求；单位面积加热功率过低，所需膜面积又较大，因而在实际应用时有一定限制。

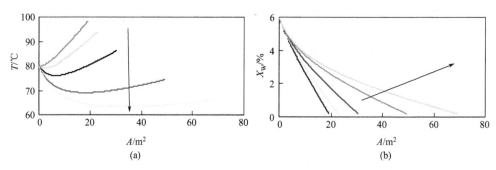

图 7-23　恒功率加热条件下，温度剖面（a）和单位面积加热功率对水浓度剖面（b）的影响
单位面积加热功率（单位：W/m²）按图中箭头所示 [图 7-23（a）中从上到下、
图 7-23（b）中从左到右分别为 105.6、83.3、55.6、27.8 和 16.7]

④ 级间加热　级间加热是工业上常用的操作方式，包括恒温差级间加热和恒膜面积级间加热两种方式。恒温差（温度从 80℃ 降到 70℃ 后再加热料液至 80℃）级间加热条件下，进料中水含量对水浓度剖面和温度剖面的影响如图 7-24 所示。由图可见，温度剖面呈锯齿形分布，每一个最低的锯齿点代表级间加热的位置，最低锯齿点的间隔不均匀，而是沿膜面呈增大趋势。

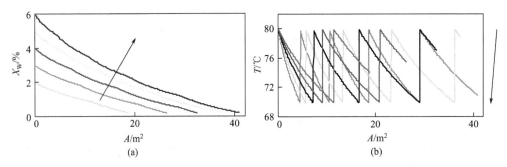

图 7-24 恒温差级间加热条件下，进料中水含量
对水浓度剖面 (a) 和温度剖面 (b) 的影响
进料中水含量按图中箭头所示 [图 7-24 (a) 中从下到上、图 7-24 (b) 中从上到下]
分别为 2%、3%、4%、5% 和 6%

实际上，工业上所用的膜组件一般是定型的，级间加热的位置一般选在两个膜组件之间，恒膜面积级间加热条件下，加热膜面积对水浓度剖面和温度剖面的影响如图 7-25 所示。由图可见，间隔加热膜面积越小，所需的总膜面积越小，当间隔加热膜面积很小时，将趋近于恒温操作；随膜面积增加，每一间隔加热膜面积料液的温度差减小。

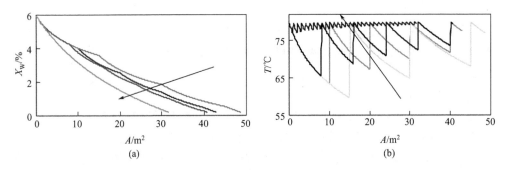

图 7-25 恒膜面积级间加热条件下，加热膜面积对水浓度剖面 (a) 和温度剖面 (b) 的影响
间隔加热膜面积按图中箭头所示 [图 7-25 (a) 中从上到下、图 7-25 (b) 中从下到上]
分别为 15m²、10m²、8m² 和 1m²

⑤ 各种加热方式的比较　在不同加热条件下渗透蒸发处理乙醇水溶液所需的膜面积和平均单位面积加热功率见表 7-15，计算条件为处理量 400 m³/a，入口温度 80℃，入口水含量 6%，出口水含量小于 0.2%。

表 7-15　不同加热条件下的膜面积和平均单位面积加热功率

加热方式	膜面积/m²	平均单位面积加热功率/(W/m²)
不加热	422.2	0
恒温(80℃)	30.4	49.2

加热方式	膜面积/m²	平均单位面积加热功率/(W/m²)
恒功率	30.4	55.6
级间加热(恒温差10℃)	40.9	30.1
级间加热(恒膜面积10m²)	42.9	33.5

由表 7-15 可见，在初始条件相同的条件下，当平均单位面积加热功率选择合适时，恒温和恒功率两种操作方式的膜面积都较小，但平均单位面积加热功率较高，而级间加热方式所需的膜面积较高，但平均单位面积加热功率相对较低。实际上对于工业应用来讲，许多情况下是需要加热的，但恒温操作显然不现实；恒功率加热实现起来也比较困难，且能耗较大；因为膜组件一般是定型产品，级间加热，尤其是恒膜面积级间加热方式便于实施，应用比较普遍。

7.3.3　操作条件的确定

在确定了具体的工艺流程后，就要确定具体的操作条件。操作条件包括操作温度、压力、膜后真空度和流速等。如果给定的分离体系的组成可变，操作条件的确定还应该包括组分的组成等。所有这些操作条件最后都将反映在流程的操作成本中。而膜面积将决定主要的投资成本，因为渗透蒸发膜组件是渗透蒸发过程的核心部件，占到大约 60%～70% 的投资成本。一般地讲，操作成本和投资成本是一对矛盾，即膜面积、操作温度和膜后真空度等的确定需要通过优化计算来确定。

（1）操作温度

操作温度是影响渗透蒸发过程的重要因素，它通过影响料液中各组分在膜中的溶解度和扩散速率，从而最终影响到渗透蒸发过程的渗透通量和分离系数。温度对溶解度的影响比较复杂，尽管一般情况下，组分在料液侧的蒸气分压随温度提高而增大，从而提高了渗透蒸发过程的推动力，但对于渗透物组分在膜中的溶解度，有的情况下温度的影响是正影响，也有的情况下是负影响，即随温度升高，组分在膜中的溶解度下降，例如水在甲醛处理的 PVA 膜的溶解和正己烷在聚丙烯膜中的溶解就属于这一种情形。温度对溶解度的影响一般仍然可以用 Arrhenius 方程表示。

$$S = S_0 \exp[-\Delta H_s/(RT)] \tag{7-13}$$

式中，S 为渗透物分子在膜中的溶解度；S_0 为本征溶解度；ΔH_s 为溶解热，与聚合物的状态，即玻璃态或橡胶态和渗透物的性质有关。

一般情况下，温度升高，渗透物在膜中的扩散系数增大，而且符合 Arrhenius 方程。

$$D = D_0 \exp[-E_D/(RT)] \tag{7-14}$$

式中，D 为渗透物分子在膜中的扩散系数；D_0 为本征扩散系数；E_D 为扩散活化能，与聚合物的状态，即玻璃态或橡胶态有关。温度对扩散系数的影响主要是因为随温度升高，聚合物链节间的活动性增加，自由体积增大，渗透物分子的活动性也增大，从而导致扩散系数的增大。

一般情况下，随温度增加，渗透物的通量增大，通量和温度的关系也符合 Arrhenius 方程。

$$J = J_0 \exp[-E_J/(RT)] \tag{7-15}$$

式中，E_J 为渗透活化能，通常其值在 $17 \sim 63 \text{kJ/mol}$ 范围内。一般地讲，温度每提高 $10 \sim 12 \text{℃}$，通量可以提高 1 倍。对于分离系数的影响，在一般情况下是温度升高，分离系数下降。

综上所述，提高料液的温度，可以减小料液的黏度，提高组分的扩散系数，使组分的渗透通量增加，从而使为完成一定的分离任务所需的膜面积减小，达到降低投资成本的目的。同时料液温度的提高，可以相应降低膜后侧对真空度的要求，降低操作成本。但料液温度的提高，将增加加热料液所需的能耗，使操作成本增加。而且料液温度的提高受到膜的耐温性和耐溶剂性的限制，过高的温度将降低膜的使用寿命，缩短换膜周期，从而增加换膜成本。所以料液的温度应该根据分离体系的性质和膜的性质，通过优化投资成本和操作成本后综合考虑。

（2）操作压力

料液侧操作压力的变化对渗透蒸发过程的影响比较小，主要源于它对组分在料液侧的蒸气分压的影响较小，对组分在膜中溶解度和扩散速度的影响也较小。因而一般情况下，料液侧的压力只是为了克服料液流动的阻力。但对于渗透蒸发过程，在某些情况下，提高料液温度，同时又要避免易挥发组分的汽化，此时应适当提高操作压力。

（3）膜后真空度

膜后侧压力的变化将影响到过程的推动力，因此它对渗透蒸发过程有较大的影响。膜后侧压力越小，真空度越高，膜两侧的推动力越大，渗透通量也越大。

分离系数也受到膜后侧压力的影响。通常情况下，膜后侧压力的变化对难挥发组分的影响更为明显，膜后侧压力的减小将导致难挥发组分在膜后侧的相对含量增加。因而当难挥发组分是优先渗透组分时，如用优先透水膜从苯中脱除微量水时，随膜后侧压力的降低，分离系数增加。

综上所述，膜后侧压力的减小将导致渗透通量的增加，减小了体系分离所需的总膜面积，进而使投资成本下降。但膜后侧压力的减小将增加真空泵的能耗，从而增加操作成本。在膜后侧冷凝加抽真空的情况下，要保证渗透物蒸气冷凝成液体，膜后侧的压力应该超过该冷凝温度下组分的饱和蒸气压。

可见，要采用低的膜后压力，必须降低组分的饱和蒸气压，也就要求相应地降低冷凝器的冷凝温度。但冷凝温度越低，冷凝器的能耗越大，相应地操作成本越高。而且冷凝温度的选择应避免组分的凝固，以避免凝固物堵塞流道，同时利于渗透物排出系统。

因此，膜后侧真空度的选择也需综合考虑渗透通量、冷凝温度等因素后优化确定。

（4）流动状态

流动速度及由此导致的不同的流动状态也是影响渗透蒸发过程的重要因素。渗透蒸发过程是一个传质和传热过程同时存在的分离过程，同其他过程类似，也将产生极化现象，包括浓差极化和温差极化。

料液侧流体的流动将影响到渗透蒸发过程的浓差极化和温差极化。一般地讲，提高料液流速，可以增加流体流动的湍流程度，减薄浓度边界层和温度边界层，保证流体在膜面分布得更均匀，减少沟通和死区。但提高流体流速将增加膜组件的阻力，增加能耗，从而使操作费用增加。因此，合适的流动速度和流动状态也需经优化后确定。一般地，对于板框式膜组件，常用膜面流速的范围为 $2\sim3\mathrm{cm/s}$。

（5）料液组成

料液的组成直接影响组分在渗透蒸发膜中的溶解度，进而影响到组分在膜中的扩散系数和最终的分离性能。随料液中优先渗透组分浓度的增加，总的渗透通量增加。料液组成对分离系数的影响比较复杂。料液组分浓度的变化将影响膜的渗透通量和分离系数，并进而影响到所需的膜面积。因而对料液组成的确定需根据膜的性能和上、下游工艺流程综合确定。

7.3.4 膜面积的确定

膜面积确定的关键是获得在操作温度、浓度范围内膜的渗透通量和分离系数随料液浓度的变化关系。渗透通量的计算可以有几种方法，如经验关联式、传质系数法、渗透系数法、根据传递机理建立的模型。

正如前文所述，组分的渗透通量受到许多因素的影响，在膜和膜组件确定的条件下，组分的渗透通量是料液性质和操作条件的函数。而料液的性质和操作条件，在渗透蒸发过程中沿膜面方向是变化的，因而组分的渗透通量在渗透蒸发过程中并不是一个常数，而是沿膜面而变化。为了要得到比较精确的设计数据，需要利用组分渗透通量的各种关联式，通过求解微分方程组而得到。这需借助于计算机进行设计。

综上所述，为完成给定分离任务所需的膜面积和操作条件的确定往往是矛盾的，最终反映在成本上，就是投资成本和操作成本之间的矛盾。对于渗透蒸发过程，膜组件所占的比重较大，一般在 $60\%\sim70\%$。通常，过程设计都是以追求最小的膜面积为目标，这样确定的操作条件往往是所使用的膜或设备的极限条件，但实际上，从最优化角度讲，应该将膜面积和操作条件量化为成本，然后在一定的边界条件下通过优化确定最佳的膜面积和操作条件。

7.4　渗透蒸发技术的应用

根据不同的体系，渗透蒸发技术的应用主要集中在三个方面，即有机溶剂脱水、水中脱除有机物和有机物/有机物的分离。渗透蒸发过程的分离原理不受热力学平衡的限制，它取决于膜和渗透物组分之间的相互作用，因而特别适合于恒沸物或近沸物体系的分离，例如有机物和水的恒沸或近沸体系中水的脱除。对于组分浓度相近体系的分离，渗透蒸发与其他过程的耦合在经济上更有优势。通过渗透蒸发过程选择性地除去反应体系中的某一种生成物，促使可逆反应向生成物的方向进行，也是渗透蒸发技术很重要的应用。

7.4.1　有机溶剂脱水

有机溶剂脱水是渗透蒸发技术研究最多、应用最普遍、技术最成熟的应用。目前已经有工业应用实例或研究过的有机溶剂如下。

醇类：如乙醇、丙醇同分异构体、丁醇同分异构体、戊醇同分异构体、环己醇和苯甲醇等。

甘醇类：如乙二醇、丙二醇、丁二醇、二甘醇、三甘醇、硫醇等。

酮类：如丙酮、丁酮（MEK）、甲基叔丁基酮（MIBK）等。

芳香族化合物：如苯、甲苯、苯酚等。

酯类：如乙酸甲酯、乙酸乙酯、乙酸丁酯、苯甲酸甲酯、醋酸乙二醇酯、硬脂酸丙二醇酯等。

醚类：如甲基叔丁基醚（MTBE）、乙基叔丁基醚（ETBE）、二异丙基醚（DIPE）、二乙醚、四氢呋喃（THF）等。

有机酸：如乙酸、己酸、辛酸等。

氯代烃：如一氯甲烷、二氯甲烷、三氯甲烷等。

脂肪烃：如 $C_3 \sim C_8$ 的脂肪烃等。

有机硅类化合物等。

有机物脱水的应用可以按不同的方法分类，按体系的沸点性质可分为恒沸物体系（如乙醇/水）和非恒沸物体系（如丙酮/水）的分离；按脱水体系的溶解性质和水含量可分为有机水溶液（水和有机溶剂互溶）的分离和有机物中微量水的脱除（如苯中微量水的脱除等）。

（1）无水乙醇和燃料乙醇的生产

恒沸液的分离是渗透蒸发最能发挥优势的领域。其中无水乙醇的生产是渗透蒸发脱水的典型。世界上第一套工业试验装置和第一个最大的生产装置都是用于无水乙醇的生产。

乙醇与水在常压下，乙醇质量分数为 95.6％时，与水发生共沸。制取醇质量分数 99.8％以上的无水乙醇，需要采用萃取精馏、恒沸精馏或加盐精馏，这些方法过程复杂、能耗高、污染严重。采用渗透蒸发法可比传统方法节能 1/2～2/3，而且可以避免产品和环境受污染，因而渗透蒸发法比传统的精馏法优越。

随着煤、石油和天然气等不可再生能源不断被消耗，人类一直在寻找新的能源和替代物。从目前正在开发的众多产能技术来看，乙醇是未来石油的良好替代物。

乙醇作为清洁燃料的添加剂或代用品给燃料乙醇生产发展带来良好的机遇。渗透蒸发技术将彻底改革传统的高能耗的燃料乙醇生产工艺路线，代之以高效、低能耗的渗透蒸发膜分离工艺，从而使生产燃料乙醇的成本大大降低。

用渗透蒸发法从工业乙醇制取无水乙醇的典型工艺流程图如图 7-26 所示。料液与渗余液换热后并经加热器升温后进入膜组件，流经膜面时水优先透过渗透蒸发膜而进入膜的下游侧。由于渗透组分从料液中吸收热量，导致料液温度降低，为保证组分的渗透通量不致降低过多，料液在流经一定面积的膜后要通过中间加热器以提高料液的温度，随后料液进入下一单元的膜组件。当料液中水含量达到预定要求，此时的渗余液即为无水乙醇产品。为充分利用系统的能量，渗余液一般要与进料进行换热。膜下游侧的渗透物蒸气在真空泵的作用下，流经冷凝器，经气/液分离后液体渗透物进入下一工序。少量未冷凝的渗透物蒸气和不凝气经真空泵抽出。

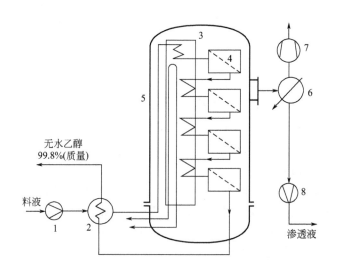

图 7-26 渗透蒸发法制取无水乙醇的工艺流程
1—料液泵；2—预热器；3—中间加热器；4—膜组件；
5—真空容器；6—冷凝器；7—真空泵；8—渗透液泵

对于水含量小于10％的分离体系，要求渗余液水含量数百毫克每升时，渗透蒸发法具有经济竞争力。当料液中水含量较高时，如从水含量高达90％的发酵液直接制备无水乙醇，单纯的渗透蒸发法或恒沸精馏、萃取精馏等特殊的精馏操作并不经济，而普通精馏和渗透蒸发过程的集成将是最佳的选择，可以充分发挥普通精馏在高浓度水条件下的优势和渗透蒸发过程在低浓度水条件下的分离优势。图7-27示出了从发酵液制备无水乙醇的精馏/渗透蒸发集成过程示意图。由于发酵液中乙醇含量较小而且发酵液中还含有其他组分，分离过程中首先用一根初馏塔从发酵液中分离出增浓的乙醇/水溶液作为精馏塔中的进料。精馏塔的塔顶得到的乙醇/水的恒沸液进入渗透蒸发膜组件，渗余液得到含水量低于2000mg/L的无水乙醇，而渗透液则返回精馏塔。

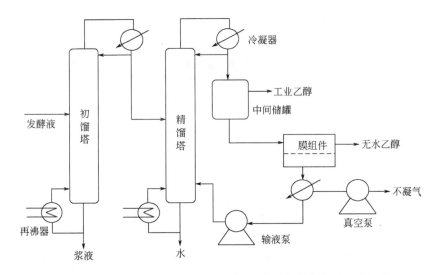

图 7-27　从发酵液制取无水乙醇的精馏/渗透蒸发集成过程示意图

这种集成过程的优点除了可以充分发挥精馏过程和渗透蒸发过程的优势外，同各种特殊的精馏过程相比，还有很多的优点：过程不需要外加的化学添加剂（萃取剂或恒沸剂），可以节省大量的操作费用，如采用苯为恒沸剂，生产能力140000L/d的恒沸精馏法制备无水乙醇的工厂，年苯消耗费用约12万美元；渗透蒸发过程的渗透液可以返回精馏塔，过程中几乎没有乙醇的损失，而恒沸精馏过程中乙醇的平均损失在4％；过程中无含恒沸剂或萃取剂的废水的排放，减少了对环境的污染；精馏塔顶得到的物料直接进入渗透蒸发膜组件，物料不需要再加热，通过能量回收装置可以将渗余液的热量回收，使所需蒸汽量仅是精馏法的1/6，而且是低品质的蒸汽，从而减小了能耗，最大限度地提高了能量利用效率。Tusel和Brüschke等的研究表明，采用这种集成过程从94％的乙醇水溶液制备99.85％的无水乙醇时，投资成本和操作费用将比恒沸精馏法分别节约28％和40％。

Lurgi 公司的工业运行数据得出的结论表明，从 94％的乙醇水溶液制备 99.85％的无水乙醇，与恒沸精馏法比较，渗透蒸发法的操作费用可以节约 60％，见表 7-16。表 7-17 是渗透蒸发与蒸馏、吸附法比较。

表 7-16　从 94％的乙醇水溶液制备 99.85％的无水乙醇时恒沸精馏法和
渗透蒸发法操作费用的比较　　　　单位：欧元/t 无水乙醇

项目	恒沸精馏(环己烷为恒沸剂)	渗透蒸发
低压蒸汽	25.7～38.5	3.21
冷却水	3.85	1.0
电力消耗	1.16	2.93
挟带剂	1.233～2.313	
膜		4.1～8.22
总计	31.87～45.75	11.3～15.4

表 7-17　从 94％的乙醇水溶液制备 99.9％的无水乙醇时各种方法
操作费用的比较　　　　单位：欧元/t 无水乙醇

项目	蒸气渗透法	渗透蒸发法	恒沸精馏法	吸附法
蒸汽		3.3	30.8	20.6
电力	10.3	4.5	2.1	1.34
冷却水	1.0	1.0	3.85	2.6
膜更换费用	4.88	7.87	2.45	
挟带剂				
分子筛更换费用				12.85
总计	16.2	16.7	39.2	37.3

（2）异丙醇脱水

异丙醇也是常用的有机溶剂和原料。目前，异丙醇脱水是除乙醇脱水外渗透蒸发过程主要的应用。与乙醇水溶液类似，异丙醇也可以和水在 80.37℃形成共沸物，共沸物中含异丙醇 87.7％（质量分数），水 12.3％（质量分数）。通常，要想得到异丙醇含量超过恒沸点的产物，需用以苯、异丙醚或二氯乙烷为恒沸剂的恒沸精馏法。渗透蒸发法用于异丙醇脱水也有明显的经济上和技术上的优势。

渗透蒸发法与共沸蒸馏法进行异丙醇脱水操作费用的比较见表 7-18，从表中可以看出，采用渗透蒸发法比共沸蒸馏法的总能耗节省 1/3。

表 7-18　采用不同方法进行 88％异丙醇脱水的能耗比较　　　　单位：kW·h/100kg

项目	恒沸精馏	吸附	渗透蒸发
蒸发能耗	17	3.3	3.9
冷凝能耗	17		
冷却水		3.3	3.9
泵能	2	22	4
总计	36	29	12

（3）有机物中微量水的脱除

在化工生产过程中，许多情况下要求原料或溶剂中的水含量要在 $10^{-6}\mu L/L$ 水平。对于这类微量水的脱除，精馏法显然是不经济的。吸附法设备庞大、操作复杂，而且水含量随时间发生变化，吸附剂的再生、更换以及过程中产生的废液、废气等的处置大大降低了过程的经济性。而渗透蒸发法由于其高选择性比精馏和吸附法有更好的经济和技术竞争力。

目前已经工业应用的体系有苯、甲苯、己烷、环己烷等有机溶剂中微量水脱除。可将苯中含水量从 $600\mu L/L$ 脱至 $50\mu L/L$ 以下，甲苯中含水量从 $1000\mu L/L$ 脱至 $200\mu L/L$ 以下，C_6 溶剂油中的含水量从 $200\mu L/L$ 脱至 $5\mu L/L$ 以下。表 7-19 为苯中微量水脱除的经济比较。

表 7-19　5 万吨/年苯脱水不同工艺的年消耗概算

恒沸精馏法			
项目	数量	金额/万元	备注
蒸汽消耗	840 kg/h	67.2	0.3MPa 蒸汽,100 元/t
冷却水	31t/h	3.7	0.15 元/t
电耗	33kW	13.2	0.5 元/(kW·h)
合计		84.1	
渗透蒸发法			
项目	数量	金额/万元	备注
折合蒸汽总消耗	200kg/h	16.0	0.3MPa 蒸汽,100 元/t
电耗	11kW	4.4	0.5 元/(kW·h)
膜和密封材料		13.0	
合计		33.4	

注:苯入口水含量 0.06%,出口水含量 0.005%。

7.4.2　水中脱除或回收有机物

目前，渗透蒸发技术已经用来从多种水体系中提取或去除有机物，包括从发酵液中提取有机物，从果汁中提取芳香物质，从酒类饮料中去除乙醇，从废水中回收溶剂或除去废水中的有机污染物等。

（1）废水中脱除有机污染物

渗透蒸发法已经成功地用于从废水中脱除挥发性有机污染物，如酚、苯、乙酸乙酯、各种有机酸、卤代烃等。

Lipski 和 Côté 对渗透蒸发法从水中脱除三氯乙烯的经济性进行了分析。评价基准为，水中三氯乙烯浓度 10mg/L，脱除率 99%，料液流量 $10m^3/h$，温度 25℃，硅橡胶膜的成本按 200 美元/m^2 计算。最佳条件下每处理 $1m^3$ 废水总的费用为 0.56 美元，而相同条件下汽提法的费用为 0.75 美元/m^3，活性炭吸附约 0.8 美元/m^3。

（2）酒类饮料中去除乙醇

从酒类饮料中除去乙醇是渗透蒸发技术在食品工业中最早的应用。使用优先透有机物膜使乙醇优先透过，可以降低啤酒或果酒中的乙醇含量，同时得到乙醇浓度较高的乙醇水溶液。

（3）从饮料中回收芳香物质

食品和饮料工业，产品中芳香物质的含量是非常重要的指标，直接关系到产品的口味和消费者的认可。这些芳香物质包括醇类、酯类、醛类和一些烃类。从饮料中回收和浓缩芳香物质的传统蒸馏法不可避免地会造成产物变质。而渗透蒸发技术可以在很大程度上避免这个问题。例如 Bengtsson 等用渗透蒸发技术从苹果汁中回收或浓缩芳香物质。实验表明，C_2 到 C_6 醇的浓缩系数一般在 5～10，醛类的浓缩系数一般在 40～65，而酯类的浓缩系数则可达到 100 以上。目前，用于芳香物质回收和浓缩的膜主要是有机硅类膜。

可回收的芳香物质超过 100 余种，它们主要有几类物质，如内酯类，酯类，醇、醛类，含硫化合物类，酮、酚类。

表 7-20 为渗透蒸发回收芳香物质的部分实验结果

表 7-20　渗透蒸发法从水溶液中回收芳香物质的部分实验结果

物质名称	分子式	来源或香味	膜	操作温度/℃	有机物通量/[g/(m^2·h)]	分离系数 α	浓缩系数 β
δ-癸内酯	$C_{10}H_{18}O_2$	椰子,桃	PDMS GFT	45	0.25		10
γ-辛内酯	$C_8H_{14}O_2$	椰子,奶油	PDMS GFT	45			14
丁酸丁酯	$C_8H_{16}O_2$	水果	PDMS GFT	5			125
丁酸乙酯	$C_6H_{12}O_2$	菠萝	PDMS GFT	30	3.2		247
异丁酸乙酯	$C_6H_{12}O_2$	柑橘	PDMS DC(130μm)	25	2.11		1410
乙酸己酯	$C_8H_{16}O_2$	苹果	PDMS GFT	5			83
氨基苯甲酸甲酯	$C_8H_9NO_2$	葡萄	PDMS-PC	33～60	0.028～0.144		11～19
苯甲醇	C_7H_8O	绯红,水果	PDMS GFT	25	0.02		2.5
邻甲酚	C_7H_8O	霉味	PEBA GKSS	50	2.8		150
辛烯-3-醇	$C_8H_{16}O$	蘑菇	PDMS GFTz	25	1.9		390
2-苯基乙醇	$C_8H_{10}O$	玫瑰	PDMS DC	25	0.04		37
麝香草酚	$C_{10}H_{14}O$	树木,焦臭味	PEBA GKSS	50	8.4		380
反-2-己烯醛	$C_6H_{10}O$	绿色,杏	PEBA GKSS(50μm)				140
2-甲基丁醛	$C_5H_{10}O$	可可,咖啡	PDMS 1060	20	0.21		388～282
糠基硫醇	C_5H_6OS	鱼腥,油腻	PDMS	29	1.3	36	

续表

物质名称	分子式	来源或香味	膜	操作温度/℃	有机物通量/[g/(m²·h)]	分离系数 α	浓缩系数 β
S-甲基硫醇丁酸	$C_5H_{10}OS$	腐烂味,卷心菜	PEBA GKSS	30	0.3~0.14		1205~700
3-羟基丁酮	$C_4H_8O_2$	黄油	PEBA	50~70			2~2.3
2-壬酮	$C_9H_{18}O$	玫瑰,茶	PDMS DC	25	2.4		3200
2,5-二甲基吡嗪	$C_6H_8N_2$	坚果类	PDMS GFT	25	0.13		15
柠檬油精	$C_{10}H_{16}$	柑橘	PDMS	67	0.44	1831	
香草醛	$C_8H_8O_3$	香草	PEBA GKSS				17

7.4.3　有机混合物分离

　　用渗透蒸发法分离有机混合物是目前渗透蒸发过程工业化应用最有挑战性的课题之一，也是今后渗透蒸发技术最重要的应用之一。尽管围绕有机混合物分离的研究已经进行了多年，针对不同体系开发了多种膜材料，但到目前为止，世界范围内只有醇/醚分离装置在运行，其他都还处于实验室研究阶段。

　　醇、醚混合物的分离主要是甲醇/甲基叔丁基醚（MTBE）和乙醇/乙基叔丁基醚（ETBE）的分离。如前文所述，尽管甲基叔丁基醚（MTBE）和乙基叔丁基醚（ETBE）作为无铅汽油的添加剂，有潜在的对公众健康的影响，但目前仍然是主要的无铅汽油的添加剂。

　　MTBE 由甲醇和异丁烯反应而成。为了提高异丁烯的转化率，过程中一般使用过量的甲醇。因而在反应完成后需要将甲醇从产物中分离出来循环使用。由于甲醇和 MTBE 可在 51.3℃形成甲醇含量（质量分数）14.3% 的恒沸物，目前工业上普遍采用水洗法将甲醇溶解于水，然后用精馏法回收甲醇，这具有能耗高、过程复杂的缺点。1989 年，美国的空气产品和化学品公司（Air Products and Chemicals Inc.）开发了渗透蒸发/精馏集成过程用于分离 MTBE 生产中的产物，该流程命名为 TRIM™。流程采用对甲醇/MTBE 有很高选择性的醋酸纤维素膜卷式组件，从反应产物中分离出大部分的甲醇后，剩余物进入精馏塔，在塔底分出 MTBE，在塔顶分出甲醇和反应副产物丁烷，这部分甲醇在甲醇回收器中回收后进入反应器使用。据估计，采用该流程可以减少设备投资 5%~20%，降低蒸汽消耗量 10%~30%。

7.4.4　FCC 汽油脱硫

　　液体燃料燃烧过程中会释放出大量污染物 SO_x、NO_x、CO_x 等，其中 SO_x 对环境的污染尤为严重，还会提高车辆 NO_x 的排放量，更是产生酸雨的直接原因。

汽油是一种由烷烃、$C_5 \sim C_{14}$烯烃、环烷烃和芳烃组成的复杂混合物，它经过原油的异构化，重整和催化裂化（FCC）而得到。FCC环节得到的部分（简称FCC汽油）占总汽油30%～40%，是汽油中最重要的硫来源（高达85%～95%）。因此，从FCC汽油中脱硫是深度脱硫的关键。汽油中典型的硫化合物有硫醇（RSH）、硫化物（R_2S）、二硫化物（RSSR）、噻吩和其衍生物。碱清洗过程后，噻吩及其衍生物进入FCC汽油，它占总硫含量的很大一部分（80%以上）。同时，噻吩类化合物及其衍生物具有更小的反应活性，比其他种类的硫化合物更难脱除。因此，目前的研究主要集中于FCC汽油中噻吩的脱除。

渗透蒸发技术成为近年来脱硫研究中一项非常有吸引力的技术。

虽然针对渗透蒸发脱除液体燃料中硫组分的研究非常多，但目前仅有两项渗透蒸发脱硫技术S-Brane and TranSepTM在工业上得到了应用。

S-Brane技术是由美国的W. R. Grace公司2003年开发的，用于从FCC汽油和其他石脑油中脱除含硫烃分子。目前，随着S-Brane技术工艺流程的改进，工业生产能力可达到5000～40000万桶/天。该技术所使用的是聚酰亚胺聚合物膜，选择性地除去硫化物分子。所需的膜面积取决于进料组成、体积、目标纯度以及分离器和加氢装置的能力。该工艺的生产成本为100～500美元/万桶，而其他的除硫技术的成本高达1000～2000美元/万桶。这是因为，相比其他的方法，S-Brane结合催化加氢脱硫（HDS）过程，能够在较低的操作温度（66～121℃）和压力（6.9～20.7kPa）下，显著降低总氢气需求量。S-Brane技术是使用管式膜组件的膜法处理工艺，能较好地与现有的或新的加氢装置相配合，生产出低含硫量的汽油，减少现有的氢处理设备的工作量，提高汽油的辛烷值。

7.4.5 渗透蒸发和其他过程集成的应用

渗透蒸发过程已经成功地应用于许多的工业过程中，但每一种技术都有其应用范围和适用性，在许多情况下，单独使用渗透蒸发工艺并不是最佳选择，而渗透蒸发和其他过程的集成则可以充分发挥这些技术的优势，提高其经济性。目前，研究最多、应用最成功的集成过程主要有渗透蒸发与精馏过程和渗透蒸发与反应过程集成两类，反应过程包括酯化反应及生化反应。

（1）渗透蒸发与精馏过程集成

该技术研究始于20世纪50年代末，20世纪80年代开始应用于工业生产过程，表7-21为部分采用渗透蒸发与精馏集成的应用体系。

表7-21 渗透蒸发和精馏过程的集成过程

分离体系	苯/环己烷分离，羧酸酯/羧酸/甲醇,碳酸二甲酯/甲醇,甲基叔丁基醚/甲醇,乙基叔丁基醚/醇
应用	分离恒沸物

续表

集成过程	渗透蒸发/精馏
渗透蒸发膜	亲有机物膜

用集成过程来分离低挥发性的组分和恒沸物体系，能够克服精馏过程如需要第三组分的加入、变压操作、所需塔板数多、过程复杂、操作困难等缺点。经济性主要来自于操作费用的节省，第三组分的减小等。

（2）渗透蒸发与酯化反应过程集成

利用渗透蒸发可以优先渗透某一种组分的特性，将渗透蒸发过程和反应过程进行集成，将反应过程中生成的某一种产物或副产物不断去除，从而促使可逆反应向生成物的方向移动。许多有机反应，如酯化反应和苯酚-丙酮缩合反应，都会产生水。这些反应一般都属于可逆反应，最终达到某种反应平衡状态。如果能将反应生成的水除去，就可以促进反应向生成物的方向进行。

研究表明，采用集成过程比单纯酯化反应节能 60% 左右。

表 7-22 是有关渗透蒸发和酯化反应集成过程的部分应用体系

表 7-22　渗透蒸发和酯化反应过程的集成过程

分离体系	乳酸乙酯/水，丁二酸二乙酯/水，单硬脂酸甘油酯/水，乙酸异丙酯/水，油酸甲酯/水，果糖十八烯酸酯/水，乙酸异戊醇酯/水，外消旋布洛芬/水，邻苯二甲酸二异丁酯/水，乙酸苯甲醇酯/水，油酸异戊醇酯/水，油酸杂醇油酯/水，乙酸甲酯/水，乙酸龙脑酯/水
应用	从反应器中除去水以促使反应转化率提高
集成过程	渗透蒸发/酯化反应
渗透蒸发膜	亲水膜

（3）渗透蒸发与生化反应过程集成

在生化领域，用细胞或酶进行生物发酵反应时，代谢产物往往会阻碍反应的进行。如发酵法制乙醇过程中，产物乙醇的分离将能提高过程的产率；发酵法制丙酮/丁醇/乙醇过程中，毒性产物丁醇的分离可以提高发酵过程的效率。

目前渗透蒸发/生化反应集成过程的研究主要集中在乙醇/丁醇发酵-分离耦合体系，所使用的装置也多为外置式，这种集成过程以乙醇发酵或丁醇发酵的集成过程为主，许多科研工作者对这两种过程做了大量的研究。同非集成的釜式过程相比，可以使产率增加 300%～500%；同非集成的连续式过程相比，可以使产率增加 80%～100%。

7.5　渗透蒸发在我国的工业应用实例

山东蓝景膜技术工程公司是我国第一家也是规模最大的生产和销售有机高分子渗透蒸发膜及组件的公司。自 2003 年 6 月以来，在我国 20 余省市建立了 80 余套工业装置，用于乙醇、异丙醇、正丙醇、正丁醇、叔丁醇、丙酮、四氢呋喃、乙酸乙酯、乙酸甲酯、苯、甲苯、一氯甲烷等有机溶剂及混合溶剂脱水。涉及的应用领域有石油化工、医药、精细化工、生物科技、新能源、纺织印染、涂料等行业，现列举几个应用实例。

7.5.1　乙醇脱水制取无水乙醇

应用实例：东药集团年产32000t无水乙醇的渗透蒸发装置

东北制药集团在磷霉素钠的生产过程中，采用了乙醇作循环溶剂，当乙醇中水的质量分数高于5%时就不能再继续使用，需要对含水的乙醇进行脱水。用加盐萃取精馏可以将乙醇中的水脱除，但会引入乙二醇等杂质，影响药品的安全性。采用渗透蒸发技术进行乙醇脱水，不仅降低运行成本，而且在产品中不引入任何杂质。将该乙醇用于后续药品生产中，产品晶形好，收率高，质量稳定，安全性也大大提高，给用户带来了良好的经济效益和环境效益。

该项目采用渗透蒸发和精馏过程集成工艺，装置生产能力为32000t/a无水乙醇。来自磷霉素钠生产过程的循环溶剂，经过精馏塔除去高沸点的杂质，得到含乙醇为94%～95%（质量分数）的乙醇/水溶液，经渗透蒸发装置脱水后，产品为99.5%（质量分数）的无水乙醇再回到生产线。装置于2012年投入运行，采用蓝景公司生产的MPV0702牌号的渗透蒸发复合膜，牌号为MPD-Ⅰ膜组件，总膜面积为1500m²，分别装入4个真空罩，采用两个真空罩串联为一组，两组并联为一条生产线。图7-28是东药集团32000t/a无水乙醇生产装置工艺流程，图7-29为装置的实景照片。

此外，东药集团还分别于2005年10月建立了5000t/a的渗透蒸发无水乙醇生产装置，于2006年5月建立了3000t/a的渗透蒸发无水乙醇生产装置。

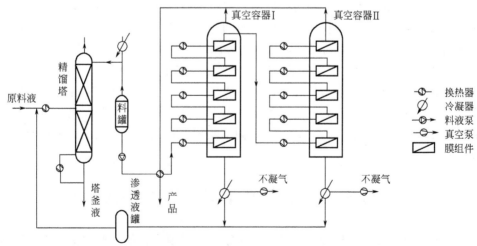

图7-28　东药集团32000t/a无水乙醇生产工艺流程示意图

图 7-29　东药集团 32000t/a 无水乙醇生产装置实景照片

7.5.2　异丙醇脱水

应用实例 1：广州天赐高新材料科技公司 7000t/a 异丙醇脱水装置

广州天赐高新材料科技有限公司在某化妆品添加剂的生产过程中，采用异丙醇作为循环溶剂，将体系中的水分带出。随着溶剂套用次数的增多，异丙醇溶剂中水含量增大，当溶剂中水含量达到 12% 左右时，循环溶剂不能满足工艺要求，无法继续套用。采用传统的恒沸精馏法脱水，回收的溶剂质量达不到要求，直接导致终端产品的不合格，只好将含水量较高的溶剂废弃，造成严重的资源浪费和环境污染。

2003 年 3 月，由清华大学设计、蓝景公司提供渗透蒸发膜，设备的年处理能力为 2000t 的异丙醇水溶液，解决了该企业异丙醇溶剂回收的难题，满足了企业的生产需求。这是我国第一套自行设计建造、拥有完全自主知识产权的渗透蒸发膜分离工业系统。该系统的完成，标志着渗透蒸发膜分离这一高新技术在我国开始实现产业化应用。该企业随后又在 2003 年 5 月建立了一套年处理能力 5000t 的渗透蒸发膜系统。

以上两套系统用于化妆品添加剂生产中循环溶剂异丙醇脱水，每年回收异丙醇循环溶剂 7000t（异丙醇中含水量低于 1%）。不但回收了溶剂，减少了有机溶剂的排放，能耗降低 70% 以上，而且因溶剂质量改善使化妆品添加剂产品的收率提高 15%～20%。

该装置采用蓝景公司生产的牌号为 MPV0301 的渗透蒸发复合膜，牌号为 MPP-Ⅰ膜组件，总面积 170m²，其工艺流程见图 7-30，图 7-31 是装置实景照片。

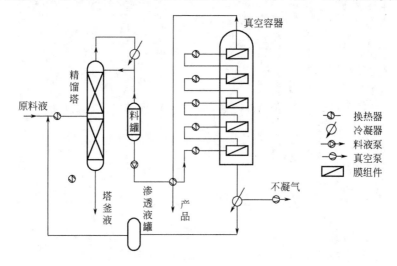

图 7-30　广州天赐 7000t/a 的异丙醇溶剂回收装置的工艺流程

(a) 2000t/a 渗透蒸发膜系统

(b) 5000t/a 渗透蒸发膜系统

图 7-31　广州天赐 7000t/a 渗透蒸发法异丙醇溶剂回收装置实景照片

应用实例 2：泸州北方硝化棉公司 5000t/a 异丙醇脱水装置

2004 年 6 月，蓝景公司在该企业建立了涂料行业的第一套渗透蒸发工业装置。年处理能力 5000t，用于产品生产过程中异丙醇溶剂的回收及循环使用，节能 70% 以上。该项目的实施，实现了企业生产绿色环保涂料的愿望，提高了产品的国际竞争力，适应了国内外市场对绿色环保产品的需求。该装置采用蓝景公司生产的牌号为 MPV0501 的渗透蒸发复合膜，牌号为 MPD-Ⅰ膜组件，总膜面积为 160m²，其工艺流程见图 7-30，图 7-32 是装置的实景照片。

(a) 渗透蒸发膜系统整体　　　　　　　(b) 渗透蒸发膜系统局部

图 7-32　泸州北方 5000t/a 渗透蒸发法异丙醇脱水系统实景照片

7.5.3　无水叔丁醇生产

应用实例：淄博四泰 3000t/a 无水叔丁醇生产装置

叔丁醇是具有广泛用途的石化产品之一，可作为汽油添加剂，以提高汽油的辛烷值。

2004 年 3 月，蓝景公司在山东省淄博四泰联合化学有限公司建立了我国第一套年生产能力为 3000t 无水叔丁醇的渗透蒸发系统，将原料中的水含量由 15％降至 0.5％以下。该装置充分发挥了渗透蒸发的独特技术优势，比恒沸蒸馏节能 70％以上，具有良好的经济效益和环境效益。图 7-33 是装置的实景照片。

(a) 渗透蒸发膜系统整体　　　　　　　(b) 渗透蒸发膜系统局部

图 7-33　淄博四泰 3000t/a 渗透蒸发法无水叔丁醇生产装置实景照片

7.5.4　四氢呋喃脱水

应用实例：山东齐鲁安替制药公司 15000t/a 四氢呋喃脱水装置

传统的四氢呋喃脱水技术为加盐萃取精馏及分子筛脱水。其中加盐萃取精馏技术在萃取剂回收中产生大量的含盐萃取剂残渣，难以处理。分子筛脱水则存在脱附能耗高、被淘汰的分子筛处理困难等问题。采用渗透蒸发技术脱水，不使用外加试剂，节能环保。

　　齐鲁安替生产头孢菌素原料药的过程中，采用渗透蒸发工艺，进行四氢呋喃溶剂的脱水回收，装置的总设计处理能力为 15000t/a，一期处理能力 5000t/a，原料含水量 7%（质量分数），产品含水量低于 0.5%（质量分数）。该装置所用渗透蒸发膜为蓝景公司生产的 MPV0800 号复合膜，膜面积为 150m^2，其工艺流程同图 7-30，图 7-34 是装置的实景照片，自 2010 年初投产运行以来，产品质量稳定，四氢呋喃溶剂的回收率显著提高，能耗降低。

图 7-34　四氢呋喃溶剂回收装置的实景照片

7.5.5　甲苯脱水

　　应用实例：浙江新华制药公司甲苯脱水项目

　　浙江新华制药公司在某原料药中间体的生产中使用"甲苯-碳酸二甲酯"混合溶剂作为反应溶剂，在生产中发现，随着套用次数的增加混合溶剂中的水含量不断上升，严重影响反应的进行。之前曾采用其他脱水方式，效果不好。2009 年，浙江新华制药公司采用了蓝景公司的渗透蒸发技术，进行混合溶剂的脱水精制，装置的工艺流程见图 7-35。采用蓝景公司生产的牌号为 MPV9803 的渗透蒸发膜，进行混合溶剂的脱水精制，年处理量为 10800t，原料水含量为 1800μL/L，产品水含量不高于 700μL/L。装置的工艺流程图见图 7-35，该装置自投产至今，运行正常，产品质量稳定。采用这套装置后，解决了长期困扰的生产难题，产品产率有明显提高，生产过程较之旧工艺更为稳定易控，避免了附加污染物的引入，保障了产品安全。装置的实景照片见图 7-36。

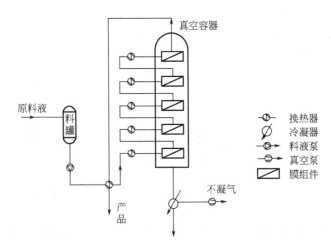

图 7-35　脱除甲苯中微量水的渗透蒸发工艺流程

图 7-36　用于甲苯脱水的渗透蒸发装置实景照片

参 考 文 献

[1] 陈翠仙，蒋维钧. 渗透汽化研究进展. 现代化工，1991，4：14-17.

[2] 陈翠仙，余立新，祁喜旺等. 渗透汽化膜分离技术的进展及在石油化工中的应用. 膜科学与技术，1997，17 (3)：14-18.

[3] 祁喜旺，陈洪钫. 渗透蒸发膜及其传质的研究进展. 膜科学与技术，1995，15 (3)：1-9.

[4] 徐永福. 渗透蒸发的研究和应用 I. 基础研究. 膜科学与技术，1987，7 (3)：1-16.

［5］徐永福. 渗透蒸发的研究和应用Ⅱ. 膜材料的选择. 膜科学与技术，1987，7（4）：1-14.

［6］陈翠仙，韩宾宾，朗宁，威（Ranil wickramasinghe）. 膜分离技术与应用丛书. 渗透蒸发和蒸气渗透. 北京：化学工业出版社，2004.

［7］Bravo J L，Fair J R，Humphrey J L，Martin C L，Seibert A F. Fluid Mixture separation technologies for cost reduction and process improvement. Noyes Data：Park Ridge，NJ，1986.

［8］Aptel P，Challard N，Cuny J，Neel J. Application of the pervaporation process to separate azeotropic mixtures. J. Membr. Sci.，1976，1：271-287.

［9］Cabasso I，Jagurgro J，Vofsi D. Polymeric Alloys of Polyphosponates and Acetyl Cellulose. 1. Sorption and Diffusion of Benzene and Cyclohexane. Journal of Applied Polymer Science，1974，18（7）：2117-2136.

［10］Cabasso I，Jagurgro J，Vofsi D. Study of permeation of organic-solvents through polymeric membranes based on polymeric alloys of polyphosphonates and acetyl cellulose. 2. separation of benzene，cyclohexene，and cyclohexane. Journal of Applied Polymer Science，1974，18（7）：2137-2147.

［11］Kujawski W. Application of pervaporation and vapor permeation in environmental protection. Polish J. Environ. Studies，2000，9（1）：13-26.

［12］Kober P A. Pervaporation，perstillation，and percrystallization. J. Amer. Chem. Soc.，1917，39：944-948.

［13］Farber L. Application of pervaporatioin. Science，1935，82：158.

［14］Heissler E G，Hunter A S，Scilliano J，Treadway R M. Solute and temperature effects in the pervaporation of aqueous alcoholic solutions. Science，1956，124：77-79.

［15］Binning R C. Organic chemical reactions involving liberation of water. U. S. Patent 2，956，070，1960.

［16］Binning R C. Separation of mixtures. U. S. Patent 2，981，680，1961.

［17］Binning R C，James F E. Permeation：a new way to separate mixtures. Oil Gas J.，1958，56（21）：104-105.

［18］Binning R C，Jennings J. F. and Martin E. C. Separation technique through a permeation membrane. U. S. Patent 2，985，588，1961.

［19］Binning R C，Johnson W F. Aromatic separation process. U. S. Patent 2，970，106，1961.

［20］Sanders B. H. and Choo C. Y. Latest advances in membrane permeation. Petrol. Refiner，1960，June：133-138.

［21］Choo C Y. Membrane permeation. Adv. Petroleum Chem.，1962，6（2）：73-117.

［22］Carter J W，Jagannadhaswamy B. Separation of organic liquids by selective permeation through polymeric films. Brit. Chem. Eng.，1964，9（8）：523-526.

［23］Sweeney R F，Rose A. Factors determining rates and separationin barrier membrane permeation. Ind. Eng. Chem. Proc. Des. Dev.，1965，4：248-251.

［24］Aptel P，Cuny J，Morel G，Neel J，Jozefowi J. Liquid transport through membranes prepared by grafting of polar monomers onto poly（tetrafluoroethylene）films. 1. some fractionations of liquid mixtures by pervaporation. Journal Of Applied Polymer Science，1972，16（5）：1061.

［25］Aptel P，Cuny J，Jozefonv J，Morel G，Neel J. Liquid transport through membranes prepared by grafting of polar monomers onto poly（tetrafluoroethylene）films. 2. some factors determining pervaporation rate and selectivity. Journal Of Applied Polymer Science，1974，18（2）：351-364.

［26］Aptel P，Cuny J，Jozefonv J，Morel G，Neel J. Liquid transport through membranes prepared by grafting of polar monomers onto poly（tetrafluoroethylene）films. 3. steady-state distribution in membrane during pervaporation. Journal Of Applied Polymer Science，1974，18（2）：365-378.

［27］Jonquières A，Clément R，Lochon P，Néel J，Dresch M，Chrétien B. Industrial state-of-the-art of pervaporation and vapour permenation in the western countries. J. Membr. Sci.，2002，206：87-117.

［28］Sander U，Janssen H. Industrial application of vapour permeation. J. Membr. Sci.，1991，61：113-129.

［29］Favre E，Tondeur D，Néel J，Brüschke H. Récupération des COV par perméation de vapeur：état de la technique et perspectives，Inform. Chimie，1995，372：80.

［30］Baker R，Wijmans J，Kaschemekat J. The design of membrane vapor-gas separation systems，J. Membr. Sci. 1998，151：55.

［31］祁喜旺. 聚酰亚胺渗透蒸发膜的研究：[博士学位论文]. 天津：天津大学化工系，1993.

［32］Li J，Chen C，Han B，Peng Y，Zou J，Jiang W. Laboratory and pilot-scale study on dehydration of benzene by pervaporation. Journal of Membrane Science，2002，203（1-2）：127-136.

［33］Huang R Y M，Yeom C K. Pervaporation separation of aqueous mixtures using crosslinked poly（vinyl alcohol）2. Permeation of ethanol-water mixtures. J. Membr. Sci.，1990，51：273.

［34］Huang R Y M，Feng X. Dehydration of isopropanol by pervaporation using aromatic polyetherimide membranes. Sep. Sci. Technol.，1993，28：2035.

［35］Kesting R E. Preparation of reverse osmosis membranes by complete evaporation of the solvent system. US 3884801，1975

［36］Eirsh Yu. É. Reverse-osmosis，Ion-exchange，and pervaporation membranes：polymeric materials，forming methods and hydrate and transport properties（a review）. Russian J. Appl. Chem.，1993，67（2，part 1）：159-175.

［37］Yamaguchi T，Yamahara S，Nakao S，Kimura S. Preparation of pervaporation membranes for removal of dissolved organics from water by plasma-graft filling polymerization. J. Membr. Sci.，1994，95：39.

［38］Semenova S I，Ohya H，Soontarapa K. Hydrophilic membranes for pervaporation：an analytical review. Desalination，1997，110（3）：251-286.

［39］北京有机化工厂研究所编译. 聚乙烯醇的性质和应用. 北京：纺织工业出版社，1979.

［40］Wang B，Yamaguchi T，Nakao S. Effect of molecular association on solubility，diffusion，and permeability in polymeric membranes. J. Polymer Sci，2000，38：171-181.

［41］李福绵，王林，冯新德. 聚乙烯醇衍生的聚离子复合物的研究. Ⅰ聚离子复合物的制备及其溶解性能. 高分子通讯，1986，（6）：426.

［42］李福绵，王林，冯新德. 聚乙烯醇衍生的聚离子复合物的研究. Ⅱ. 聚离子复合物的吸水性及抗凝血性. 高分子学报，1987，（1）：13.

［43］丁虹，李福绵. 聚乙烯醇衍生的聚离子复合物的研究. Ⅲ. 乙烯-乙烯醇共聚物的化学修饰及其复合物. 高分子学报，1995，（6）：641.

［44］王林，丁虹，李福绵. 聚乙烯醇衍生的聚离子复合物的研究. Ⅳ. 聚离子复合膜的力学行为及透过性能. 高分子学报，1993，（6）：753.

［45］丁虹，李福绵. 聚乙烯醇衍生的聚离子复合物的研究. Ⅳ. 乙烯-乙烯醇共聚物衍生的聚离子复合物的电荷性质与抗凝血性. 高分子学报，1996，（1）：54.

［46］张可达，付圣权. 多元酸交联聚乙烯醇渗透汽化膜. 膜科学与技术，1993，13（1）：19.

［47］Rathke T D，Hudson S M. Review of chitin and chitosan as fiber and film formers. Journal of Macromolecular Science-Reviews in Macromolecular Chemistry and Physics，1994，C34（3）：375-437.

［48］Uragami T. Comparison of permeation and separation characteristics for aqueous alcoholic solutions by PV and new evapomeation methods through CS membranes. Makromol. Chem. Rapid Commun.，1988，

9（5）：361-365.

[49] Maeda Y，Kai M. Recent progress in pervaporation membranes for water/ethanol separation. In：Huang R. Y. M. ed.，Pervaporation Membrane Separation Processes. Elsevier，Amsterdam，1991：391-435.

[50] 曾宪放等. 交联壳聚糖渗透汽化膜分离乙醇/水. 膜科学与技术，1993，2：29.

[51] Mochizuki A，et al. Membrane from ionic glycosides for separation fluids by pervaporation. DE3600333，1986.

[52] 陈联楷，郭群晖，黄继才，苑学竟，方军，伍凤莲. 壳聚糖渗透汽化膜分离醇/水的性能Ⅱ. 壳聚糖复合膜. 水处理技术，1996，4：189-194.

[53] 赵国骏，姜涌明，孙龙生等. 不同来源壳聚糖的基本特性及红外光谱研究. 功能高分子学报，1998，11（3）：403.

[54] 美国专利 USP 4645794.

[55] 中国专利 CN 10311091A.

[56] 邹建，孙本惠，陈翠仙等. 基于PVA的聚电解质渗透汽化膜的研制（I）聚电解质的合成. 膜科学与技术，2001，21（1）：21.

[57] 邹建. 聚电解质膜材料及其渗透汽化膜的特性研究 [硕士学位论文]. 北京：北京化工大学，2000.

[58] Uragami T，Saito M，Sugihara M. Studies on syntheses and permeabilities of special polymer membranes. 68. analysis of permeation and separation characteristics and new technique for separation of aqueous alcoholic solutions through alginic acid membranes. Polymer Preprints，Japan，1985，34：400.

[59] Uragami T，Saito M. Polymer Preprints，Japan，1982：35.

[60] Mochizuki A，Sato M，Ogawara H，Yamashita S. Polymer Preprints，Japan，1986，35：2202.

[61] 施艳荞，王信玮，陈观文. 藻朊酸钠渗透汽化膜分离有机液/水混合物. 水处理技术，1996，1：9-13.

[62] Yeom C K，Jegal J G，Lee K H. Characterization of relaxation phenomena and permeation behaviors in sodium alginate membrane during pervaporation separation of ethanol-water mixture. J. Appl. Polym. Sci.，1996，62：1561.

[63] Chun H J，Kim J J，Kim K Y. Anticoagulation activity of the modified poly（vinyl alcohol）membranes，Polymer journal，1990，22（4）：347.

[64] Nam S Y，Chun H J，Lee Y M. Pervaporation separation of water-isopropanol mixture using carboxymethylated poly（vinyl alcohol）complex membranes. J. Appl. Polym. Sci.，1999，72：241.

[65] 林芸，陈秉铨. 磷酸酯化聚乙烯醇的合成工艺及其性质初探. 化学研究与应用，1996，8（4）：547.

[66] Anzai J. Development of polyelectrolyte multilayer films and their applications to analytical chemistry（review）. Bunseki Kagaku，2001，50（9）：585-594.

[67] Ackern F V，Krasemann L，Tieke B. Ultrathin membranes for gas separation and pervaporation prepared upon electrostatic self-assembly of polyelectrolytes. Thin solid films，1998，327-329：762.

[68] Shieh J J，Huang R Y M. Pervaporation with chitosan membranes Ⅱ. Blend membranes of chitosan and polyacylic acid and comparison of homogeneous and composite membrane based on polyelectrolyte complexes of chitosan and polyacrylic acid for the separation of ethanol-water mixtures. J. Memb. Sci.，1997，127：185.

[69] Nam S Y，Lee Y M. Pervaporation and properties of chitosan-poly（acrylic acid）complex membranes. J. Memb. Sci.，1997，135：161.

[70] 卢灿辉，许晨，丁马太. 壳聚糖/聚丙烯酸钠聚离子复合膜的醇-水渗透汽化分离性能. 水处理技术，1994，2：75.

[71] 曾晞，施艳荞，陈观文. 壳聚糖/聚丙烯酸聚电解质复合物膜对水/有机物体系的渗透汽化性能. 功能

高分子学报，1998，3：385.

[72] 卢灿辉，许晨，丁马太等. 壳聚糖/褐藻酸钠聚离子复合膜的渗透汽化分离性能研究. 功能高分子学报，1996，3：383.

[73] 曾晞，施艳荞，陈观文. 藻朊酸钠/壳聚糖聚电解质复合物膜. I. 对水/有机物体系的渗透汽化特性. 功能高分子学报，1998，3：321.

[74] Lee Y M，Nam S Y，Ha S Y. Pervaporation of water/isopropanol mixtures through polyaniline membranes doped with poly (acrylic acid). J. Memb. Sci.，1999，159：41.

[75] 金喆民，王平，赖桢，陈翠仙，李继定，孟平蕊. 壳聚糖-聚磷酸钠聚离子复合物渗透汽化膜的研究（I）聚离子膜的制备及特性表征. 膜科学与技术，2003，23 (2)：23-26.

[76] 金喆民，王平，赖桢，陈翠仙等. 壳聚糖-聚磷酸钠聚离子复合物渗透汽化膜的研究（II）聚合条件和操作条件对膜分离性能的影响，膜科学与技术，2003，23 (3)：32-35.

[77] Karakane H，Tsuyumoto M，Maeda Y，et al. Separation of water-ethanol by pervaporation through polyion complex composite membrane. J. Appl. Polym. Sci.，1991，42：3229.

[78] Mulder M H V，Hendrikman J O，Hegeman H，Smolders C A. Ethanol water separation by pervaporation. J. Membr. Sci.，1983，16：269-284.

[79] Snitzen J W F，Elsinghorst E，Mulder M H V，Smolder C A. Proceedings of 2nd international conference on pervaporation processes in the chemical industry. San Antonio，Texas，USA，1987，209.

[80] Yoshikawa M，Yokoi H，Sanui K，Ogata N. Selective separation of water-alcohol binary mixture through poly (maleimide-co-acrylonitrile) membrane. J. Polym. Sci. Pol. Chem.，1984，22 (9)：2159-2168.

[81] Yoshikawa M，Yokoi H，Sanui K，Ogata N. Pervaporation of water-ethanol mixture through poly (maleimide-co-acrylonitrile) membrane. J. Polym. Sci. Pol. Lett.，1984，22 (2)：125-127.

[82] Yoshikawa M，Yokoshi T，Sanui K，Ogata N. Separation of water and ethanol by pervaporation through poly (acrylic acid-co-acrylonitrile) membrane. J. Polym. Sci. Pol. Lett.，1984，22 (9)：473-475.

[83] Yoshikawa M，Yokoshi Y，Sanui K，Ogata N. Selective separation of water ethanol mixture through synthetic-polymer membranes having carboxylic-acid as a functional-group. J. Polym. Sci. Pol. Chem.，1986，24 (7)：1585-1597.

[84] Yoshikawa M，Yokoshi T，Sanui K，Ogata N. Selective separation of water from water ethanol solution through quarternized poly (4-vinylpyridine-co-acrylonitrile) membranes by pervaporation technique. J. Appl. Polym. Sci.，1987，33 (7)：2369-2392.

[85] Yoshikawa M，Ochiai S，Tanigaki M，Eguchi W. Application and development of synthetic-polymer membranes. 3. separation of water-ethanol mixture through synthetic-polymer membranes containing ammonium moieties. J. Polym. Sci. Pol. Lett.，1988，26 (6)：263-268.

[86] Nguyen Q T，Blanc L L，Neel J. Preparation of membranes from polyacrylonitrile polyvinylpyrrolidone blends and the study of their behavior in the pervaporation of water organic liquid-mixtures. J. Membr. Sci.，1985，22 (2-3)：245-255.

[87] Xu Y F，Huang R Y M. Pervaporation separation of ethanol water mixtures using ionically crosslinked blended polyacrylic-acid (PAA) -nylon-6 membranes. J. Appl. Polym. Sci.，1988，36 (5)：1121-1128.

[88] Zhao X P，Huang R Y M. J. Appl. Polym. Sci.，1990，42 (2)：133.

[89] Takegami S，Yamada D，Tsujii S. Dehydration of water ethanol mixtures by pervaporation using

modified poly (vinyl alcohol) membrane. Polym. J., 1992, 24 (11): 1239-1250.

[90] Aptel P, Challard N, Cuny J, Neel J. Application of pervaporation process to separate azeotropic mixtures. J. Membr. Sci., 1976, 1 (3): 271-287.

[91] Tealdo G C, Canepa P, Munari S. Water-ethanol permeation through grafted PDFE membranes. J. Membr. Sci., 1981, 9 (1-2): 191-196.

[92] Niemoller A, Scholz H, Gotz B, Ellinghorst G. Radiation-grafted membranes for pervaporation of ethanol water mixtures. J. Membr. Sci., 1988, 36: 385-404.

[93] Nakao S, Saitoh F, Asakura T, Toda K, Kimura S. Continuous ethanol extraction by pervaporation from a membrane bioreactor. J. Membr. Sci., 1987, 30: 273-287.

[94] Ishihara K. and Matsui K. Ethanol permselective polymer membranes. 3. pervaporation of ethanol-water mixture through composite membranes composed of styrene-fluoroalkyl acrylate graft-copolymers and cross-linked polydimethylsiloxane membrane. J. Appl. Polym. Sci., 1987, 34 (1): 437-440.

[95] Gudematsch W, Kimmerle K, Stroh N, Chmiel H. Recovery and concentration of high vapor-pressure bioproducts by means of controlled membrane separation. J. Membr. Sci., 1988, 36: 331-342.

[96] Te Hennepe H J C, Mulder M H V, Smolders C A, Bargeman D, Mulder M H V, Te Hennepe H J C. Pervaporation process and membrane. EP 0254758, 1986.

[97] Matsumura M, Kataoka H. Separation of dilute aqueous butanol and acetone solutions by pervaporation through liquid membranes. Biothchnol. Bioeng., 1987, 30 (7): 887-895.

[98] Kimura S, Nomura T. Pervaporaton of alcohol-water mixtures with silicone rubber membrane. Membrane (in Japanese), 1982, 7 (6): 353-354.

[99] Schonberger U. Untersuchungern zur Stofftrennung durch Pervaporation an Silikon-Membrane. Diplomarbeit Fachhochschule Hamburg. 1984.

[100] Blume I, Baker R. Separation and concentration of organic solvents from water using pervaporation. Proceedings of 2nd International Conference on Pervaporation Processes in the Chemical Industry. San Antonio, Texas, 1987, 111-125.

[101] Chunyan Chen, Xiaoyu Tang, Zeyi Xiao, Yihui Zhou, Yue Jiang, Shengwei Fu. Ethanol fermentation kinetics in a continuous and closed-circulating fermentation system with a pervaporation bioreactor. Bioresource Technology, 2012, 114: 707-710.

[102] Cancan Tong, Yunxiang Bai, JanPingWu, LinZang, LirongYang, JinwenQian. Pervaporation reeovery of aeetone-butanol from aqueous solution and fermentation broth using HTPB-based Polyurethaneurea membranes. Separation Science and Techonoly. 2010, 45 (6): 751-761.

[103] HaoliZhou, YiSu, Xiangrong Chen, Shouliang Yi, Yinhua Wan. Modification of silicalite-1 by vinyltrimethoxysilane (VTMS) and preparation of silicalite-1 filled polydimethylsiloxane (PDMS) hybrid pervaporation membranes [J]. Separation and Purification Technology, 2010, 75: 286-294.

[104] Hino T, Ohya H, Hara T. Removal of halogenated organics from their aqueous solutions by pervaporation. Proceedings of fifth International Conference on Pervaporation Processes in the Chemical Industry. Heide-lberg, Germany, 1991, 423-436.

[105] Lee Y M, Bourgeois D, Belfort G. Sorption, diffusion, and pervaporation of organics in polymer membranes. J. Membr. Sci., 1989, 44 (2-3): 161-181.

[106] Jian K, Pintauro P N. Integral Asymmetric Poly (Vinylidene Fluoride) (Pvdf) Pervaporation Membranes. J. Membr. Sci., 1993, 85: 301-309.

[107] Wang L, Li X, Yang Y. Preparation, properties and applications of polypyrroles. Reactive & Functional Polymers, 2001, 47: 125-139.

[108] Noezar I, Nguyen Q T, Clement R, Neel J. Proceedings of 7th International Conference on Pervaporation Processes in the Chemical Industry. Engelwood, NJ, USA, 1995. 45.

[109] Pasternak M. US 5238573, 1994.

[110] Nakagawa K, Matsuo M. US 5292963, 1994.

[111] Zhou M, Persin M, Sarrazin J. Methanol removal from organic mixtures by pervaporation using polypyrrole membranes. J. Membr. Sci., 1996, 117: 303-309.

[112] Chen W J, Martin C R. Highly Methanol-Selective Membranes for the Pervaporation Separation of Methyl T-Butyl Ether/Methanol Mixtures. J. Membr. Sci., 1995, 105: 101-108.

[113] Park C K, Oh B K, Choi M J, Lee Y M. Separation of Benzene Cyclohexane by Pervaporation through Poly (Vinyl Alcohol) Poly (Allyl Amine) Blend Membrane. Polym. Bull., 1994, 33 (5): 591-598.

[114] Yamaguchi Y, Nakao S, Kimura S. Macromolecules, 1991, 24: 5522.

[115] Ruckenstein E. Emulsion pathways to composite polymeric membranes for separation processes. Colloid and Polymer Science, 1989, 267: 792-797.

[116] Inui K, Miyata T, Uragami T. Permeation and separation of binary mixtures through a liquid-crystalline polymer membrane. Macromol Chem Phys, 1998, 199 (4): 589-595.

[117] US Patent 5, 128, 439.

[118] US Patent 4, 944, 880.

[119] US Patent 5, 028, 685.

[120] Golemme G, Drioli E. Polyphosphazene membrane separation-Review. J. Inorganic organometallic polymers, 1996, 6 (4): 341-365.

[121] Roizard D, Pineau M, Bac A, Cuny J, Lochon P. Proc. Toluene/n-heptane separation by pervaporal films. Euromembr. 95' Conf., Bowen W. R., Field R. W. and Howell J. A., eds., Bath, UK, Sept. 18-20, 1995. Vol II , 239-242.

[122] Dutta B K, Sikdar S K, Separation of azeotropic organic liquid-mixtures by pervaporation. AIChE J., 1991, 37 (4): 581-588.

[123] Ruchenstein E, Sun F. Hydrophobic-hydrophilic composite membranes for the pervaporation of benzene-ethanol mixtures. J. Membr. Sci., 1995, 103 (3): 271-283.

[124] Schauer J. Pervaporation of Ethanol Organic-Solvent Mixtures Through Poly (2, 6-Dimethyl-1, 4-Phenylene Oxide) Membrane. J. Appl. Polym. Sci., 1994, 53: 425-428.

[125] Yunxiang Bai, Chunfang Zhang, Jin Gu, Lin Zhang, Yuping Sun, Huanlin Chen. Pervaporation Separation of p-/o-Xylene Mixtures Using HTPB-Based Polyurethaneurea Membranes. Separation Science and Technology, 2006, 46 (11): 1699-1708.

[126] Kusumocahyo S P, Kanamori T, Sumaru K. Pervaporation of xylene isomer mixture through cyclodextrins containing polyacrylic acid membranes. Journal of Membrane Science, 2004, 231 (1-2): 127-132.

[127] Touil S, Tingry S, Bouchtalla, S. Selective pertraction of isomers using membranes having fixed cyclodextrin as molecular recognition sites. Desalination, 2006, 193 (1-3): 291-298.

[128] Jonquières A, Clément R, Lochon P, Néel J, Dresch M, Chrétien B. Industrial state-of-the-art of pervaporation and vapour permeation in the western countries. J. Membr. Sci., 2002, 206: 87-117.

[129] Huang A S, Yang W S, Liu J. Synthesis and pervaporation properties of NaA zeolite membranes prepared with vacuum-assisted method. Purif. Technol, 2007, 56: 158-167.

[130] Huang A S, Yang W S. Enhancement of NaA zeolite membrane properties through organic cation addition. Purif. Technol. 2008, 61: 175-181.

[131] Zah J, Krieg H M, Breytenbach J C. J. Pervaporation and related properties of time-dependent growth layers of zeolite NaA on structured ceramic supports. Membr. Sci. 2006, 284: 276-290.

[132] Chen H, Song C, Yang W. Effects of aging on the synthesis and performance of silicalite membranes on silica tubes without seeding. Microporous Mesoporous Mater, 2007, 102: 249-257.

[133] Flanders C L, Tuan V A, Noble R D, et al. Separation of C_6 isomers by vapor permeation and pervaporation through ZSM-5 membranes. Journal of Membrane Science, 2000, 176: 43-53.

[134] Huang A, Lin Y S, Yang W, J. Synthesis and properties of A-type zeolite membranes by secondary growth method with vacuum seeding. Membr. Sci. 2004, 245: 41-51.

[135] Tiscareno-Lechuga F, Tellez C, Menendez M, Santamaria J. A novel device for preparing zeolite—A membranes under a centrifugal force field. J. Membr. Sci. 2003, 212: 135-146.

[136] Casado L, Mallada R, Tellez C, et al. Preparation, characterization and pervaporation performance of mordenite membranes. J. Membr. Sci. 2003, 216: 135-147.

[137] Sato K, Nakane T. A high reproducible fabrication method for industrial production of high flux NaA zeolite membrane. J. Membr. Sci. 2007, 301: 151-161.

[138] Li G, Kikuchi E, Matsukata E, Sep. Separation of water-acetic acid mixtures by pervaporation using a thin mordenite membrane. Purif. Technol. 2003, 32: 199-206.

[139] Pera-Titus M, Bausach M, Llorens J, et al. Preparation of inner-side tubular zeolite NaA membranes in a continuous flow system. Purif. Technol. 2008, 59: 141-150.

[140] Pina M P, Arruebo M, Felipe M, et al. A semi-continuous method for the synthesis of NaA zeolite membranes on tubular supports. J. Membr. Sci. 2004, 244: 141-150.

[141] Li Y, Chen H, Liu J, et al. Microwave synthesis of LTA zeolite membranes without seeding. J. Membr. Sci. 2006, 277: 230-239.

[142] Chen X, Yang W, Liu J, et al. Synthesis of zeolite NaA membranes with high permeance under microwave radiation on mesoporous-layer-modified macroporous substrates for gas separation. J. Membr. Sci. 2005, 255: 201-211.

[143] Huang A, Yang W. Hydrothermal synthesis of NaA zeolite membrane together with microwave heating and conventional heating. Mater. Lett. 2007, 61: 5129-5132.

[144] Pera-Titus M, Bausach M, Llorens J, et al. Preparation of inner-side tubular zeolite NaA membranes in a continuous flow system. Sep. Purif. Technol. 2008, 59: 141-150.

[145] Huang A S, Yang W S. Enhancement of NaA zeolite membrane properties through organic cation addition. Purif. Technol. 2008, 61: 175-181.

[146] Huang A, Lin Y S, Yang W. J. Synthesis and properties of A-type zeolite membranes by secondary growth method with vacuum seeding. Membr. Sci. 2004, 245: 41-51.

[147] Zah J, Krieg H M, Breytenbach J C. J. Pervaporation and related properties of time-dependent growth layers of zeolite NaA on structured ceramic supports. Membr. Sci. 2006, 284: 276-290.

[148] Tiscareno-Lechuga F, Tellez C, Menendez M, Santamaria J. A novel device for preparing zeolite—A membranes under a centrifugal force field. J. Membr. Sci. 2003, 212: 135-146.

[149] Sato K, Nakane T. A high reproducible fabrication method for industrial production of high flux NaA zeolite membrane. J. Membr. Sci. 2007, 301: 151-161.

[150] Pera-Titus M, Mallada R, Llorens J, et al. Preparation of inner-side tubular zeolite NaA membranes in a semi-continuous synthesis system. J. Membr. Sci. 2006, 278: 401-409.

[151] Huang A, Yang W. Hydrothermal synthesis of NaA zeolite membrane together with microwave heating and conventional heating. Mater. Lett. 2007, 61: 5129-5132.

[152] Pina M P, Arruebo M, Felipe M, et al. A semi-continuous method for the synthesis of NaA zeolite membranes on tubular supports. Membr. Sci. 2004, 244: 141-150

[153] Li Y, Chen H, Liu J, et al. Pervaporation and vapor permeation dehydration of Fischer-Tropsch mixed-alcohols by LTA zeolite membranes. Sep. Purif. Technol. 2007, 57: 140-146

[154] Sekulic J, Elshof J E t, Blank D H A. Separation mechanism in dehydration of water/organic binary liquids by pervaporation through microporous silica J. Membr. Sci. 2005, 254: 267-274.

[155] Casado C, Urtiaga A, Gorri D, et al. Pervaporative dehydration of organic mixtures using a commercial silica membrane: Determination of kinetic parameters Purif. Technol, 2005, 42: 39-45.

[156] Peters T A, Fontalvo J, Vorstman M A G, et al. Zirconia hollow fiber: preparation, characterization, and microextraction application. J. Membr. Sci. 2005, 248: 73-80.

[157] Chen H, Song C, Yang W. Effects of aging on the synthesis and performance of silicalite membranes on silica tubes without seeding. Microporous Mesoporous Mater. 2007, 102: 249-257.

[158] Navajas A, Mallada R, Tellez C, et al. Study on the reproducibility of mordenite tubular membranes used in the dehydration of ethanol. J. Membr. Sci. 2007, 299: 166-173.

[159] Casado L, Mallada R, Tellez C, et al. Preparation, characterization and pervaporation performance of mordenite membranes. J. Membr. Sci. 2003, 216: 135-147.

[160] Kita H, Fuchida K, Horita T. Preparation of Faujasite membranes and their permeation properties. Sep. Purif. Technol. 2001, 25: 261-268.

[161] Flanders C L, Tuan V A, Noble R D, et al. Separation of C$_6$ isomers by vapor permeation and pervaporation through ZSM-5 membranes. Journal of Membrane Science. 2000, 176: 43-53.

[162] Maloncy M L, van den Berg A W C, Gora L, et al. Preparation of zeolite beta membranes and their pervaporation performance in separating di-from mono-branched alkanes. Microporous Mesoporous Mater, 2005, 85: 96-103.

[163] Leland M. Vane, Vasudevan V. Namboodiri, Travis C. Bowen. Hydrophobic zeolite-silicone rubber mixed matrix membranes for ethanol-water separation: Effect of zeolite and silicone component selection on pervaporation performance. Journal of Membrane Science, 2008, 308: 230-241.

[164] Travis C. Bowen, Richard G. Meier, Leland M. Vane. Stability of MFI zeolite-filled PDMS membranes during pervaporative ethanol recovery from aqueous mixtures containing acetic acid. Journal of Membrane Science, 2007, 298: 117-125.

[165] Shouliang Yi, Yi Su, Yinhua Wan. Preparation and characterization of vinyltriethoxysilane (VTES) modified silicalite-1/PDMS hybrid pervaporation membrane and its applicationin ethanol separation from dilute aqueous solution. Journal of Membrane Science, 2010, 360: 341-351.

[166] Haoli Zhou, Yi Su, Xiangrong Chen, et al. Modification of silicalite-1 by vinyltrimethoxysilane (VTMS) and preparation of silicalite-1 filled polydimethylsiloxane (PDMS) hybrid pervaporation membranes. Separation and Purification Technology, 2010, 75: 286-294.

[167] Fubing Peng, Changlai Hu, Zhongyi Jiang. Novel poly (vinyl alcohol) /carbon nanotube hybrid membranes for pervaporation separation of benzene/cyclohexane mixtures. Journal of Membrane Science, 2007 (297): 236-242.

[168] Fubing Peng, Fusheng Pan, Honglci Sun et al. Novel nanocomposite pervaporation membranes composed of poly (vinyl alcohol) and chitosan-wrapped carbon nanotube. Journal of Membrane Science, 2007 (300): 13-19.

[169] Yawen Huang, Peng Zhang, Jianwei Fu et al. Pervaporation of ethanol aqueous solution by polydimethylsiloxane/polyphosphazene nanotube nanocomposite membranes. Journal of Membrane

Science，2009，339：85-92.

[170] ShinLing Wee，ChingThian Tye，Subhash Bhatia. Membrane separation process-Pervaporation through zeolite membrane. Separation and purification technology，2008，63（3）：500-516.

[171] Jürgen Caro，Manfred Noack，Peter Kölsch. Zeolite membranes：From the laboratory scale to technical applications. Adsorption，2005，11（3-4）：215-227.

[172] Urtiaga A，Gorri E D，Casado C，Ortiz I. Pervaporative dehydration of industrial solvents using a zeolite NaA commercial membrane. Separation and purification technology，2003，32（1-3）：207-213.

[173] Tatiana Gallego-Lizona，Emma Edwardsa，Giuseppe Lobiundob，Luisa Freitas dos Santos. Dehydration of water/t-butanol mixtures by pervaporation：comparative study of commercially available polymeric，microporous silica and zeolite membranes. Journal of Membrane Science，2002，197（1-2）：309-319.

[174] Yu C，Zhong C，Liu Y，Gu X，Yang G，Xing W，Xu N. Chem. Eng. Res. Des，2011，DOI：10. 1016/j. cherd，2011，12：003.

[175] 韩宾兵，陈翠仙，李继定. 加热方式对渗透汽化过程的影响. 膜科学与技术，2001，21（4）：1-4.

[176] George S C，Thomas S. Transport phenomena through polymeric systems. Progress in Polymer Science，2001，26（6）：985-1017.

[177] 邹健，孙本惠，陈翠仙. 基于聚乙烯醇的聚电解质渗透汽化膜的研究（Ⅱ）膜的分离性能及影响因素，膜科学与技术，2001，1.

[178] Greenlaw F W，Prince W D，Shelden R A，Thompson E V. The effect of diffusive permeation rates by upstream and downstream pressures. J. Membr. Sci.，1977，2：141.

[179] Neel J，Nguyen Q T，Clement R，Lin D J J. Membr. Sci.，1986，27：217-232.

[180] Wijmans J G，Baker R W. The solution-diffusion model：a review. J. Membr. Sci.，1995，107：1-21.

[181] Spitzen J W F. Pervaporation：membranes and models for dehydration of ethanol. Ph. D. dissertation，Twente University，The Netherlands，1988.

[182] Psaume R，Aptel Y A，Mora J C，Bersillon J L J. Membr. Sci.，1988，36：373-384.

[183] Cote P，Lipski C. Proceedings of Third International Conference of Pervaporation Processes in the Chemical Industry. Nancy，France，1988：499-462.

[184] Cote P，Lipski C. Proceedings of ICOM 1990. Chicago，USA，1990. Vol. 1，325-327.

[185] Gref R. et al. Proceedings of ICOM 1990. Chicago，USA，1990，1，337-338.

[186] 陈翠仙，钱峰，蒋维钧. 渗透汽化过程中的极化现象. 第一届全国膜和膜过程学术报告会文集. 大连，1991：333-337.

[187] Colman D A，Naylor T. The influence of operating variables on flux and module design in a high performance pervaporation system. In：Proc. 5th Int. Conf. Pervaporation Processes in Chem. Ind.，Bakish R. ed.，Bakish Material Corp.，Englewood，NJ，1991. 143-161.

[188] Feng X，Huang R Y M. Concentration polarization in pervaporation separation processes. J. Membr. Sci.，1994，92：201.

[189] Gooding C H. Proceedings of First International Conference on Pervaporation Processes in the Chemical Industry. Atlanta，1986：121-132.

[190] Karlsson H O E，Tragardh G. Heat transfer and temperature polarization in pervaporation. In：Proc. 7th Int. Conf. Pervaporation Processes in Chem. Ind.，Bakish R. ed.，Bakish Material Corp.，Englewood，NJ，1995. 171-181.

[191] 陈翠仙，李继定，韩宾兵，彭勇，蒋维钧. 渗透汽化苯脱水的实验室和工业试验研究. Ⅱ. 工业试验.

膜科学与技术，2000，20（6）：4-7.

[192] 刘茉娥等. 高校化学工程学报，1997，11（2）：150-155.

[193] 万朝阳. PVA/PAN 复合膜分离乙醇-水溶液的渗透汽化放大试验研究：[硕士学位论文]. 北京：清华大学化工系，1997.

[194] Feng X，Huang R Y M. Liquid separation by membrane pervoparation：a review. Ind. Eng. Chem. Res.，1997，36：1048-1066.

[195] Volkov V V. Separation of liquids by pervaporation through polymeric membranes. Russian Chemical Bulletin，1994，43（2）：187-198.

[196] 朱长乐，刘茉娥，徐伟，季文长. 化工学报，1989，2：146-153.

[197] 韩宾兵，陈翠仙，李继定，彭勇. 渗透汽化苯脱水的实验室和工业试验研究. Ⅲ. 计算机模拟. 膜科学与技术，2000，20（6）：8-12.

[198] Han B，Li J，Chen C，Wickramasinghe R. Computer simulation and optimization of pervaporation process. Desalination，2002，145：187-192.

[199] Tusel G，Brüschke H. Use of pervaporation systems in the chemical industry. Desalination，1985，53：327.

[200] Sander U，Soukup P. Design and operation of a pervaporation plant for ethanol dehydration. J. Membr. Sci，1988，36：463.

[201] Sander U，Soukup P J. Membr. Sci，1991，62：67.

[202] Bergdorf J. Case study of solvent dehydration in hybrid processes with and without pervaporation，in：R. Bakish（Ed.），Proceedings of the Fifth International Conference on Pervaporation Processes in the Chemical Industry，11-15 March 1991，Bakish Materials Corporation，Heidelberg，Germany，pp. 362-382.

[203] Gekas V，Baralla Y G，Flores V. Applications of membrane technology in the food industry. Food Sci. Tech. Int.，1998，4（5）：311-328.

[204] US EPA. ZENON Environmental，Inc. Cross-flow pervaporation system. EPN/540/R-95/511 a，August，1995.

[205] Lipski C，Côté P. The Use of pervaporation for Removal of organic contaminants from water. Environ. Prog.，1990，9：254.

[206] Escoudier J L，Le Bouar M，Moutounet M，Jouret C，Barillere J M. Application and evaluation of pervaporation for the production of low alcohol wines. In：Bakish R. ed.，Proceedings of the third international conference on pervaporation processes in the chemical industry，Bakish Material Corporation，Englewood，NJ，USA，1988：387.

[207] Kimmerle K，Gudernatsch W. Pilot dealcoholization of beer by pervaporation. In：Bakish R. ed.，Proceedings of the fifth international conference on pervaporation processes in the chemical industry，Bakish Material Corporation，Englewood，NJ，USA，1991：291-307.

[208] Lee E K，Kalyani V J，Matson S L. Process for testing alcoholic beverages by vapor-arbitrated pervaporation. US Patent 5，013，447，1991.

[209] Bengtsson E，Trägårdh G，Hallström B. Concentration of apple juice aroma from evaporator condensate using pervaporation. Lenbensm. Wiss. U. Technol.，1992，25：29.

[210] Souchon I. Extraction en continu de lactones produites par voie microbiologique. These de doctorat，Université de Bourgogne，Dijon，France，1994.

[211] Bengtson G，Böddeker K W. Extraction of bio-products with homogeneous membranes. In：Prec. Bioflavour'95，Etievant P. and Schrier P.，eds.，INRA Editions，Versailles，France，1995.

393-403.

[212] Böddeker K W, Bengston G, Pingel H, Dozel Z. Pervaporation of high boilers using heated membranes. Desalination, 1993, 90: 249-257.

[213] Lamer T. Extraction de composés d'arômes par pervaporation/relation entre les propriétés physico-chimiques des substances d'arôme et leurs transferts à travers des membranes à base de polydiméthylsilocane, Thèse de Doctorat, Université de Pourgogne, Dijon, France, 1993.

[214] Souchon I, Baudot A, Marin M, Voilley A. Extraction de lactones d'un milieu de bioconversion: approche thermodynamique du choix du procédé. 6ème congrès Francais de Génie des Procédés Paris, September, 1997.

[215] Böddeker K W. Recovery of volatile bioproducts by pervaporation. In: Membrane Processes in Separation and Purification, Crespo J. G. and Böddeker K. W., eds., NATO ASI Series, 272, Kluwer Academic Publishers, Dordrecht, The Netherlands, 1994: 195-205.

[216] Bengtson G, Böddeker K W, Brockmann V, Hannssen H P. Pervaporation of high boiling lactone from a life fermenter. In: Proc. 6th Int. Conf. Pervaporation Processes in the Chemical Industry, Bakish R., ed., Bakish Material Corp., Englewood, NJ, USA, 1992. 430-437.

[217] Bengtson G, Böddeker K W, Hannsen H P, Urbasch I. Recovery of 6-pentyl-α-pyrone from Trichoderma viride culture medium by pervaporation. Biotechnol. Techniques, 1992, 6: 23-26.

[218] Bengtsson E, Trägardh G, Hallsström B. Recovery and concentration of apple juice aroma compounds by pervaporation. J. Food Sci., 1989, 10: 65-71.

[219] Bengtsson E, Trägardh G, Hallsström B. Concentration of apple juice aroma from evaporator condensate using pervaporation. Lebensm Wiss Technol., 1992, 25: 29-34.

[220] Baudot A, Souchon I, Marin M. Thermodynamic approach of volatile bioproducts separation through a pervaporation process. ICEF-7th International Congress on Engineering and Food, oral communication, 13-17, April, 1997, Brighton, England.

[221] Beaumelle D, Marin M, Gilbert H. Plate and frame modification: improvement of pervaporation efficiency regarding aroma compound transfer. In: Proc. 6th Int. Conf. Pervaporation Processes in the Chemical Industry, Bakish R. ed., Bakish Material Corp., Englewood, NJ, USA. 223-232.

[222] Beaumelle D, Marin M, Gilbert H. Pervaporation of aroma compounds in water-ethanol mixtures: experimental analysis of mass transfer. J. Food Eng., 1992, 16: 293-307.

[223] Lamer T, Souchon I, Voilley A. Extraction de substances aromatisantes par pervaporation. 4ème congrés de Génie des Procédés, Recueil des résumés étendus, Grenoble, France, 1993: 35-36.

[224] Karlsson H O E, Loureiro S, Trägardh G. Aroma compound recovery with pervaporation-temperature effects during pervaporation of muscat wine. J. Food Eng., 1995, 26: 177-191.

[225] Lamer T, Voilley A, Beaumelle D, Marin M. Extraction of aroma compounds by pervaporation: comparison of the performances of a laboratory cell and pilot module. In: Récents Progrès en Génie des Procédés, Aimar P. and Aptel P. eds., Tech & Doc Lavoisier, Paris, France, 1992, 21: 419-424.

[226] Lamer T, Rohart M S, Voilley A, Baussart H. Influence of sorption and diffusion of aroma compounds in silicone rubber on their extraction by pervaporation. J. Membr. Sci., 1994, 90: 251-263.

[227] Lamer T, Souchon T, Voilley A. Extraction of diluted aroma compounds by pervaporation: binary and multi-component systems. J. Food Process Eng., 1996.

[228] Zhang S Q, Matsuura T. Recovery and concentration flavour compounds in apple essence by pervaporation. J. Food Process Eng., 1991, 14: 291-296.

[229] Lamer T，Voilley A. Influence of different parameters on the pervaporationof aroma compounds. In：Proc. 5th Int. Conf. Pervaporation Processes in the Chemical Industry，Bakish R. ed.，Bakish Material Corp.，Englewood，NJ，USA，1991：110-112.

[230] Sluys J T M，Sommerdijk F G C G，Hanemaaijer J H. Recovery of flavour compounds by pervaporation. In：Récents Progrès en Génie des Procédés，Aimar P. and Aptel P. eds.，Tech &. Doc Lavoisier，Paris，France，1992，21：401-402.

[231] Beaumelle D. Procédé de pervaporation appliqué à laséparation de composés organiques en solution aqueuse-Analyse des transferts de matière. Thèse de Doctorat，Institut National Agronomique Paris Grignon，Paris，France，1994.

[232] Rajagopalan N，Cheryan M. Pervaporation of grape fruit aroma. J. Membr. Sci.，1995，104：243-250.

[233] Fouda A，Baï J，Zhang S Q，Kutowy O，Matsuura T. Membrane separation of low volatile organic compounds by pervaporation and vapor permeation. Desalination，1993，90：209-233.

[234] Bengtson G，Böddeker K W. Pervaporation of low volatiles from water. In：Proc. 3rd Int. Conf. Pervaporation Processes in the Chemical Industry，Bakish R. ed.，Bakish Material Corp.，Englewood，NJ，USA. 439-448.

[235] Karlsson H O E，Trägardh G. Aroma compound recovery with pervaporation-feed flow effects. J. Membr. Sci.，1993，81：163-171.

[236] Karlsson H O E，Trägardh G. Aroma compound recovery with pervaporation-the effect of high ethanol concentration. J. Membr. Sci.，1994，91：189-198.

[237] Hue X，Charbit G，Charbit F. La pervaporation appliquée au traitement des rejets des distilleries d'huiles essentielles. In：Récents Progrès en Génie des Procédés，Jalut C. ed.，Tech &. Doc Lavoisier，Paris，France，1993，30：309-314.

[238] Voilley A，Lamer T，Nguyen T，Simatos D. Extraction of aroma compounds by pervaporation technique. In：Proc. 4th Int. Conf. Pervaporation Processes in the Chemical Industry，Bakish R. ed.，Bakish Material Corp.，Englewood，NJ，USA，1989：332-343.

[239] Souchon I，Fontanini C，Voilley A. Extraction of aroma compounds by pervaporation. In：Flavour Science-Recent Developments，Mottram D. S. and Taylor A. J.，eds.，The Royal Society of Chemistry，Cambridge，UK，1997：305-308.

[240] Fabre C E，Blanc P J，Marty A，Souchon I，Voilley A，Goma G. Extraction of 2-phenylethylalcohl by different techniques such as adsorption，inclusion，CO_2 supercritical，liquid-liquid and membrane separation. Perfumer and Flavourist，1996，21：27-40.

[241] Böddeker K W，Bengston G，Bode E. Pervaporation of low volatility aromatics from water. J. Membr. Sci.，1990，53：143-158.

[242] Lamer T，Spinnler H E，Souchon I，Voilley A. Pervaporation：an efficient process for benzaldehyde recovery from fermentation broth. Process Biochem，1996，31：533-542.

[243] Baudot A，Marin M. Dairy aroma recovery by pervaporation. J. Membr. Sci.，1996，120：207-220.

[244] Baudot A，Marin M，Spinnler H E. The recovery of sulphur aroma compounds of biological origin by pervaporation. In Flavour Science-Recent developments，Mottram D. S. and Taylor A. J. eds.，The Royal Society of Chemistry，Cambridge，UK，1997：301-304.

[245] Dettwiller B，Dunn I J，Prenosil J E. Bioproduction of acetoin and butanediol：product recovery by pervaporation. In：Proc. 5th Int. Conf. Pervaporation Processes in the Chemical industry，Bakish R. ed.，Bakish Material Corp.，Englewood，NJ，USA，1991：308-318.

[246] Rajagopalan N, cheryan M, Matsuura T. Recovery of diacetyl by pervaporation. Biotechnol Techniques, 1994, 8: 869-972.

[247] Souchon I, Godiard P, Voilley A. Membrane processes for the treatment of food industry waste: recovery of volatile organic compounds by pervaporation. Odours and VOC's J., 1995, 1: 124-125.

[248] Xu R, Liu G, Dong X, Jin W, Pervaporation separation of n-octane/thiophene mixtures using polydimethylsiloxane/ceramic composite membranes. Desalination, 2010, 258: 106-111.

[249] Chen J, Li J, Qi R, Ye H, Chen C. Pervaporation performance of crosslinked polydimethylsiloxane membranes for deep desulfurization of FCC gasoline I. Effect of different sulfur species. J. Membr. Sci. 2008, 322: 113-121.

[250] Chen J, Li J, Qi R, Ye H, Chen C. Pervaporation separation of thiophene-heptane mixtures with polydimethylsiloxane (PDMS) membrane for desulfurization. Appl. Biochem. Biotechnol, 2010, 160: 486-497.

[251] Chen J, Li J, Chen J, Lin Y, Wang X. Pervaporation separation of ethyl thioether/heptane mixtures by polyethylene glycol membranes. Sep. Purif. Technol, 2009, 66: 606-612.

[252] Ben Li, Shengnan Yu, Zhongyi Jiang, Wanpeng Liu, Ruijian Cao, Hong Wu. Efficient desulfurization by polymer-inorganic nanocomposite membranes fabricated in reverse microemulsion. Journal of Hazardous Materials, 2012, 211-212: 296-303.

[253] Zhao X, Krishnaiah G, Cartwright T, S-Brane technology brings flexibility to refiners' clean fuel solutions. In: Proceedings of the NPRA annual meeting, San Antonio, TX. 2004a.

[254] White L S, Development of large-scale applications in organic solvent nanofiltration and pervaporation for chemical and refining processes. J. Membr. Sci, 2006, 286: 26-35.

[255] Liu C, Wilson S T, Lesch D A. 2010a. UV-cross-linked membranes from polymers of intrinsic microporosity for liquid separations. U. S. Patent 7, 758, 751.

[256] Balko J, Bourdillon G, Wynn N, Membrane separation for producing ULS gasoline. Petrol. Q. 2003, 1: 18-25.

[257] Zhao X, Krishnaiah G, Cartwright T, Membrane separation for clean fuels. Petrol. Q., 2004b. 21-27.

[258] Zhao X, Krishnaiah G, Cartwright T, Membrane separation for clean fuels. Petrol. Q., 2004b. 21-27.

[259] Waldburger R M, Widmer F. Membrane reactors in chemical production processes and the application to the pervaporation-assisted esterification. Chemical Engineering & Technology, 1996, 19 (2): 117-126.

[260] Rautenbach R, Klatt S. Separation of water and acetic acid by pervaporation and reverse osmosis-experiments and process design. In: Bakish R. ed., Proceedings of the sixth international conference on pervaporation processes in the chemical industry, Bakish Material Corporation, Englewood, NJ, USA, 1992. 389-402.

[261] Bitterlich S, Meißner H, Hefner W. Enhancement of the conversion of esterification reactions by non-porous membranes. In: Bakish R. ed., Proceedings of the fifth international conference on pervaporation processes in the chemical industry, Bakish Material Corporation, Englewood, NJ, USA, 1991. 273-281.

[262] Kwon S J, Song K M, Hong W H, Rhee J S. Removal of water produced from lipase-catalyzed esterification in organic solvent by pervaporation. Biotechnol. Bioeng., 1995, 46: 393-395.

[263] Bart H J, Reisl H O. Der Hybridprozeß Reaktivdestillation/pervaporation zur herstellung von

carbonsäureester. Chem. Ing. Tech., 1997, 69: 824-827.

［264］Keurentjes J T F, Janssen G H R, Gorissen J J, The esterification of tartaric acid with phenol-kinetics and shifting the equilibrium by means of pervaporation. Chem. Eng. Sci., 1994, 49: 4681-4689.

［265］Shah V M, Bartels C R, Pasternak M, Reale J. Opportunities for membranes in the production of octane enhancers. AIChE Symp. Ser., 1989, 85: 93-97.

［266］Shah V M, Bartels C R. Engineering considerations in pervaporation applications. In: Bakish R. ed., Proceedings of the fifth international conference on pervaporation processes in the chemical industry, Bakish Material Corporation, Englewood, NJ, USA, 1991: 331-337.

［267］Rautenbach R, Vier J. Aufbereitung von methanol/diethylcarbonat-ströme durch kombination von pervaporation und tektifikation. Chem. Ing. Tech., 1995, 67: 1498-1501.

［268］Vier J. Aufbereitung methanolhaliger organischer mischungen durch kombination von pervaporation und rektifikation. IVT-Information, 1995, 25 (1): 38-47.

［269］Daniel J. Benedict, Satish J. Parulekar, Shih-Perng Tsai. Pervaporation-assisted esterification of lactic and succinic acids with downstream ester recovery. Journal of Membrane Science, 2006, 281: 435-445.

［270］Ziobrowski Z, Kiss K, Rotkegel A, Nemestothy N, Krupiczka R, Gubicza L. Pervaporation aided enzymatic production of glycerol monostearate in organic solvents. Desalination, 2009, 241: 212-217.

［271］Maria Teresa Sanz, Jurgen Gmehling. Esterification of acetic acid with isopropanol coupled with pervaporation Part I: Kinetics and pervaporation studies. Chemical Engineering Journal, 2006, 123: 1-8.

［272］Baisali Sarkar, Sridhar S, Sridhar K, Saravanan K, Vijay Kale. Preparation of fatty acid methyl ester through temperature gradient driven pervaporation process. Chemical Engineering Journal, 2010, 162: 609-615.

［273］Ran Ye, Douglas G. Hayes. Optimization of the Solvent-Free Lipase-Catalyzed Synthesis of Fructose-Oleic Acid Ester Through Programming of Water Removal. Journal of the American Oil Chemistry Society, 2011, 88 (9): 1351-1359.

［274］Agirre I, Güemez M B, van Veen H M, Motelica A, Vente J F, Arias P L. Acetalization reaction of ethanol with butyraldehyde coupled with pervaporation. Semi-batch pervaporation studies and resistance of HybSi membranes to catalyst impacts. Journal of Membrane Science 2011, 371: 179-188.

［275］Patricia Delgado, María Teresa Sanz, Sagrario Beltrán, Luis Alberto Nŭnez. Ethyl lactate production via esterification of lactic acid with ethanol combined with pervaporation. Chemical Engineering Journal, 2010, 165: 693-700.

［276］Ziobrowski Z, Koszorz Z, Krupiczka R, Gubicza L. Synthesis of diisobutyl phthalate coupled with pervaporation process on hydrophilic silica membranes. Inzynieria Chemiczna Iprocesowa, 2007, 28: 211-220.

［277］Nemestothy N, Gubicza L, Feher E, Belafi-Bako K. Biotechnological utilisation of fusel oil, a food industry by-produce-A kinetic model on enzymatic esterification of i-amyl alcohol and oleic acid by Candida antarctica lipase B. food Technology and Biotechnology, 2008, 46: 44-50.

［278］María Angélica Sosa, José Espinosa. Feasibility analysis of isopropanol recovery by hybrid distillation/pervaporation process with the aid of conceptual models. Separation and Purification Technology, 2011, 78: 237-244.

［279］Zou Yun, Tong Zhangfa, LIU Kun, FENG Xianshe. Modeling of Esterification in a Batch Reactor Coupled with Pervaporation for Production of n-Butyl Acetate. Chinese Journal of Catalysis, 2010, 31:

999-1005.

[280] Sevinc Korkmaz, Yavuz Salt, and Salih Dincer. Esterification of Acetic Acid and Isobutanol in a Pervaporation Membrane Reactor Using Different Membranes. Ind. Eng. Chem. Res. 2011, 50: 11657-11666.

[281] Amornchai Arpornwichanop, Kittipong Koomsup, Suttichai Assabumrungrat. Hybrid reactive distillation systems for n-butyl acetate production from dilute acetic acid. Journal of Industrial and Engineering Chemistry, 2008, 14: 796-803.

[282] Rewagad Rohit R, Kiss Anton A. Modeling and Simulation of a Pervaporation Process for Fatty Ester Synthesis. Chemical Engineering Communications, 2012, 199: 1357-1374.

[283] Małgorzata Lewandowska, Wojciech Kujawski. Ethanol production from lactose in fermentation/pervaporation system. Journal of Food Engineering, 2007, 79: 430-437.

[284] Abdolreza Aroujalian, Ahmadreza Raisi. Pervaporation as a means of recovering ethanol from lignocellulosic bioconversions. Desalination, 2009, 247: 509-517.

[285] Leland M. Vane, Vasudevan V. Namboodiri, Richard G. Meier. Factors affecting alcohol-water pervaporation performance of hydrophobic zeoliteesilicone rubber mixed matrix membranes. Journal of Membrane Science, 2010, 364: 102-110.

[286] Jan B. Haelssig, Jules Thibault, André Y. Tremblay. Numerical investigation of Membrane Dephlegmation: A hybrid pervaporation-distillation process for ethanol recovery. Chemical Engineering and Processing, 2011, 50: 1226-1236.

[287] Wenwu Ding, Zeyi Xiao, Xiaoyu Tang, Kewang Deng, Shengwei Fu, Yandong Jiang, Lin Yuan. Evolutionary engineering of yeast for closed-circulating ethanol fermentation in PDMS membrane bioreactor. Biochemical Engineering Journal, 2012, 60: 56-61.

[288] Ashish K. Jha, So Ling Tsang, Ali Evren Ozcama, Richard D. Offeman, Nitash P. Balsara. Master curve captures the effect of domain morphology on ethanol pervaporation through block copolymer membranes. Journal of Membrane Science, 2012, 401-402: 125-131.

[289] Hong-Wei Yen, Shang-Fu Lin, and I-Kuan Yang. Use of poly (ether-block-amide) in pervaporation coupling with a fermentor to enhance butanol production in the cultivation of Clostridium acetobutylicum. Journal of Bioscience and Bioengineering, 2012, 113: 372-377.

[290] Hongwei Yen, Zhiheng Chen, I-Kuan Yang. Use of the composite membrane of poly (ether-block-amide) and carbon nanotubes (CNTs) in a pervaporation system incorporated with fermentation for butanol production by Clostridium acetobutylicum. Bioresource Technology, 2012, 109: 105-109.

[291] Wouter Van Hecke, Pieter Vandezande, Stan Claes, Silvia Vangeel, Herman Beckers, Ludo Diels, Heleen De Wever. Integrated bioprocess for long-term continuous cultivation of Clostridium acetobutylicum coupled to pervaporation with PDMS composite membranes. Bioresource Technology, 2012, 111: 368-377.

[292] Joanna Marszałek, Władysław L. Kamiński. Efficiency of Acetone-Butanol-Ethonol-Water Systerm Separation by Pervaporation. Chemical and Process Engineering, 2012, 33: 131-140.

第 **8** 章

膜蒸馏

8.1 膜蒸馏技术简介

　　膜蒸馏（membrane distillation，MD）是膜分离与蒸发过程相结合的一种新型膜分离技术。该技术不受渗透压的限制，用于反渗透技术难于处理或不能处理的高盐度电解质溶液的分离，能把溶液中溶质浓缩到过饱和状态，直到使电解质从溶剂中直接分离结晶；对于热敏性物质的浓缩具有技术上和经济上的优势；过程伴随有相变，但不需要把料液加热到沸点，只需在膜两侧维持 20～40℃ 的温差，过程就可以进行，因此使用该技术可以利用低温热源，如太阳能、地热和工厂的废热。

　　目前膜蒸馏技术虽未实现工业化应用，但在水资源短缺、水环境污染日益严重的今天，膜蒸馏受到广大科技工作者的热切关注，我国京、津、浙地区一大批年轻膜科技工作者参与研究，已取得一批创新性研究成果，估计在不久的将来，疏水性微孔膜的工业制备关键技术将被突破，膜蒸馏将像微滤、超滤、纳滤、反渗透、气体分离及渗透蒸发等技术一样，迎来工业化应用的春天。

8.1.1 分离原理及特点

　　（1）膜蒸馏的原理

　　膜蒸馏过程是利用疏水性微孔膜两侧的温度差所产生的蒸气分压差作为推动力，来实现溶质和溶剂分离的膜分离过程。其原理如图 8-1 所示（本书若不特指，均为水溶液的膜蒸馏）。当不同温度的水溶液被疏水性微孔膜分隔开时，膜的疏水性使两侧的水溶液均不能透过膜孔进入另一侧，由于热侧水溶液与膜界面的水

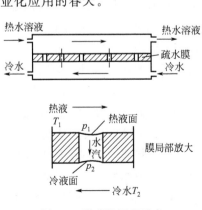

图 8-1　膜蒸馏原理示意

蒸气压高于冷侧，水蒸气就会透过膜孔从热侧进入冷侧而冷凝，从而实现水溶液中溶质和水的分离，这与常规蒸馏中的蒸发、传质、冷凝过程十分相似，所以称其为膜蒸馏过程。

1986 年在罗马召开的膜蒸馏研讨会上，与会专家对这一过程进行了命名，并确认膜蒸馏过程必须具备的特征是：①使用的膜是疏水性多孔膜；②膜不应被所处理液体所浸润；③溶液中的挥发性组分以蒸气的形式通过膜孔；④组分通过膜的推动力是该组分在膜两侧的蒸气压差；⑤膜孔中不发生毛细冷凝现象；⑥膜本身不改变处理液各组分的汽-液平衡；⑦膜至少有一侧与所处理液体直接接触。

（2）膜蒸馏的特点

膜蒸馏技术具有其他传统分离技术无可比拟的优点。

① 对于电解质水溶液的分离，不受渗透压的限制，能将溶液中非挥发性电解质浓缩到过饱和状态，直到从溶液中直接分离结晶。因此，它可以完成反渗透不能完成的分离任务，如处理反渗透的浓水、垃圾渗滤液的浓缩液、重金属废水等，并最终使水中的电解质与水完全分离。

② 膜蒸馏只需要膜两侧维持 20～40℃的温差过程就可以进行，因此可以利用低温热源来提供相变热，例如太阳能、地热、工厂的余热等廉价能源。

③ 热侧溶液温度较低，有利于热敏性物质的浓缩。

④ 在非挥发性溶质水溶液的膜蒸馏过程中，因为只有水蒸气能透过膜孔，所以产水十分纯净，可望成为低成本制备超纯水的有效手段。

⑤ 常压操作、设备简单，操作方便，便于集成和控制。

8.1.2　国内外技术发展简史

20 世纪 60 年代，Findley 首先描述了这种分离技术，但当时由于受到技术条件的限制，只能选用一些如纸板、玻璃纸、石棉纸、树胶木板、玻璃纤维等材料以及某些防水掺和物制成隔离膜，所以效率不高。相继有一些研究者采用合成高分子材料如硅橡胶，或聚氯乙烯、硝酸纤维素、尼龙等材料表面涂覆防水剂，或采用聚偏氟乙烯和聚四氟乙烯膜，试图使效率得到改善，并在海水脱盐方面得到应用。但由于 20 世纪 60～70 年代大多数膜分离研究者致力于反渗透、超滤、微滤等膜技术解决水处理问题的研究，膜蒸馏一直没有引起人们的足够重视。

20 世纪 80 年代初，由于高分子材料和制膜工艺的迅速发展，膜蒸馏显示出其实用潜力。1982 年美国的 D. W. Gore 发表了题为"Gore-Tex Membrane Distillation"的论文，从此膜蒸馏研究进入新的发展阶段。文中报道了采用聚四氟乙烯拉伸膜，卷式组件进行膜蒸馏的潜热回收情况，并论述了采用这种技术进行大规模海水脱盐的可能性，引起了人们的重视，有关膜蒸馏方面的论文日益增多。Gore 采用的卷式膜蒸馏组件结构如图 8-2 所示。

初期，膜蒸馏研究是以海水淡化为目的，所以研究对象均为稀盐水溶液。

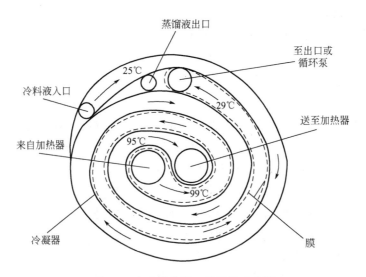

图 8-2　卷式膜蒸馏组件结构示意图

1985 年本章作者在意大利与 E. Drioli 教授进行合作，开展了浓水溶液膜蒸馏研究工作，并发现了饱和水溶液膜蒸馏时出现的膜蒸馏-结晶现象，此后膜蒸馏用于化学物质浓缩和回收的研究开始活跃起来。同年大矢等日本学者把膜蒸馏用于处理发酵液，使膜蒸馏在处理挥发性溶质水溶液的研究方面得到发展，以有机物水溶液及恒沸混合物为对象的膜蒸馏研究工作得到开发。20 多年来，这一新型膜分离技术的研究不断深入，虽然至今还未见大规模工业应用的报道，但无论在传质、传热机理方面，还是在应用方面的研究都取得了较大的进步，新的应用领域不断得到开发，膜蒸馏作为新型膜分离过程成为研究的热点。

　　进入 21 世纪以来，我国京、津、浙地区的一大批年轻膜科技工作者，投身于膜蒸馏技术的应用开发，参与其中的有清华大学、天津大学、天津工业大学、北京理工大学、北京化工大学、浙江大学、浙江理工大学等。目前，在疏水性微孔膜的制备、膜蒸馏应用技术、能量回收、膜传递机理等方面取得了一批创新性的研究成果，在海水淡化、重金属废水处理方面建立了中试应用示范工程，可以预期，不久的将来，有关疏水微孔膜的工业制备关键技术将取得突破，膜蒸馏技术将在我国率先实现工业化应用。

8.1.3　膜蒸馏过程的传质、传热

　　传质、传热机理是膜蒸馏过程中的重要研究内容。1969 年，Findley 首先对膜蒸馏的传质传热过程进行了研究，认为影响传质速度的主要因素是蒸汽在膜孔中稳态气体的扩散过程，完整的传质传热方程必须考虑膜孔中气体的传热系数和膜的热导率，还要在以温差为推动力的基础上进行校正。

（1）膜蒸馏的传质

决定膜蒸馏通量最根本的因素是膜两侧的蒸气压力差，用如下关系式来表示：

$$J = K_m \Delta p \tag{8-1}$$

式中，K_m 为膜蒸馏系数；Δp 为跨膜蒸气压力差。一般认为膜蒸馏系数只与膜本身有关，与操作条件无关。

K_m 值的计算依据是气态分子透过多孔膜微孔扩散的三种机理，即 Knudsen 扩散、分子扩散和 Poiseuille 流动。具体的选择是根据气体分子运动的平均自由程（λ）和膜孔径（d_p）的对比来确定，当 $\lambda \ll d_p$ 时，气体分子间碰撞对传质产生重要影响，传质可用 Poiseuille 流动来描述，当 $\lambda \gg d_p$ 时，气体分子与孔壁碰撞对传质产生重要影响，传质可用 Knudsen 扩散来描述，但是由于存在孔径分布，传质过程就不能用单一的机理来描述，而是采用不同机理的结合。

一般文献中都采用平均孔径，并认为在三种传质机理中，Knudsen 扩散起主要作用，在不同的传质中，Knudsen 扩散是不可缺少的，例如在直接接触式膜蒸馏实验中，可以单独采用 Knudsen 扩散机理处理，就得到很好的结果。较多的研究工作是采用 Knudsen-分子扩散机理，也有的采用了 Knudsen 扩散-Poiseuille 流动机理，近期研究又提出基于 Knudsen-分子扩散-Poiseuille 流动的三参数 KMPT 模型来预测膜蒸馏系数和通量，得到较好的结果。

（2）膜蒸馏的传热

膜蒸馏过程中的热传递主要由两部分组成，一部分是在传质过程中的汽化-冷凝，水在膜的上游侧汽化而吸热，水蒸气在膜的下游侧冷凝而放热。另一部分是膜本身的导热。

对直接接触式膜蒸馏的研究表明，传质对传热的影响是可以忽略的，料液的温度起较大的作用，当料液温度低于 50℃ 时，热传导是热量损失的主要来源。分离膜的热传导会降低膜两侧的温差，不利于膜蒸馏的传质，所以降低分离膜的热导率是十分必要的。

8.2 膜蒸馏用疏水性微孔膜

8.2.1 膜材料及膜的特性参数表征

（1）膜材料

为了制备疏水性的膜，常采用疏水性高分子材料，要求材料耐高温，并对酸碱及有机溶剂有好的耐受性。适合的材料有聚四氟乙烯（PTFE）、聚丙烯（PP）、聚乙烯（PE）、聚偏氟乙烯（PVDF）等。与亲水性膜相比，材料品种和制膜工艺都十分有限。

（2）膜的特性参数表征

① 膜孔不被润湿的压力　水溶液膜蒸馏中，膜的疏水性和微孔性是膜蒸馏的必要条件。为了得到较高的通量，要求所用的疏水微孔膜具有尽可能大的孔径，但两侧的液体又不能进入膜孔。液体进入膜孔的最低压力可以用下式来描述。

$$p = 2\gamma\cos\theta / R \tag{8-2}$$

式中，γ 为液体的表面张力；θ 为液体与膜的接触角；R 为膜的孔半径。为了保证在操作压力下膜孔不会被液体润湿，操作压力不可高于 p_0，同时所用的膜必须有足够的疏水性和合适的孔径。实验表明当采用膜的疏水性足够好时，膜的孔隙率在 $60\%\sim80\%$ 之间、孔径在 $0.1\sim0.5\mu m$ 之间较为合适。

② 水通量与膜结构参数的关系

$$J \propto \frac{d^{\alpha}\varepsilon}{\delta_{m}\tau} \tag{8-3}$$

式中，J 为膜水通量；d 为平均孔径；α 为系数；δ_{m} 为膜厚度，ε 为膜的孔隙率；τ 为膜孔弯曲因子。

从式（8-3）表明，膜的水通量是与平均孔径、孔隙率成正比，与膜厚、膜孔弯曲因子成反比。

③ N_2 通量　N_2 的通量越高，膜蒸馏中水蒸气的传质阻力越小，水蒸气通量越大。

8.2.2　疏水性微孔膜的制备及改性方法

目前主要制膜方法如下。

（1）拉伸法

如聚四氟乙烯、聚丙烯等高分子材料，由于没有合适的溶剂，受到加工工艺的限制，只能采用拉伸法制成微孔膜。将晶态聚烯烃材料在高应力下熔融挤出成平膜或中空纤维膜，然后在稍低于熔点的温度下拉伸，产生贯通的裂纹孔，在张力下进行定形处理，得到微孔膜。更详细的介绍请参阅第 2 章微滤。

（2）相转化法

聚偏氟乙烯（PVDF）是疏水性较强的高分子材料，可溶解在某些极性有机溶剂中，如 N,N -二甲基甲酰胺、N,N -二甲基乙酰胺、二甲基亚砜、N -甲基吡咯烷酮等，很方便地用非溶剂致相转化法（NIPS）制成不对称微孔膜，这已被人们所熟悉。

热致相转化法（TIPS）是近几年发展的微孔膜制备技术，将常温下高分子材料和稀释剂在高温下溶解，成膜后在一定条件下冷却导致相分离，然后用萃取剂将膜中稀释剂去除，得到微孔膜。用这种方法可以将 PP、PE、PVDF 等材料制成疏水微孔膜并用于膜蒸馏。更详细的介绍请参阅第 3 章超滤。

（3）表面改性法

将亲水微孔膜表面疏水化改性后可用于膜蒸馏过程，如采用表面接枝聚合、表面等离子体聚合、表面涂覆等方法对亲水微孔膜进行表面改性，均可得到很好的结果，选择合适的表面改性条件，可以得到高通量的疏水微孔膜。

（4）共混改性法

把合成的疏水大分子化合物（SMM，nSMM）与其他高分子材料如聚砜、PVDF、聚醚酰亚胺等共混，由于 SMM、nSMM 具有较低的表面能，在采用相转化法制膜时会迁移至膜表面，得到表面疏水的、适合用于膜蒸馏的分离膜。这种方法的优点是借助于相转化法一步制备出具有疏水表面的复合膜，疏水活性添加剂用量很少（质量分数<5%）。

（5）复合膜法

为了提高分离膜的综合性能，常采用在聚丙烯网状底膜上复合聚四氟乙烯膜制成的平板膜。也可制备疏水、亲水复合膜。疏水、亲水复合膜在膜蒸馏过程中表现出突出的耐污染性能。研究表明，在接触料液的疏水膜表面复合 PVA/PEG，制成复合膜，膜就不会被润湿，有效地提高了膜蒸馏通量。

8.3　膜蒸馏的操作方式及影响过程的因素

8.3.1　膜蒸馏的基本操作方式

根据挥发性组分在膜冷侧冷凝方式的不同，膜蒸馏可分为四种不同的基本操作方式，即直接接触式膜蒸馏（DCMD）、气隙式膜蒸馏（AGMD）、吹扫式膜蒸馏（SGMD）和真空膜蒸馏（VMD），见图 8-3～图 8-6。

（1）直接接触式膜蒸馏（direct contact membrane distillation，DCMD）

透过侧为冷的纯水，在膜两侧温差引起的水蒸气压力差驱动下传质，透过的水蒸气直接进入冷侧的纯水中冷凝。

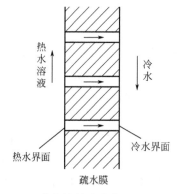

图 8-3　直接接触式膜蒸馏（DCMD）

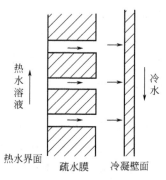

图 8-4　气隙式膜蒸馏（AGMD）

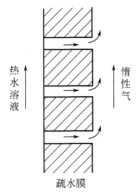

热
水
溶
液

惰
性
气

疏水膜

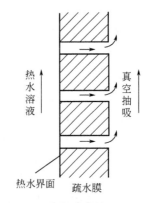

热
水
溶
液

真
空
抽
吸

热水界面　　疏水膜

图 8-5　吹扫式膜蒸馏（SGMD）　　　　图 8-6　真空膜蒸馏（VMD）

在直接接触式膜蒸馏中，膜上游侧的热料液和下游侧冷的纯水都与膜直接接触，膜两侧温差引起的水蒸气压力差为传质推动力，透过的水蒸气直接进入冷却的纯水中冷凝。直接接触膜蒸馏过程的装置和运行都比较简单，但是上下游的流体仅有一层薄膜相隔，导热损失较大，因而热利用效率较低。虽然冷侧需要持续制冷，热侧需要持续加热，但过程所需要的附属设备最少，操作比较简单，最适用于透过组分为水的应用，例如脱盐、水溶液（果汁）浓缩等。

（2）气隙式膜蒸馏（air gap membrane distillation，AGMD）

透过侧的冷却介质与膜之间有一冷却板相隔，膜与冷却板之间存在气隙，从膜孔透过进入气隙中的水蒸气在冷却板上冷凝而不进入冷却介质。

气隙式膜蒸馏的透过侧空气与膜接触，增加了热传导的阻力，降低了传导热量的损失。但是另一方面，气隙式膜蒸馏的传质机理主要是以分子扩散为主，由于透过侧空气的存在，会使膜孔中存在滞留空气，并使透过蒸汽在穿过膜孔时阻力增加。与膜接触的气层厚度一般为膜厚度的 10～100 倍，可以视为静止空气层，也会使传质阻力增大，导致透过的通量较小。

（3）气流吹扫式膜蒸馏（sweeping gas membrane distillation，SGMD）

在透过侧通入干燥的气体吹扫，把透过的水蒸气带出组件的外面冷凝。

吹扫式膜蒸馏同气隙式膜蒸馏一样适用于除去水溶液中的微量易挥发性组分。在气流吹扫式膜蒸馏中，透过侧为流动气体，克服了气隙式膜蒸馏中静止空气层产生传质阻力的缺点，同时保留了气隙式膜蒸馏中较高的热传导阻力的优点。但是，在收集透过侧组分方面存在较大困难，操作过程中为了减少传质阻力，要减小传质边界层的厚度，相应需要较高的吹扫气体速度，操作压力随之升高。目前研究工作开展相对较少。

（4）真空膜蒸馏（vacuum membrane distillation，VMD）

在真空膜蒸馏中，膜的一侧与进料液体直接接触，另一侧的压力保持在低于进料平衡的蒸气压之下，透过的水蒸气被抽出组件外冷凝，增大膜两侧的水蒸气压力差，可得到较大的透过通量，常常应用于去除稀释溶液中的易挥发性组分。由于在 VMD 过程中，透过侧为真空，水蒸气分子与孔壁的碰撞占主要优势，以努森扩散为主，热传导损失可以忽略不计。因此，真空膜蒸馏的传质压力差较大，传质推动力大，透过气体的传质阻力较小，与其他分离过程相比，膜通量也具有较大的优势，是目前研究比较多的操作方式。

在四种基本操作方式的基础上，在实际应用中，也可以采用两种方式的组合操作，例如气隙式和气流吹扫式相结合，在气隙中通过吹扫气流，由于有冷却板，吹扫气流处于恒定的低温，提高了透过通量。膜组件可设计成气流循环、能量回收的形式。也可以采取气隙式和直接接触式相结合，在气隙中不是气体而是液体（蒸馏液），冷却板将蒸馏液冷却，透过的水蒸气进入蒸馏液冷凝。

8.3.2 与膜蒸馏相关的膜过程

（1）气态膜过程（gas membrane process）

当疏水微孔膜的一侧为含有挥发性物质的水溶液，另一侧为这种挥发性物质吸收剂的水溶液，挥发性物质就会不断透过膜孔被吸收剂吸收。该过程采用疏水微孔膜，以透过组分的蒸汽压力差为驱动力，具备膜蒸馏过程的基本特征。在早期文献中称其为"气态膜"（gas membrane），近期文献常将其分类于"膜接触器"（membrane contactor）。应该注意的是膜接触器并不完全属于膜蒸馏过程，例如很多报道关于采用疏水微孔膜从混合气体中脱除酸性气体或水蒸气的研究工作，虽然吸收剂溶液与疏水微孔膜接触，但处理对象是气体而不是水溶液，不属于膜蒸馏的相关过程，本文不作评述。

气态膜过程的开发对于回收水溶液中微量挥发物质和含挥发物质工业废水的处理是很有意义的，例如从废水中除掉 H_2S、NH_3、SO_2、HCN、CO_2、Cl_2 等。在这种膜过程中吸收剂用量少而效率高，对被净化的水溶液不会造成二次污染，挥发性物质可得到最大程度的回收，具有很好的应用前景。

（2）渗透蒸馏（osmotic distillation，OD）

当疏水微孔膜一侧为待浓缩的料液，另一侧为高浓度的提取剂溶液，提取剂常采用各种盐类、甘油等。传质、传热机理研究表明，膜两侧水的活度差是渗透蒸馏的传质推动力，料液一侧的水蒸气透过膜孔进入提取剂溶液而使料液被浓缩，提取剂溶液被稀释，即使在没有温差或低温下该过程也可以进行，特别适用于对温度敏感物质的浓缩，如生物制品、药物、饮料、食品、果汁等。当然，严格地说渗透蒸馏膜两侧并不是没有温差，水在料液侧蒸发会吸热、增浓，水蒸气在提取剂侧冷凝会放热、稀释，这种微小的温度、浓度变化会对渗透蒸馏过程造成不利的影响。

（3）渗透膜蒸馏（osmotic membrane disdillation，OMD）

渗透蒸馏与直接接触式膜蒸馏相结合的膜过程，将其称为"渗透膜蒸馏"，即直接接触式膜蒸馏组件中冷侧为浓盐水，热侧为欲浓缩的溶液，在同一组件中同时运行膜蒸馏和渗透蒸馏两个膜过程，发现其通量大幅度提高，是两个单独膜过程通量的加和。由于具有较大的通量，近年来成为研究的热点之一，对其传质规律进行了深入研究，建立了数学模型，进行了数学模拟，得到很好的结果，为应用研究打下理论基础。由于渗透膜蒸馏是膜蒸馏和渗透蒸馏的耦合过程，具有更高的浓缩效率，用于浓缩水果汁显示更好的效果。

(4) 水相脱气和溶气（dissolve gas and degas of aqueous phase）

在通常情况下，水中会不同程度地溶解 O_2、CO_2 等气体，在输送和使用过程中会造成管路和设备的腐蚀，因此，锅炉用水需采用化学药剂除氧，虽然可减轻设备的腐蚀，却带来水体的污染。如果溶气水与疏水微孔接触，在膜的另一侧抽真空，只要合理控制膜的孔径，不使水在真空下透过膜孔，仅使溶解的气体在真空下脱出，这是一种操作方便、成本低、效率高的脱气技术。"膜法锅炉给水除氧器"采用了这一原理。除工业用水的脱气处理外，该技术也可用于农业和农产品加工中，脱气水有很强的渗透能力。用于育种可缩短发芽时间，用于加工豆制品可缩短浸泡时间，用于制备果汁、果酱等可减少氧化变质，保持产品的色、香、味，用于生产饮料可增加 CO_2 的溶解度，改善饮料的口感。

水体溶气是水体脱气的逆过程，气体在压力下透过膜孔溶解在另一侧的水相中，无泡供氧技术是水相溶气的重要应用领域，在发酵、大规模细胞组织培养和生物水处理方面具有重要意义。

水体脱气和水体溶气的大规模的应用一般均采用中空纤维膜，并且中空纤维的外表面与料液接触，以减少压降，增大传递系数。

8.3.3 影响膜蒸馏通量的因素

(1) 对于稀水溶液膜蒸馏

① 膜两侧的温差的影响　膜蒸馏通量随膜两侧的温差增大而提高，如图 8-7 所示，由于稀溶液的浓度对蒸气压的影响可以忽略不计，膜两侧温差为零时通量也为零，因此，膜蒸馏通量随膜两侧温差的关系曲线是通过原点曲线。因为水蒸气压与温度不呈线性关系，所以通量与温度、温度差不呈线性关系。当冷侧溶液温度固定（20℃），升高热侧温度来增大温差时，曲线呈上凹状（曲线1）；当热侧温度固定（50℃），降低冷侧溶液温度来增大温差时，曲线呈下凹状（曲线2）。

② 热侧的温度的影响　图 8-8 所示热侧温度对膜蒸馏通量的影响，当膜两侧的温差固定时，三角点温度差 9.5℃，圆形点温度差 5.0℃，蒸馏通量随热侧溶液温度的增加而增加，呈上凹状曲线，表明在温差固定的情况下，为增加通量而提高热侧温度比降低冷侧温度更加有效。

③ 膜两侧水蒸气压差的影响　图 8-9 所示蒸馏通量与膜两侧水蒸气压差的关系，膜蒸馏通量与膜两侧水蒸气压力差呈正比，是一条通过坐标原点的直线。

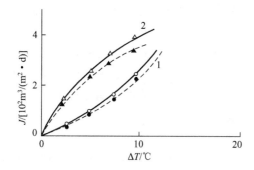

图 8-7　膜蒸馏通量与温度差的关系
空心点时，NaCl 水溶液浓度为 0.05mol/L
实心点时，NaCl 水溶液浓度为 0.50mol/L

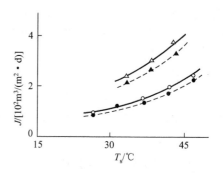

图 8-8　膜蒸馏通量与热侧温度的关系
空心点时，NaCl 水溶液浓度为 0.05mol/L
实心点时，NaCl 水溶液浓度为 0.50mol/L

由式（8-1）可见，在通常条件下，即浓度极化和温度极化均可忽略的情况下，常数 K_m 与温度无关，它可以用来表征膜蒸馏的效率，其物理意义是膜两侧单位水蒸气压力差时的膜蒸馏通量。从溶液的浓度和温度可以很方便地计算膜两侧的水蒸气压，根据式（8-1）的线性关系，可以用一次实验的蒸馏通量数据求出常数 K_m，然后用常数 K_m 和不同温度条件下膜两侧的水蒸气压力差计算出在不同温度条件下的蒸馏通量，大量实验结果表明这样计算得到的蒸馏通量预测值与实验值是相符合的。

在挥发性溶质水溶液的膜蒸馏中，由于溶质是挥发性的，可以透过膜孔，所以该过程的技术指标不用溶质截留系数表示，而是用分离系数来表示。蒸馏液的组成取决于溶质挥发性的大小，例如膜两侧是相同浓度的乙醇水溶液时，由于乙醇挥发性比水强，蒸馏液中乙醇含量高，使冷侧的乙醇水溶液浓度升高；如果膜两侧是相同浓度的醋酸水溶液时，由于醋酸挥发性比水弱，蒸馏液中水的含量高，冷侧的醋酸溶液不断被稀释。

（2）对于浓水溶液的膜蒸馏-结晶

① 浓差极化和温差极化　膜蒸馏过程中的质量传递会导致膜表面溶质浓度不同于本体料液浓度，在膜表面和本体料液之间形成浓度边界层，这就是浓差极化现象。同样由于热量传递，膜上游侧表面的温度会低于料液本体的温度，而膜下游侧表面温度高于渗透液主体的温度，形成温度边界层，这就是温差极化现象。图 8-10 表示在直接接触膜蒸馏过程中浓度、温度分布的情况。

浓差极化和温差极化必然对膜蒸馏过程产生不利影响，使膜通量降低。大量研究工作表明，膜蒸馏应用中，必须考虑浓差极化和温差极化的影响，两者相比，温差极化影响更为严重，一般认为当浓度小于 5% 时，浓度边界层的影响可以忽略，而温度边界层比浓度边界层大得多。但对于渗透蒸馏过程中，由于膜两侧温差极小，可以忽略，浓度差极化对传质过程的影响起重要作用。

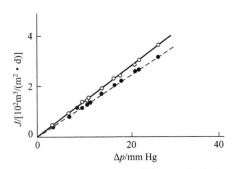

图 8-9　膜蒸馏通量与水蒸气压差的关系
-○- NaCl 水溶液浓度为 0.05mol/L
-●- NaCl 水溶液浓度为 0.50mol/L

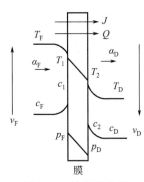

图 8-10　浓差极化和
温差极化示意图

　　浓水溶液的膜蒸馏要比稀水溶液复杂得多，随着溶液浓度的增加，浓差极化和温差极化现象变得越来越严重，溶液的黏度、蒸汽压下降和渗透压升高引起的各种干扰因素对膜蒸馏有显著的影响。不同性质溶质的浓水溶液也会表现出不同的膜蒸馏行为。

　　② 膜两侧温度的影响　图 8-11 所示蒸馏通量与膜两侧温差的关系。由于各种因素的干扰，浓水溶液膜蒸馏通量的方向不一定是从热侧到冷侧。热侧浓盐水溶液像渗透蒸馏中提取液一样，将冷侧的水蒸气吸收过来，所以膜两侧温差必须足够大以抵消这种提取作用。当膜两侧温差大于一定值时，通量为正，曲线形状与稀水溶液相似；当温差小于一定值时，通量为负（从冷侧纯水进入热侧溶液），其绝对值与温差呈线性关系。

　　③ 热侧溶液温度的影响　图 8-12 所示膜蒸馏通量与热侧溶液温度的关系。热侧温度并不能决定通量的方向，而膜两侧温差是决定性的因素，温差大于一定值时通量为正，随热侧溶液温度增加而增加；温差小于一定值时通量为负，其绝对值随热侧溶液温度增加而增加，并呈线性关系。

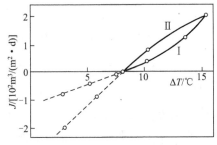

图 8-11　浓水溶液膜蒸馏通量与温度差
的关系（5.3mol/L NaCl 水溶液）

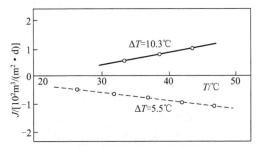

图 8-12　浓水溶液膜蒸馏通量与热侧温度
的关系（5.3mol/L NaCl 水溶液）

　　④ 膜两侧水蒸气压差的影响　图 8-13 所示膜蒸馏通量与膜两侧水蒸气压差的关系。与温度差的关系相对应，当水蒸气压差大于一定值时，通量为正，与水蒸

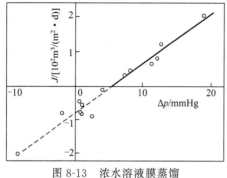

图 8-13　浓水溶液膜蒸馏
通量与水蒸气压差的关系

气压差呈线性关系；水蒸气压差小于一定值时通量为负，由于受多种因素干扰，通量与膜两侧水蒸气压差的关系没有明显的规律。

⑤ 溶液浓度的影响　实验表明，膜蒸馏通量随溶液浓度的增加而降低，但不同性质的溶质表现出不同的膜蒸馏行为。例如，葡萄糖水溶液随着浓度的增加黏度迅速增大，流速变慢会使浓差极化和温差极化现象都很显著，浓度增大到一定程度时通量逐渐趋于零（图 8-14）。氯化钠水溶液随浓度的增加黏度变化不大，所以浓差极化和温差极化现象不显著，虽然膜蒸馏通量随浓度的增加而逐渐降低，但到达过饱和状态时，仍然保持相当高的膜蒸馏通量。见图 8-15，膜蒸馏仍然可以进行，使溶液达到过饱和状态，这时溶液中会不断析出氯化钠晶体，称其为"膜蒸馏-结晶现象"。这是一个很重要的现象，它表明膜蒸馏可以处理极高浓度甚至饱和的水溶液，是目前唯一能够直接从水溶液中分离出晶体产物的膜过程，可望在水溶液的浓缩和化学物质的回收领域得到应用。

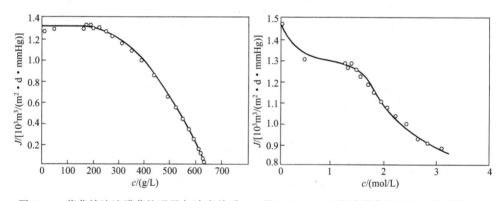

图 8-14　葡萄糖溶液膜蒸馏通量与浓度关系　　图 8-15　NaCl 溶液膜蒸馏通量与浓度关系

⑥ 膜蒸馏-结晶的必要条件　膜蒸馏-结晶是在溶液被浓缩到过饱和状态后产生的，但并不是在所有条件下都能把溶液浓缩到过饱和状态。实验表明，产生膜蒸馏-结晶现象的必要条件除了溶质须是易结晶的物质外，膜两侧必须保持足够大的温差，使膜蒸馏与诸多干扰因素相比一直处于主导地位。那么，对于某个体系需要多大的温差才能实现膜蒸馏-结晶呢？以 NaCl 水溶液为例，在某一温度差的条件下进行浓缩，随着溶液浓度的增加，如图 8-16 所示，蒸馏通量逐渐降低，由正值逐渐变成负值（注明：图 8-16 是由相同温差的两个实验结果拼接而成的，一个是稀水溶液实验，通量为正值，随着溶液被浓缩，通量逐渐趋于零；另一个是

浓水溶液实验，通量为负值，随着溶液被稀释，通量也逐渐趋于零）。膜蒸馏通量为零时所对应的浓度可称其为"平衡浓度"。实验证明，平衡浓度与温度差呈较好的线性关系，如图 8-17 所示。从图 8-17 可以得到任何平衡浓度所对应的温度差，当平衡浓度为溶液的饱和浓度时，所对应的温度差就是膜蒸馏-结晶所需要的最小温度差，换句话说，尽管浓缩对象是容易结晶的溶质，但如果选择的实验条件其温度差小于膜蒸馏-结晶所需要的最小温度差，结果是不会出现膜蒸馏-结晶现象的，只有大于这个最小温度差才能实现膜蒸馏-结晶。

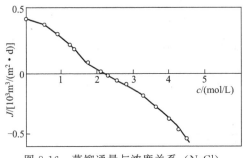

图 8-16　蒸馏通量与浓度关系（NaCl）

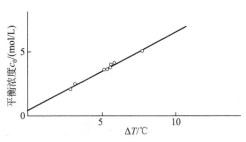

图 8-17　平衡浓度与膜两侧温度差的关系

（3）操作方式的影响

在中空纤维膜组件的减压膜蒸馏操作中，操作方式对通量有明显影响，如图 8-18 所示可分为内进/外抽 ［图 8-18（a）］ 和外进/内抽 ［图 8-18（b）］ 两种操作方式，在水溶液脱盐实验中对两种操作方式的总传热系数和总传质系数进行对比，认为外进/内抽式操作更有工业生产的价值。

减压方式在直接接触式膜蒸馏操作中对通量也有很大影响，由于泵的连接方式不同可造成膜的上游侧或膜的下游侧压力的降低或升高，特别是加阀门控制流速的情况下，如图 8-19 所示。图 8-19（a）是泵的通常连接方式，膜两侧的压力均升高，图 8-19（b）是膜的上游侧压力升高，下游侧压力降低，图 8-19（c）是膜两侧压力均降低，实验结果表明，与通常情况（a）相比，（c）会使通量降低，而（b）可使通量提高一倍。

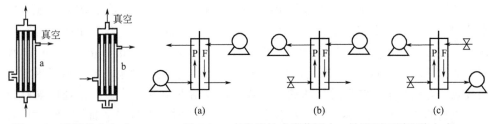

图 8-18　不同抽空方式　　　　图 8-19　直接接触式膜蒸馏中，输液泵不同连接方式

气隙式膜蒸馏中，气隙所含气体的种类对透过组件的扩散速度有明显影响，用气隙膜蒸馏处理甲酸-水恒沸混合物时，使用 He、空气、SF_6 三种气体实验，发

现，气体的分子量越大越有利于恒沸混合物的分离，SF_6 效果最好。

（4）膜结构参数的影响

分离膜的结构包括膜厚、平均孔径、孔径分布、孔形态、孔隙率等参数，用于膜蒸馏的分离膜应该有足够大的孔径又不能使料液进入膜孔。

增大膜的孔径和孔隙率对提高通量有利，但孔径太大易造成膜污染甚至润湿；小孔径及低孔隙率会增大传质阻力，减小膜的通量，但却能减缓膜的润湿性，因此膜的孔径应适度为好。

孔径分布窄的膜性能较为优越。

膜厚度也直接影响膜的使用效果。减小膜厚、膜的水通量增加；但膜壁太薄，会使热损失增加，热效率降低，同时，薄壁膜长时间使用中容易被润湿使分离性能降低，研究认为适宜的厚度应为 $30 \sim 60 \mu m$ 之间。

膜孔形态对膜蒸馏效果也有影响，孔弯曲因子增大，水蒸气透过阻力增大，膜的通量降低。

8.3.4 膜蒸馏应用研究要解决的技术问题

（1）膜污染和膜去疏水化问题

和其他膜过程一样，膜蒸馏过程也存在膜污染问题，而且膜污染会伴随膜的润湿，使膜蒸馏效率明显降低，所以近年来日益引起人们的重视。不同的应用对象所造成的污染原因和程度各有不同，应研究采用不同的方法对料液进行预处理，以消除或减轻膜污染。

从膜的结构设计考虑避免膜的润湿是很好的方法，例如制成疏水/亲水复合膜，在疏水的 PVDF 膜上复合 PVA/PEG 亲水层，不但可提高通量，并认为可以阻止膜的润湿，延长膜的使用寿命。

膜污染往往发生在溶质浓度较高的长期运转过程中，例如浓盐水的膜蒸馏-结晶过程中通量逐渐降低，归于盐结晶微粒在膜表面附着而引起膜的润湿；在处理离子交换树脂的再生废液过程中，会有盐沉积在膜表面，通量随之降低，如果预先加入 $Ca(OH)_2$ 处理并进行过滤，膜污染会显著减轻；在采用 NF/MD 集成膜过程制备饮用水时，如果将原水酸化至 pH=4，就会防止 $CaCO_3$ 在膜表面沉积；在水处理过程中，膜很容易被腐殖酸污染，研究发现可加入 Ca^{2+} 与腐殖酸络合凝结在膜表面，使通量降低，但这种凝结物很疏松，容易用水和 0.1mol/L NaOH 水溶液清除，通量得到 100% 恢复；在浓缩生产肝素产生的含盐废水时，通量因污染而衰减，如将废水煮沸后进行超滤预处理，污染情况会得到缓解；在处理含有天然有机物的 NaCl 水溶液（加工动物肠子的盐水）时，发现膜表面附着蛋白质、NaCl 的凝胶，通量很快下降，用 2% 柠檬酸处理会除掉部分污染层，将溶液煮沸并经超滤预处理可以减轻膜污染。

稀溶液也会发生膜污染，采用扫描电镜和能谱检查不同处理对象的膜表面，常常会发现微生物污染，不但在料液接触侧，有时在透过侧和膜孔中也会发现，微生物污染和操作条件关系密切，在较高的温度、较高的盐浓度、较低的 pH 值条件下可抑制微生物的生长。实际上料液的洁净程度对膜污染起重要作用，例如采用聚丙烯中空纤维膜进行连续 3 年长期膜蒸馏实验，发现纯水不会使膜润湿，通量稳定不变，但用自来水时，膜表面会沉积 $CaCO_3$，通量从 $700L/(m^2 \cdot d)$ 降至 $550L/(m^2 \cdot d)$，经稀盐酸处理、水洗、干燥后，膜性能可以恢复。将相同浓度的海水和 NaCl 水溶液进行膜蒸馏脱盐的对比实验，发现 NaCl 水溶液进行膜蒸馏时膜污染并不严重，但海水膜蒸馏通量会因膜污染逐渐下降，并发现用超声波可以减轻海水对膜的污染程度。

（2）减轻浓差极化和温差极化

浓差极化和温差极化是影响膜蒸馏效率的重要因素，凡是减小浓差极化和温差极化的措施都有利于提高膜蒸馏通量，最直接的方法是改变料液的流动状态。提高料液流动速度使其处于湍流可有效地减小浓差极化和温差极化，但这种方法会受到组件结构的限制。在料液的流道中放置隔离物是改变料液流动状态的另一有效方法，据称可使通量提高 31%～41%。流道隔离物的几何形状对使用效果有很大的影响，对隔离物的形状进行优化也是很有意义的研究工作。

采用超声波技术是减小浓差极化和温差极化的另一有效手段，有报道称该技术的使用可将直接接触式膜蒸馏和渗透蒸馏的通量提高一倍和两倍。

经过预处理使料液的黏度降低也可有效地减小浓差极化和温差极化，例如在果汁浓缩过程中，由于物料黏度较高，浓差极化和温差极化现象十分严重。主要原因是果汁中含有蛋白质类的生物高分子，采用添加果胶酶和淀粉酶复合物脱出果汁中蛋白质，然后超滤澄清，使黏度降低，再进行膜蒸馏浓缩，通量得到大幅度提高。

（3）膜组件结构的优化设计

组件结构的优化设计往往会极大地提高组件的膜蒸馏效率。Foster 等设计的膜组件结构考虑到潜热的利用，并可在加压的条件下操作。据预测，膜组件在 65℃、大气压下，通量可达到 $30kg/(m^2 \cdot h)$，加压至 2MPa，100℃操作，通量可达到 $85kg/(m^2 \cdot h)$。Rivier 等设计了恒温气流吹扫式膜组件，实际是气隙式和吹扫式膜组件的结合，由于吹扫气流始终保持低温，增大了传质驱动力而得到较大的通量。Ding 等人对于中空纤维膜组件的设计提出了数学模型，指出由于中空纤维膜内径的多分散性和在壳体中装填的不均匀性都会引起流动的不良分布，从而使通量降低，并且后者的影响更严重。

8.3.5　膜蒸馏的集成过程

各种膜过程均有各自的优点和局限性，而且在实际工业生产中会受到各种复杂因素的制约。为了使整个生产过程达到优化，采用任何单一膜过程都不能解决复杂的生产问题，需要把各种不同的膜过程合理地集成在一个生产循环中，这样在生产过程中采用的不是一个简单的膜分离步骤，而是一个膜分离系统，这个系统可以包括不同的膜过程，也可包括非膜过程，称其为"集成膜过程"（integrated membrane process）。

（1）膜分离过程之间的集成

Drioli 教授是集成膜过程积极的倡导者，提出在海水淡化过程中采用集成膜过程的优点。在集成系统中，先用 MF、UF、NF 预处理除掉高价离子，然后用膜接触器除掉海水中溶解的 CO_2、O_2，经 RO 过程后余水采用膜蒸馏处理，可提高产水的质量，并使海水回收率提高到 87%。在研究了 RO 与 MD 集成进行海水脱盐过程的极化现象时指出，RO 过程以浓差极化为主导，MD 过程以温差极化为主导，MD 的集成有利于克服高浓度海水的渗透压。在研究集成过程的能耗时指出，RO 与 MD 集成进行海水淡化能耗偏高，但提高了整体系统的性能，如果有可利用的廉价热能时，这种集成体系是很可取的。

由于在集成膜过程中，各个膜过程的优、缺点得到互补，可得到单一膜过程无法得到的结果，采用 UF 和 MD 集成过程处理港口舱底污水，UF 过程将油含量减小至 5mg/L 以下，然后经 MD 处理，油完全除掉，总有机碳除掉 99.5%，总可溶固形物除掉 99.9%。

采用 UF/OD 集成过程浓缩葡萄汁，经超滤后的料液黏度降低，使渗透蒸馏的通量增大，提高了浓缩效率；采用 MF/RO/OD 浓缩葡萄汁可达到较高浓度（60°Brix），更便于储存；采用 UF/RO/OD 集成对柠檬汁、胡萝卜汁、橙汁等的浓缩，其中超滤使果汁澄清，反渗透除掉部分水，渗透蒸馏进一步浓缩到最终产品，该过程得到的产品保持了原来的色泽和香味，果汁中原有的抗氧化活性物质也损失较少。

（2）膜蒸馏与非膜过程的集成

膜蒸馏过程与其他生产过程集成也能达到提高生产效率的目的，一种称为"膜蒸馏生物反应器"的体系制备乙醇的过程，实际是膜蒸馏与发酵过程集成，料液中含有的 CO_2 减小了膜蒸馏的温差极化现象，提高了乙醇的透过通量，膜蒸馏过程不断将生成的乙醇脱除，使乙醇转化率从 50% 提高到 95%。

解决饮用水问题始终是膜分离领域的重要研究方向，将膜蒸馏与多效蒸馏器集成制备纯净水，蒸馏器的余水作为膜蒸馏的进水，产水量提高了 7.5%，能量利用率提高了 10%。采用膜蒸馏与太阳能蒸馏器集成制备饮用水，太阳能蒸馏器中的热水用作膜蒸馏组件的进水，实验表明，大部分产水来自膜蒸馏，太阳能蒸馏器的产水不足总产水量的 20%。突尼斯的地热资源十分丰富，但水质硬度高，不适合饮用和灌溉，采用膜蒸馏与流动床结晶器集成制备饮用水，流动床结晶器可除掉地下热水中 $CaCO_3$ 使水软化，气隙式膜蒸馏利用地热生产饮用水。

在废水处理的模拟实验中，采用液相沉淀（LPP）与膜蒸馏集成方法处理核废水，达到"全分离"的目的。将膜蒸馏与光催化反应器集成在一起，处理酸性红 18 水溶液，在染料光降解的同时得到纯水，认为是很有前途的废水处理方法。

8.4　膜蒸馏技术的应用

8.4.1　海水和苦咸水脱盐制备饮用水

　　膜蒸馏过程的开发最初完全是以海水淡化为目的。虽然反渗透作为海水和苦咸水淡化的膜分离方法，从 20 世纪 60 年代就进入了实用阶段，其设备和工艺条件也在实用中不断得到改进和完善，但是反渗透过程需要较高的操作压力，设备比较复杂，并且难以处理盐分过高的水溶液。而膜蒸馏却具有反渗透过程所不具备的优点，所以人们对膜蒸馏用于海水、苦咸水、脱盐方面进行大量研究工作，以期与反渗透相竞争。近二十多年的研究表明，直接接触膜蒸馏的透过通量能够达到反渗透的水平甚至有所超过，减压式膜蒸馏用于海水脱盐也具有较好的发展前途，一种改进的减压膜蒸馏装置，在 85℃ 时的产水通量甚至可达到 71kg/ $(m^2 \cdot h)$。Singh 等在直接接触式膜蒸馏处理中把盐水温度提高到 128℃，得到的水通量达到了 195kg/ $(m^2 \cdot h)$，超过了反渗透处理的处理量。但膜蒸馏是个能耗较高的膜过程，只在有廉价能源可利用的情况下进行海水、苦咸水淡化才具有实用意义。例如采用真空膜蒸馏制备的小型船用海水淡化装置，利用发动机冷却水的废热作能源，可得到 99.99% 的脱盐率和 5.4kg/ $(m^2 \cdot h)$ 的产水通量。Raluy 等采用太阳能膜蒸馏系统生产淡水，可以达到 100L/d。由于膜蒸馏对热量的品质要求不高，太阳能、地热、温热的工业废水都可考虑作为其能源。

　　膜蒸馏技术制备淡水首先应考虑能源利用的问题，解决的办法一是在系统设计上考虑热能的回收，在早期文献中 Schofield 等人详细计算了热能回收对造水成本的影响，并设计了能量回收的工艺流程。近年来采用所谓"Memstill 技术"的小型膜蒸馏海水淡化厂已经运行，其组件采用热量回收形式，生产淡水每吨成本低于 0.5 美元，甚至可低至每吨 0.26 美元。

　　其次是考虑可利用的廉价能源。对于干旱、少雨地区有丰富的太阳能资源可利用，所以采用太阳能生产饮用水是重要的研究课题，太阳能膜蒸馏装置成为研究的热点之一。目前，已有数套小型实验室规模的设备测试完毕，这些系统都能利用太阳能进行小容量的操作，而它的主要成本是在 MD 膜组件方面上。如果能把低成本的太阳能膜蒸馏系统商业化，不仅偏远地区的人们能受益，而且城市居民也能使用它得到饮用水。图 8-20 是一种太阳能膜蒸馏系统的实景图。

　　利用地热资源也可使膜蒸馏的成本大幅度降低。对于干旱缺水的国家和地区，有丰富的太阳能和地热资源，利用这些资源制备饮用水以及用于膜蒸馏的其它浓缩是膜蒸馏脱盐的重要方向。

图 8-20　安装在加那利群岛上的太阳能膜蒸馏系统实景图

　　膜蒸馏脱盐的产水质量是其他膜过程不能比拟的，将不同的造水膜过程进行对比表明：UF 能脱除悬浮物和胶体，NF 可完全除掉水中的有机碳，硬度可降低 $60\%\sim87\%$，RO 可将总固溶物（TDS）截留 99.7%，质量最好的水是由 MD 制备，产水的电导率可达到 $0.8\mu S/cm$，TDS 可达到 $0.6mg/L$。

8.4.2　化学物质的浓缩和回收

　　膜蒸馏可以处理极高浓度的水溶液，在化学物质水溶液的浓缩方面具有很大潜力。例如可采用直接接触式膜蒸馏、气流吹扫式膜蒸馏、渗透蒸馏、减压膜蒸馏浓缩蔗糖水溶液，采用渗透膜蒸馏对蔗糖溶液的再浓缩；采用膜蒸馏进行硫酸、柠檬酸、盐酸、硝酸的浓缩，非挥发性酸截留率达 100%，挥发性酸在浓度高时有透过。在甘醇类水溶液的浓缩、透明质酸的浓缩、氟硅酸的浓缩、藻青苷染料的浓缩，取得很好的结果。

　　由于膜蒸馏可以在较低的温度下运行，对生物活性物质和温度敏感物质的浓缩和回收具有一定实用意义，可取得常规蒸馏不能达到的效果，例如人参露和洗参水的浓缩、蝮蛇抗栓酶的浓缩、牛血清蛋白的浓缩、乳清蛋白的浓缩、L-赖氨酸盐酸盐糖浆的浓缩，都得到了较好的效果。

8.4.3　膜蒸馏-结晶用于回收结晶产物

　　膜蒸馏是目前唯一能够从溶液中直接分离出结晶产品的膜过程。膜蒸馏-结晶是在溶液被浓缩到过饱和状态后产生的，但并不是在所有条件下都能把溶液浓缩到过饱和状态。如前所述，产生膜蒸馏-结晶现象的必要条件除了溶质须是易结晶的物质外，膜两侧必须存在足够大的温差，使膜蒸馏与诸多干扰因素相比一直处于主导地位，当溶液达到过饱和以后就会析出结晶。这一过程可用于工业废水处理和盐类生产，例如从废水中回收牛磺酸、从天然盐水中提取芒硝、用盐水生产

NaCl，NaCl 的产量已达到 $100kg/(m^2 \cdot d)$ 的规模。利用膜蒸馏-结晶方法可以像传统重结晶方法一样把不同溶质分离开，例如 Na_2SO_4 和 NaCl 水溶液的膜蒸馏结晶过程，水溶液中 $MgSO_4$ 和 NaCl 可进行分离。

8.4.4　溶液中挥发性溶质的脱除和回收

膜蒸馏过程是以膜两侧蒸气压力差为传质推动力，这使从水溶液中脱除挥发性溶质成为可能。从水溶液中脱除和回收挥发性有机物在环境保护领域更具有重要的实用价值，文献中大量报道了有关研究工作，如从水溶液中脱除甲醇、异丙醇、丙酮、氯仿、三氯乙烷，同时脱除乙醇和丙酮、丁醇和乙醇、甲基异丁基酮、卤代挥发性有机化合物等。

Lewandowicz 等把膜蒸馏应用到生产燃料乙醇的体系中。文献中提到把膜蒸馏组件和生物反应器联接，构成一个连续发酵体系（见图 8-21），从而增大乙醇生产率，减低生产成本。

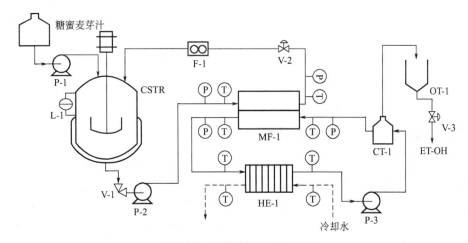

图 8-21　生产燃料乙醇的流程

P-1~P-3—泵；L-1—液面传感器；CSTR—连续搅拌釜反应器；V-1~V-3—隔膜阀；HE-1—热交换器；
P—压力传感器；T—温度传感器；MF-1—膜组件；CT-1—密闭槽；OT-1—开放槽；F-1—流量计

Varavuth 等用渗透蒸馏来进行酒的脱醇测试，发现用纯水作脱除液的时候，系统会有更好的醇通量、水通量以及脱醇效果。脱醇效果会随着操作温度和两边料液速率的升高而增大。在系统工作 360min 后，酒中醇的浓度最终能降低 34%，从而生产低度酒。图 8-22 为渗透蒸馏的装置流程图。

膜蒸馏脱除溶液中挥发溶质的原理成功地被用于气体分析，将膜蒸馏装置与质谱仪联机，用质谱仪测定脱除气体的量，对水溶液中溶解的氧、丙烷、乙醇的测定结果表明，质谱信号与水溶液中溶质浓度呈线性关系，这为挥发性溶质的在线测试奠定了技术基础。

恒沸混合物采用膜蒸馏处理，可打破固有的汽-液平衡关系，得到较好的分

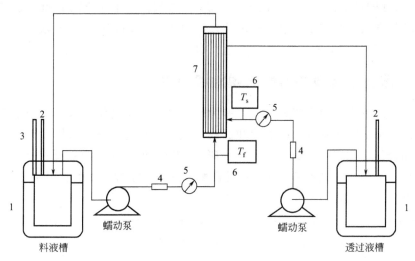

图 8-22　渗透蒸馏的装置流程图
1—恒温水槽；2—温度计；3—吸液管；4—流量计；
5—压力表；6—热电偶；7—中空纤维膜

离，如甲酸/水恒沸混合物的分离，丙酸/水恒沸混合物的分离。

　　从水溶液中脱除酸性挥发性溶质近年集中于盐酸的回收，如采用直接接触式膜蒸馏从金属酸浸液中回收 HCl，减压膜蒸馏从金属氯化物的水溶液中回收 HCl。

8.4.5　果汁、液体食品的浓缩

　　膜蒸馏过程可在相对比较低的温度下运行，并具有极高的脱水能力，特别是渗透蒸馏可以在室温下运行，对果汁、食品的浓缩是其他任何膜过程都无法比拟的。膜蒸馏和渗透蒸馏技术浓缩液体食品的优点在于：节能、保持食品原有的风味（包括色、香、味等）。其中果汁浓缩的研究工作较多，如超滤与渗透蒸馏浓缩、减压膜蒸馏浓缩葡萄汁，渗透蒸馏浓缩诺丽果汁、菠萝汁和橘汁，直接接触式膜蒸馏浓缩苹果汁，集成膜过程浓缩柠檬汁和胡萝卜汁，渗透膜蒸馏浓缩菠萝汁以及膜蒸馏浓缩黑加仑子汁。这些工作有的仍处在实验室研究阶段，有的已经具有示范生产的规模。由于渗透蒸馏在常温下操作，更有利于果汁的保鲜，对比研究表明，采用渗透蒸馏浓缩澄清的果汁时，维生素 C 含量不受影响，抗氧剂活性保持恒定，而采用加热蒸发浓缩至 66.6°Brix 时，维生素 C 会损失 87%，抗氧剂活性会损失 50%。Vaillant 等报道了采用渗透蒸馏浓缩果汁的工业示范规模装置，在 30℃可以将果汁浓缩至 60gTSS/100g（总可溶固体），通量仍保持 0.5kg/(m² · h)，连续 28h 通量没有衰减，浓缩后果汁外观和维生素 C 含量基本保持原来水平。Hasanoglu 等发现渗透蒸馏和真空膜蒸馏的联接使用，可以避免在果汁浓缩过程中香味化合物的大量遗失，使香味化合物的回收率平均达到 75%。同时，这两种膜过程的同时操作，可以降低能量需求从而减少成本。

8.4.6　废水处理

和其他膜分离过程一样，膜蒸馏是环境友好的分离技术，在工业废水处理方面具有很好的应用前景。膜蒸馏技术进行废水处理是利用该膜过程对挥发性溶质脱除功能和对非挥发性溶质浓缩的功能。前面已经介绍利用气态膜过程可以从废水中脱除 H_2S、NH_3、SO_2、HCN、CO_2、Cl_2 等，对废水处理具有重要意义。采用气态膜过程脱除废水中的正戊酸，处理氰化物废水，已经达到商业化的规模，这表明膜蒸馏在废水处理应用领域中的潜力。从工业废酸液中回收 HCl 是在处理含挥发性酸性物质废水方面的典型应用，用吹扫膜蒸馏操作方式除掉废水中含有的挥发性有机污染物，采用减压膜蒸馏从废水中除掉微量的苯，以及用直接接触式膜蒸馏浓缩橄榄油废水中的多酚，都具有很好应用前景。

膜蒸馏对非挥发性溶质水溶液的浓缩功能同样在废水处理中得到应用，例如采用超滤/膜蒸馏集成处理含油的废水，采用减压膜蒸馏处理丙烯腈工业废水、亚甲基蓝染料的废水，采用真空膜蒸馏法处理五种染料（雷马素马斯亮蓝 R、活性黑 5、靛蓝、酸性红 4、亚甲基蓝）溶液，都显示出膜蒸馏在废水处理方面的应用前景。

Zakrzewska 等在处理低放射性废水方面比较了各种处理方法，认为膜分离方法具有显著的优越性，其中膜蒸馏能够把放射性废水浓缩到很小的体积，并具有极高的截留率，很容易达到排放标准，显示了膜蒸馏方法在处理放射性废水方面的突出优点。

8.4.7　水中无机离子的去除

Qu Dan 等人发现 DCMD 具有比反渗透和纳滤膜更高的去除 As（Ⅲ）和 As（Ⅴ）的能力，两者的截留率均在 99.95% 以上，还发现 DCMC 具有较高的去除硼的能力（>99.8%），即使在进料浓度高达 750mg/L 时，硼的截留率也没有多大的差别。

在高浓度水溶液浓缩方面膜蒸馏过程潜力是反渗透过程无法比拟的，浓水溶液极高的渗透压使反渗透过程无法运行，而膜蒸馏可把水溶液浓缩至过饱和状态；特别是渗透蒸馏在浓缩果汁、果酱等对温度较敏感的物质方面优点是其他膜过程不具备的；在化学物质的浓缩与回收和液体食品的浓缩加工方面是膜蒸馏重要的发展方向之一。膜蒸馏-结晶是目前唯一能从水溶液中分离出结晶产物的膜过程，将会在化学物质分离、回收和废水处理方面得到更广泛的应用。

为了实现膜蒸馏的实际应用，大型膜组件的结构设计、工艺流程和操作条件的优化都是十分重要的研究课题。

近年来膜蒸馏应用研究更为普遍、深入，很多研究工作已经达到示范性生产的规模，相信膜蒸馏工业化应用的时间不会太遥远。

参 考 文 献

[1] Smolders K，Franken A C M. Terminology for membrane distillation. Desalination，1989，72：249-282.

[2] Findley M E. Vaporization through porous membranes. Ind. Eng. Chem.，Pro. Des. Dev.，1966，6：226-230.

[3] Findley M E，Tanna V V，Rao Y B et al. Mass and heat transfer relations in evaporation through porous membranes. AIChE J.，1969，15 (4)：483-489.

[4] Bodell B R. Distillation of saline water using silicone rubber membrane. U. S. Pat. 3，361，645. 1968.

[5] Rodgers F A. Distillation under hydrostatic pressure with vapor permeable membrane U. S. Pat. 3，406，096. 1968.

[6] Weyl P K. Recovery of demineralized water from saline waters. U. S. Pat. 3，340，186. 1967.

[7] Rodgers F A. Stacked microporous vapor permeable membrane distillation system U. S. Pat. 3，650，905. 1972.

[8] Bailey J B. Corrugated micropermeable membrane. U. S. Pat. 3，620，895. 1971.

[9] Cheng D Y. Composite membrane for a membrane distillation system. U. S. Pat. 4，316，772. 1982.

[10] Gore D W. Gore-Tex membrane distillation. Proc. 10th Ann. Conf. Water Supply Improv. Ass.，July 25-29，1982，Honolulu.

[11] Drioli E and Wu Yonglie. Membrane distillation：an experimental study. Desalination，1985，53：339-346.

[12] 德里奥里 E，吴庸烈. 水溶液的膜蒸馏. 膜分离科学与技术，1985，5 (4)：8-12.

[13] Drioli E，Wu Yonglie and Calabro V. Membrane distillation in the treatment of aqueous solutions. J. Membr. Sci.，1987，33：277-284.

[14] 大矢晴彦，松本洁明，根岸洋一，松本翰治. ポリプロピレン多孔质中空丝膜を用いたエタノール水溶液の浸透气化浓缩分离. 膜 (Membrane)，1986，11 (4)：231-238.

[15] 大矢晴彦，松本洁明，根岸洋一，松本翰治. ポリプロピレン多孔质中空丝膜を用いたアセトン－n－ブタノ-ル-水系の浸透气化浓缩分离. 膜 (Membrane)，1986，11 (5)：285-296.

[16] Matsumoto K，Ohya H，Daigo M. Separation of ethanol from culture broth by pervaporation with hydrophobic porous membrane. 膜 (Membrane)，1985，10 (5)：305-306.

[17] 小田吉男. 机能性膜材料. 膜 (Membrane)，1985，10 (1)：36-44.

[18] Kong Ying，Wu Yonglie，Xu Jiping. Separation of formic acid-water azeotropic mixture by membrane distillation. Chinese Chemical Letters，1992，3 (6)：477-478.

[19] Findley M E，Tanna V V，Rao Y B et al. Mass and heat transfer relations in evaporation through porous membranes. AIChE J.，1969，15 (4)：483-489.

[20] Phattaranawik J，Jiraratananon R，Fane A G. Heat transport and membrane distillation in direct contact membrane distillation. J. Membr. Sci.，2003，212 (1-2)：177-193.

[21] Martinez-Diez L，Florido-Diaz F J. Desalination of brines by membrane distillation. Desalination，2001，137 (1-3)：267-273.

[22] Khayet M，Godino P，Mengual J I. Theory and experiments on sweeping gas membrane distillation. J. Membr. Sci.，2000，165 (2)：261-272.

[23] Martinez L，Florid D F J，Hernandez A，et al. Characterization of three hydrophobic porous membranes used in membrane distillation：Modeling and evaluation of their water vapour permeabilities.

J. Membr. Sci.，2002，203（1-2）：15-27.

[24] Schofield R W，Fane A G，Fell C J D. Gas and vapor transport through mricroporous membrane I. Knudsen and Poiseuille transition，J. Membr. Sci.，1990，53：159-171.

[25] Fernandez P C，Izquierdo G M A，Garcia P M C. Gas permeation and direct contact membrane distillation experiments and their analysis using different models. J. Membr. Sci.，2002，198（1）：33-49.

[26] Guijt C M，Meindersma G W，Reith T et al. Air gap membrane distillation 1. Modeling and mass transport properties for hollow fiber membranes. Sepa. Purif. Technol.，2005，43：233-24.

[27] Ding Z W，Ma RY，Fane A G. A new model for mass transfer in direct contact membrane distillation. Desalination，2003，151（3）：217-227.

[28] Martinez D L，Florido D F J，Vazquez G M I. Study of evaporation efficiency in membrane distillation [J]. Desalination，1999，126（1-3）：193-197.

[29] 唐娜，刘家祺，马敬环 等. 热致相分离聚丙烯平板微孔膜的制备. 膜科学与技术，2005，25（2）：38-41.

[30] Wu Yonglie，Kong Ying，Lin Xiao et al. Surface-modified hydrophilic membrane in membrane distillation. J. Membr. Sci.，1992，72：189-196.

[31] Suk D E，Pleizier G，Deslandd Y et al. Effects of surface modifying macromolecule（SMM）on the properties of polyethersulfone membranes. Desalination，2002，149（1-3）：303-307.

[32] Suk D E，Matsuura T，Park H B et al. Synthesis of a new type of surface modifying macromolecules（nSMM）and characterization and testing of nSMM blended membranes for membrane distillation. J. Membr. Sci.，2006，277：177-185.

[33] Khayet M，Matsuura T，Mengual J I et al. Design of novel direct membrane distillation membranes. Desalination，2006，105-111.

[34] Khayet M，Matsuura T，Mengual J I. Porous hydrophobic/hydrophilic composite membranes：Estimation of the hydrophobic-layer thickness. J. Membr. Sci.，2005，266：68-79.

[35] Khayet M，Mengual J I，Matsuura T. Porous hydrophobic/hydrophilic composite membranes Application in desalination using direct contact membrane distillation. J. Membr. Sci.，2005，252：101-113.

[36] Khayer，M Matsuura T. Application of surface modifying macromolecules for the preparation of membranes for membrane distillation. Desalination，2003，158：51-56.

[37] Courel M，Tronel P E，Rios G M et al. The problem of membrane characterization for the process of osmotic distillation. Desalination，2001，140（1）：15-25.

[38] Mansouri J，Fane A G. Osmotic distillation of oily feeds. J. Membr. Sci.，1999，153（1）：103-120.

[39] Peng Ping，Fane A G，Li Xiaodong. Desalination by membrane distillation adopting a hydrophilic membrane. Desalination，2005，173：45-54.

[40] Phattaranawik J，Jiraratananon R. Direct contact membrane distillation：effect of mass transfor on heat transfor. J Membr Sci，2001，188（1）：137-143.

[41] Burgoyne A，Vahdati M M. Direct contact membrane distillation. Sepa Sci Technol，2000，35（8）：1257-1284.

[42] Christensen K，Andresen R，Tandskov I et al. Using direct contact membrane distillation for whey protein concentration. Desalination，2006，200：523-525.

[43] Izquierdo G M A，Garcia P M C，Fernandez P C. Air gap membrane distillation of sucrose aqueous solutions. J Membr Sci，1999，155（2）：291-307.

[44] Alklaibi A M, Lior N. Transport analysis of air-gap membrane distillation. J. Membr. Sci., 2005, 255: 239-253.

[45] Guijt C M, Meindersma G W, Reith T et al. Air gap membrane distillation 2. Model validation and hollow fiber module performance analysis. Separation and Purification Technology, 2005, 43: 245-255.

[46] Hayt M, Godino P, Mengual J I. Nature of flow on sweeping gas membrane diseillation. J. Membr. Sci., 2000, 170 (2): 243-255.

[47] Khayet M, Godino M P, Mengual J I. Theoretical and experimental studies on desalination using the sweeping gas membrane distillation method. Desalination, 2003, 157: 297-305.

[48] Lawson K W, Lloyd D R. Membrane distillation. I. Module design and performance evaluation using vacuum membrane distillation. J. Membr. Sci., 1996, 120 (1): 111-121.

[49] Bandini S, Sarti G C. Concentration of must through vacuum membrane distillation. Desalination, 2002, 149 (1-3): 253-259.

[50] Mohammadi T, Akbarabadi M. Separation of ethylene glycol by vacuum membrane distillation (VMD). Desalination, 2005, 181: 35-41.

[51] Mengual J I, Khayet M, Godino M P. Heat and mass transfer in vacuum membrane distillation. Inter. J. Heat and Mass Transfer, 2004, 47: 865-875.

[52] Rivier C A, Garcia-Payo M C, Marison I W et al. Separation of binary mixtures by thermostatic sweeping gas membrane distillation: I. Theory and simulation. J. Membr. Sci., 2002, 201 (1-2): 1-16.

[53] Garcia P M C, Rivier C A, Marison I W et al. Separation of binary mixtures by thermostatic sweeping gas membrane distillation-II. Experimental results with aqueous formic acid solutions. J. Membr. Sci., 2002, 198 (2): 197-210.

[54] Ugrozov V V, Elkina I B, Nikulin V N et al. Theoretical and experimental research of liquid-gap membrane distillation process in membrane module. Desalination, 2003, 157: 325-331.

[55] Ugrozov V V, Kataeva L I. Mathematical modeling of membrane distiller with liquid gap. Desalination, 2004, 168: 347-353.

[56] Zhang Qi, Cussler E L. Hollow fiber gas membrane. AIChE J, 1985, 31 (9): 1548-1553.

[57] Gabelman A, Hwang S T. Hollow fiber membrane contactors. J. Membr. Sci., 1999, 159 (1-2): 61-106.

[58] Celere M, Gostoli C. Heat and mass transfer in osmotic distillation with brines, glycerol and glycerol-salt mixtures. J. Membr. Sci., 2005, 257: 99-110.

[59] Petrotos K B, Lazarides H N. Osmotic concentration of liquid foods. J Food Eng, 2001, 49 (2-3): 201-206.

[60] Romero J, Rios G M, Sanchez J, et al. Modeling heat and mass transfer in osmotic evaporation process. AIChE J, 2003, 49 (2): 300-308.

[61] Gryta M. Osmotic MD and other membrane distillation variants. J. Membr. Sci., 2005, 246: 145-156.

[62] Wu Yonglie, Kong Ying, Liu Jingzhi et al. Osmotic distillation and osmotic membrane distillation. International Symposium on Membranes and Membrane Processes. Hangzhou, China: European Society of membrane Science and technology, Zhejiang Association of Science and Technology. 1994. 337-339.

[63] Wang Zhi, Zheng Feng, Wang Shichang. Experimental study of membrane distillation with brine circulated in the cold side. J. Membr. Sci., 2001, 183 (2): 171-179.

[64] Wang Zhi, Zheng Feng, Wu Yin, et al. Membrane osmotic distillation and its mathematical simulation. Desalination, 2001, 139 (1-3): 423-428.

[65] Nagaraj N, Patil G, Babu B R et al. Mass transfer in osmotic membrane distillation. J. Membr. Sci., 2006, 268: 48-56.

[66] Koroknai B, Kiss K, Gubicza L et al. Coupled operation of membrane distillation and osmotic evaporation in fruit juice concentration. Desalination, 2006, 200: 526-527.

[67] Belafi-Bako K, Koroknai B. Enhanced water flux in fruit juice concentration: Coupled operation of osmotic evaporation and membrane distillation. J. Membr. Sci., 2006, 296: 187-193.

[68] 张佩英. 水体膜法脱气与农产品加工. 水处理技术, 1993, 19 (6): 336-339.

[69] 沈志松, 钱国芬, 朱晓慧等. 无泡式中空纤维膜发酵供氧的初步研究. 膜科学与技术, 1998, 18 (6): 42-48.

[70] Sengupta A, Peterson P A, Miller B D, et al. Large-scale application of membrane contactors for gas transfer from or to ultrapure water. Sepa Purif Technol, 1998, 14 (1-3): 189-200.

[71] 德里奥里 E, 吴庸烈. 水溶液的膜蒸馏. 膜分离科学与技术, 1985, 5 (4): 8-12.

[72] Drioli E, Wu Yonglie, Calabro V. Membrane distillation in the treatment of aqueous solutions. J. Membr. Sci., 1987, 33: 277-284.

[73] Drioli E, Calabro V, Wu Yonglie. Microporous membranes in membrane distillation, Pure & Appl. Chem., 1986, 58 (12): 1657-1662.

[74] Gostoli C, Sarti G C. Separation of liquid mixtures by membrane distillation. J. Membr. Sci., 1989, 33: 211-224.

[75] Udriot H, Araque A, Von Stockar U. Azeotropic mixtures may be broken by membrane distillation. Chem. Eng. J., 1994, 54: 87-93.

[76] Martinez D L, Florido D F J, Vazquez G M I. Study of polarization phenomena in membrane distillation of aqueous salt solutions. Sepa Sci Technol, 2000, 35 (10): 1485-1501.

[77] Martinez D L, Vazquez G M I. A method to evaluate coefficients affecting flux in membrane distillation. J. Membr. Sci., 2000, 173 (2): 225-234.

[78] Martinez D L, Vazquez G M I. Temperature and concentration polarization in membrane distillation of aqueous salt solutions. J. Membr. Sci., 1999, 156 (2): 265-273.

[79] Khayet M, Godino M P, Mengual J I. Thermal boundary layers in sweeping gas membrane distillation processes. AIChE J, 2002, 48 (7): 1488-1497.

[80] Gryta M, Tomaszewska M, Morawski A W. Membrane distillation with laminar flow. Sapa Purif Technol, 1997, 11 (2): 93-101.

[81] Sudoh M, Takuwa K, Iizuka H et al. Effects of thermal and concentration boundary layers on vapor permeation in membrane distillation of aqueous lithium bromide solution. J. Membr. Sci., 1997, 131 (1-2): 1-7.

[82] Wu Yonglie, Drioli E. The behaviour of membrane distillation of concentrated aqueous solutions. Water Treatment, 1989, 4 (4): 399-415.

[83] Drioli E, Wu Yonglie. Membrane distillation: an experimental study. Desalination, 1985, 53: 339-346.

[84] 吴庸烈, 德里奥里 E. 浓水溶液的膜蒸馏行为. Ⅰ. 浓度对通量的影响及膜蒸馏-结晶现象. 水处理技术, 1989, 15 (5): 267-271.

[85] 吴庸烈, 德里奥里 E. 浓水溶液的膜蒸馏行为. Ⅱ. 蒸汽压下降和透析作用的影响. 水处理技术, 1989, 15 (6): 320-325.

[86] 吴庸烈, 德里奥里 E. 浓水溶液的膜蒸馏行为. Ⅲ. 膜蒸馏-结晶的必要条件. 水处理技术, 1989, 16 (1): 22-26.

[87] Wu Yonglie, Kong Ying, Liu Jingzhi et al. An experimental study on membrane distillation-crystallization for treating waste water in taurine production. Desalination, 1991, 80: 235-242.

[88] Wu Yonglie, Kong Ying, Liu Jingzhi et al. Preparation of porous hydrophobic PVDF membrane and membrane distillation of saturated aqueous solution. Water Treatment, 1991, 6: 253-266.

[89] Wirth D, Cabassud C. Water desalination using membrane distillation: comparison between inside/out and outside/in permeation. Desalination, 2002, 147 (1-3): 139-145.

[90] Cath T Y, Adams V D, Childress A E. Experimental study of desalination using direct contact membrane distillation: a new approach to flux enhancement. J. Membr. Sci., 2004, 228: 5-16.

[91] Banat F A, Abu A R F, Jumah R, et al. On the effect of inert gases in breaking the formic acid-water azeotrope by gas-gap membrane distillation. Chem. Eng. J., 1999, 73 (1): 37-42.

[92] Lagana F, Barbieri G, Direct contact membrane distillation: modeling and concentration experiments [J]. Journal of Membrane Science, 2000, 166: 1-11.

[93] Gryta M. Concentration of NaCl solution by membrane distillation integrated with crystallization. Sepa. Sci. Technol., 2002, 37 (15): 3535-3558.

[94] Gryta M, Karakulski K, Yomaszewska M et al. Treatment of effluents from regeneration of ion exchangers using the MD process. Desalination, 2005, 180: 173-180.

[95] Karakulski K, Gryta M. Water demineralization by NF/MD integrated processes. Desalination, 2005, 177: 109-119.

[96] Srisurichan S, Jiraratananon R, Fane A G. Humic acid fouling in the membrane distillation process. Desalination, 2005, 174: 63-72.

[97] Gryta M. Concentration of saline wastewater from the production of heparin. Desalination, 2000, 129 (1): 35-44.

[98] Gryta M, Tomaszewska M, Grzechulska J, et al. Membrane distillation of NaCl solution containing natural organic matter. J. Membr. Sci., 2001, 181 (2): 279-287.

[99] Gryta M. The assessment of microorganism growth in the membrane distillation system. Desalination, 2002, 142 (1): 79-88.

[100] Gryta M, Long-term performance of membrane distillation process. J. Membr. Sci., 2005, 265: 153-159.

[101] Hsu S T, Cheng K T, Chiou J S. Seawater desalination by direct contact membrane distillation. Desalination, 2002, 143 (3): 279-28.

[102] Urtiaga A M, Ruiz G, Otiz I. Kinetic analysis of the vacuum membrane distillation of chloroform from aqueous solutions. J. Membr. Sci., 2000, 161 (1): 99-110.

[103] Phattaranawsk J, Jirarayananon R, Fane A G, et al. Mass flux enhancement using spacer filled channels in direct contact membrane distillation. J. Membr. Sci., 2001, 187 (1-2): 193-201.

[104] Martinez L, Rodriguez-Maroto J M. Characterization of membrane distillation modules and analysis of mass flux enhancement by channel spacers. J. Membr. Sci., 2006, 274: 123-137.

[105] Phattaranawik J, Jiraratananon R, Fane A G. Effects of net-type spacers on heat and mass transfer in direct contact membrane distillation and comparison with ultrafiltration studies. J. Membr. Sci., 2003, 217: 193-206.

[106] Chernyshov M N, Meindersma G W, de Haan A B. Comparison of spacers for temperature polarization reduction in air gap membrane distillation. Desalination, 2005, 183: 363-374.

[107] Zhu chao, Liu Guangliang. Modeling of ultrasonic enhancement on membrane distillation. J. Membr. Sci., 2000, 176: 31-41.

［108］Narayan A V，Nagaraj N，Hebbar H U et al. Acoustic field-assisted osmotic membrane distillation. Desalination，2002，147 (1-3)：149-156.

［109］Lukanin O S，Gunko S M，Bryk M T et al. The effect of content of apple juice biopolymers on the concentration by membrane distillation. J. Food Engineering，2003，60：275-280.

［110］Foster P J，Burgoyne A，Vahdati M M. Improved process topology for membrane distillation. Sepa. Purif. Technol.，2001，21 (3)：205-217.

［111］Ding Z W，Liu L Y，Ma R Y. Study on the effect of flow maldistribution on the performance of the hollow fiber modules used in membrane distillation. J. Membr. Sci.，2003，215 (1-2)：11-23.

［112］Drioli E，Lagana F，Criscuoli A，et al. Integrated membrane operations in desalination processes. Desalination，1999，122 (2-3)：141-145.

［113］Macedonio F，Curcio E，Drioli E. Integrated membrane system for seawater desalination：energetic and exergetic analysis，economic evaluation，experimental study. Desalination，2007，203：260-276.

［114］Gryta M，Karakulski K，Morawski A W. Purification of oily wastewater by hybrid UF/MD. Water Research，2001，35 (15)：3665-3669.

［115］Bailey A F G，Barbe A M，Hogan P A，et al. The effect of ultrafiltration on the subsequent concentration of grape juice by osmotic distillation. J. Membr. Sci.，2000，164 (1-2)：195-204.

［116］Rektor A，Vatai G，Molnar E B. Multi-step membrane processes for the concentration of grape juice，Desalination，2006，191：446-453.

［117］Cassano A，Drioli E，Galaverna G，et al. Clarification and concentration of citrus and carrot juices by integrated membrane processes. J. Food Eng.，2003，57 (2)：153-163.

［118］Gryta M，Morawski A W，Tomaszewska M. Ethanol production in membrane distillation bioreactor. Catalysis Today，2000，56 (1-3)：159-165.

［119］Gryta M. The fermentation process integrated with membrane distillation. Sepa. Purif. Technol.，2001，24 (1-2)：283-296.

［120］De Andres M C，Doria J，Khayet M et al. Coupling of a membrane distillation module to a multieffect distiller for pure water production. Desalination，1998，115 (1)：71-81.

［121］Banat F，Jumah R，Garaibeh A. Exploitation of solar energy collected by solar stills for desalination by membrane distillation. Renewable Energy，2002，25 (2)：293-305.

［122］Bouguecha S，Dhahbi M. Fluidised bed crystalliser and air gap membrane distillation as a solution to geothermal water desalination. Desalination，2002，152 (1-3)：237-244.

［123］Bader M S H. A hybrid liquid-phase precipitation (LPP) process in conjunction with membrane distillation (MD) for the treatment of the INEEL sodium-bearing liquid waste. J. Hazardous Materials，2005，B121：89-108.

［124］Mozia S，Morawski A W. Hybridization of photocatalysis and membrane distillation for purification of wastewater. Catalysis Today，2006，118：181-188.

［125］Deyin Hou，Jun Wang，Xiangcheng Sun，Preparation and properties of PVDF composite hollow fiber membranes for desalination through direct contact membrane distillation，Journal of Membrane Science，2012，405-406：185-200.

［126］Ho Jung Hwang，Ke He，Stephen Gray，Direct contact membrane distillation (DCMD)：Experimental study on the commercial PTFE membrane and modeling，2011，371：90-98.

［127］Dhananjay Singh，Kamalesh K Sirkar. Desalination of brine and produced water by direct contact membrane distillation at high temperatures and pressures. Journal of Membrane Science，2012，389：380-388.

[128] D Winter，J Koschikowski，S Ripperger，Desalination using membrane distillation: Flux enhancement by feed water deaeration on spiral wound modules，Journal of Membrane Science，2012，423-424: 215-224.

[129] H Fang，J F Gao，H T Wang，et al，Hydrophobic porous alumina hollow fiber for water desalination via membranedistillation process，Journal of Membrane Science，2012，403-404: 41-46.

[130] Deyin Hou，Jun Wang，Changwei Zhao，et al，Fluoride removal from brackish groundwater by direct contact membrane distillation，Journal of Environmental Sciences，2010，22: 1860-1867.

[131] Lawson K W，Lloyd D R. Membrane distillation. II. Direct contact MD. J. Membr. Sci.，1996，120 (1): 123-133.

[132] Bouguecha S，Hamrouni B，Dhahbi M. Small scale desalination pilots powered by renewable energy source: case studies. Desalination，2005，183: 151-165.

[133] Dhananjay Singh，Kamalesh K Sirkar. Desalination of brine and produced water by direct contact membrane distillation at high temperatures and pressures. Journal of Membrane Science，2012，389: 380-388.)

[134] Wu Ying，Zhu Baoku，Xu Youyi. Pilot test of vacuum membrane distillation for seawater desalination on a ship. Desalination，2006，189: 165-169.

[135] Raluy R Gemma，Rebecca Schwantes，Vicente J Subiela，et al，Operational experience of a solar membrane distillation demonstration plant in Pozo Izquierdo-Gran Canaria Island，Desalination，2012，290: 1-13.

[136] Schofield R W，Fane A G，Fell C J D. Gas and vapor through microporous membranes II. Membrane distillation. J. Membr. Sci.，1990，53 (1-2): 173-185.

[137] Hanemaaijer J H，Medevoort J V，Jansen A E et al. Memstill membrane distillation — a future desalination technology. Desalination，2006，199: 175-176.

[138] Meindersma G W，Guijt C M，de Haan A B. Desalination and recycling by air gap membrane distillation. Desalination，2006. 187: 291-301.

[139] Koschikowski J，Wieghaus M，Rommel M. Solar thermal-driven desalination plants based on membrane distillation. Desalination，2003，156: 295-304.

[140] Ding Zhongwei，Liu Liying，El-Bourawi M S et al. Analysis of a solar-power membrane distillation system. Desalination，2005，172: 27-40.

[141] Lin Zhang，Yafei Wang，Li-Hua Cheng，et al，Concentration of lignocellulosic hydrolyzates by solar membrane distillation，Bioresource Technology，2012，123: 382-385.

[142] Karakulski K，Gryta M，Morawski A. Membrane processes used for potable water quality improvement. Desalination，2002，145 (1-3): 315-319.

[143] Nene S，Kaur S，Sumod K et al. Membrane distillation for the concentration of raw cane-sugar syrup and membrane clarified sugarcane juice. Desalination，2002，147 (1-3): 157-160.

[144] Courel M，Dornier M，Herry J M et al. Effects of operating conditions on water transport during the concentration of sucrose solutions by osmotic distillation. J. Membr. Sci.，2000，170 (2): 281-289.

[145] Al-Asheh S，Banat F，Qtaishat M et al. Concentration of sucrose solutions via vacuum membrane. distillation，2006，195: 60-68.

[146] Tomaszewska M，Gryta M，Morawski A W. Study on the concentration of acids by membrane distillation. J. Membr. Sci.，1995，102: 113-122.

[147] Rincon C，Ortiz de Z，Jose M et al. Separation of water and glycols by direct contact membrane distillation. J. Membr. Sci.，1999，158 (1-2): 155-165.

[148] 孙宏伟，郑冲，谭天伟 等. 膜蒸馏方法分离浓缩透明质酸水溶液的实验研究. 水处理技术，1998，24 (2)：92-94.

[149] Tomaszewska M. Concentration and purification of fluosilicic acid by membrane distillation. Ind. Eng. Chem. Res., 2000, 39 (8)：3038-3041.

[150] Babu B R, Rastogi N K, Raghavarao K S M S. Mass transfer in osmotic membrane distillation of phycocyanin colorant and sweet-lime juice. J. Membr. Sci., 2006, 272：58-69.

[151] 吴庸烈，卫永弟，刘静芝 等. 膜蒸馏技术处理人参露和洗参水的实验研究. 科学通报，1988，10：684-687.

[152] 冯文来，吴茵，王世昌. PVDF 管式复合微孔膜及其膜蒸馏浓缩蝮蛇抗拴酶的研究. 膜科学与技术，1998，18 (6)：28-31.

[153] Zarate D, Ortiz J M, Rincon C et al. Concentration of bovine serum albumin aqueous solution by membrane distillation. Sep. Sci. Technol., 1998, 33 (3)：283-296.

[154] Mohammadi T, Bakhteyari O. Concentration of L-lysine monohydrochloride (L-lysine-HCl) syrup using vacuum membrane distillation. Desalination, 2006, 200：591-594.

[155] 王英，王金喜，徐学珍 等. 用膜蒸馏分离提纯天然盐水中食盐和芒硝的研究. 膜科学与技术，1987，7 (1)：60-64.

[156] Sulaiman Al Obaidani, Efrem Curcio, Gianluca Di Profio, et al, The role of membrane distillation/crystallization technologies in the integrated membrane system for seawater desalination, Desalination and Water Treatment, 2009, 10：210-219.

[157] Xiaosheng Ji, Efrem Curcio, Sulaiman Al Obaidani, et al, Membrane distillation-crystallization of seawater reverse osmosis brines, Separation and Purification Technology, 2010, 71 (1)：76-82.

[158] Felinia Edwie, Tai-Shung Chung, Development of hollow fiber membranes for wate rand salt recovery from highly concentrated brine via direct contact membrane distillation and crystallization, Journal of Membrane Science, 2012, 421-422：111-123.

[159] Lee C H, Hong W H. Effect of operating variables of the flux and selectivity in sweep gas membrane distillation for dilute aqueous isopropenol. J. Membr. Sci., 2001, 188 (1)：79-86.

[160] Banat F A, Simandl J. Membrane distillation for propanone removal from aqueous streams. J. Chem. Technol. Biotechnol., 2000, 75 (2)：168-178.

[161] Wu Bing, Lan Xiaoyao, Li K. et al. Removal of 1, 1, 1-trichloroethane from water using a polyvinylidene fluoride hollow fiber membrane module：Vacuum membrane distillation operation. Sepa. Purif. Technol., 2006, 52 (2)：301-309.

[162] Banat F A, Al-Rub F A, Shannag M. Simultaneous removal of acetone and ethanol from aqueous solutions by membrane distillation：prediction using the Fick's and the exact and approximate Stefan-Maxwell relations. Heat and Mass Trans., 1999, 35 (5)：423-431.

[163] Banat F A, Simandl J. Membrane distillation for propanone removal from aqueous streams. J. Chem. Technol. Biotechnol., 2000, 75 (2)：168-178.

[164] Urtiaga A M, Ruiz G, Otiz I. Kinetic analysis of the vacuum membrane distillation of chloroform from aqueous solutions. J. Membr. Sci., 2000, 161 (1)：99-110.

[165] Wu Bing, Lan Xiaoyao, Li K. et al. Removal of 1, 1, 1-trichloroethane from water using a polyvinylidene fluoride hollow fiber membrane module：Vacuum membrane distillation operation. Sepa. Purif. Technol., 2006, 52 (2)：301-309.

[166] Banat F A, Al-Rub F A, Shannag M. Simultaneous removal of acetone and ethanol from aqueous solutions by membrane distillation：prediction using the Fick's and the exact and approximate Stefan-

Maxwell relations. Heat and Mass Trans., 1999, 35 (5): 423-431.

[167] Banat F A, Al-Shannag M. Recovery of dilute acetone-butanol-ethanol (ABE) solvents from aqueous solutions via membrane distillation. Bioprocess Eng., 2000, 23 (6): 643-649.

[168] 唐建军, 周康根, 张启修等. 实验条件对减压膜蒸馏法脱除水溶液中 MIBK 的影响. 水处理技术, 2002, 28 (1): 22-24.

[169] Couffin N, Cabassud C, Lahoussine T V. A new process to remove halogenated VOCs for drinking water production: vacuum membrane distillation. Desalination, 1998, 117 (1-3): 233-245.

[170] Grazyna Lewandowicz, Wojciech Bialas, Bartlomiej Marczewski et al, Application of membrane distillation for ethanol recovery during fuel ethanol production, Journal of Membrane Science, 2011, 375: 212-219.

[171] Satit Varavuth, Ratana Jiraratananon, Supakorn Atchariyawut, Experimental study on dealcoholization of wine by osmoticdistillation process, Separation and Purification Technology, 2009, 66 (2): 313-321.

[172] Ferreira B S, van Keulen F, da Fonseca M M R. A microporous membrane interface for the monitoring of dissolved gaseous and volatile compounds by on-line mass spectrometry. J. Membr. Sci., 2002, 208 (1-2): 49-56.

[173] Banat F A, Abu A R F, Jumah R et al. Theoretical investigation of membrane distillation role in breaking the formic acid-water azeotropic point: Comparison between Fickian and Stefan-Maxwell-based models. Inter. comm. Heat and Mass Trans., 1999, 26 (6): 879-888.

[174] Banat F A, Abu A R F, Jumah R et al. Application of Stefan-Maxwell approach to azeotropic separation by membrane distillation. Chem Eng J, 1999, 73 (1): 71-75.

[175] Tomaszewska M, Gryta M, Morawski A W. The influence of salt in solutions on hydrochloric acid recovery by membrane distillation. Sapa. Purif. Technol., 1998, 14 (1-3): 183-188.

[176] Tomaszewska M, Gryta M, Morawski A W. Recovery of hydrochloric acid from metal pickling solutions by membrane distillation. Sepa. Purif. Technol., 2001, 22-3 (1-3): 591-600.

[177] 唐建军, 周康根, 张启修. 用减压膜蒸馏法分离 $AlCl_3$-HCl-H_2O 体系中盐酸的研究. 膜科学与技术, 2002, 22 (3): 11-14.

[178] Tang Jianjun, Zhou Kanggen. Hydrochloric acid recovery from rare earth chloride solutions by vacuum membrane distillation. Rare Metals, 2006, 25 (3): 287-291.

[179] H. Valdés, J. Romero, A. Saavedra, et al, Concentration of noni juice by means of osmoticdistillation, Journal of Membrane Science, 2009, 330 (1-2), 205-213.

[180] Chularat Hongvaleerat, Lourdes M. C. Cabral, Manuel Dornier, et al, Concentration of pineapple juice by osmotic evaporation, Journal of Food Engineering, 2008, 88 (4), 545-552.

[181] Barbe A M, Bartley J P, Jacobs A L et al. Retention of volatile organic flavor/fragrance components in the concentration of liquid foods by osmotic distillation. J. Membr. Sci., 1998, 145 (1): 67-75.

[182] Lagana F, Barbieri G, Drioli E. Direct contact membrane distillation: modeling and concentration experiments. J. Membr. Sci., 2000, 166 (1): 1-11.

[183] Gunko S, Verbych S, Bryk M et al. Concentration of apple juice using direct contact membrane distillation. Desalination, 2006, 190: 117-124.

[184] Cassano A, Drioli E. Concentration of clarified kiwifruit juice by osmotic distillation. J. Food Eng., 2007, 79: 1397-1404.

[185] Vaillant F, Jeanton E, Dornier M. et al. Concentration of passion fruit juice on a industrial pilot scale using osmotic evaporation. J. Food Eng., 2001, 47 (3): 195-202.

[186] A Hasanoglu，F Rebolledo，A Plaza，et al，Effect of the operating variables on the extraction and recovery of aroma compounds in an osmotic distillation process coupled to a vacuum membrane distillation system，Journal of Food Engineering，2012，111：632-641

[187] Rodriguez M，Viegas R M C，Luque S et al. Removal of valeric acid from wastewaters by membrane contactors. J. Membr. Sci.，1997，137 (1-2)：45-53.

[188] Han Binbing，Shen Zhisong，Wickramasinghe S. R. Cyanide removal from industrial wastewater using gas membranes. J. Membr. Sci.，2005，257：171-181.

[189] 唐建军，周康根，张启修. 减压膜蒸馏从稀土氯化物溶液中回收盐酸. 膜科学与技术，2002，22 (4)：38-41.

[190] Banat F A，Simandl J. Removal of benzene traces from contaminated water by vacuum membrane distillation. Chem. Eng. Sci.，1996，51 (8)：1257-1265.

[191] A El-Abbassi，A Hafidi，M. C. Garcia-Payo，et al，Concentration of olive mill wastewater by membrane distillation for polyphenols recovery，Desalination，2009，245：670-674.

[192] A. El-Abbassi，et al.，Integrated direct contact membrane distillation for olive mill wastewater treatment，Desalination (2012)，doi：10. 1016/j. desal. 2012. 06. 014

[193] A El-Abbassi，H Kiai，A Hafidi，et al，Treatment of olive mill wastewater by membrane distillation using polytetrafluoroethylene membranes，Separation and Purification Technology，2012，98：55-61.

[194] Gryta M，Karakulski K. The application of membrane distillation for the concentration of oil-water emulsions. Desalination，1999，121 (1)：23-29.

[195] 沈志松，钱国芬，迟玉霞等. 减压膜蒸馏技术处理丙烯腈废水研究. 膜科学与技术，2000，20 (2)：55-60.

[196] Banat F，Al-Asheh S，Qtaishat M. Treatment of waters colored with methylene blue dye by vacuum membrane distillation. Desalination，2005，174：87-96.

[197] A Criscuoli，J Zhong，A Figoli et al，Treatment of dye solutions by vacuum membrane distillation，Water Research，2008，42：5031-5037

[198] Zakrzewska T G. Membrane distillation for radioactive waste treatment. Membr. Technol. 1998，1998 (103)：9-12.

[199] Zakrzewska T G，Harasimowicz M，Chmielewski A G. Concentration of radioactive components in liquid low-level radioactive waste by membrane distillation. J. Membr. Sci.，1999，163 (2)：257-264.

[200] Zakrzewska T G，Harasimowicz M，Chmielewski A G. Membrane processes in nuclear technology application for liquid radioactive waste treatment. Sepa. Purif. Technol.，2001，22-3 (1-3)：617-625.

[201] Boi C，Bandini S，Sarti G C. Pollutant removal from wastewater through membrane distillation. Desalination，2005，183：383-394.

第 9 章

膜生物反应器

9.1 膜生物反应器技术简介

水是人类生存和发展不可缺少的重要资源，水资源的污染和短缺已经成为制约我国经济发展的重要因素，迫切要求适合时代发展的污水资源再利用，以缓解水资源的短缺。

随着膜技术的发展及人们对水的循环再利用的要求不断升高，各种新型、改良的高效废水生物处理工艺应运而生，其中引人注目的是应用膜分离技术与微生物处理技术相结合的膜生物反应器（membrane bioreactor，MBR）。它是一种将膜分离技术与微生物学、生物化学等相结合的一种高效污水处理新技术，已大规模应用于污水处理领域，显示出良好的应用前景。

9.1.1 膜生物反应器原理及特点

（1）膜生物反应器原理

膜生物反应器将传统的生化法与先进的膜技术进行耦合，集微生物的降解作用和膜的高效分离作用于一体，可以同时实现生物催化反应及水与降解物质的分离，使水资源得以再生。

在该技术中，污水中的污染物主要得到如下两步净化而除去：

① 生物反应器中活性污泥的高效吸附作用和微生物新陈代谢作用将大部分污染物去除；

② 膜的高效截留作用又进一步将微生物、污泥、悬浮颗粒、难降解的大分子等与出水分离，同时使微生物得到积累从而强化了生物处理作用，更有利于污染物的去除。

（2）膜生物反应器的特点

与传统的生化法相比，它具有以下几方面的明显特点。

① 常规的生化处理，二沉池出水中含有残留的悬浮固体，作为中水使用还需进一步进行"第三级"处理。而膜生物反应器，由于膜的截留作用，可将悬浮固体、致病性细菌等封闭于膜反应体系内，获得安全和卫生性更高的中水。出水水质优良，一般不含悬浮固体、病菌和病原体。

② 膜生物反应器中，生物反应和膜分离两者的相互协调作用，可以创造维持较高浓度的微生物环境。例如在城市生活污水处理中，常规方法的微生物浓度只有 2～3g 干重/L，限制了生物反应的效率。膜生物反应器中微生物浓度可达到 15g 干重/L 以上，它可以充分利用微生物之间的相互作用，使反应速率大大提高，反应器体积变小。同时，微生物浓度的增加还可以使微生物絮凝体内部产生厌氧环境，使厌氧和好氧菌同时生长，达到同时去除有机物和氮化合物的微生物反应耦合。

③ 可保证在活性污泥法里通常被淘汰的增殖缓慢的微生物（硝化菌等）的生长，使硝化反应能够充分进行，使得 MBR 在脱氮性能上得到强化，提高了 NH_3-N 的去除效果，脱除率大于 90%。

④ 膜生化反应器可维持较长泥龄，使污泥产率降低（一般仅为传统法的 30%～50%），从而降低了污泥处理设备的投资和处理费用。

⑤ 设备紧凑，占地小，自动化程度高，操作管理方便。

9.1.2　国内外技术发展简史

膜生物反应器最先应用于发酵工业，在废水处理中应用始于 20 世纪 60 年代。1966 年美国 Dorr-Oliver 公司进行了活性污泥工艺与超滤膜分离工艺相结合，并用于生活污水处理的研究，开发了膜污水处理（membrane swege treatment，MST）工艺，随即引起了水处理领域的广泛关注和研究。20 世纪 70 年代，Dorr-Oliver 公司与 Sanki 公司合作将该工艺首次引入日本市场。1985 年日本开始"水综合再生利用系统 90 年代计划"把 MBR 研究在污水处理对象和规模上向前推进了一大步。

20 世纪 90 年代中后期 MBR 技术在国外基本进入了实际应用阶段。2011 年全世界投入运行及在建的 MBR 工程已超过了 15000 套，目前已达到相当大的规模，在污水处理领域发挥着巨大的作用。

我国 MBR 研究起步较晚，直到 1991 年岑运华介绍了 MBR 在日本的研究情况后，国内才开始对 MBR 进行研究。1993 年上海华东理工大学对人工合成污水和制药废水 MBR 处理的可行性进行了研究。1995 年，樊耀波进行了石油化工污水净化的研究。近年来，MBR 在我国的研究迅速发展，较活跃的研究机构有中科院、清华大学、浙江大学、同济大学、天津大学、哈尔滨工业大学、华东理工大学等。MBR 研究处理对象已涉及众多领域，有石化废水、市政污水、高浓度有机废水、医药废水、印染废水、食品废水、医院废水等。

自 2000 年起，日处理百吨级的工程开始出现，以后 MBR 在我国生活污水处理和工业废水处理方面进行推广应用，据 2011 年不完全统计，全国总处理能力超过 200 万吨/天，成为世界上推广应用比较活跃的国家之一。

9.1.3　膜生物反应器的分类

根据 MBR 中膜所起的作用分为三种类型：起固液分离和截留作用的分离膜生物反应器；在反应器内进行无泡曝气的曝气膜生物反应器（aeration membrane bioreactor，AMBR）；从处理对象中优先萃取去除物的萃取膜生物反应器（extractive membrane bioreactor，EMBR）。

（1）分离膜生物反应器

分离膜生物反应器是现今研究和应用最为广泛一种，根据其膜组件与生物反应器的相对位置可分为分体式（外置式）和一体式（内置式），如图 9-1 和图 9-2。

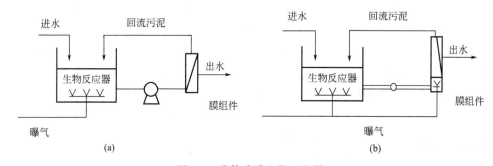

图 9-1　分体式膜生物反应器

分体式膜生物反应器中的污泥混合液由循环泵加压或气提进入膜组件，在压力差作用下，膜透过液作为出水而排除，活性污泥、悬浮颗粒、大分子等被膜截留返回到生物反应器内，料液错流循环流动。由于膜组件和生物反应器相分离，使其具有运行稳定、膜组件容易管理和维护、易于清洗更换、装置规模限制较小、适宜在大型污水处理厂和已建污水处理厂的改扩建中应用等优点。但这种方法的缺点是为了减少污染物在膜表面的沉积和积累，由循环泵提供的料液流速较高，因此动力消耗较大。此外，由于高速剪切作用还会破坏污泥的活性。

一体式膜生物反应器直接将膜组件放入生物反应器内，如图 9-2，通过泵的间歇抽吸或静水压力作用得到膜透过液，并由膜组件底部的曝气提供的气液混合流或外加搅拌来减少污染物在膜表面的沉积和积累，因此其动力消耗较普通分体式的小很多，且结构紧凑占地小。但其存在系统维护膜清洗更换不便、对生物反应器的活性污泥影响大、出水量低等不足。

（2）曝气膜生物反应器

通常大气压条件下氧在水中的溶解度低，在处理高需氧量的废水时，由于水中的溶解氧满足不了微生物的需要，从而使废水活性污泥好氧处理工艺受到限制。20 世纪 80 年代以后出现了膜法无泡充氧方式，并应用于 MBR 中，形成了曝气膜生物反应器。膜组件由透气性致密膜（如硅橡胶）或疏水性微孔膜（如聚四氟乙烯膜，聚乙烯膜，聚丙烯膜，聚醚酰胺膜等）制成，具有较大的生物附着面积和氧传递面积。由于在低于膜的泡点压力下，氧透过膜并以分子形态直接溶于水中，因此进行膜式无泡曝气时，氧的传递效率几乎可达 100 ％，其原理示意见图 9-3。

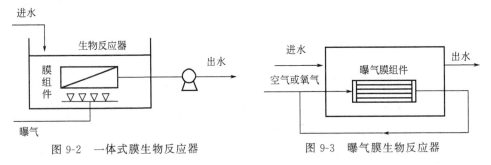

图 9-2　一体式膜生物反应器　　　　　图 9-3　曝气膜生物反应器

　　根据曝气膜生物反应器的无泡供氧特点，尤其适用于处理含有挥发性有机物及表面活性剂的废水，因其不产生泡沫及气泡，减轻了挥发性有机物未经生物降解而对大气造成的污染。

（3）萃取膜生物反应器

　　在采用生物法处理含有高浓度无机物（如生产中残留大量的酸、碱和盐）、可挥发的高浓度有机废水时，萃取膜生物反应器利用膜的接触萃取作用，优先把废水中的有机污染物萃取，然后进入含有微生物的反应器中进行降解，并在膜两侧形成浓度梯度，促使污染物源源不断地被萃取，使反应连续进行。该技术解决了挥发性有机物在传统好氧生物处理过程中对大气的污染问题，避免了高酸碱度和有毒物质与微生物直接接触时的毒害作用，其结构原理见图 9-4。

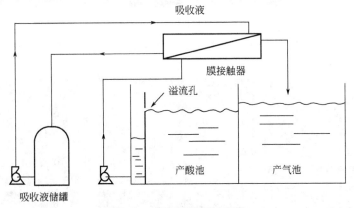

图 9-4　萃取膜生物反应器

　　三种类型的膜生物反应器中，技术最成熟、应用最广泛的是分离膜生物反应器，本书以下如果没有特别指明时，均指的是分离膜生物反应器，简称膜生物反应器（MBR）。

9.1.4　膜生物反应器用膜的结构及其表征

（1）MBR 用膜的结构

原理上，微滤膜和超滤膜都可以在 MBR 中使用，图 9-5～图 9-8 是目前在 MBR 中广泛使用的几种膜的结构。图 9-5 是一种热法 PVDF 超滤膜结构的电镜照片，非对称型网络结构，膜外表面孔径最小，膜断面从外向内孔径逐渐增大（详见 3.2.2）。图 9-6 是一种热法 PVDF 微滤膜结构的电镜照片，从图可见，这是一种对称型网络结构，膜表面及膜断面孔径基本一致。图 9-7 是一种 PE 拉伸微滤膜的电镜照片狭缝型结构（详见 2.1.2）。图 9-8 是一种带内衬的 PVDF 超滤膜的断面电镜照片，这种膜的外层是 PVDF 超滤膜，内层是 PET 的支撑材料。

（2）膜孔结构参数及其表征

微滤膜孔结构参数包括最大孔径、平均孔径、孔分布、孔隙率及膜厚度，其测定方法见 2.1.3。

超滤膜孔结构参数包括膜表面平均孔径、表面开孔率、孔隙率及膜厚度，其测定方法见 3.1.3。

  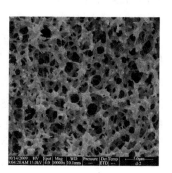

(a) 表面　　　　　　　　(b) 断面外边缘　　　　　　　　(c) 断面

图 9-5　热法 PVDF 超滤膜的电镜照片（膜表面平均孔径 $0.04\mu m$）

  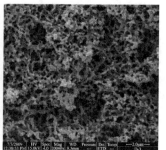

(a) 表面　　　　　　　　(b) 断面外边缘　　　　　　　　(c) 断面

图 9-6　热法 PVDF 微滤膜的电镜照片（膜表面平均孔径 $0.1\mu m$）

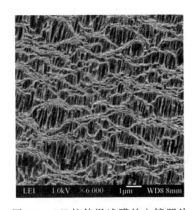

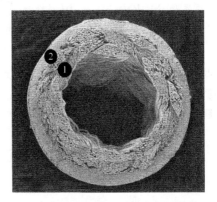

图 9-7　PE 拉伸微滤膜的电镜照片　　图 9-8　带内衬的湿法 PVDF 超滤膜电镜照片
熔融拉伸法制膜　　　　　　　　①内支撑材料：聚酯 PET 编织管
（拉伸倍数 2.95 倍）　　　　　　　②膜材料：PVDF

9.1.5　膜性能评价指标

（1）膜通量

膜通量是指一定操作压力和温度下，单位时间单位膜面积透过水的体积，单位为 L/(m²·h)，计算公式见式（3-1）。膜通量是 MBR 应用中进行膜的选择，指导设计、操作、运行的关键指标，也是评价 MBR 经济性的重要参数。

在 MBR 系统中，采用两种不同意义的膜通量，即纯水通量、临界通量。

纯水通量是在标准运行条件下膜透过纯水的通量（详见第 3 章超滤膜性能评价指标）。它是膜本征性能的一个参数，与膜材料、膜结构参数（膜孔径、表面开孔率、孔隙率及膜厚）有关，与生化条件及被处理水质无关。

临界通量是在 MBR 系统中，能使膜保持长期稳定运行的最大通量。临界通量的概念是 1995 年由 Fiela 首次提出的，以后国内外众多研究者经过广泛研究，确认作为指导选择合适的运行通量的依据。其意义是对于特定的 MBR 系统，在恒通量运行的条件下，存在着一个通量的临界值，当运行通量高于此值时，膜污染发展迅速，膜过滤阻力随时间急剧增大，膜的跨膜压差急剧上升导致膜在短期内达到运行终点（膜孔被堵死，不产水）；当膜通量低于此值时，膜污染增长缓慢，膜的过滤阻力随时间缓慢上升，膜的跨膜压差也缓慢增加，膜系统能持续稳定运行。

临界通量与混合液的性质、操作条件和膜纯水通量有关，是指导 MBR 的设计和运行的关键参数。临界通量需通过试验方法来测定，有关临界通量的测定方法，请参阅文献 [160，161]。

（2）操作压力

操作压力是指膜两侧跨膜压差（TMP），这里给出临界操作压力的概念。

临界压力是指在 MBR 系统中，保证膜长期稳定运行的最大跨膜压差，其意义是对于特定的 MBR 系统，在恒操作压力运行条件下，存在着一个临界压力，当跨膜压差高于此值时，膜污染加剧，膜过滤阻力随时间急剧上升，膜通量迅速下降，膜系统在短期内达到运行终点（膜孔被堵死，不产水）；而当跨膜压差低于此值时，膜污染缓慢，膜过滤阻力随时间缓慢上升，膜通量下降缓慢。

同理，临界压力与混合液的性质、操作条件和膜特征有关。临界压力也要由试验来确定。

9.2 膜生物反应器用膜及膜组件

9.2.1 膜生物反应器对膜的结构及性能要求

膜生物反应器系统工作环境十分复杂，对膜具有苛刻的要求。工程应用证明，优良的 MBR 系统用膜应具有通量大、强度高、韧性好、抗污染、耐清洗、低成本等综合性能。

① 膜的通量的大小是决定膜生物反应器系统运行状态的关键指标，也是影响投资成本和运行成本的重要因素。对于相同的处理规模，膜的临界通量高，运行通量就大，需要的膜面积就小，吨水投资成本就低。同时，在膜运行通量相同的情况下，通量大的膜，跨膜压差低，能耗低，吨水电耗低，膜的运行费用低。

② 膜抗疲劳特性优劣决定了膜的使用寿命，也关系产水质量的好坏。膜的疲劳性是指中空纤维膜丝在膜生物反应器中工作时，根部承受曝气抖动，产生交变剪切应力，引起膜丝力学性能下降并导致断丝的现象。为了保证膜具有较长的使用寿命，要求膜丝有优良的抗疲劳特性。唯有同时兼有强度高、韧性好的膜才具有优良的抗疲劳特性。强度差的膜，或者强度虽高但韧性不好的膜抗疲劳性差，使用中易断丝，寿命短，同时也不能保证产水的质量。膜的强度、韧性与膜材料种类、制膜方法和膜结构有关。

③ 抗污染性能好的膜不易被污染，或者污染后可恢复性也好。抗污染性与膜材料性质（亲水性、荷电性）、膜孔尺寸及孔结构、表面粗糙程度、膜组件结构有关。在实际工程中，膜的选择不仅要关注膜孔径大小，同时还要关注膜孔结构。例如对于外压操作的中空纤维膜，选择单外皮层非对称结构超滤膜较选择结构对称的微滤膜有更好的抗污染性。因为具有外皮层的非对称型中空纤维膜（见图 9-5），外表面孔径最小，从外到内膜孔径逐渐增大。这种膜不仅通量大，而且截留精度高，污染物不易堵孔，抗污染效果更好。

④ MBR 要求膜材料具有宽的耐化学溶剂的使用范围，有好的耐酸、耐碱及耐氧化性，在持续化学药剂作用环境下，强度、韧性保持不变。

⑤ 膜的成本是工程中要考虑的重要因素，膜成本高低与膜材料、膜制备方法有关。

⑥ 膜寿命与膜的运行成本相关，膜寿命长短受膜材料、膜结构与性能、系统设计、使用及维护条件等综合因素的影响。

表 9-1 是目前在 MBR 中推广使用的几种中空纤维膜的性能、膜结构特点的比较。

表 9-1　在 MBR 工程中应用的几种中空纤维膜的性能、结构特点

材料	膜种类	有无支撑体	膜丝外径/mm	膜表面平均孔径/nm	膜断面结构	单丝强力/N	制膜方法	特点
PVDF	超滤	无	1.2～1.3	30～40	非对称、指状结构	1.8～2.0	湿法（NIPS）	亲水、韧性好，但强度差，易断丝
PVDF	超滤	PET 编织管支撑	2.0～2.5	40～50	非对称、指状结构	40～50	湿法（NIPS）	亲水、强度很高，不易断丝
PVDF	超滤	无	1.3～1.5	40～50	非对称、双连续网络结构	6～9	热法（TIPS）	亲水、强度高、韧性好、结构合理均匀、抗污染性能好
PVDF	微滤	无	1.3～1.5	100～150	对称、双连续网络结构	6～9	热法（TIPS）	疏水、强度高、韧性好、抗污染性能差
PE	微滤	无	0.5～0.6	100～200	对称、狭缝状	3～4	熔融拉伸法	疏水、丝细、装填面积大，但抗污染性能差

9.2.2　MBR 用膜的材料

在 MBR 系统中使用过的膜材料有聚丙烯（PP）、聚乙烯（PE）、聚砜（PSF）、聚醚砜（PES）、聚偏氟乙烯（PVDF）、聚四氟乙烯（PTFE）等，其中主流的材料是 PVDF。目前国内大型 MBR 处理工程均采用 PVDF 材料的膜。

PVDF 膜材料的特点如下：

① PVDF 作为一种含氟高聚物，是高分子材料中韧性最好的，具有较高的耐热性、突出的耐候性、耐老化性、耐臭氧、耐紫外光辐射及耐腐蚀性，室温下不被酸、碱、氧化剂、卤素所腐蚀。

② PVDF 是目前公认的抗污染材料，这是因为其中氟元素具有较强的电负性，从而使膜不易吸附有机污染物。

③ PVDF 成膜性能好，用热致相分离法（TIPS）和非溶剂相分离法（NIPS）都可以制膜。制出的膜产品孔隙率高，孔之间贯通性好，膜表面开孔率大，可以获得强度、韧性均优的膜。

有关 MBR 膜的制备方法请参考第 2 章和第 3 章。如 PP、PE 微滤膜采用熔融-拉伸法制膜，详见 2.2.2。又如 PVDF 采用 NIPS 法和 TIPS 法制膜，详见 3.2.2。

9.2.3 膜生物反应器用膜组件和膜装置

（1）膜组件

适合在 MBR 工程中应用的膜组件主要有三种，即平板式膜组件、中空纤维膜组件和管式膜组件。

① 平板式膜组件　如图 9-9 所示，该组件是由膜、支撑板和集水管组成的膜单元。支撑板由塑料制成，上面布满了收集产水的流道槽，板的一端设有收集产水的出水口。采用热熔法或超声波焊接法把膜的四边和支撑板焊在一起，就成平板膜组件。

目前生产和销售平板膜组件的公司主要有日本 Kubota（久保田）、德国 Huber Technology、中国北京清大国华膜科技公司、上海斯纳普膜分离科技公司等。

② 中空纤维膜组件　由中空纤维膜、集水管、浇铸盒及封端树脂浇铸而成的膜单元。中空纤维膜组件是在 MBR 工程中使用最普遍的膜组件，许多大型 MBR 污水处理工程中均使用这种膜组件，国际国内知名的膜公司均生产和销售这种膜组件。该膜组件按结构形式分为三种，即柱式（也称压力式）膜组件、帘式膜组件和集束式膜组件。其中，柱式膜组件又分为柱式内压式膜组件和柱式外压式膜组件（见 3.2.3），分体式 MBR 就使用这种膜组件。帘式膜组件和集束式膜组件是在一体式（又称浸没式）MBR 系统中使用。图 9-10 是帘式膜组件示意图及照片，图 9-11 是集束式膜组件的示意图及照片。

③ 管式膜组件　管式膜组件的结构和特点参见 3.2.3。由于该膜组件制造成本高昂，只在那些难处理的高浓度、高污染的工业废水处理项目中应用。如油田含油废水、垃圾渗滤液处理等。

（2）MBR 模块化膜装置

为了满足实际工程的需要，往往把几十个膜组件组合在一起，形成具有一定产水量的 MBR 模块化膜装置，或称 MBR 膜箱。模块化膜装置由膜组件、曝气盘、输气管、产水管、膜架及安装起吊架组成。

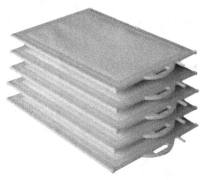

图 9-9　平板式膜组件照片

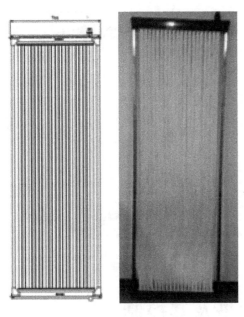
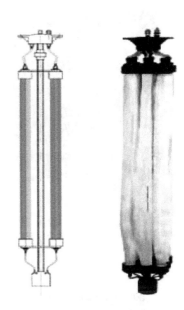

图 9-10　帘式膜组件示意图及照片　　　　图 9-11　集束式膜组件示意图及照片

　　膜箱外表有两种形式，在膜架四个侧面装有封板的称为封闭式装置（或封闭式膜箱），在膜架四个侧面不安装封板的称为敞开式装置（或敞开式膜箱）。膜装置内安装的膜组件可以是中空纤维帘式膜组件、集束式膜组件，也可以是平板膜组件。多数情况下，组件为垂直安装，也有少数情况是膜丝横向安装，见图9-12～图9-15。

　　有关 MBR 商品膜组件产品见 2.2.4 和 3.2.4。

图 9-12　封闭式中空纤维膜装置照片　　　　图 9-13　敞开式中空纤维膜装置照片

图 9-14　平板膜装置照片　　　　图 9-15　横向安装中空纤维膜装置照片

9.3　膜生物反应器膜污染及其控制

膜污染是指在膜孔内、膜表面上各种污染物的积累导致的膜通量下降的现象。如何控制膜污染并对膜进行有效的在线或非在线清洗是膜分离过程中不可避免的问题。它影响到系统的稳定性、能耗、膜的使用寿命等，密切关系到 MBR 运行的经济性，制约着 MBR 在废水处理中的应用。膜污染中一些污染物可以通过一定的物理、化学方法来消除和减轻，是可逆的；另一些污染物则与膜表面发生不可逆的相互作用而无法消除。在 MBR 中与膜表面接触的是组分十分复杂多变的活性污泥混合液，同时由于膜表面的物理特性（亲水性、荷电性、表面形态等）各不相同，操作条件各异等，使得膜污染过程的分析变得很复杂。国内外在此方面的研究很活跃，膜污染如何有效地得到控制与清洗一直是 MBR 技术研究的热点。

9.3.1　膜材料及膜结构、性能对膜污染的影响

（1）表面孔径及孔隙率的影响

膜的本身性质与膜污染有着密切的联系。Hong 等在研究膜污染的控制时发现，膜表面孔径越大及孔隙率越高（特别是膜的表层孔径大、内层孔径小时），膜通量下降得越快，并解释为：①存在由微孔堵塞与凝胶层的形成（以微孔堵塞为主）引起的短期快速下降过程；②不可逆污染与凝胶层压实引起的长期逐渐下降过程。Kwon 等研究了粒子尺寸对膜污染的影响时认为膜污染状态对与孔径相当的粒子比较敏感，其原因为：粒子尺寸小容易在膜表面沉积而被压实，对膜通量影响较大；而比孔径大很多的粒子因其在膜表面沉积的厚度和密度不足以引起膜

通量的明显下降。为此在选用膜时应充分考虑活性污泥混合液中固体悬浮物的颗粒大小和分布这一影响因素。

通过 Carmen-Kozeny 关系式可看出膜的孔隙率对膜污染的影响：

$$R_m = \frac{180\delta_m}{d_e^2} \times \frac{(1-\varepsilon)^2}{\varepsilon^3} \tag{9-1}$$

式中，R_m 为膜阻力；ε 为孔隙率；δ_m 为膜厚；d_e 为膜孔当量直径。

可以看出：R_m 对 ε 的变化最为敏感，当 ε 由 0.3 变到 0.2 时，阻力增加 4 倍；当 ε 由 0.2 变到 0.1 时，阻力增加 10 倍。由此可见，当膜孔被堵塞后，通量会显著下降。

（2）膜表面电荷性质的影响

活性污泥的组成十分复杂，其中含有大量的带电荷的胶体颗粒和杂质，此外在不同的 pH 下微生物也会表现出不同的荷电性。当膜接触活性污泥时，不可避免地存在对这些荷电性物质吸附或排斥的作用，从而对膜的污染产生一定影响。一般活性污泥中颗粒和杂质带负电，由于同性排斥作用，当选用带负电的膜材料时，对缓解膜污染有一定的作用，Nakao 等研究证明了这一点。当选用的膜表面具有与料液相同荷电性时能够改善膜污染，提高膜通量。Shimizu 等发现荷负电的陶瓷膜比非荷电或荷正电的膜，其通量更大。

（3）膜表面亲疏水性的影响

膜的亲疏水性可通过其表面接触角 θ 来表征，θ 值越大膜表面越疏水。Jung-Goo 等考察了亲水性强的聚醋酸纤维素（CA）膜和亲水性差的聚醚砜（PES）膜在不同污泥条件下的污染特性时得到：亲水的 CA 膜在通常污泥条件和发生污泥膨胀时抗污能力比 PES 膜强。通过对膜进行亲水化改性，可以提高膜的抗污染能力。Yu 等利用 CO_2 等离子体对 PP 膜进行亲水化改性后，膜的抗污染能力更好，且污染膜经化学和物理清洗后通量恢复率更高。Choo 等对 PP 膜进行 HEMA 接枝改性后，当接枝聚合度为 70% 时膜对污染的控制最好，通量提高了 35%。

（4）膜表面粗糙度的影响

膜表面的粗糙度对膜的污染性能也有一定的影响。研究表明，膜表面的粗糙度增加，一方面增加了膜表面的扰动程度，阻碍了污染物在膜表面的吸附；另一方面，也会使膜表面吸附污染物的可能性增加。因此，粗糙度对通量的影响是这两方面共同作用的结果。

（5）中空纤维膜丝长度的影响

研究表明，膜污染的程度与膜丝长度有关。膜的初始污染程度对膜丝长度很敏感，随着膜污染的进行，长膜丝的膜污染程度较轻。把膜丝污染分成三种状态，（见图 9-16 和图 9-17），即初始状态、中间状态和最终状态。不同状态的不透水的膜丝长度各不相同。说明，短膜丝不透水的部分相对整段膜丝长度所占的比例大，长膜丝不透水的部分相对整段膜丝长度所占的比例小，所以还是膜丝长相对较好。

（6）中空纤维膜组件放置状态的影响

在无曝气条件下，细膜丝水平放置优于垂直放置。在有曝气条件下，膜丝垂直放置优于水平放置。

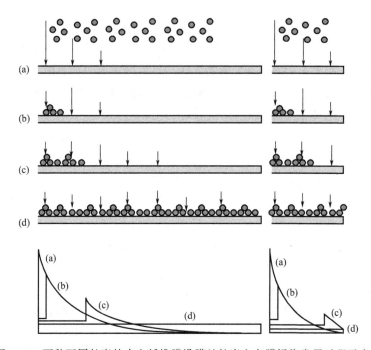

图 9-16　两种不同长度的中空纤维膜沿膜丝长度方向膜污染发展过程示意图

（a）初始不均匀透水速率；（b）较高透水速率区污染物优先沉积；
（c）在较高透水速率区污染后，较低透水速率区污染物的沉积；（d）污染物沿膜丝长度较均匀地沉积

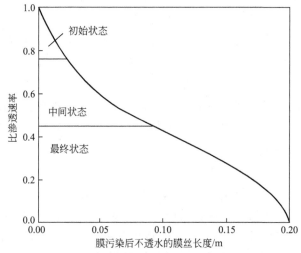

图 9-17　中空纤维膜污染的三种状态下不透水的膜丝长度

比渗透速率为污染后渗透速率与污染前渗透速率之比

9.3.2　污泥混合液特征对膜污染的影响

（1）污泥浓度（MLSS）的影响

由于膜的固/液分离作用替代了传统活性污泥法的二次沉淀池，将活性污泥完全截留，使得 MBR 可以在较高的 MLSS 下运行，例如在不排泥条件下，污泥浓度可达到 40～50 g/L，能够达到降低污泥产量和稳定的处理效果。Hong S. P. 等研究表明：污泥浓度在 3.6～8.4 g/L 之间，膜的通量基本不变，说明在其实验范围内 MLSS 不是膜污染的主要原因。研究表明，存在一个 MLSS 临界浓度。当MLSS 超过临界浓度时膜通量迅速下降，但临界浓度随操作条件的不同而有所变化。

此外，膜的截留作用也会造成胞外聚合物（EPS）在反应器内和膜上的积累，会引起膜过滤阻力和污泥黏度的增加，使膜污染加剧。

（2）污泥粒径分布的影响

污泥的粒径分布对泥饼阻力有较大影响。当粒径小于膜孔径时，粒径越小，膜污染越大。

（3）上清液中有机物的影响

膜的通量随溶解性有机物的浓度升高而降低，特别是污泥内源呼吸和细胞解体过程中产生的微生物代谢产物，其高分子物质含量较高，在反应器中易积累，会导致膜污染加剧，使膜过滤阻力上升，膜通量下降。

（4）混合液黏度的影响

混合液黏度对膜污染有重要的影响。当活性污泥浓度过高时，混合液黏度增大，膜污染速率加快，或当温度较低时，混合液黏度也增加。最终导致过滤阻力增加，膜通量下降。

9.3.3　操作条件对膜污染的影响

在 MBR 的实际运行中，操作条件（包括膜通量、操作压力、曝气强度、膜面流量、操作方式、HRT 及 SRT 等）对膜的污染有重要影响。

（1）膜通量的影响

MBR 的初始运行条件直接关系到系统的长期稳定运行。Hong 等研究认为起始操作通量（initial operating flux）或跨膜压力（TMP）的增加，会加强胶体颗粒等污染物在膜表面凝胶层的积累和凝胶层的压实，从而导致通量很快下降，同时起始 TMP 对膜的污染比微生物浓度的影响更大。郑祥等采用低压恒通量操作方式的研究发现，合理控制膜的初始通量有利于控制膜污染和降低能耗。

在 MBR 运行中，当低于临界通量时，膜污染与自清洗接近动态平衡状态，膜通量与压力成正比，一旦超过临界通量值则会发生较严重的污染。

当膜通量大于临界膜通量时，粒子在膜表面的沉积速率大于脱离膜表面的速率，膜通量随时间的延长而减小；当膜通量等于或小于临界膜通量时，粒子虽然在膜表面沉积，但脱离膜表面的速率与沉积速率相等，达成动态平衡，膜通量随时间的延长而缓慢衰减。

（2）操作压力的影响

操作压力通常指膜两侧的跨膜压差（TMP）。当操作压力低于临界压力时，膜通量随压力的增加而增加；当高于此值时，通量随压力的增加而变化不明显，但此时会引起膜污染加剧。

因此在实际工程中，应选择低于临界压力的操作压力运行。

（3）膜面流速的影响

增加膜面流速可以提高水流在膜表面的剪切力和扰动，减少污染物在膜表面上的积累，从而提高膜通量。黄霞等研究了不同污泥浓度条件下膜面流速与膜通量的关系，并考察了单位功率所能获得的通量。得出，在某一污泥浓度下，膜通量随膜面流速的增加而增加，但增加速率逐渐降低。在某一污泥浓度下存在最大能量利用效率，此时消耗单位能量能够获得最大的产出，从而确定运行的最佳流速。

（4）曝气强度的影响

增大曝气强度，膜表面受到的剪切力增大，使污泥不易在膜表面沉积，从而减小过滤阻力。研究表明，在恒通量运行条件下，随着曝气强度的增加，膜过滤压差的增加速率减缓，即膜污染发展速率变缓，这种趋势在多种污泥浓度下均得到证实。当曝气强度较低时，膜过滤压差上升均较迅速，这可能主要是由于大量污泥颗粒在膜面沉积的缘故。当曝气强度较高时，膜过滤压差上升较慢，膜污染较慢。但曝气强度也不能过高，通过考察膜过滤阻力的构成时发现，在低的曝气强度时，污泥层引起的膜过滤阻力较大，即污泥在膜表面的沉积是引起膜过滤压差上升即膜污染的主要因素。曝气强度过高时，由于污泥絮体可能会产生破碎，颗粒粒径减小，反而会使颗粒在膜面沉积的机会增加，膜过滤压差上升速度反而增加。因此，在实际工程中，应选择最佳曝气强度。

（5）次临界通量下恒通量操作方式对膜污染的影响

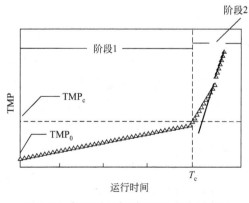

图 9-18　恒通量运行时 TMP 变化示意图

研究表明，在 MBR 中，当采用次临界通量（即膜通量低于临界通量）的恒通量操作方式时，膜两侧跨膜压差（TMP）的变化分为两个阶段，如图 9-18 所示。第 1 阶段是 TMP 缓慢发展的阶段，第 2 阶段是 TMP 迅速上升的阶段。从图中可以看出，阶段 1 的运行时间跨度比较大，而阶段 2 的时间跨度较小。在阶段 2，膜污染程度迅速增加，说明必须进行维护性化学清洗，以恢复过滤特性。可见，可以通过这种运行方式来确定 MBR 膜系统的维护性化学清洗周期。

（6）膜过程操作方式的影响

MBR 的运行经验总结得出，采用间歇产水的操作模式比连续产水操作模式有利于膜污染的控制。

桂萍等研究表明，抽吸时间加长的同时也增加了污染物在膜表面的积累；停抽时由于压力的释放使膜表面的污染物反向传递增加，有利于污染物的清除，但停抽时间太长则效果不明显；曝气时的扰动缓解了污染物在膜表面的吸附和积累，但曝气量太大时效果也不明显，且可能导致活性污泥絮体粒径减小，影响过滤。因此，抽吸时间、曝气量和停抽时间这三种因素在运行工艺中都有一定的控制范围，存在一个最佳的组合。

（7）HRT 和 SRT 的影响

水力停留时间（HRT）和污泥停留时间（SRT）的影响是通过反应器中污泥特性和 MLSS 的改变而引起膜污染状态变化的。

较短的 HRT 会为微生物提供较多的营养物质，使污泥增长速率较高，有利于 MLSS 的浓度提高。然而过短的 HRT 会使溶解性有机物积累，加速膜的污染。降低膜通量。因此控制合适的 HRT 以维持溶解性有机物平衡是必要的。

实践得出，随着 SRT 的延长，COD 去除效率提高，污泥产量下降，过长的 SRT 会对微生物的活性不利。因为随着 SRT 的增加，污泥浓度也增加，到一定程度会导致营养的极度匮乏使微生物大量死亡，释放出大量不可生物降解的细胞残留物，并且微生物细胞内源呼吸加剧，导致水中胶体物质增加，从而加大膜的污染，因此对 SRT 也应进行适度的控制。

9.3.4　减轻和控制膜污染的方法

活性污泥混合液是膜污染的物质来源，其含有的各个组成部分对膜的污染都有贡献。因此，可以通过改善污泥混合液的特性来缓解膜污染，其具体方法如下。

（1）投加填料

在膜生物反应器内填装各种填料，如聚乙烯悬浮填料、沸石、泡沫等，使微生物在填料上附着繁殖形成生物膜，这时生物膜与活性污泥同时作用而构成复合式 MBR。例如，尤朝阳等在 MBR 中投加泡沫填料，使反应器内的污泥混合液浓度降低到 2440 mg/L，减轻了对膜的污染，同时在反应器内仍能保持高于普通活性污泥法的生物量，保证有机污染物得到有效去除，出水 COD<50 mg/L。另外由于泡沫填料内存在缺氧环境，其氨氮的处理效果优于普通膜-生物反应器，出水水质良好。艾翠玲等对投加填料的膜生物反应器处理生活污水的特性进行了研究，结果表明，投加填料的膜生物反应器的上清液及系统出水 COD 浓度均低于不加填料的情况。反应器稳定运行后，膜的透水性较投加填料前明显增大。反应器内附着相和悬浮相污泥共存，并以附着生长的微生物为主，悬浮污泥浓度低可以有效

地减缓膜过滤阻力的上升和膜的堵塞。维持反应器内总污泥浓度较高的条件下，使随混合液进入膜分离的悬浮污泥量保持较低，减少了其对膜的透水能力的影响。

（2）投加混凝剂

在膜生物反应器中投加有机或无机混凝剂可以改善膜的污染状况，改变膜的运行环境。

张永宝等在膜生物反应器内添加氢氧化铁絮体，经过驯化和培养，形成生物铁污泥。通过显微镜分析污泥结构可观测到，生物铁污泥的特性发生了显著变化，污泥以黄色的铁絮体为核心，呈团粒状，结构紧密，各自组成分散的颗粒状结构，粒径较大，微生物中存在较多形体较大的轮虫和钟虫。试验结果表明，添加氢氧化铁能够缓解膜污染，提高膜的过滤性能，降低运行操作压力。Lee 等在内置式 MBR 中加入明矾，发现明矾的加入使污泥中的小颗粒聚集形成粒径较大的颗粒，从而降低了膜污染。

董秉直等研究了硫酸铝混凝剂对膜污染的防治作用，结果表明混凝剂能有效地提高膜过滤通量，混凝剂投加量越多，通量提高越明显。投加混凝剂后，混凝剂与水中的悬浮固体形成矾花，混凝剂所去除的有机物主要是疏水性的大分子，而残留在水中的有机物多为亲水性的小分子。过滤混凝液时，结构松散的矾花沉积在膜表面，亲水性的有机物会沉积在矾花上，而不会直接沉积在膜表面。通过反冲洗和正洗，滤饼层被冲洗干净，从而避免了膜污染。

（3）投加活性炭

活性炭中存在很多微孔，每克活性炭的表面积可高达 $1000m^2$ 以上。在膜生物反应器内加入粉末活性炭，同样能够改善污泥特性，提高和优化 MBR 性能。罗虹等对添加活性炭（2 g/L）的活性污泥的可过滤性进行了研究，结果表明加入活性炭后污泥的过滤性能明显提高。因为投加活性炭使混合液内 COD 降低，减少膜堵塞的机会，提高混合液的可过滤性。同时由于活性炭颗粒的存在污泥絮体更加容易互相聚集而形成体积更大、强度更高、黏性更小的污泥絮体，从而使膜表面形成的泥饼层比较疏松，透水性好，提高了混合液可过滤性。还有，投加活性炭提高了污泥沉淀性能，改善了污泥的泥水分离性能，减缓泥饼的形成。

（4）膜的清洗

尽管在 MBR 的设计和操作运行中采取了许多措施来缓解与控制膜污染，但在长期运行过程中膜的污染仍不可避免，必须对膜进行一定的清洗来减轻或消除膜污染，恢复膜通量，延长膜的使用寿命。膜清洗可分为物理清洗和化学清洗。物理清洗一般指水力清洗与反冲洗，周期比较短。水力清洗可除去中空纤维膜间和膜表面的污染物，来减少透水阻力，从而恢复通量。反冲洗，即在膜的产水侧施加一个反冲压力来驱动清水反向透过膜，将膜孔内的堵塞物冲洗掉，或使膜表面的沉积层悬浮起来，然后被水流冲走，以防止清洗下来的物质再次沉积到膜表面。

当物理清洗不能满足要求时，就需对膜进行恢复性化学清洗或物理化学组合清洗，在实际应用过程中要求其清洗周期比物理清洗要长很多。

有关化学清洗所采用清洗剂和相应的清洗方法，参考 3.3.2。

9.4　膜生物反应器的应用

9.4.1　MBR 的应用领域及应用情况简介

我国虽然对 MBR 的应用研究起步较晚，但在最近十年中发展较快，已经成功用于城市生活污水及工业废水处理和回用领域。至 2012 年底，我国已有 50 余个超万吨级的 MBR 工程在运行和建设中，工程处理能力为 $1 \times 10^4 \sim 15 \times 10^4 \, \mathrm{m^3/d}$，万吨级以上工程的污水（废水）处理总规模超过 $180 \times 10^4 \, \mathrm{m^3/d}$，仅华北地区应用规模达到 $110 \times 10^4 \, \mathrm{m^3/d}$。表 9-2 是 MBR 应用领域及应用情况简介。

表 9-2　MBR 的应用领域、处理对象及效果

应用领域	处理对象	处理目的及效果
市、镇排水	(1)市政生活污水 (2)洗浴污水 (3)医院污水 (4)粪便污水 (5)垃圾渗滤液	去除 COD、NH_4^+-N、致病细菌、达标排放
石油及化学工业领域	(1)炼油废水 (2)各种化工生产废水 (3)煤化工废水 (4)含油废水	废水处理再生回用
纺织印染领域	(1)喷水织机废水 (2)印染废水 (3)脱羊毛脂废水	废水处理再生回用
微污染地表水	(1)河水 (2)湖水	改善水环境,利用水资源

9.4.2　膜生物反应器工程应用实例

（1）城市生活污水处理

应用实例：北京市门头沟区再生水厂 $4 \times 10^4 \, \mathrm{m^3/d}$ 的 MBR 工程

该工程所在地为北京市门头沟区永定镇，由门头沟区水务局投资，北京碧水源科技股份有限公司负责建设和运营。原水为生活污水和部分工业废水，处理规模为 $4 \times 10^4 \, \mathrm{m^3/d}$，再生水用于绿化灌溉、道路浇洒、建筑冲厕及河湖补水等。工程于 2010 年 5 月建成投入运行，采用 A^2/O＋MBR 工艺，工艺流程见图9-19，图 9-20 是膜池实景照片。

工程采用碧水源公司研发生产的带内衬的 PVDF 中空纤维增强膜，膜组件型号为 MBRU-1000（RF-Ⅲ型膜组件）。

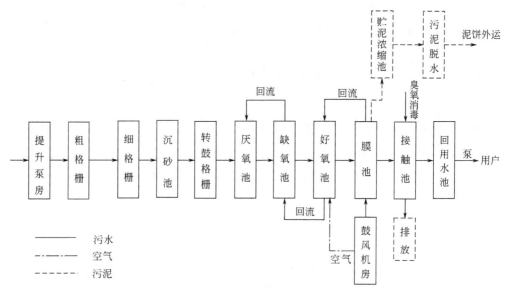

图 9-19　门头沟再生水厂 $A^2/O+MBR$ 工艺流程

图 9-20　再生水厂 $4\times10^4\,m^3/d$ 工程膜池实景照片

运行 5 年以来，膜系统运行稳定，出水水质优良，出水水质见表 9-3。

表 9-3　进、出水质一览表　　　　　　　　　　　　单位：mg/L

类别	COD_{Cr}	BOD_5	SS	NH_3-N	TN	TP
进水水质	≤450	≤230	≤300	≤30	≤40	≤5
出水水质	≤50	≤10	≤10	≤5	≤15	≤0.5

该工艺以膜分离系统取代传统生物处理工艺末端的二沉池、滤池及消毒池等
单元，将膜组件直接浸没安装于生物反应池中，依靠高浓度的活性污泥和膜孔小
于 $0.1\mu m$ 的中空纤维膜丝实现固液分离，并将污染物彻底分解。与传统工艺相
比，$A^2/O-MBR$ 工艺占地面积仅为传统工艺的 1/2，污泥产量比传统工艺减少
$10\%\sim20\%$，出水水质优于国家《城镇污水处理厂污染物排放标准（GB 18918—

2002）》限值中的一级 A 标准。MBR 膜系统采用脉冲曝气技术，缓解了膜污染，同时降低了系统的运行能耗，实现膜系统长期运行的稳定性。采用脉冲曝气技术后，膜系统运行能耗比传统 MBR 膜系统的运行能耗低 30％。

自运行以来，每年可为门头沟区提供近千万吨的高品质再生水。采用了脉冲曝气技术，降低了运行能耗，吨水电耗 0.45kW·h（约 0.34 元），药剂费、污泥处置费两项合计 0.32 元/t，吨水直接处理成本 0.66 元（不含人员管理费和维修费等）。同时为区域节约了大量的新鲜水资源，再生水全部回用到市政杂用（绿化、环卫浇洒地面、建筑压尘）、工业循环水、景观环境，提高了用水效率，节约了取水用水成本。解决了新城南部水污染问题，有效缓解了区域水资源短缺现状。

（2）印染废水处理

应用实例：苏州吴江中盛 7000t/d 印染废水处理及回用工程

中盛印染厂每日印染布匹十多万米，生产中产生的废水具有高色度、高有机物浓度和难降解的特点。

该项目废水处理规模为 7000m³/d，回用 3500m³/d，印染废水的水质指标为：$COD_{Cr}=1500mg/L$，$BOD_5=150\sim350mg/L$，$SS=300mg/L$，$pH=11\sim14$，要求处理后的水质指标为：$COD_{Cr}\leqslant60\ mg/L$，$BOD_5\leqslant20\ mg/L$，$SS\leqslant20mg/L$，$pH=6\sim9$。经超滤和反渗透膜进行深度处理，产水回用到生产线。2009 年 5 月膜华科技承接该项目建设，2010 年 7 月工程投入运行。

该工程采用水解酸化＋A/O＋MBR 工艺，其工艺流程见图 9-21，其中 MBR 使用膜华科技研发生产的热法 PVDF 中空纤维膜，组件型号为 iMBR-A1500 帘式膜组件，MBR 系统共分 4 个膜池，每个膜池有 6 套膜装置，共 24 套装置，每套安装 48 个帘式膜组件，膜组件的装填面积 30m²/帘。

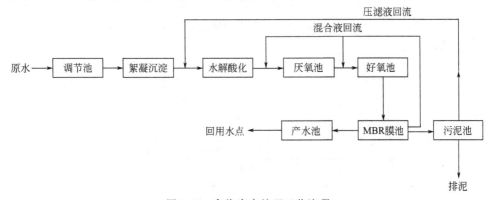

图 9-21 印染废水处理工艺流程

自投入运行近 5 年来，MBR 系统运行稳定，产水水质达到设计要求，进出水水质见表 9-4，图 9-22 是工程实景照片。

表 9-4　平均进出水水质

单元名称	COD /(mg/L)	BOD₅ /(mg/L)	SS /(mg/L)	pH	氨氮 /(mg/L)	总氮 /(mg/L)	色度
原水	1000～1500	300	200	9～12	65	84	500
MBR 系统	52	20	3	8	5	14	30

图 9-22　7000 m³/d 印染废水处理工程实景照片

该项目有良好的经济和社会效益。印染废水平均吨水处理成本约 1.48 元，年减少排放废水 127 万吨，年节约用水达到 100 万吨。以现有污水处理收费标准，年节约污水排放费 580 万元（包括达标排放及减排部分减少排放费），节约工业用水费 470 万元（含工业用水及水资源费）。

（3）化工生产废水处理

应用实例 1：泰兴斯比凯可特种化学品有限公司 400t/d 生产废水处理工程

泰兴 CP Kelco 特种化学品有限公司生产羧甲基纤维素（CMC）和羟基乙酸钠，其生产排放的废水为高浊度、高浓度的有机废水，处理量为 400m³/d。

2011 年初，膜华科技承担了该废水处理项目，处理工艺为 MBBR→1 级氧化→2 级氧化→MBR。工艺流程见图 9-23，其中 MBBR 为移动式生物床反应器，MBR 为膜生物反应器。

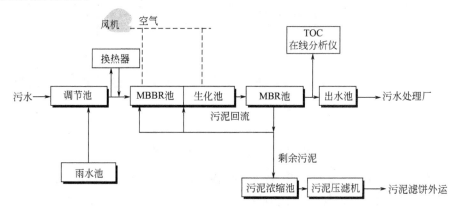

图 9-23　羧甲基纤维素废水处理工艺流程图

MBR 采用膜华科技研制生产的热法 PVDF 中空纤维超滤膜、帘式膜组件及自清洗式 MBR 膜装置，帘式膜组件的型号为 iMBR-B1500。MBR 系统共分 3 个膜池，每个膜池有 4 套膜装置，每套有 24 帘膜，每帘膜的有效膜面积为 $13m^2$，总膜面积为 $3840m^2$。

2011 年 7 月工程投入运行，羧甲基纤维素废水经二级好氧处理后的水质指标：COD≤6000 mg/L，SS≤10000mg/L，达不到排放标准。经 MBR 膜处理后产水水质指标为：COD≤500mg/L，SS≤10mg/L，允许排放到市政污水处理厂。

自运行 5 年来，系统运行稳定，图 9-24 是该工程的膜装置图及照片，图 9-25 是膜池实景照片。

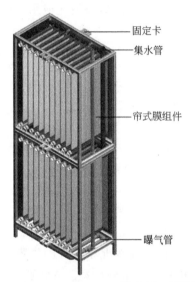

固定卡

集水管

帘式膜组件

曝气管

图 9-24　MBR 膜装置图及照片

图 9-25　MBR 膜池实景照片

该工程项目具有良好的经济和社会效益。未经膜处理时，废水排污费为 25 元/吨水，同时企业面临被停产的危险；经膜处理后的排污费降为 6 元/吨水，因减少排污费用产生的经济效益约 274 万元/年。同时减少高浓度 COD 废水排放 15 万吨/年，保证了产品正常生产。

应用实例 2：4000m³/d 己内酰胺生产废水处理工程

山东鲁西化工集团股份有限公司 20 万吨/年己内酰胺生产废水，其污染物的主要成分为苯、环己酮、环己烷、甲苯、环己酮肟等脂环族胺类化合物，以及硫酸盐、氨氮等。废水处理系统设计处理规模为 4000m³/d，设计进水水质为：$COD_{Cr} \leqslant 8000mg/L$，$BOD_5 \leqslant 3500mg/L$，氨氮$\leqslant 300mg/L$。MBR 出水要求 $COD_{Cr} \leqslant 40mg/L$，氨氮$\leqslant 3mg/L$，出水水质执行《山东省海河流域水污染物综合排放标准》（DB 37/675—2007）中的水质标准。

该项目废水处理采用 A/O＋氧化＋混凝沉淀＋MBR 工艺，其工艺流程见图 9-26。

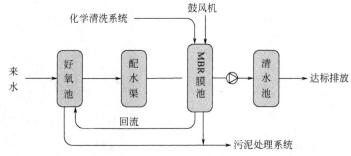

图 9-26　MBR 工艺流程

该项目 MBR 单元采用 PVDF 平板膜，生产厂家为北京清大国华膜科技有限公司（见图 9-27）。MBR 膜系统由 6 个膜池构成，膜池长、宽、高分别为 12.40m、

图 9-27　平板膜装置在膜池中安装的实景照片

4.45m、5.50m，有效水深 5.0m。每个膜池内 10 套膜设备，每套膜设备装有 200 片膜组件，共计 60 套膜装置，12000 片膜组件，每片膜元件 1.5m²，共计 18000m²。

项目自 2014 年 8 月投入运行以来，系统运行稳定，产水水质达到设计要求。运行费用低于 0.7 元/m³，该工艺具有处理成本低、占地面积小、自动化程度高、运行管理方便、出水水质稳定可靠的优点，具有良好的经济及社会效益。

清大国华膜科技有限公司近 4 年来采用平板式膜组件先后建立了近 20 个 MBR 处理工程，用于生活污水、化工废水、高含盐废水、垃圾渗滤液处理。表 9-5 是千吨级以上平板膜 MBR 工程清单。

表 9-5　清大国华膜科技有限公司平板 MBR 千吨级工程清单

项目名称	处理水量 /(t/d)	出水用途	应用时间（年份）
京煤集团长沟峪煤矿综合污水处理工程	7200	回用	2012
山西煤销集团东沟煤矿综合污水处理	1150	回用	2013
首钢集团焦化废水处理	1000	达标排放	2011
鲁西化工集团股份有限公司己内酰胺污水处理 MBR 项目	4000	达标排放	2014
唐山乡居假日小区污水处理与回用工程	4000	回用	2012
北京香山别墅污水处理工程	2000	回用	2012
北京金海湖高端度假区污水处理与回用工程	2000	回用	2012
烟台市福山区张格庄等四镇水资源再生利用工程	10000	回用	2013

参 考 文 献

[1] 赵英，白晓琴，高飞亚，顾平. 膜-生物反应器在污水处理中的研究进展. 中国给水排水，2004，20（12）：33-36.

[2] 张国树，李咏梅. 膜-生物反应器污水处理技术. 北京：化学工业出版社，2003：4-5.

[3] 顾国维，何义亮. 膜-生物反应器在污水处理中的研究和应用. 北京：化学工业出版社，2002.

[4] 郑祥，朱小龙，张绍园等. 膜-生物反应器在水处理中的研究和应用. 环境污染治理技术与设备，2000，1（5）：12-20.

[5] Bemberis I, Hubbard P J, Leonard F B. Membrane sewage treatment systems-potential for complete wastewater treatment. Amer. Soc. Agric. Engng. Winter Mtg. 1971：71-878, 1-28.

[6] 樊耀波，王菊思. 水与废水处理中的膜-生物反应器技术. 环境科学，1995，16（5）：79-81.

[7] Cote P, Buisson H, Pound C, Praderie M. Immersed membrane activated sludge for the reuse of municipal wastewater. Desalination, 1998, 113：189-196.

[8] Yamamoto K, Hiasa M, mahmood T. Direct Solid-liquid Separation using Hollow Fiber membrane in An Activated Sludge Tank, Water Sciences and Technology, 1989, 21, 4/5：43-54.

[9] Grander M A, Jefferson B, Judd S J. MBRS besed on extruded polymer membranes. MBR2-proc. 2nd Intl. Mtg. on membrane bioreactors for wastewater treatment, Cranfield University, Cranfield, UK, 1999：9.

[10] 林哲. 膜分离活性污泥法的研究. 城市环境和城市生态, 1994, 7 (1): 6-11.

[11] 樊耀波, 王菊思, 姜兆春. 膜-生物反应器净化石油化工污水的研究. 环境科学学报, 1997, 17 (1): 68-74.

[12] Defang Ma, Baoyu Gao, Dianxun Hou, Yan Wang, Qinyan Yue, Qian Li. Evaluation of a submerged membrane bioreactor (SMBR) coupled with chlorine disinfection for municipal wastewater treatment and reuse. Desalination, 2013, 313: 134-139.

[13] Kangmin Chon, Jaeweon Cho, Ho Kyong Shon. Fouling characteristics of amembrane bioreactor and nanofiltration hybrid system for municipal wastewater reclamation. Bioresource Technology, 2013, 130: 239-247.

[14] Lubomira Kovalova, Hansruedi Siegrist, Heinz Singer, Anita Wittmer, Christa S. McArdell. Hospital wastewater treatment by membrane bioreactor: performance and efficiency for organic micropollutant elimination [J]. Environmental Science & Technology. 2012, 46: 1536-1545.

[15] Alessandro Spagni, Stefania Casu, Selene Grilli. Decolourisation of textile wastewater in a submerged anaerobic membrane bioreactor. Bioresource Technology, 2012, 117: 180-185.

[16] 樊耀波, 徐慧芳, 郭海明. 气升循环分体式膜-生物反应器污水处理与回用技术. 环境污染治理技术与设备, 2004, 5 (7): 70-75.

[17] Pankhania T Stephenson, Semmens M J. Hollow fibre bioreactor for wastewater treatment by using bubbleless membrane aeration. Water Res., 1994, 28 (10): 2233-2236.

[18] Timberlake D L, Strand S E, Williamson K J. Combined aerobic heterotrophic oxidation, nitrification and denitrification in a permeable support biofilm. Wat. Res. 1988, 22: 1513-1517.

[19] Yamagiwa K, Yoshida M, Ito A, Ohkawa A. A new oxygen supply method for simultaneous organic carbon removal and nitrification by a one-stage biofilm process. Wat. Sci. Technol, 1998, 37 (4-5): 117-124.

[20] Keith Brindle, Tom Stephenson, Michael J. Semmens. Nitrification and oxygen utilisation in a membrane aeration bioreactor. J Membr Sci, 1998, 144: 197-209.

[21] Keith Brindle, Tom Stephenson, Nitrification in a bubless oxygen mass transfer membrane aeration bioreactor. Wat. Sci. Technol, 1996, 34 (9): 261-267.

[22] 王猛, 施宪法, 柴晓利. 膜-生物反应器处理生活污水无泡供氧研究. 环境污染与防治, 2002, 24 (6): 355-356.

[23] Pankhania T Stephenson, Semmens M J. Hollow fibre bioreactor for wastewater treatment by using bubbleless membrane aeration. Water Res., 1994, 28 (10): 2233-2236.

[24] Livingston A G. Extractive Membrane bioreactors: A new process technology for detoxifying chemical industry wastewaters. J. Chem. Tech. Biotechnol., 1994, 60: 117-124.

[25] 彭跃莲. 超滤膜在染料废水处理及聚合氯化铝制备中的应用. 中科院生态中心博士论文, 1999.

[26] Van Roy L, Mergeay S, Doyen M, Taghavi W, S., Leysen R. Immobilisaton for bacteria in composite membranes and development of tubular membrane reactors for heavy metal recuperation. Proc. 3rd Intnl. Conf. Effective Membrane Processes, 1993, 3: 275-293.

[27] Reij M W. Biofiltration of air containing low concentrations of propene using a membrane bioreactor. Biotechnol Prog, 1997, 13 (4): 380-386.

[28] Freitas dos Santos, Treatment of pharamaceutical industry process wastewater using the extractive membrane bioreactor, Environmental Progress, 1999, 18 (1): 34-39.

[29] Liu W, Howell J A, Arnot T C, Scott J A. A novel extractive membrane bioreactor for treating biorefractory organic pollutants in the presence of high concentrations of inorganics: application to a

synthetic acidic effluent containing high concentrations chlorophenol and salt. Journal of Membrane Science. 2001，181：127-140.

[30] 吕红，徐又一，朱宝库，徐志康，谢柏明. 分体式膜-生物反应器在污水处理中工艺条件的研究. 环境科学，2003，24（3）：61-64.

[31] 徐又一，石冰水，王剑鸣等. 环保领域中聚丙烯中空纤维膜-生物反应器的研究. 膜科学与技术，2000，20（2）：26-29.

[32] 白晓慧，陈英旭. 环境污染与防治，2000，22（6）：19-21.

[33] 郑祥，樊耀波. 影响 MBR 处理效果及膜通量的因素研究. 中国给水排水，2002，18（1）：19-22.

[34] 郑祥，樊耀波. 膜-生物反应器运行条件的优化及膜污染的控制. 给水排水，2001，27（4）：41-44.

[35] 樊耀波，王思菊，姜兆春. 膜-生物反应器中膜的最佳反冲洗周期. 环境科学学报，1997，17（4）：339-444.

[36] 王建华. 一体式 PVDF 平板复合的制备及其在膜-生物反应器中性能的研究. 硕士论文，2005，3.

[37] Castro A J. Methods for making microporous products. US patent，4247498，1981.

[38] 徐又一，徐志康. 高分子膜材料. 北京：化学工业出版社，2005：120.

[39] Gander M，Jefferson B，Judd S. Aerobic MBRs for domestic wastewater treatment：a review with cost considerations. Separation purification technology，2000，18：119-130.

[40] Muller Eb et al. Aerobic domestic waste water treatment in a pilot plant with complete sludge retention by crossflow filtration. Wat Res，1995，29（4）：1179-1189.

[41] Hong S P，Bae T T，Tak T M，Hong S，Randall S A. Fouling control in activated sludge submerged hollow fiber membrane bioreactors. Desalination，2002，143：219-228.

[42] Yamamoto K，Hiasa M，Mahmood T. Direct solid-liquid separation using hollow fiber membrane in an actived sludge aeration tank. Water Sci Tech，1989，21：43-54.

[43] Viswanathan C，Aim R B，Parameshwaran K. Membrane Separation Bioreactors for wastewater Treatment. Critical Reviews in Environmental Sci and tech，2000，30（1）：1-48.

[44] 杨造燕，匡志华，顾平等. 膜-生物反应器无剩余污泥排放的研究. 城市环境与城市生态，1999，12（1）：16-18.

[45] Nagaoka H，Ueda S，Miya A. Influence of bacterial extracellular polymers on the membrane separation activated sludge process. Water Science and Technology，1996，34（9）：165-172.

[46] Mukai T，et al. UF behavior of extracellular and metabolic products in activated sludge system with UF separation process. Wat. Res.，2000. 34（3）：902-908.

[47] Cosenza A，Bella G D，Mannina G，et al. The role of EPS in fouling and foaming phenomena for a membrane bioreactor. Bioresource Technology，2013，147：184-192.

[48] Nagaoka，H. Nitrogen removal by submerged membrane separation activated sludge process. Water Science and Technology，1999，39（8）：107-114.

[49] Nagaoka H，Kono S，Yamanishi S，Miya A. Influence of organic loading rate on membrane fouling in membrane separation activated sludge process Proc. IWA Conf. Membrane Technology in EnvironmentalManagement. Tokyo，242-249.

[50] Liu L F，Liu J D，Gao B，et al. Fouling reductions in a membrane bioreactor using an intermittent electric field and cathodic membrane modified by vapor phase polymerized pyrrole. Journal of Membrane Science，2012，394-395：202-208.

[51] Rosenbrege S，Kraume M，Szewzyk U. Sludge free management of membrane bioreactor. MBR2-Proc. 2nd Intl. Mtg. on membrane bioreactors for wastewater treatment，Cranfield University，Cranfield，UK，1999.

[52] Rosenbrege S，Kraume M，Szewzyk U. Operation of different membrane bioreactors wxperimental results and physionlogical state of the microoraganism. Proc. Membrane Technology in Environmental Management，Tokyo，1999：310-316.

[53] Chang J S，Tsai L J，Vigneswaran S. Experimental investigation of the effect of particle size distribution of suspended particles on microfiltration. Water Science and Technology，1996，34 (9)：133-140.

[54] 罗虹，顾平，杨造燕等. 膜-生物反应器内泥水混合液可过滤性的研究. 城市环境与城市生态，2000，13 (1)：51-54.

[55] Magra Y. The effect of operation on solid/ liquid separationby ultra-membrane filtration in a biological denitrificationsystemfor collected human excreta treatment plants [J]. Wat. Sci. Tech.，1991，23：1583-1590.

[56] Sato T，Ishii Y. Effects of activated sludge properties onwater flux of ultrafiltration membrane used for human ex2crement treatment. Wat Sci Tech，1991，23 (7-9)：1601-1608.

[57] 徐慧芳，樊耀波. 膜-生物反应器在粪便污水处理中的研究与应用. 环境污染防治技术与设备，2002，3 (6)：75-81.

[58] 郑祥，樊耀波. 影响 MBR 处理效果及膜通量的因素研究. 中国给水排水，2002，18 (1)：19-22.

[59] Bouhabila E H，Aïm R B，Buisson H. Fouling characterization in membrane bioreactors. Sep and Purif Tech.，2001，(22-33)：123-132.

[60] 刑传宏，钱易，孟耀斌等. 错流式膜-生物反应器处理生活污水及其生物学研究. 环境科学，1997，18 (6)：23-26.

[61] Cicek N. Long-term performance and characterization of a membrane bioreactor in the treatment of wastewater high-molecular-weight compounds. Dissertation of university of Cincinnati，1999.

[62] Kargi F. Ahmetuygur. Nutrient removal performance of a sequencing batch reactor as a function of the sludge age. Enzyme and Microbial Technology，2002，31：842-847.

[63] 邹联沛，王宝贞，范延臻. SRT 对膜-生物反应器出水水质的影响研究. 中国给水排水，2000，16 (7)：16-18.

[64] Shin Hang-Sik，Kang Seok-Tae. Characteristics and fates of soluble microbial products in ceramic membrane bioreactor at various sludge retention times. Water Research，2003，37：121-127.

[65] 张绍园，王菊思，姜兆春. 膜-生物反应器水力停留时间的确定及其影响因素分析. 环境科学，1997，18 (6)：35-38.

[66] 郑祥，樊耀波. 影响 MBR 处理效果及膜通量的因素研究. 中国给水排水，2002，18 (1)：19-22.

[67] Choi Jung-Goo，Bae Tae-Hyun，Kim Jung-Hak，et al. The behavior of membrane fouling initiation on the crossflow membrane bioreactor system. Journal of Membrane Science，2002，30 (1-2)：103-113.

[68] 张捍民，王宝贞. 淹没式中空纤维膜过滤装置中曝气强度对系统的影响. 水处理技术，2001，27 (2)：93-95.

[69] Chiem chaisri C，Wong Y K，Urase T，et al. Organic stabilization and nitrogen removal in membrane separation bioreactor for domestic wastewater treatment. Wat Sci Tech，1992，25 (10)：231-240.

[70] 周晴，傅金祥，苏锦明，赵玉华. 气水比对一体式膜-生物反应器的影响. 沈阳建筑大学学报（自然科学版），2005，2 (1)：47-50.

[71] 傅金祥，苏锦明，朴芬淑，周晴，赵玉华. 一体式膜-生物反应器的污泥膨胀控制. 中国给水排水，2005，21 (4)：46-47.

[72] 王志伟，吴志超，顾国维. 厌氧膜-生物反应器抽吸模式对膜过滤性能的影响. 环境科学学报，2005，25 (4)：535-53.

[73] Elmaleh S，Abdelmoumni L. Experimental test to evaluate performanceof an anaerobic reactor provided

with an external membraneunit. Wat Sci Tech，1998，38（8-9）：385-392.

[74] Choo K H，Lee C H. Membrane fouling mechanisms in the membrane-coupled anaerobic bioreactor. Wat Res，1996，30（8）：1771-1780.

[75] Water Environmental Research Foundation（WERF）. Exploringmembrane technology for wastewater treatment. http：//www. werf. org/. 2002.

[76] 何义亮，吴志超，李春杰等. 厌氧膜-生物反应器处理高浓度食品废水的应用. 环境科学，1999，20（6）：53-55.

[77] 管运涛，蒋展鹏，祝万鹏等. 两相厌氧膜-生物系统处理造纸废水. 环境科学，2000，21（4）：53-56.

[78] 郑祥，刘俊新. 厌氧反应器与好氧 MBR 组合工艺处理毛纺印染废水试验研究. 环境科学，2004，25（5）：102-105.

[79] Fakhru'l-Razi,A. Noor，M. J. M. M. Teatment of palm oil mill effluent（POME）with the membrane anaerobic system（MAS）. Wat. Sci. Technol. 1999，(10-11)：159-163.

[80] He Y L，Xu P，Li C J，zhang B. High-concentration food wastewater treatment by an anaerobic membrane bioreactor. Water Research，2005，39：4110-4118.

[81] Elmaleh S，Abdelmoumni L. Experimental test to evaluate performanceof an anaerobic reactor provided with an external membraneunit. Wat Sci Tech，1998，38（8-9）：385-392.

[82] 张颖，任南琪，陈兆波. 膜-生物反应器对蛋白类废水处理效能的研究. 高技术通讯，2004，7：97-100.

[83] Zhang B，Yamamoto K，Ohgaki S，Kamiko，N. Floc size distribution and bacterial activities in membrane separation activated sludge process for small-scale wastewater treatment/reclamation. Wat. Sci. techonl，1997，35（6）：37-44.

[84] Fan X J，Urbain V，Qian Y，Manem J. Nitrifiltration and mass balance with a membrane bioreactor for municipal wastewater treatment Wat. Sci. techonl，1996，34（1-2）：129-136.

[85] 刘静文，顾平，杨睿. 膜-生物反应器处理高氨氮废水. 城市环境与城市生态，2003，16（5）：19-21.

[86] 李红岩，高孟春，杨敏等组合式膜-生物反应器处理高浓度氨氮废水. 环境科学，2002，23（5）：62-66.

[87] 欧阳雄文，谌建宇，余健. MBR 在脱氮除磷方面的最新研究与进展. 工业水处理，2005，25（6）：9-12.

[88] Zhang D J，Lu P L，Long T R，Verstraete W. The integration of methanogensis with simultaneous nitrification and denitrification in a membrane bioreactor. Process Biochemistry，2005，40：541-547.

[89] 齐唯，李春节，何义亮. 浸没式膜-生物反应器的同步硝化和反硝化效应. 中国给水排水，2003，19（7）：8-11.

[90] Yao Y C，Zhang Q L，Liu Y，Liu Z P. Simultaneous removal of organic matter and nitrogen by a heterotrophic nitrifying-aerobic denitrifying bacterial strain in a membrane bioreactor [J]. Bioresource Technology，2013，143：83-87.

[91] 李春杰，耿琰，周琪等. SMSBR 处理焦化废水中的短程硝化反硝化. 中国给水排水，2001，17（11）：8-12.

[92] 迟军，王宝贞，吕斯濠. 一体化复合式膜-生物反应器的除磷研究. 水处理技术，2003，29（1）：47-49.

[93] Buisson H，Cote P，Praderie M，Paillard H. The wus of immersed membranes for upgrading wastewater treatment plants. Wat. Sci. techonl，1998，37（9）：89-95.

[94] Wu J，He C D，Zhang Y P. Modeling membrane fouling in a submerged membrane bioreactor by considering the role of solid，colloidal and soluble components. Journal of Membrane Science，2012，

397-398：102-111.

[95] Suh C，Lee S，Cho J. Investigation of the effects of membrane fouling control strategies with the integrated membrane bioreactor model. Journal of Membrane Science，2013，429：268-281.

[96] Sanaeepur H，Hosseinkhani O，Kargari A，et al. Mathematical modeling of a time-dependent extractive membrane bioreactor for denitrification of drinking water. Desalination，2012，289：58-65.

[97] Gehlert G，Hapke J. Mathematical modeling of a continuous aerobic membrane bioreactor for the treatment of different kinks of wastewater. Desalination，2002，146：405-412.

[98] 刘锐. 一体式膜-生物反应器的微生物代谢特性及膜污染控制. [博士学位论文]. 清华大学，2000.

[99] Cui.Gas-liquid two phase cross-flow ultration of the dextran solutions. J. Membr. Sci，1994，90：183.

[100] Cabassud C，Laborie S，Lainé J M. How slug can improve ultrafiltration flux in organic hollow fibers. Journal of membrane science，1997，128：93-101.

[101] Judd S J，Le-Clech P，Taha T，et al. MBR3 conference held at Cranfield University，UK，2001.

[102] Chang I，Judd S J. Air sparing of a submerged MBR for municipal wastewater treatment. Process Biochemistry，2002，37：915-920.

[103] Le-Clech P，Jefferson B，Judd S J. A comparison of submerged and sidestream tubular membranebioreactor configurations Desalination，2005，173：113-122.

[104] Yasutoshi S K，Yu-Ichi O，Katsushi U. Filtration characteristics of hollow fiber microfiltration membranes used in membrane bioreactor for domestic wastewater treatment. Water Research，1996，30 (10)：2385-2392.

[105] Wang Y K，Li W W，Sheng G P，et al. In-situ utilization of generated electricity in an electrochemical membrane bioreactor to mitigate membrane fouling. Water Research，2013，47：5794-5800.

[106] Ma Z，Wen X H，Zhao F，et al. Effect of temperature variation on membrane fouling and microbial community structure in membrane bioreactor. Bioresource Technology，2013，133：462-468.

[107] Johir M A H，Vigneswaran S，Kandasamy J，BenAim R，Grasmick A. Effect of salt concentration on membrane bioreactor (MBR) performances：Detailed organic characterization. Desalination，2013，322：13-20.

[108] Kwon D Y，Vigneswaran S. Influence of particle size and surface charge on critical flux of crossflow microfiltration. Water Science and Technology，1998，38 (4-5)：481-488.

[109] Choi J，Bae，Kim J，et al. The behavior of membrane fouling initiation on the crossflow membrane bioreactor system [J]，Journal of Membrane Science，2002，30 (1-2)：103-113.

[110] Yu H Y，Xie Y J，Hu M X，et al. Surface modification of polypropylene microporous membrane to improve its antifouling property in MBR-CO_2 plasma treatment. Journal of Membrane Science，2005，254：219-227.

[111] Choo K H，Kang I J，Yoon S H，et al. Approaches to membrane fouling control in anaerobic membrane bioreactors. Wat. Sci. Tech. 2000，41 (10-11)：363-371.

[112] 魏源送，郑祥，刘俊新. 国外膜-生物反应器在污水处理中的研究进展. 工业水处理，2003，23 (1)：1-7.

[113] Chang S，Fane A G. The effect of fibre diameter on filtration andflux distribution2Relevance to submerged hollow fibre modules. J Membr. Sci，2001，184 (2)：221-231.

[114] Fane A G，Chang S. The performance of hollow fibre membranesfor biomass filtration. Cranfield University，U K，2001：14-18.

[115] Carroll T，Booker N A. Axial features in the fouling of hollow-fibre membranes. J. Memb. Sci.，2000，168：203-212.

[116] Tony J Rector, Jay L Garland, Stanley O Starr. Dispersion characteristics of a rotating hollow fiber membrane bioreactor: Effects of module packing density and rotational frequency. Journal of Membrane Science, 2006, 278: 144-150.

[117] 吴桂萍, 杜春慧, 徐又一. 内置转盘式膜生物反应器处理污水的工艺条件研究. 环境科学, 2006, 27 (11): 2217-2221.

[118] Van Dijk L, Roncken G C G. Membrane bioreactors for wastewater treatment: The state of the Art and new development. Wat. Sci. Tech. 1997, 35 (10): 35-41.

[119] Sakellarious.Zero sludge production in a pilot activated sludge plant. Disertation, 1998.

[120] 吴俊奇, 滕华, 于莉. 三相旋转流应用于膜-生物反应器的研究. 北京建筑工程学院学报, 2003, 19 (4): 27-30.

[121] 吴俊奇, 滕华, 于莉. 旋转流膜-生物反应器膜透水特性研究. 2004, 30 (7): 19-22.

[122] Shimizu Y. Filtration characteristics of hollow microfiltration membranes used in membrane bioreactor for domestic wastewater treatment. Wat. Res. 1996, 30 (10): 2385-2392.

[123] 尤朝阳, 张军, 吕伟娅. 加填料的膜-生物反应器处理效能研究. 中国给水排水, 2004, 20 (4): 55-56.

[124] 艾翠玲, 贺延龄, 董良飞, 周孝德. 复合膜-生物反应器处理生活污水的特性. 长安大学学报 (建筑与环境科学版), 2004, 21 (1): 55-57.

[125] Lee J C, Kim J S, Kang I L, Park M H, Lee C H. Potential and limitations of alum or zeolite addition to improve the performance of a submerged membrane bioreactor. Wat. Sci. Tech., 2001, 11 (43): 59-66.

[126] 张永宝, 姜佩华, 冀世锋等. 投加氢氧化铁对膜-生物反应器性能的改善. 给水排水, 2004, 30 (7): 46-49.

[127] 董秉直, 陈艳, 高乃云. 混凝对膜污染的防止作用. 环境科学. 2005, 26 (1): 90-93.

[128] Baêta B E L, Luna H J, Sanson A L, Silva S Q, Aquino S F. Degradation of a model azo dye in submerged anaerobic membrane bioreactor (SAMBR) operated with powdered activated carbon (PAC). Journal of Environmental Management, 2013, 128: 462-470.

[129] 吕红. 中空纤维膜及其外置式膜-生物反应器新工艺的研究 [硕士论文], 2003.

[130] 迪莉拜尔·苏力坦, 莫瞿, 黄霞. PAC-MBR 组合工艺处理微污染水源的研究. 水处理技术, 2003, 29 (3): 143-146.

[131] Ma C, Yu S L, Shi W X, et al. High concentration powdered activated carbon-membrane bioreactor (PAC-MBR) for slightly polluted surface water treatment at low temperature [J]. Bioresource Technology, 2012, 113: 136-142.

[132] Field R W, Wu D, Howell J A, Gupta B B. Critical flux concept for microfiltration fouling. J Membrane Sci, 1995, 100: 259-272.

[133] Howel J A. Sub-critical flux operation of microfiltration, J Membr Sci, 1995, 107: 165-171.

[134] Pierre Le Clech, Bruce Jefferson, In Soung Chang, et al. Critical flux determination by the flux-step method in a submerged membrane bioreactor. Journal of Membrane Science, 2003, 227: 81-93.

[135] 温东辉, 陈昌军. 膜-生物反应器中膜分离单元运行参数优化试验. 环境污染与防治, 2002, 24 (5): 285-287.

[136] Defrance L, Jaffrin M Y, Gupta B, et al. Contribution of various constituents of activated sludge to membrane bioreactor fouling. Bioresource Technology, 2000, 73: 105-112.

[137] 桂萍, 黄霞, 陈颖等. 膜-生物反应器运行条件对膜过滤特性的影响. 环境科学, 1999, 20 (3): 38-41.

[138] 张传义, 王勇, 黄霞, 李中和. 一体式膜-生物反应器经济曝气量的试验研究. 膜科学与技术, 2004, 24 (5): 11-15.

[139] Zsirai T，Buzatu P，Aerts P，Judd S. Efficacy of relaxation，backflushing，chemical cleaning and clogging removal for an immersed hollow fibre membrane bioreactor. Water Research，2012，46：4499-4507.

[140] Liu L F，Liu J D，Gao B，et al. Minute electric field reduced membrane fouling and improved performance of membrane bioreactor Separation and Purification Technology，2012，86：106-112.

[141] 樊耀波，王菊思，姜兆春. 膜-生物反应器中膜的最佳反冲洗周期环境科学学报，1997，17（4）：439-444.

[142] 刘恩华，环国兰，杜启云等. 一种有效的膜清洗方法——海绵球管式膜清洗系统研究. 膜科学与技术，2003，23（6）：65-68.

[143] 陈殿英. 膜-生物反应器废水处理新工艺. 化工环保，2002，22（5）：261-265.

[144] 刘锐，黄霞，汪诚文等. 一体式膜-生物反应器长期运行中的膜污染控制. 环境科学，2000，21（2）：58-61.

[145] Yoon S H，Kang I J，Lee C H. Fouling of inorganic membrane and flux enhancement in membrane-coupled anaerobic bioreactor. Separation Science and Technology. 1999，34（5）：709-724.

[146] 迪莉拜尔·苏力坦，莫罹，黄霞. PAC-MBR 组合工艺中膜污染及清洗方法的研究. 城市给排水，2003，29（5）1-5.

[147] Davies W J，Le M S，Heath C R. Intensified activated sludge process with submerged membrane microfiltration. Wat. Sci. Tech.，1998，38（4-5）：421-428.

[148] 张国树，李咏梅. 膜-生物反应器污水处理技术. 北京：化学工业出版社，2003：149-152，166-172.

[149] 杭州浙大凯华膜技术有限公司. 膜-生物反应器环保新技术及其应用（培训资料），2003：69-79.

[150] 满运华. MBR 在医疗污水处理中的工程实例分析. 广州环境科学，2004，19（2）：8-11.

[151] Calderon K，Montero-Puente C，Reboleiro-Rivas P，et. al. Bacterial community structure and enzyme activities in a membrane bioreactor（MBR）using pure oxygen as an aeration source. Bioresource Technology，2012，103：87-94.

[152] Qiu G L，Song Y H，Zeng P，et al. Combination of upflow anaerobic sludge blanket（UASB）and membrane bioreactor（MBR）for berberine reduction from wastewater and the effects of berine on bacterial community dynamics. Journal of Hazardous Materials，2013：246-247，34-43.

[153] 樊耀波，徐慧芳，郭海明. 气升循环分体式膜-生物反应器污水处理与回用技术. 环境污染治理技术与设备，2004，5（7）：70-75.

[154] 姚宏，刘广沛，陶若虹等. 分置式膜-生物反应器应用于城市污水回用中试研究，北京交通大学学报，2005，29（1）：64-68.

[155] 黄霞，文湘华. 水处理膜生物反应器原理与应用. 北京：科学出版社，2012.

[156] Simon Judd，Claire Jwdd. 膜生物反应器和污水处理的原理与应用，陈福泰，黄霞译，北京：科学出版社，2009.

第10章

燃料电池用质子交换膜

10.1　燃料电池技术简介

　　燃料电池（fuel cell）是一种高效、环境友好的发电装置，它将储存在燃料与氧化剂中的化学能按电化学方式直接转化为电能，排出产物主要是水。燃料电池具有效率高（40%～60%）和按电化学方式发电的特点，从制氢到发电它的总氮氧化物和硫氧化物排放量也比其他发电装置要低得多，它的二氧化碳排放量比常规发电厂减少40%以上。正是由于这些突出的优越性，燃料电池技术被认为是21世纪首选的洁净、高效的发电技术，可以作为电动汽车、潜艇等的动力源及各种可移动电源。

　　燃料电池的原理是1801年由英国人戴维发现的，但是由于采用固体碳作为燃料，在制作上非常困难，直到目前也未能实现。1839年英国人格罗夫（W. R. Grove）发表了世界第一篇燃料电池研究报告，他的单电池采用铂作为电极，成功地通过氢气和氧气反应得到电流，并且指出必须使用昂贵的铂为催化剂同时保证反应有足够的表面积等，这些因素一直是开发燃料电池必须解决的技术关键。在随后的100多年里，由于在制作技术以及关键材料等方面存在诸多问题，燃料电池技术一直不为人们重视。

　　在燃料电池技术的发展过程中，相继开发出多种类型的燃料电池，对燃料电池的分类方法也有很多。如按电池工作温度进行分类，可分为低温燃料电池（工作温度低于100℃）、中温燃料电池（工作温度在100～600℃）和高温燃料电池（工作温度在600～1000℃）；如按电池所用电解质的性质分类，可分为碱性燃料电池（AFC）、磷酸型燃料电池（PAFC）、熔融碳酸盐型燃料电池（MCFC）、固体氧化物燃料电池（SOFC）和质子交换膜燃料电池（PEMFC）。

　　质子交换膜燃料电池（PEMFC）是继碱性燃料电池、磷酸燃料电池、熔融碳酸盐燃料电池和固体氧化物燃料电池之后发展起来的第五代燃料电池，它除了具有燃料电池的一般特点外，还具有可在室温快速启动、无电解质流失、比功率与比能量高等特点，已经成为当前燃料电池技术发展的主流。随着在电极、双极板和质子交换膜等关键材料方面的研究开发工作取得一系列的进步，使得 PEMFC 技术有了飞速的发展，在燃料电池技术中率先进入商业化应用阶段。进入 20 世纪 90 年代以后，质子交换膜燃料电池系统作为军民两用电源，展现出巨大的市场潜力及广阔的应用前景，受到各国政府和企业的广泛关注和高度重视，被认为是分散电站建设、可移动电源和电动汽车、潜艇的新型候选电源。

质子交换膜作为 PEMFC 的关键部件之一，它的研究开发工作对 PEMFC 技术的进步起非常重要的作用。在 20 世纪 60 年代，美国通用电气公司为美国国家航空和宇航局研制了质子交换膜燃料电池，作为双子星座宇宙飞船的电源，但是在使用过程中发现：其中作为电解质的聚苯乙烯磺酸膜，在电池运行过程中发生了氧化降解，导致电池寿命下降，这使得在接下来的美国宇航局阿波罗航天飞行改用了碱性燃料电池。1962 年美国杜邦公司研制出全氟磺酸型质子交换膜（Nafion®），首先被用于氯碱工业，20 世纪 70 年代通用电气公司首次将它代替聚苯乙烯磺酸膜用于 PEMFC。由于 Nafion® 膜具有优良的质子传导性能和化学稳定性，有利于提高电池性能、延长电池寿命，使燃料电池寿命超过了 57000h。至今在各国研制的 PEMFC 电池组中，仍然主要采用此类质子交换膜。

质子交换膜对 PEMFC 的电池效率和稳定性起关键作用，而在 PEMFC 的成本构成中，质子交换膜所占的比重最大，例如：就目前 PEMFC 的性能，制造一台中型电动汽车发动机（$40 \sim 60kW$）需要 $5 \sim 12m^2$ 的质子交换膜，而现有 Nafion® 膜的售价为 350 美元/m^2，这对于将 PEMFC 用于电动汽车的成本要求高出一个数量级。因此，随着 PEMFC 技术的快速发展，为了满足规模化生产和应用的要求，PEMFC 技术仍需要进一步提高性能和降低成本。

10.1.1 燃料电池的工作原理

燃料电池是一种能量转换装置，它按电化学原理，等温地把储存在燃料和氧化剂中的化学能直接转化为电能。燃料电池的单电池结构如图 10-1 所示，由阴极、阳极和电解质构成。当向阳极供应燃料（氢气、甲烷等）时，燃料在阳极催化层上发生氧化反应生成阳离子和电子；输入到阴极的氧化剂（通常为氧气）在阴极催化剂表面与经外电路转移过来的电子结合发生还原反应，同时结合阳离子或放出阴离子；阳极产生的阳离子或阴极产生的阴离子通过位于两电极间的电解质传递到对电极，另外电极反应生成的产物随剩余的反应物一起排出电池。

以质子交换膜燃料电池为例，当采用氢气作为燃料、氧气作为氧化剂时，发生如下的电极反应。

阳极反应：

$$2H_2 \longrightarrow 4H^+ + 4e^-$$

阴极反应：

$$O_2 + 4H^+ + 4e^- \longrightarrow 2H_2O$$

电池总反应：

$$2H_2 + O_2 \longrightarrow 2H_2O$$

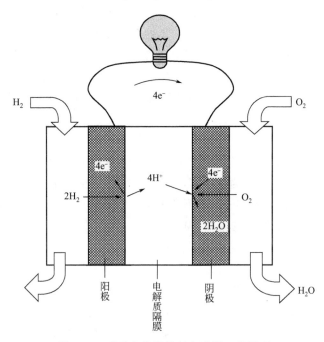

图 10-1　质子交换膜燃料电池的工作原理

　　在标准状态下（1atm，25℃），氢与氧燃烧反应的燃烧热为 285.83kJ/mol，燃料电池反应时可获得的电能为 237.13kJ/mol，放热量 48.70kJ/mol，燃料电池的最大能量转换效率：$\eta = \Delta G^\ominus / \Delta H^\ominus = 83\%$。但是，在 PEMFC 实际运行过程中，由于存在膜电阻、电极电阻、接触电阻以及电极极化现象，使电池的转换效率大幅度下降（50%～70%之间）。因此，为了提高转换效率，需要尽可能地降低电池电阻和过电压，其中高质子传导率的质子交换膜在降低电池内阻方面起到非常关键的作用。

　　尽管在工作原理上燃料电池和原电池都是按电化学原理，但是它们在工作方式上存在着本质的区别：原电池是个能量储存装置，当储存在其内部的化学物质全部转化为电能时，它就完成使命而被废弃，但燃料电池是能量转换装置，只要有燃料和氧化剂被不断地送入，它就能够连续地发电，因此它会有更长的使用寿命。

10.1.2　质子交换膜的主要性能评价指标

　　质子交换膜在燃料电池中起到传导质子和阻隔燃料、氧化剂的双重作用，同时，在燃料电池的制造和运行过程中，电池内部还要发生温度、压力和湿度的变化，因此，用于燃料电池的质子交换膜必须具有如下性能：

① 具有高的质子传导性，以降低电池内阻、提高电池的性能；

② 具有低的反应气体渗透性能，以保证电池的高效率；

③ 具有优良的热、化学稳定性，以保证电池的可靠性和耐久性；

④ 具有高的机械强度，以保证其加工性和操作性；

⑤ 具有较低的成本，以满足实用化要求。

燃料电池用质子交换膜的性能分为电化学性能和物理性能，电化学性能包括摩尔质量和质子传导率，物理性能包括厚度、气体渗透速率、拉伸强度、含水率和溶胀度等。

（1）摩尔质量

质子交换膜的摩尔质量（equivalent weight，EW 值）即指每摩尔离子基团所含干树脂的质量（g），单位为 g/mol，它与表示离子交换能力大小的离子交换容量 IEC（ion exchange capacity）成倒数关系，它是体现质子交换膜内酸浓度的重要参数。对于同一主链结构的膜，EW 值越小，膜的质子传导能力越强。

质子交换膜 EW 值的测定可以采用酸碱滴定、红外光谱（FTIR）或核磁共振（NMR）等方法，但后两种方法比较繁琐，对于具有不同化学结构的膜材料需要进行各自的比对定量，而酸碱滴定法具有通用、便捷、重现性好等优点。

采用酸碱滴定法测定质子交换膜的 EW 值的过程如下：将 H+ 型质子交换膜干燥至恒重，称取一定量（W）放入已知饱和氯化钠溶液中，密封于旋盖试剂瓶中，浸泡搅拌过夜，用已知浓度（c_{NaOH}）的 NaOH 溶液滴定之，由所消耗的碱量（V_{NaOH}）可计算出膜的磺酸根物质的量，再根据干膜的质量计算出膜的 EW 值。

$$EW = W/(V_{NaOH}c_{NaOH}) \qquad (10\text{-}1)$$

式中　V_{NaOH}——NaOH 溶液的体积，L；

　　　c_{NaOH}——NaOH 溶液的摩尔浓度，mol/L；

　　　W——干膜的质量，g。

（2）质子传导性能

质子交换膜的质子传导性能是膜在 PEMFC 中所起基本功能之一，是影响 PEMFC 整体性能的关键因素之一。质子交换膜的质子传导能力可以通过膜的电导率（S/cm）来表示。

由于膜的质子传导为离子传导性能，通常是采用交流阻抗法来测量，此外膜的质子传导能力与环境的温度和膜的水含量有很大关系，所以在测定膜的质子传导率时必须控制周围的温度和湿度。实验装置如图 10-2 所示。将一定尺寸的膜固定在两个金属电极之间，并放入具有可控制温度和湿度的实验箱中，通过电化学工作站在两电极间加上频率范围为 $1\sim10^5$ Hz 的交流信号，在测得的 Nyquist 图中，从谱线的高频部分与实轴的交点读取膜的阻值（R），根据式（10-2）计算出膜的质子传导率。

$$\sigma = \frac{L}{RA} = \frac{L}{RWd} \qquad (10\text{-}2)$$

式中，σ 为膜的质子电导率；R 为膜的测量电阻；L 为膜长度；W 为膜宽度；d 为膜厚度；A 为膜的横截面积。

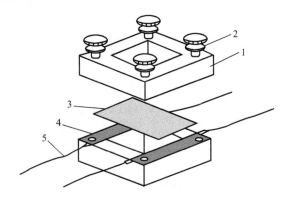

图 10-2　膜的质子传导率测量装置示意图
1—聚砜绝缘框；2—螺杆；3—膜样品；4—Pt 黑薄片；5—Pt 丝导线

（3）气体渗透速率

在 PEMFC 的运行过程中质子交换膜的两侧分别为一定压力的燃料和氧化剂（如氢气和氧气），如果它们通过膜渗透到对电极，将会在电极表面直接发生化学反应，容易造成电极局部过热，并影响电池的电流效率。

根据薄膜材料透气性能的标准测试方法，质子交换膜的气体渗透速率可以采用压差法测定：在一定的温度和湿度下，使试样两侧保持一定的气体压差，通过测量试样低压侧气体压力的变化，计算出气体从膜的一侧向另一侧的渗透速率。

还可以采用气相色谱法来测定膜的气体渗透速率，装置流程如图 10-3 所示：经增湿的被测气体（如氧气）和载气（如氦气）分别流经渗透池中膜的两侧，渗透过膜的氧气同氦气一同进入气相色谱仪（Shimadzu，GC-14A），测定气流中氧气的浓度 C（体积分数），根据式（10-3）可计算出膜的氧气渗透系数。

$$P = \frac{273}{T} \frac{1}{A} L \frac{1}{0.101 - P_{H_2O}} BC \qquad (10\text{-}3)$$

式中　P——膜的氧气渗透系数，m^3（STP）$\cdot m/(m^2 \cdot s \cdot MPa)$；

　　　T——渗透池的温度，K；

　　　A——膜的面积，m^2；

　　　L——膜的厚度，m；

　　P_{H_2O}——温度 T 时水饱和蒸气压，MPa；

　　　B——氦气的流量，m^3/s；

　　　C——氧气在渗透侧气体中的体积分数。

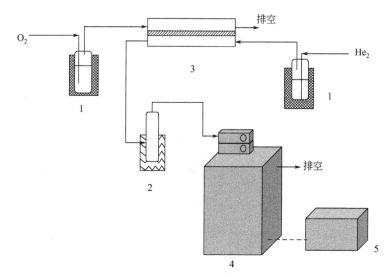

图 10-3　膜的气体渗透速率测定装置

1—气体增湿罐；2—冷阱；3—渗透池；4—气相色谱仪；5—积分仪

（4）厚度

质子交换膜的厚度对 PEMFC 的性能影响很大，通常膜越薄，电池内阻越小，电流密度越大，同时这也影响到膜的水合状态和电池内的热分布，因此有必要控制膜的厚度均匀性，以提高电池性能的均匀性和稳定性。

（5）吸水率和溶胀率

对于磺酸型质子交换膜，膜的质子传导率与其含水量密切相关；同时，膜在水合过程中的尺寸变化对于膜 PEMFC 的可加工性和运行稳定性至关重要，因此，吸水率和溶胀率是质子交换膜的重要性能参数。

将膜在一定温度下干燥至恒重，冷却后称重（W_0）并量取膜的尺寸（L_0）。然后将膜放在一定湿度的环境中或水中，一定时间后取出膜，快速除去膜表面多余的水分，称湿膜重（W_1）并量取湿膜的尺寸（L_1）。由式（10-4）和式（10-5）计算出膜的吸水率和溶胀性：

$$吸水率 = \frac{W_1 - W_0}{W_0} \times 100\% \tag{10-4}$$

$$溶胀率 = \frac{L_1 - L_0}{L_0} \times 100\% \tag{10-5}$$

（6）机械强度

在 PEMFC 的加工和运行过程中，为了提高燃料电池的性能，通常希望采用较薄的质子交换膜，但质子交换膜要承受一定的温度、湿度和压力的冲击，较薄的膜易发生破裂，因此为了保证 PEMFC 的运行稳定性和可加工性，要求质子交换膜具有足够的机械强度。通常用拉伸强度、断裂伸长率等参数表征。

10.2　全氟磺酸质子交换膜

PEMFC 最早使用的质子交换膜是聚苯乙烯磺酸膜，它是由美国 GE 公司于 20 世纪 60 年代开发，曾被用于双子星座宇宙飞船的电源，由于此膜电阻较大，在电池运行过程中易发生氧化降解，使用寿命仅为 500h，限制了它在 PEMFC 中的应用。

随后，Hodgdon 研制出线型和交联型的聚 α，β，β-三氟苯乙烯磺酸膜，全氟的主链结构提高了膜的抗氧化性和热稳定性，在低电流密度下电池的使用寿命达到 3000h。在此基础上，Ballard 公司采用取代三氟苯乙烯与三氟苯乙烯共聚再经磺化制得 BAM3G 膜，此膜具有非常低的摩尔质量（$EW=375\sim920$g/mol），具有较好的热、化学稳定性，单电池使用寿命提高到 15000h。尽管如此，这种部分氟化的聚苯乙烯磺酸膜较脆，且吸水率太高，还是不能满足 PEMFC 的要求。

美国 DuPont 公司于 20 世纪 60 年代末开发的全氟磺酸质子交换膜（Nafion® 膜），由于它具有优良的质子传导性和结构稳定性，已经成为目前在 PEMFC 中唯一被广泛应用的质子交换膜。

10.2.1　均质膜

Nafion® 膜的化学结构为：

$$\begin{array}{c} \hspace{-2cm}\text{---}(CF_2\text{---}CF_2)_x(CF\text{---}CF_2)_y\text{---} \\ | \\ (OCF_2CF)_zO(CF_2)_2SO_3H \\ | \\ CF_3 \end{array}$$

其中，$x=6\sim10$；$y=z=1$。

它的主链为聚四氟乙烯结构，末端带有磺酸根基团的侧链以醚键与之相连。全氟磺酸质子交换膜之所以能够被 PEMFC 广泛采用，一是由于它的阴离子磺酸根是通过全氟醚支链固定在全氟主链上的，避免了阴离子在铂催化剂上的吸附，同时由于氟原子具有很强的吸电子作用，使得全氟聚乙烯磺酸在水中能够完全解离，具有较强的酸性，表现出良好的质子传导性能；二是由于 C—F 键键能（485kJ/mol）比一般的 C—H 键键能高出 86kJ/mol，此类膜的全氟碳链结构具有较好的化学稳定性，富电子的氟原子紧密地包裹在碳-碳主链周围，保护碳骨架免于电化学反应自由基中间体的氧化，所有这些使得全氟磺酸质子交换膜具有了独特的性能（如表 10-1）。

表 10-1 Nafion® 系列全氟磺酸质子交换膜的型号及性能

厚度和基本质量①		
型号	标准厚度/μm	基本质量/(g/m²)
NE-1135	89	190
N-115	127	250
N-117	183	360
NE-1110	254	500

物理和其他性能②		
性能	标准值	实验方法
拉伸模量/MPa		
50%RH,23℃	249	ASTM D 882
水浸,23℃	114	ASTM D 882
水浸,100℃	64	ASTM D 882
最大拉伸强度/MPa		
50%RH,23℃	43 MD,32 TD	ASTM D 882
水浸,23℃	34 MD,26 TD	ASTM D 882
水浸,100℃	25 MD,24 TD	ASTM D 882
断裂伸长率/%		
50%RH,23℃	225 MD,310 TD	ASTM D 882
水浸,23℃	200 MD,275 TD	ASTM D 882
水浸,100℃	180 MD,240 TD	ASTM D 882
撕裂强度(初始)/(g/mm)		
50%RH,23℃	6000 MD,TD	ASTM D 1004
水浸,23℃	3500 MD,TD	ASTM D 1004
水浸,100℃	3000 MD,TD	ASTM D 1004
撕裂强度(扩展)③/(g/mm)		
50%RH,23℃	>100 MD,>150 TD	ASTM D 1922
水浸,23℃	92 MD,104 TD	ASTM D 1922
水浸,100℃	74 MD,85 TD	ASTM D 1922
相对密度	1.98	
电导率/(S/cm)	0.10(最小)	25℃去离子水 J. Phys. Chem.,1991,95(15):6040
有效酸容量/(meq/g)	0.90(最小)	滴定法
总酸容量/(meq/g)	0.95~1.01	滴定法

水合性能②		
水含量/%	5	ASTM D 570
吸水率/%	38	ASTM D 570
厚度溶胀率/%		
50%RH,23℃-23℃水	10	ASTM D 756
50%RH,23℃-100℃水	14	ASTM D 756

水合性能[②]		
线性溶胀率/% 50%RH,23℃-23℃水 50%RH,23℃-100℃水	10 15	ASTM D 756 ASTM D 756

① 在 23℃,50%RH 下测量。

② 用 N-115 膜在 23℃,50%RH 下测量,MD 为纵向,TD 为横向。

③ 干膜的撕裂强度与厚度成正比,给出的数据由 $50\mu m$ 膜测得。

此后,又相继出现了其他几种类似的质子交换膜,如美国 Dow 化学公司的 Dow® 膜、日本 Asahi Chemical 公司的 Aciplex® 膜和 Asahi Glass 公司的 Flemion® 膜。这些膜在结构和形态上比较类似,主要区别是由于不同的支链长度使磺酸根的含量不同,如 Dow® 膜的支链较短,它的磺酸根含量相对较高,即膜的摩尔质量(EW)更低,膜的电导率也更高,它们的性能比较列于表 10-2。

表 10-2　不同全氟磺酸质子交换膜的性能比较

膜	结构	EW/(g/mol)	电导率/(S/cm)	含水率/%	寿命/h	制造商
Nafion®	全氟磺酸型 (长侧链)	1000~1200	0.2~0.05	34	约 60000	DuPont
Dow®	全氟磺酸型 (短侧链)	800~850	0.2~0.12	56	>10000	Dow
Flemion®	全氟磺酸型 (长侧链)	800~1500	0.2~0.05	35	>50000	Asahi Glass
Aciplex®	全氟磺酸型 (长侧链)	800~1500	0.2~0.05	43	>50000	Asahi Chemical

对全氟磺酸质子交换膜的微观结构人们提出了多种模型,其中一种是三相区模型,认为在全氟磺酸质子交换膜中存在三相区(如图 10-4 所示):由碳-氟骨架组成的晶相疏水区(A 区)、由固定的离子基团和反离子及少量水分子组成的离子簇区(C 区)以及它们之间的界面区(B 区),在全氟磺酸膜内部磺酸基团是以离子簇的形式与碳-氟骨架产生微观相分离,离子簇之间通过水分子相互连接形成通道(如图 10-5 所示),这些离子簇间的结构对膜的传导特性有直接影响。在质子交换膜内,氢离子是以水合质子 H^{+}($x H_2O$)的形式从一个固定的磺酸根位跳跃到另一个固定的磺酸根位,只有当质子交换膜中的水化离子簇彼此连通时,膜才会传导质子。影响全氟磺酸质子交换膜的离子簇结构的因素有膜 EW 值和水含量,膜离子簇间距与膜的 EW 值和水含量直接相关,在相同水化条件下,膜的 EW 值减小,离子簇半径增大;对同一个质子交换膜,水含量增加,离子簇的半径增大、间距缩短,这些都有利于质子的传导。但是当膜中的水含量下降时,团簇收缩,通道减少,膜的电导率显著下降,直至成为绝缘体。如图 10-6 所示,全氟磺酸膜的传导质子必须有水存在,其电导率与膜的水含量 λ 呈线性关系。

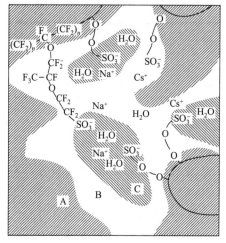

图 10-4　全氟磺酸膜三相区模型

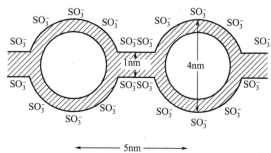

图 10-5　全氟膜的离子簇网络结构模型

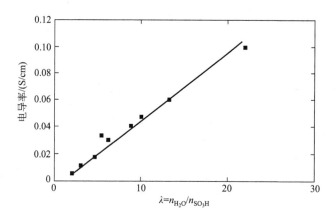

图 10-6　Nafion117 电导率与水含量的关系

　　最早商业化的 Nafion® 膜都是采用熔融拉伸成膜工艺制备，它具有强度高、成本低、易于放大生产等优点，但是由于在成膜过程中高分子链发生沿拉伸方向取向，使膜具有各向异性，在干/湿转换时膜的长/宽方向的尺寸变化不同，这对于电池的稳定性非常不利，因此美国 DuPont 公司近期又开发出溶液浇铸成膜工艺，由此方法制得的膜是各向同性的，避免了上述缺点，不同成膜工艺制得的具有相近厚度的 Nafion 膜的性能比较列于表 10-3 中。

表 10-3　不同成膜工艺全氟磺酸质子交换膜的性能对比

膜	N-112	NRE-212
成膜工艺	挤出成膜	浇铸成膜
厚度/μm	51	50.8
基本重量/(g/m^2)	100	100

续表

膜		N-112	NRE-212
最大拉伸强度 /MPa	横向	43	32
	纵向	32	32
断裂伸长率 /%	横向	225	343
	纵向	310	352
撕裂强度/(g/mm)		6000	—
电导率/(S/cm)		0.083	
密度/(g/cm³)		1.98	1.97
水含量/%		38	50.0±5.0
线性膨胀/%		15	15

10.2.2　增强复合膜

在 PEMFC 技术的开发过程中人们发现：质子交换膜在水合状态下会发生溶胀，同时机械强度也会下降，这影响了膜的使用，因此需要改善膜的机械稳定性。如果通过增加膜厚度来提高膜的机械强度，不仅增加了电池的内阻，还会使电池的性能下降（见图 10-7），同时也增加成本，因此人们想到了使用增强的复合质子交换膜：利用多孔或纤维材料与离子交换树脂结合制成复合膜，多孔或纤维材料起到增强的作用，离子交换树脂连续相形成质子传递通道，这样既可以节省材料，降低成本，还可以提高膜的机械强度和尺寸稳定性，更重要的是由此可以降低膜的厚度，减小电池内阻，提高电池性能。

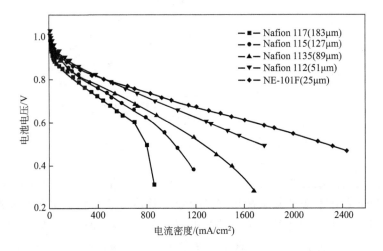

图 10-7　不同厚度 Nafion 膜组装 PEMFC 的工作性能比较

美国 Gore & Associated 公司借助其在制备 PTFE 多孔膜方面的优势，对适用于燃料电池的 PTFE/Nafion 复合膜进行了大量的研究开发，公开了制备 PTFE/Nafion 复合膜的方法：将含有表面活性剂的全氟磺酸树脂溶液浇铸在厚度为 20～40μm 的 PTFE 多孔膜（Gore-Tex ™）上，使全氟磺酸树脂填充到 PTFE 多孔中，制备的 PTFE/Nafion 复合质子交换膜（Gore-Select ™）除了具有优良的化学稳定性和电化学性能外，还表现出良好的力学性能，但它采用的多次涂刷工艺比较复杂，不利于大规模制备；DuPont 公司将 PTFE 多孔膜与 Nafion® 膜采用真空热压的方法制成多层复合增强膜，很好地解决了膜的抗撕裂强度低的问题，但此膜的厚度较厚，不适合用于 PEMFC；Ballard Power Systems 公司公开的方法是：将铸膜液涂覆在支撑体上形成膜液层，再将多孔 PTFE 膜复合到膜液上，加热蒸发除去溶剂以形成透明的复合膜，也可以如此进行多次的涂覆-复合工艺，制备具有非对称多层结构的复合质子交换膜；刘富强等人采用国产的 PTFE 多孔膜作为增强材料，通过调节制膜溶液的表面张力，利用一步静置浇铸的工艺制备出具有良好柔韧性和机械强度的 Nafion®/PTFE 复合膜，此复合膜在尺寸稳定性和机械强度上与 Nafion® 膜相比都有所提高（如图 10-8）。

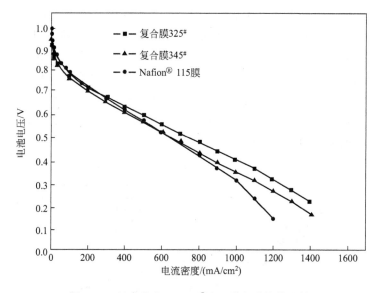

图 10-8　复合膜和 Nafion® 115 膜电池性能比较

除了利用聚四氟乙烯多孔膜作为增强材料制备复合膜以外，Asahi Glass 公司还使用 PTFE 纤维制备全氟磺酸增强复合膜，具体方法是将全氟磺酸树脂的前驱体和 PTFE 粉末混合后造粒，采用热拉伸方法得到一种较厚的基膜，然后这种基膜与支撑膜一起拉伸得到一种较薄的阳离子膜，最后酸化得到纤维增强膜。

由于 PTFE 材料本身的强度并不是很高，如果要较明显地提高复合膜的强度，需要 PTFE 材料在复合膜内的体积含量较高，这会较明显地降低复合膜的电导率。碳纳米管是由碳-碳共价键结合而成，具有长径比大的特点，使它具有优良的力学性能，其杨氏模量和剪切模量与金刚石相同，并且具有很高的韧性，耐强酸、强碱，在 700℃ 以下的空气中基本不氧化，是复合材料理想的增强体。刘永浩等人研究了以碳纳米管作为增强材料，开发具有低掺杂量、高强度的 CNTs/Nafion 复合膜（如表 10-4 所示），通过控制复合膜中碳纳米管的长径比和含量，可以避免碳纳米管在复合膜内形成连续的电

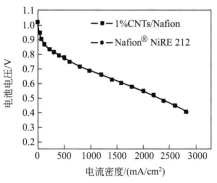

图 10-9 CNTs/Nafion（50μm）复合膜和 NRE-212 膜的 H_2/O_2 PEMFC 性能比较

子通道，保证此复合膜能够安全地应用到燃料电池中，使用 50μm 厚度的 1% CNTs/Nafion 复合膜组装的电池性能与同等厚度的 NRE-212 膜组装的电池性能相近（如图 10-9 所示）。

表 10-4 不同材料制备的复合质子交换膜的强度比较

膜	Recast Nafion	Nafion® NRE-212	1%CNTs /Nafion	1%炭黑 /Nafion	PTFE /Nafion
厚度/mm	0.050	0.050	0.050	0.050	0.025
最大强度/MPa	22.08	28.97	37.28	20.13	41.4

10.2.3 自增湿膜

由于质子交换膜的质子传导能力与水含量有密切关系，在燃料电池中的水是影响其性能的关键因素之一。PEMFC 中的水含量取决于电池运行时水的生成和传递平衡，其中电池反应生成的水是在阴极，并以液态形式存在，其量服从法拉第定律；电池中水的传递包括从阳极向阴极的电迁移和从阴极向阳极的反扩散，当因电迁移使阳极失去的水量没有被反扩散的水补充时，膜的阳极侧就会失水，使质子交换膜的电导下降，电池内阻增大；而相反情况下，水量过高又会使电极被淹，因电极反应所必需的三相接触空间大大减少而影响气体扩散，同样会使电池性能下降，甚至使电池无法正常工作，因此，掌握并保持 PEMFC 中的水平衡是提高电池性能及其稳定性的关键。

为了保证质子交换膜保持水合状态，需要对进入电池的反应气体进行增湿，目前用于 PEMFC 的增湿技术主要有外增湿、内增湿和自增湿三种方式，其中前两种增湿方式都增加了电池系统或电池结构的复杂性，也对电池操作的复杂性和稳定性有一定影响。因此，开发具有自增湿能力的质子交换膜已经成为该领域一

个新的发展方向。

  Watanabe 等在 1994 年首先报道了一种无机/有机复合自增湿膜的结构（如图 10-10 所示）：在质子交换膜中加入 Pt 纳米粒子，它可以催化从阴、阳两极分别渗透到其表面的 O_2 和 H_2 在膜中发生化学反应生成水，还可加入 SiO_2、ZrO_2 等保水物质，从而提高在低增湿状态下的电导率。此后，许多研究人员以溶胶凝胶法或物理掺杂的方法向 Nafion 膜中掺杂氧化物（SiO_2、ZrO_2、ZrP 等）以及杂多酸、分子筛等，提高了膜的含水率和膜电导率。

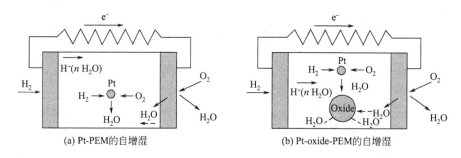

  (a) Pt-PEM的自增湿   (b) Pt-oxide-PEM的自增湿

图 10-10 Watanabe 的无机/有机复合自增湿膜工作原理示意图

  刘永浩等采用溶胶-凝胶法以正硅酸乙酯和商业化的 Nafion115 膜为原料制备了 Nafion115/SiO_2 复合膜，由此复合膜组装的 MEA 在 130℃、0.25MPa 的氢/氧 PEMFC 中的极化性能明显高于 Nafion115 膜的性能。潘牧等采用掺杂、溶胶-凝胶等方法将亲水性颗粒（如 SiO_2，TiO_2，ZrO_2 等）加入到 Nafion 树脂中制成了多层或增强的自增湿膜；毛宗强等将具有保湿功能的无机物或其氧化物涂覆在 Nafion 膜的两侧，制成具有自增湿功能的复合膜。

  刘富强等向 PTFE/Nafion 增强膜中加入 Pt 和 Pt/C 实现自增湿，在反应气为低增湿（干气）的情况下，相比 Nafion 膜大有提高，并具有良好的稳定性。王亮等以二氧化硅担载的 Pt 催化剂为自增湿保水物质加入 PTFE/Nafion 增强膜中制得 Pt/SiO_2-PTFE/Nafion 自增湿复合膜，复合膜在干气条件下的电池性能明显优于 NRE-212，该复合膜的特点是由纳米 Pt 化学催化生成的水可以原位被二氧化硅保存，从而提高自增湿的效果。朱晓兵等在 PTFE/Nafion 增强膜的两侧加上含有 Pt/SiO_2 的 Nafion 复合层，制备了超薄的多层自增湿复合膜，它在干气条件下的电池性能如图 10-11。

  另外，李明强等以杂多酸为添加物加入 PTFE/Nafion 增强膜中制得杂多酸/PTFE/Nafion 自增湿增强复合膜。王亮等研究了以二氧化硅担载的铯取代磷钨酸盐为保水剂和催化剂，制得了杂多酸盐-SiO_2/Nafion 自增湿复合膜，证明了经担载或取代的杂多酸可以明显改善杂多酸流失的问题。

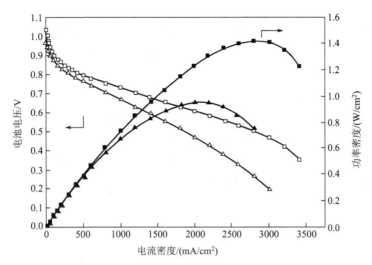

图 10-11　由 Pt-SiO$_2$/Nafion/PTFE 膜 （□，■） 和
Nafion/PTFE 膜 （△，▲） 组成的 PEMFC 性能比较
（干气 H$_2$/O$_2$，T_{cell}＝60 ℃，p_{H_2}＝p_{O_2}＝0.20MPa，λ_{H_2}＝1.1，λ_{O_2}＝2.0，d_m＝20μm）

10.3　非氟磺酸质子交换膜

随着 PEMFC 技术的进步和质子交换膜材料研究工作的不断深入，全氟磺酸质子交换膜也暴露出一些不足：在性能方面，一是由于膜的电导率依赖于膜的水含量，要求膜在低于 100 ℃下使用；二是价格较高，限制了其大规模应用，全氟磺酸质子交换膜价格较高的原因主要有两方面，一方面是它的生产工艺复杂并存在着很大的危险性，另一方面是它的单体仅用于全氟离子膜的合成，需求量目前还很小，因此决定了它的生产规模没有达到设备的最大能力。另外，全氟磺酸膜的燃料渗透速率较大，特别是当用于直接醇类燃料电池 （DMFC） 时，使燃料电池的性能大大降低。

为了解决这些问题，满足燃料电池技术日益发展的需要，人们试图寻找低成本的能够代替全氟磺酸膜的非氟质子交换膜，这已经成为质子交换膜发展的一个趋势。

10.3.1　均质膜

通过化学反应将一个阴离子基团 （如磺酸基团—SO$_3$H） 引进到聚合物结构中，可以使其具有质子传导能力。常用的磺酸化方法有：

① 利用浓硫酸、氯磺酸、三氧化硫或其与三乙基磷酸盐的络合物进行磺化引入磺酸根基团。

② 锂基化-亚磺酸化-氧化法。

③ 把一个带有磺酸根的基团通过化学方法接枝到高分子链上。

④ 采用磺化单体后聚合的方法合成含有质子基团的聚合物。

人们对具有优良的热、化学稳定性和机械强度的聚醚醚酮（PEEK）、聚醚砜（PES）、聚砜（PS）、聚酰亚胺（PI）、聚苯硫醚（PPS）、聚苯醚（PPO）、聚苯并咪唑和聚磷腈等进行了广泛的研究，部分磺酸化质子交换膜材料的化学结构如图 10-12 所示。一般而言，磺化度越高，膜的电导与吸水能力越强，但力学性能下降。对于这些聚合物的后磺化反应，无论是均相还是非均相的，都是化学亲电子性的，也就是说，磺化反应发生在能够提供电子的位置，磺化反应的同时往往容易破坏聚合物链结构，并且存在磺化不均匀的问题。

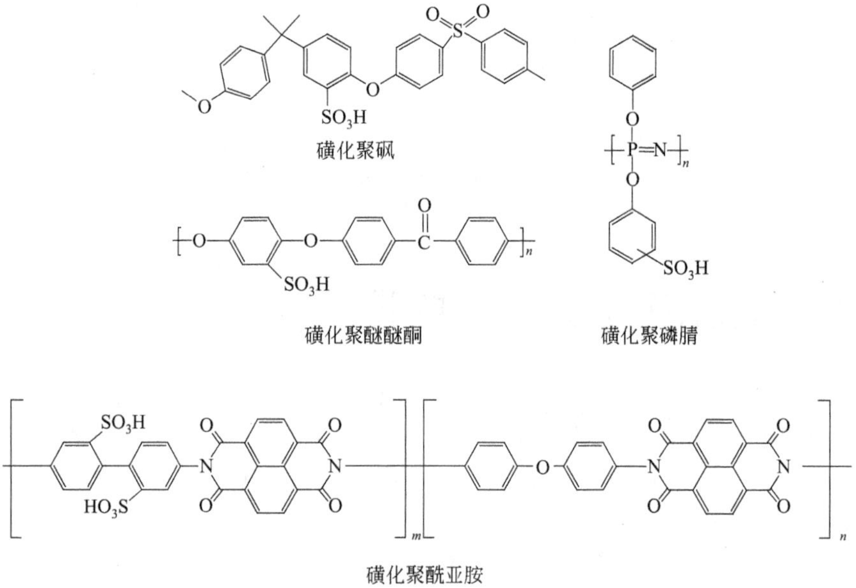

图 10-12　非氟磺酸质子交换膜材料的化学结构

现在研究更多的是直接共聚合成磺酸化聚芳醚，利用经过磺酸化改性的单体经亲核芳香取代缩聚反应直接合成磺化芳香聚合物的工艺（如图 10-13）已经被证明是一条可行的路线，这个直接合成工艺与后磺化工艺相比有如下优点。

① 在直接合成工艺中，通过选择所用单体的结构可以得到具有理想取代位置的磺化芳香聚合物，同时可以通过改变反应物的配比，准确地控制产物的磺化度。

② 经直接合成工艺制备的磺化芳香聚合物，其磺酸基团位于砜基的间位上，由于砜基具有较强吸电子能力，使这些位于其间位上的磺酸基团具有更强的酸性，因此磺化芳香聚合物表现出更好的质子传导能力。

③ 由于直接合成工艺避免了交联等副反应的发生，因此合成的磺化芳香聚合物具有更高的热稳定性和更优良的力学性能。

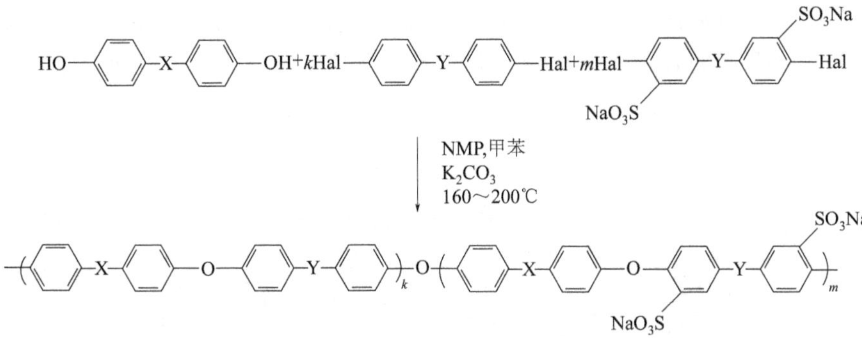

Hal=F, Cl
X=Bond, CR_2, S, O等
Y=SO_2, CO, SO等
$k+m=1$

图 10-13 直接共聚合成磺化聚芳醚砜（酮）

1992 年，Ueda 等报道了采用逐步共聚工艺制备磺化聚芳醚砜，McGrath 等对此合成方法进行改进和扩展，首先对合成磺化二氯二苯砜的工艺进行改进，提高了产率，并采用不同的双酚合成了具有部分或全部芳香结构的磺化聚芳砜，同时还针对 PEMFC 的应用要求研究了其质子交换膜的性能，采用 4，4′-二羟基联苯与 4，4′-二氯二苯砜和磺化 4，4′-二氯二苯砜共聚合成了不同磺化度（摩尔分数 10%～100%）的共聚物（图 10-13 中 X=Bond，Y=SO_2时），对用这些聚合物制备的膜进行 DSC 分析结果表明：随着磺酸根含量的增加，聚合物的玻璃化温度（T_g）升高，并且当磺酸根含量达到 50%～60%时出现了两个 T_g 峰，认为前者是由于磺酸根的加入增加了分子间的作用力和分子链的刚性，阻碍了分子链段的旋转运动，后者是由于磺酸化共聚物中的微观相分离结构变化所致，两个 Tg 峰是分别由基体（matrix）和离子束（ionic cluster）发生玻璃化转变形成的，同时通过原子力显微镜（AFM）观察到了含有 10～25nm 的离子束的相分离结构。另外，TG 的热稳定性分析结果表明 Na^+ 型磺化共聚物热分解温度要比 H^+ 型的高，并且高磺酸根含量的 Na^+ 型磺化共聚物（PBPS-60）只在 500℃附近发生由于主链降解引起的热失重，而 H^+ 型磺化共聚物（PBPSH-60）在 300～480℃发生 17%的热失重，认为这是由于磺酸根发生脱落所致。

邢丹敏等研究了直接共聚合成不同主链结构的磺化聚芳醚砜，发现这些聚合物具有较高的质子传导能力，磺化单体含量为 40%的磺化聚硫醚砜（SPSU-TP，图 10-13 中 X=S，Y=SO_2 时）和磺化单体含量为 50%的磺化聚联苯醚砜（SPSU-BP，图 10-13 中 X=Bond，Y=SO_2时），它们的电导率分别为 0.12S/cm 和 0.18S/cm，而在相同条件下测得 Nafion® 1135 膜的电导率为 0.10S/cm，说明当磺酸基团位于砜基间位时，砜基的强吸电子性使磺酸基团酸性增强。对这些膜的 PEMFC 性能研究结果表明：磺化聚芳醚砜质子交换膜的 PEMFC 性能要好于

Nafion®1135 膜（如图 10-14 所示），尽管膜的厚度对 PEMFC 性能有一定的影响，但是从这一结果也可以看出磺化聚芳醚砜质子交换膜较好的质子传导性能。

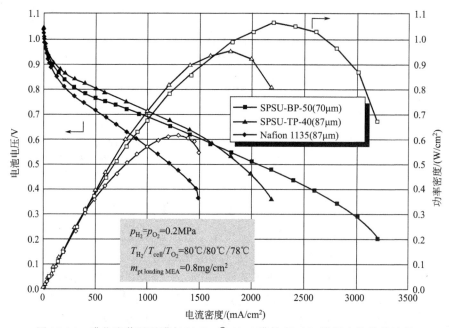

图 10-14   磺化聚芳醚砜膜与 Nafion® 1135 膜的 H_2/O_2 燃料电池性能比较

在非氟质子交换膜的研究过程中，人们发现由于与全氟磺酸质子交换膜（Nafion®）具有不同的微观相分离结构和磺酸根离解强度，使得在具有相同的磺酸根含量的情况下，非氟烃类质子交换膜的质子传导能力较 Nafion® 膜的差。从分子结构上看，与全氟磺酸膜相比，非氟磺化聚芳醚的主链刚性较强、极性较弱，同时，磺酸基团是键合在苯环上的，由于苯环的富电性使磺酸根的电离常数较低，酸性较弱，因此它的亲水/疏水性差别较小，在水合状态下发生亲水/疏水区的分离也比较困难。K. D. Kreuer 通过研究水合 Nafion® 膜和磺化聚醚酮膜的小角 X 射线散射光谱（SAXS）证实了这些推测：水合磺化 PEK 膜的离子峰较宽并向高散射角侧漂移，同时在高散射角侧（porod-regimes）的散射强度也较高，这说明磺化 PEK 膜的亲水/疏水相分离区距离较短、分布较宽，并且存在着较大的内部界面，据此他给出了如图 10-15 所示的两者微观结构示意图，磺化 PEEKK 膜在水合状态下形成亲水/疏水相分离时，亲水区的通道较窄、连通较少，并且在水合区内的磺酸根距离较远，这可以帮助我们理解为什么磺化 PEK 膜在高水含量下的质子传导性较差和溶胀性较大。

10.3.2   非氟质子交换膜材料的稳定性

从目前的研究结果来看，非氟质子交换膜用于 PEMFC 时普遍存在着使用寿

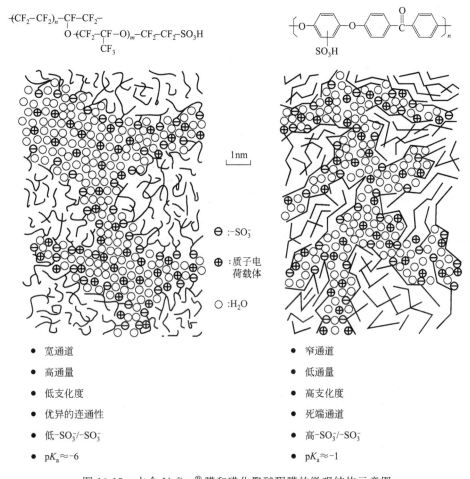

图 10-15　水合 Nafion® 膜和磺化聚醚酮膜的微观结构示意图

命低的问题。关于质子交换膜在燃料电池中的降解机理目前存在着两种观点：一是认为氧气渗透到阳极是引起膜降解的主要原因，由于通过膜渗透到阳极的氧气在阳极铂催化剂的表面形成了 $HO_2\cdot$ 自由基，这种自由基进攻聚苯乙烯磺酸膜 α 碳上的叔氢而导致膜降解；另一种观点则认为膜降解是因为 PEMFC 运行的过程中，O_2 在阴极还原时产生了 H_2O_2 中间产物，它又与微量的金属离子反应产生 $HO\cdot$ 和 $HO_2\cdot$ 等氧化性自由基，这些自由基进攻聚合膜而导致膜降解，膜降解主要发生在电池阴极侧。由于在全氟磺酸质子交换膜中，C—F 键键能较高（485kJ/mol），富电子的氟原子紧密地包裹在 C—C 主链周围，避免聚合物主链被氧化性自由基进攻，使膜具有较好的抗氧化性能。但是对于非氟质子交换膜材料，由于 C—H 键的离解焓较低，电池环境中的 $HOO\cdot$ 自由基很容易使之发生氧化降解，因此对于非氟质子交换膜来说，其抗氧化降解问题更加突出。

于景荣等人通过对聚苯乙烯磺酸（PSSA）膜在 PEMFC 使用前后的断面能谱

分析结果进行研究，发现经过 PEMFC 运行试验的 PSSA 膜的 S 元素在阴极侧的含量偏低，这证实了膜降解主要发生在电池的阴极侧。根据这一结论，设计了 PSSA/Nafion 复合膜：利用 PSSA 膜的电导率高和价格低廉的特点，将 Nafion® 膜或 Nafion® 树脂经热压或喷涂成膜的方法与 PSSA 膜结合在一起，形成 PSSA/Nafion® 复合膜，在组装电池时将复合膜的 Nafion® 层置于 PEMFC 的阴极侧，由于 Nafion® 膜良好的化学和电化学稳定性，而过氧化合物中间体的寿命非常短，由于 Nafion® 膜的保护，这些过氧化合物中间体在接触到 PSSA 膜之前就已经分解，因此定位于阴极的 Nafion® 层对 PSSA 膜会起到一定的保护作用。图 10-16 是用 PSSA/Nafion® 复合膜组装的 PEMFC 的性能稳定性实验结果，从此实验结果可知，PSSA/Nafion® 复合膜组装的 PEMFC 在 800 多小时内未见明显下降，证实了上述复合膜的作用。王亮等人将上述结果用于提高磺化聚酰亚胺（SPI）质子交换膜的稳定性，采用 Nafion/SPI/Nafion 多层复合膜的结构改进了 SPI 质子交换膜的 PEMFC 运行稳定性。

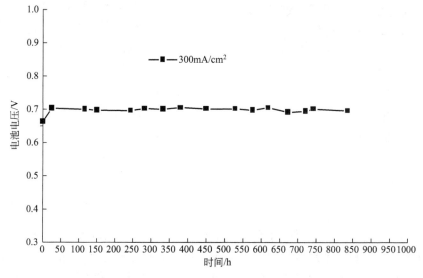

图 10-16　PSSA/Nafion® 复合膜组装 PEMFC 运行的稳定性

另外一种解决膜降解问题的方法是在电池的阴极、阳极或质子交换膜中加入自由基清除剂、过氧化氢分解催化剂或稳定剂，如 Al（Ⅲ）、Mn（Ⅱ）、Pt、Pd、Ir、C、Ag、Au、Rh 等无机物，它们可以将过氧化氢分解为初始产物，如水和氧。邢丹敏等研究了交联和掺杂方法对磺化聚联苯醚砜（SPSU-BP）质子交换膜稳定性的影响，其中利用 Ag/SiO_2 作为过氧化氢分解催化剂制备了 $Ag-SiO_2/SPSU-BP$ 复合膜，使得膜的 PEMFC 运行稳定性有明显改进（如图 10-17 所示）。肖谷雨等人研究了磺化聚苯硫醚酮质子交换膜的抗氧化降解性能，希望聚合物分子链上的硫醚键能够起到抑制过氧化氢分解的稳定剂。

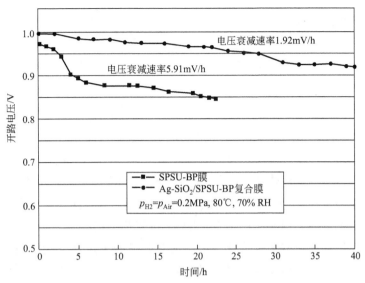

图 10-17　Ag-SiO₂/ SPSU-BP 复合膜组装 PEMFC 运行的稳定性实验

10.3.3　增强复合膜

人们对非氟质子交换膜的结构和性能进行了大量的研究之后，发现由于分子结构的不同，使得它们的质子传导性能不如全氟磺酸质子交换膜，尽管提高膜的磺化度可以提高膜的质子传导性能，但是材料的磺化度和机械强度是相互制约的，高的磺化度会使膜的强度和尺寸稳定性下降，不利于 PEMFC 的应用。

因此，人们研究了采用化学交联、物理增强等方法来提高膜的强度，如 Mikhailenko 等采用多元脂肪醇作为交联剂制备了交联的 SPEEK 膜，发现只有少量磺酸基团与羟基形成共价交联，大部分酸性基团仍然参与质子传导，所以可以在保持膜的质子传导率略有下降的同时，明显提高膜的机械强度和溶胀性；Kerres 等采用聚砜、聚醚醚酮作为基础材料经过磺酸化、亚磺酸化、氨基化和锂基化反应，制备了含有不同酸性、碱性和离子基团的聚合物，还采用二卤代烷烃作为交联剂，制备了一系列具有离子交联、共价交联和交联/共混结构的磺化聚芳砜（酮）质子交换膜，经过对这些膜的性能研究结果发现：当将具有不同组成和结构的磺化聚芳砜（酮）质子交换膜的 IEC 控制在 1.0meq/g 左右时，膜的质子传导率为 0.035～0.10S/cm，在 25℃水中的溶胀度为 20%～40%，同时还发现通过离子键交联的膜在 70～90℃时溶胀度突然增大，认为这是由于离子键发生断裂的结果，而仅仅采用磺化聚砜经过离子/共价交联制得的质子交换膜在干态下非常脆，不利于应用，而采用磺化聚砜和磺化聚醚醚酮制备的具有离子/共价交联结构（如图 10-18 所示）的共混/交联膜，避免了上述缺点，热稳定性达到 250～270℃，在 90℃的溶胀性能也得到了明显改善，其 DMFC 性能与 Nafion® 105 膜相当，同时它又具有更低的甲醇渗透速率。

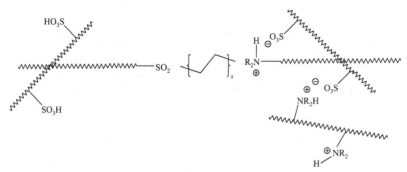

图 10-18   离子/共价交联磺化聚芳砜（酮）共混膜的分子结构示意图

另外，还可以采用 PTFE 多孔膜、PEEK 织布（woven PEEK）和纤维玻璃（fibre-glass）制备增强型 SPEEK 膜，明显改善了膜的机械强度和尺寸稳定性，由于加入的增强材料不具有质子传导能力，使复合膜的 EW 值下降，这可以通过降低膜的厚度得以补偿。表 10-5 列出了不同增强结构的复合膜在氢/氧 PEMFC 中的性能参数，图 10-19 为用 PTFE 多孔膜增强的 SPSU-BP/PTFE 复合膜的电池性能，其中，SPSU-BP 为直接共聚合成的磺化聚联苯醚砜（图 10-13 X＝Bond，Y＝SO_2，$k:m$＝1:1）。能够得到如此高的电池性能，一是由于 SPSU-BP 具有较高的质子传导率，同时也是由于复合膜的结构能够起到增强的作用，可以降低膜的厚度。但是，由于 PTFE 与非氟膜材料的组成存在较大差别，由此制成复合膜的结构稳定性有待进一步研究。

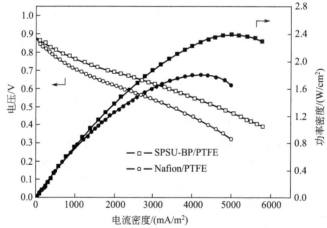

图 10-19   SPSU-BP/PTFE 复合膜的 H_2/O_2 燃料电池性能

（$T_{H_2}/T_{cell}/T_{O_2}$＝80℃/80℃/75℃，$p_{H_2}=p_{O_2}$＝0.20MPa，l_{H_2}/l_{O_2}＝1.25/2.0，d_m＝20μm）

表 10-5   增强 SPEEK 质子交换膜的物化性能及 PEMFC 电极动力学参数

膜	厚度/μm	电导率/(S/cm)	V_{OC}/V	i_{900}/(mA/cm²)	b/mV	R/(Ω/cm²)	i_{600}/(mA/cm²)
SPEEK	18	3×10^{-2}	0.95	40	25	0.20	>1200

续表

膜	厚度 /μm	电导率 /(S/cm)	V_{OC} /V	i_{900} /(mA/cm²)	b /mV	R /(Ω/cm²)	i_{600} /(mA/cm²)
Woven SPEEK	110	4×10^{-2}	0.90	40	40	0.35	620
Fiber glass/SPEEK	70		1.00	40	40	0.25	1000
PTFE/SPEEK	45		1.00	40	56	0.30	750
Nafion® 115	127		0.92	40	25	0.25	900

10.3.4　自增湿膜

与全氟质子交换膜一样，由非氟质子交换膜组成的燃料电池的运行同样需要水的存在，因此需要研究和开发具有自增湿功能的非氟质子交换膜。

如 St-Arnaud 等利用磺化聚芳醚酮与酸化改性的无机颗粒共混制备自增湿膜；Taft III 等利用磺化聚醚醚酮与改性蒙脱石共混制备自增湿膜；邢丹敏等通过在 SPEEK/PTFE 复合膜上采用多次浇铸方法制备 Pt-C/SPEEK/PTFE 和 Pt-SiO₂/ Nafion®/SPSU/PTFE 自增湿复合膜，这种复合膜具有较好的机械稳定性和自增湿性能，Pt-C/SPEEK/PTFE 复合膜的 PEMFC 性能研究结果如图 10-20 所示。

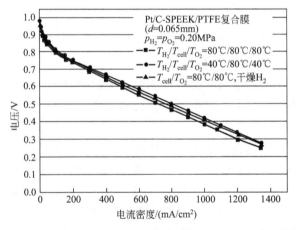

图 10-20　Pt-C/SPEEK/PTFE 复合膜的 H_2/O_2 PEMFC 性能

10.4　高温质子交换膜

燃料电池技术作为新一代清洁发电体系，将广泛应用于汽车动力源、分散电站、便携式电源等领域，为此，除要求其具有高的发电效率外，还要求整个系统小型化和低价格化。例如，现在的 PEMFC 阳极催化剂存在 CO 中毒问题，即使使用抗 CO 催化剂，燃料气中的 CO 浓度也需要降低到 30×10^{-6} 以下，这对重整制氢系统是一个很大的负担。如果电池的工作温度提高到 150℃ 附近，重整气中 CO 的浓度可扩大到 10^{-4} 数量级以上，这样，重整系统就可以大幅度简化。另外，目前 PEMFC 的实际发电效率为 50% 左右，燃料中化学能的 50% 是以热能的形式放出，现采用全氟磺酸膜的 PEMFC 由于膜的限制，工作温度一般在 80℃ 左右，由于工作温度与环境温度之间的温差很小，这对冷却系统的难度很大。工作温度越高，冷却系统越容易简化，特别是当工作温度高于 100℃ 时，便可以借助于水的蒸发潜热来冷却，另一方面，重整气通常是由水蒸气重整法制得的，如果电催化剂的抗 CO 能力增强，即重整气中 CO 的容许浓度增大，则可降低水蒸气的使用量，提高系统的热效率。因此，人们希望提高电池的工作温度，这样电池的发电效率的提高、催化剂抗 CO 性能的增强、重整系统和冷却系统的简化等难题都将得到解决。

由此可见，随着质子交换膜工作容许温度区间的提高，给 PEMFC 带来一系列的好处，在电化学方面表现为：

① 有利于 CO 在阳极的氧化与脱附，提高抗 CO 能力；

② 降低阴极的氧化还原过电位；

③ 提高催化剂的活性；

④ 提高膜的质子导电能力。

在系统和热利用方面表现为：

① 简化冷却系统；

② 可有效利用废热；

③ 降低重整系统水蒸气使用量。

随着 PEMFC 工作温度的提高，对其中的关键材料——质子交换膜也提出了更高、更迫切的要求，因此，耐高温质子交换膜已经成为 PEMFC 关键材料技术领域新的研究热点。

对于目前开发的耐高温质子交换膜更进一步可以划分为中温和高温两种，中温是指工作温度在 100～150℃ 之间，在前面 10.2.3 和 10.3.3 节中讨论的有机/无机杂化自增湿膜都只能用于此工作温度区间，质子在这类膜中的传导仍然依赖水的存在，它们是通过减少膜的脱水速度或者降低膜的水合迁移数使膜在低湿度下仍保持一定质子传导性。高温是指工作温度为 150～200℃ 之间，在此工作温度区间，质子交换膜处于失水状态，因此必须降低膜的质子传导水合迁移数，使质子在膜中的传导不依赖水的存在。

10.4.1　酸掺杂的聚苯并咪唑（PBI）膜

聚苯并咪唑（PBI）是一种无定形的耐高温聚合物，玻璃化温度为 425～436℃，可溶于强酸、强碱和一些有机溶剂，如 N,N-二甲基乙酰胺（DMAc）。在 PBI 的分子结构（如图 10-21 所示）中，由于咪唑

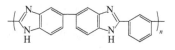

图 10-21　聚苯并咪唑
（PBI）的分子结构

环的存在而具有一定的碱性，可以与酸通过氢键形成络合物，因此，将用流延法制备的 PBI 膜在一定浓度的硫酸或磷酸溶液中浸泡，可以制得酸掺杂的 PBI 膜，膜的酸掺杂水平与酸溶液浓度有关，如用室温的 11mol/L 的磷酸时，膜的酸掺杂水平可达 5.00％左右。质子在酸掺杂的 PBI 膜中的传导机理主要遵循跳跃传导机理（grotthuss mechanism），由于质子在 PBI 分子链上从一个 N—H 位跳到另一个 N—H 位形成的电导很小，PBI 本身不具有明显的质子导电性，而在低酸掺杂水平的磷酸掺杂的 PBI 膜中，质子可以经由磷酸的阴离子从一个 N—H 位跃迁到另一个 N—H 位，当酸掺杂水平进一步增高时，膜中存在有自由酸，会使膜的电导明显增大，在 200℃、相对湿度 50％下，膜的电导率为 7.9×10^{-2} S/cm，膜中酸的阴离子对质子的传导起关键作用，因此，这类膜的酸掺杂水平对它的电导率有很大的影响（如图 10-22 所示，在 20℃下），但同时也会降低膜的机械强度，如 He 等发现：当酸掺杂水平为 5％时，膜的体积溶胀率为 118％，这时聚合物分子链分开，导致膜的机械强度下降和气体渗透率升高。当酸掺杂水平为 2％时，膜的机械强度最好，这是由于 PBI 分子链上的咪唑环与磷酸分子之间的相互作用，但是随着酸掺杂水平的增高，膜的机械强度下降。

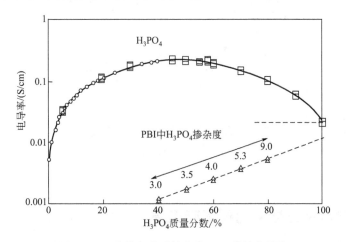

图 10-22　磷酸和磷酸掺杂的 PBI 膜的电导率

研究发现：H_3PO_4/PBI 膜的水电渗系数即使在高相对湿度条件下也几乎为零，质子传导率与酸掺杂水平、相对湿度和温度有关，一定量水的存在会对磷酸的稳定和电导性有所帮助。由于质子在磷酸掺杂 PBI 膜中的传递不依赖于水分子，这使电池可以在高温、低湿度气体条件下操作，使用温度可达 200℃（如图 10-23 所示），这对于提高电池的抗 CO 性能也非常有利（如图 10-24 所示）。另外，这种膜的甲醇渗透率约是 Nafion® 膜的 1/10，因此它可能是 DMFC 的最佳候选电解质。但是此类膜在含有液态水的电池环境下，尤其是用于液态进料的 DMFC 时，存在着酸流失等不稳定性，因此还有待进一步研究。

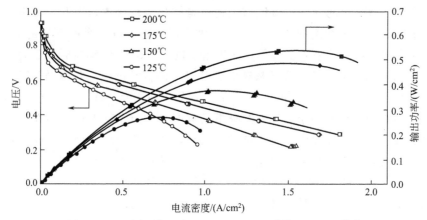

图 10-23 不同工作温度下 H_3PO_4/PBI 膜的 PEMFC 性能

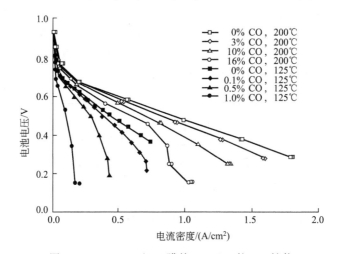

图 10-24 H_3PO_4/PBI 膜的 PEMFC 抗 CO 性能

10.4.2 含氮杂环体系的质子交换膜

在这方面的研究工作源于人们开发咪唑掺杂的磺化聚芳烃或 Nafion 膜，希望用咪唑或吡唑代替膜中的水，使膜在高温下保持质子导电性能。但是，必须采用高沸点的杂环化合物才能解决高温下的流失问题，因此，人们合成并研究了不同环氮杂环的单体、低聚物以及高聚物的质子传导性能，它们的性能 Kreuer 等做了很好的综述，如图 10-25 所示。Munch 等认为，质子的传导是局部和连贯的再定位过程，质子在咪唑链上的传导机理如图 10-26 所示。

10.4.3 无机质子交换膜

许多无机物，如杂多酸（磷钨酸，磷钼酸，硅钨酸，硅钼酸等）、固体酸（SO_4^{2-}/M_xO_y，金属氯化物，$CsHSO_4$，CsH_2PO_4）、碱金属盐〔$M_xH_y(AO_4)_z$

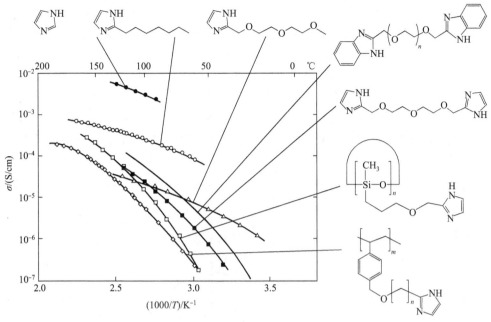

图 10-25　不同大小的含咪唑环分子的质子传导率比较

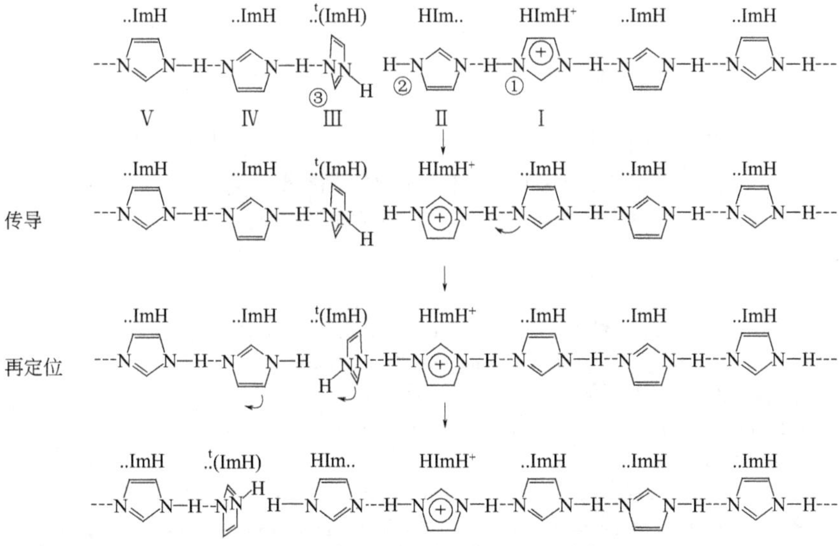

图 10-26　咪唑链的质子传导过程示意图

（M＝Cs，Rb，K，Na，Li，NH₄，A＝S，Se，As，P 等）〕以及无机氧化物具有一定的质子传导率，可以用于高温 PEMFC 作为质子传导体。如 Boysen 等人利用固体酸化合物（如 CsHSO₄、CsH₂PO₄）作为 PEMFC 的隔膜材料，这些固体酸在室温下为有序的氢键排列结构，加热后它的结构变为无序，当温度高到一定值时，会出现一个"超质子态"，此时的质子传导率会增加 2～3 个数量级（如图 10-27 所示），此时这些固体酸的质子传导无需水的存在，这样既简化了 PEMFC 的水管理系统，又实现了电池的高温运行，有希望用于开发高温质子交换膜。但是这种材料用于 PEMFC 的关键问题有两个：一是薄膜制备技术，现有固体酸膜都比较厚（$0.26 \sim 1.5\text{mm}$），要想达到与 Nafion® 膜相当的面电阻（$0.025 \sim 0.0875\Omega \cdot \text{cm}^2$），要求固体酸膜的厚度在 $2 \sim 20\mu\text{m}$，这在目前是很难做到的；另外这些固体酸的"超质子态"温度处于它的失水区，往往由于固体酸失水而掩盖了"超质子态"特性，因此，Dane A. Boyden 等采用水蒸气平衡固体酸中的水解决了高温下膜的失水问题，使得 CsH_2PO_4 在 235℃ 的"超质子态"下实现了 H_2/O_2 燃料电池的稳定运行。

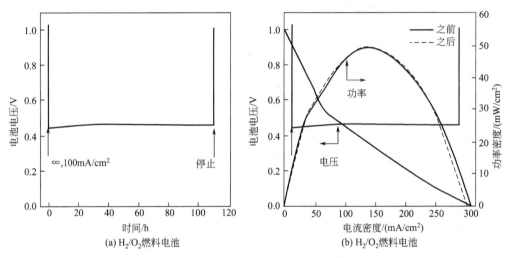

(a) H_2/O_2 燃料电池　　　　　(b) H_2/O_2 燃料电池

图 10-27　CsH_2PO_4 用于 H_2/O_2 燃料电池的性能

（$T_{\text{cell}}=235℃$，$d_{\text{m}}=260\mu\text{m}$，$p_{H_2O}=0.30\text{atm}$）

参 考 文 献

[1] 衣宝廉. 燃料电池——原理·技术·应用，北京：化学工业出版社，2003.

[2] EG&G Services Parsons，Inc. Fuel Cell Handbook（5th Edition）. U. S. Department of Energy Office of Fossil Energy，2002.

[3] Prater K B. Polymer electrolyte fuel cells：a review of recent developments. J. Power Sources，1994，1994，51（1-2）：129-144.

[4] Joon K. Fuel cells——a 21st century power system. J. Power Sources，1998，71（s1-2）：12-18.

[5] Kumm W H. Marine and naval applications of fuel cells for propulsion：the process selection. J. Power Sources，1990，29（1-2）：169-179.

[6] Adams V W. Possible fuel cell applications for ships and submarines. J. Power Sources，1990，29（1）：181-192.

[7] Grove W R. On voltaic series and the combination of gases by platinum. London and Edinburgh Philosophical Magazine and Journal of Science，Series 3，1839，（14）：127-130.

[8] Ous T，Arcoumanis C. Degradation aspects of water formation and transport in Proton Exchange Membrane Fuel Cell：A review. J. Power Sources，2013，240：558-582.

[9] Appleby A J. Recent developments and applications of the polymer fuel cell. Phil. Trans. R. Soc. Land. A，1996，354：1681-1693.

[10] Kordesch K，Simader G. Fuel Cells and their applications，Weinheim：VCH Verlagsgesellschaft mbH

&. VCH Publishers, Inc., 1996: 45-50.

[11] Zawodzinski T A, Neeman Jr. M, Sillerud L O, et al. Electrochemical study of kinetics of electron transfer between synthetic electron acceptors and reduced molybdoheme protein sulfite oxidase. J. Phys. Chem., 1991 (95): 6034-6040.

[12] Yoshitake M, Tamura M, Yoshida N, et al. Studies of perfluorinated ion exchange membranes for polymer electrolyte fuel cells. Denki Kagaku, 1996, 64 (6): 727-736.

[13] Hodgdon R B. Polyelectrolytes prepared from perfluoroalkylaryl macromolecules. J. Polym. Sci., Polym. Chem. Ed., 1968, 6: 159-171.

[14] Wei J, Stone C, Steck A E, et al., US Patent 5, 422, 411, 1995-06-06.

[15] Liu S, Savage J, Voth G A. Mesoscale Study of Proton Transport in Proton Exchange Membranes: Role of Morphology. J. Phys. Chem. C, 2015, 119 (4): 1753-1762.

[16] Collette F M, Thominette F, Mendil-Jakani H, et al. Structure and transport properties of solution-cast Nafion® membranes subjected to hygrothermal aging. J. Membr. Sci., 2013, 435: 242-252.

[17] LoNostre P, Choi S M, Ku C Y, et al. Fluorinated microemulsions: A study of the phase behavior and structure.. J. Phys, Chem. B, 1999, 103: 5347-5352.

[18] Http: //www. dupont. com/fuelcells/products/nafion. html

[19] Godino M P, Barragán V M, Villaluenga J P G, et al. Influence of the cationic form of an ion-exchange membrane in the permeability and solubility of methanol/water mixtures. Sep. Purify. Technol, 2015, 148: 10-14.

[20] Halim J, Buchi F N, Haas O, et al. Characterization of perfluorosulfonic acid membranes by conductivity measurements and small-angle x-ray scattering. Electrochimica Acta, 1994, 39 (8-9): 1303-1307.

[21] Hsu W Y, Gireerke T D. Ion transport and clustering in nafion perfluorosulfonated membranes. J. Membr. Sci., 1983, 13: 307-326.

[22] Lee P C, Meisel D. Luminescence quenching in the cluster network of perfluorosulfonate membrane. J. Am. Chem. Soc., 1980, 102: 5477-5481.

[23] 于景荣, 衣宝廉, 韩明等. Nafion 膜厚度对质子交换膜燃料电池性能的影响. 电源技术, 2001, 25 (06): 384-386.

[24] Khan A A, Smitha B, Sridhar S. Solid polymer electrolyte membranes for fuel cell applications - a review. J. Membr. Sci., 2005, 259 (1-2): 10-26.

[25] Du X Z, Yu J R, Yi B L, et al., Performances of proton exchange membrane fuel cells with alternate membranes. Phys. Chem. Chem. Phys., 2001, 3: 3175-3179.

[26] Guinevere A G, Matteo P, Sandra L. et al. Characterization of sulfated-zirconia/Nafion® composite membranes for proton exchange membrane fuel cells. J. Power Sources, 2012, 198: 66-75.

[27] Yu D M, Yoon S, Kim T H, et al. Properties of sulfonated poly (arylene ether sulfone) /electrospun nonwoven polyacrylonitrile composite membrane for proton exchange membrane fuel cells. J. Membr. Sci., 2013, 446: 12-219.

[28] Bahar B, Hobson A R, Kolde J A, et al. US5, 547, 551, 1996.

[29] Bahar B, Hobson A R, Kolde J A, et al. US5, 599, 614, 1997.

[30] Bahar B, Malouk R S, Hobson A R, et al. US RE37, 307, 2001.

[31] Banerjee S, US5, 795, 668, 1998.

[32] Spethmann J E, Keating J T. US6, 110, 333, 2000.

[33] Stone C, Summers D A, US6, 689, 501, 2004.

[34] 刘富强, 衣宝廉, 邢丹敏等. CN1 416, 186A, 2003.

[35] Liu F Q, Yi B L, Xing D M, Nafion/PTFE composite membranes for fuel cell applications. J. Membr. Sci., 2003, 212: 213-223.

[36] Terada N，Hommura S. European Patent 1，139，472，(2001).

[37] Zhao Y，Yu H，Xing D，et al. Preparation and characterization of PTFE based composite anion exchange membranes for alkaline fuel cells. J. Membr. Sci.，2012，s421-422 (3)：311-317.

[38] Zhao Y，Pan J，Yu H，et al. Quaternary ammonia polysulfone-PTFE composite alkaline anion exchange membrane for fuel cells application. Int. J. Hydrogen Energ. 2013，38 (4)：1983-1987.

[39] Tsai C H，Yang F L，Chang C H，et al. Microwave-assisted synthesis of silica aerogel supported Pt nanoparticles for self-humidifying proton exchange membrane fuel cell. Int. J. Hydrogen Energ. 2012，37：7669-7676.

[40] Amjadi M，Rowshanzamir S，Peighambardoust S J. Preparation，characterization and cell performance of durable nafion/SiO2 hybrid membrane for high-temperature polymeric fuel cells. J. Power Sources，2012，210：350-357.

[41] 刘永浩，衣宝廉，张华民. 质子交换膜燃料电池用 Nafion/SiO$_2$ 复合膜. 电源技术，2005，29 (2)：92-95.

[42] 余军，潘牧，袁润章等. 中国专利 CN1，545，156A (2004).

[43] 潘牧，唐浩林，李道喜等. 中国专利 CN1，610，145A (2005).

[44] 毛宗强，王诚，徐景明等，中国专利 CN1，224，119C (2005).

[45] Zhu X B，Zhang H M，Zhang Y. An ultrathin self-humidifying membrane for pem fuel cell application：fabrication；characterization；and experimental analysis. et al.，J. Ph. ys. Chem. B，2006，110 (29)：14240-14248.

[46] Wang L，Yi B L，Zhang H M，et al. Cs$_{2.5}$H$_{0.5}$PWO$_{40}$/SiO$_2$ as addition self-humidifying composite membrane for proton exchange membrane fuel cells. Electrochimica Acta，2007，52 (17)：5479-5483.

[47] Kim D J，Hwang H Y，Jung S B，et al. Sulfonated poly (arylene ether sulfone) /Laponite-SO$_3$H composite membrane for direct methanol fuel cell. J. Ind. Eng. Chem.，2012，18 (1)：556-562.

[48] Genies C，Mercier R，Sillinon B，et al.，Soluble sulfonated naphthalenic polyimides as materials for proton exchange membranes. Polymer，2001，42 (2)：359-373.

[49] Bauer B，Jones D J，Roziere J，et al. Electrochemical characterisation of sulfonated polyetherketone membranes. J. New Mater. Electrochem. Systems，2000，3 (2)：93-98.

[50] Hongying Hou，Riccardo Polini，Maria Luisa Di Vona，et al. Thermal crosslinked and nanodiamond reinforced SPEEK composite membrane for PEMFC. Int. J. Hydrogen Energ. 2013，38：334-351.

[51] 邢丹敏，刘富强，于景荣等. 磺化聚砜膜的燃料电池性能初步研究. 膜科学与技术，2002，22 (5)：12-16.

[52] Asano N，Aoki M，Suzuki S，et al. Aliphatic/aromatic polyimide ionomers as a proton conductive membrane for fuel cell applications. J. Am. Chem. Soc. 2006，128 (5)：1762-1769.

[53] Miyatake K，Iyotani H，Yamamoto K，et al. Synthesis of poly (phenylene sulfide sulfonic acid) via poly (sulfonium cation) as a thermostable proton-conducting polymer. Macromolecules，1996，29 (21)：6923-35.

[54] Kosmala B，Schauer J. Ion-exchange membranes prepared by blending sulfonated poly (2,6 - dimethyl-1,4-phenylene oxide) with polybenzimidazole. J. Appl. Polym. Sci.，2002，85 (5)：1118-1127.

[55] McGrath J E，Hickner M，Kim Y S，et al.，Polymeric electrolyte membrane (PEM) nanocomposites for fuel cells via direct polycondensation. Advances in materials for PEMFC systems，Asilomar conference grounds，Pacific grove，California，February 23-26，2003：22.

[56] Gil M，Ji X，Li X，et al. Direct synthesis of sulfonated aromatic poly (ether ether ketone) proton exchange membranes for fuel cell applications. J. Membr. Sci.，2004，234 (1-2)：75-81.

[57] Ueda M，Toyota H，Ochi T. Synthesis，characterization，and curing of hyperbranched allyl ether-maleate functional ester resins. J. Polym. Chem. Sci.，Polym. Chem. Ed.，1993，31 (3)：619-624.

[58] Wang F，Chen T，Xu J. Sodium sulfonate-functionalized poly (ether ether ketone) s. Chem. Phys. 1998，199 (7)：1421-1426.

[59] Wang F，Hickner M，Kim Y S，et al. Direct polymerization of sulfonated poly (arylene ether sulfone)

random（statistical）copolymers：candidates for new proton exchange membranes. J. Membr. Sci.，
2002，197 (1-2)：231-242.

[60] Xing D M，Kerres J. Improvement of synthesis procedure and characterization of sulfonated poly
(arylene ether sulfone) for proton exchange membranes. J. New Mater. Electrochem. Syst. 2006，9
(1)：51-60.

[61] Steck A，Stone C. in "Proceedings of the Second International Symposium on New Materials for Fuel
Cell and Modern Battery Systems"，Eds. O. Savadogo and P. R. Roberge，Matreal，Canada，July6-
10，1997，P792.

[62] Guo Q，Pintauro P N，Tang H，et al. Sulfonated and crosslinked polyphosphazene-based proton-
exchange membranes. J. Membr. Sci.，1999，154 (2)：175-181.

[63] Watanabe M. US，472，799，1995.

[64] 于景荣，衣宝廉，邢丹敏等. 燃料电池用磺化聚苯乙烯膜降解机理及其复合膜的初步研究. 高等学校
化学学报，2002 (9)：1792-1796.

[65] Yu J R，Yi B L，Xing D M，et al. Degradation mechanism of polystyrene sulfonic acid membrane and
application of its composite membranes in fuel cells. Phys. Chem. Chem. Phys.，2003，5 (3)：611-615.

[66] Wang L，Yi B L，Zhang H M，et al. Thermodynamic analysis of carbon formation boundary and
reforming performance for steam reforming of dimethyl ether. J. Power Sources，2007，164 (1)：73-79.

[67] Andrews N R，Knights S D，Murray K A，et al. US 753，7857，2009.

[68] Cipollini Ned E，Condit D A，Hertzberg J B，et al. US 7，112，386，2006.

[69] Xing D M，Zhang H M，Wang L，et al. Investigation of the Ag-SiO 2 /sulfonated poly (biphenyl ether
sulfone) composite membranes for fuel cell. J. Membr. Sci. 2007，296 (1-2)：9-14.

[70] 肖谷雨，孙国明，颜德岳. 中国专利 CN1，410，472，2003.

[71] Xiao P，Li J，Tang H. et al. Physically stable and high performance Aquivion/ePTFE composite
membrane for high temperature fuel cell application. J. Membr. Sci.，2013，442：65-71.

[72] Baker A M，Wang L，Advani S G，et al. Nafion membranes reinforced with magnetically controlled
Fe_3O_4-MWCNTs for PEMFCs. J. Mater. Chem.，2012，22，14008-14012.

[73] Mikhailenko S D，Wang K，Kaliaguine S，et al. Proton conducting membranes based on cross-linked
sulfonated poly (ether ether ketone) (SPEEK). J. Membr. Sci.，2004，233 (1-2)：93-99.

[74] Kerres J，Cui W，Junginger M. Development and characterization of crosslinked ionomer membranes
based upon sulfinated and sulfonated PSU crosslinked PSU blend membranes by alkylation of sulfinate
groups with dihalogenoalkanes. J. Membr. Sci.，1998，139 (2)：227-241.

[75] Kerres J，Ullrich A，Synthesis of novel engineering polymers containing basic side groups and their
application in acid-base polymer blend membranes. Sep. Purif. Techn. 2001，s22-23 (1-3)：1-15.

[76] Xing D M，Yi B L，Liu F Q，et al. Characterization of sulfonated poly (ether ether ketone) /
polytetrafluoroethylene composite membranes for fuel cell applications. Fuel Cells，2005，5 (3)：406-411.

[77] Bauer B，Jones D J，Roziere J，et al. Electrochemical characterisation of sulfonated polyetherketone
membranes. J. New Mat. Electrochem. Systems，2000，3 (2)：93-98.

[78] Zhu X B，Zhang H M，Liang Y M，et al. Challenging reinforced composite polymer electrolyte
membranes based on disulfonated poly (arylene ether sulfone) -impregnated expanded PTFE for fuel cell
applications. J. Mater. Chem.，2007，17 (4)：386-397.

[79] Savadogo O J. Emerging membranes for electrochemical systems. Part II. High temperature composite
membranes for polymer electrolyte fuel cell (PEFC) applications. J Power Sources，2004，127 (1)：135-161.

[80] Liu Z，Yang Y，Lu W，et al. Durability test of PEMFC with Pt-PFSA composite membrane. Int. J.
Hydrogen Energ. 2012，37：956-960.

[81] Marc St-Arnaud，Philippe Bebin，US 0，053，818，2005.

[82] Taft III K M，Kurano M R，Kannan A N M，US 024，4697，2005.

［83］ Yuka Oono，Atsuo Sounai，Michio Hori. Prolongation of lifetime of high temperature proton exchange membrane fuel cells. J. Power Sources，2013，241：87-93.

［84］ Tiemblo P，Guzmán J，Rie E，et al. Diffusion of small molecules through modified poly（vinyl chloride）membranes. J. Polym. Sci. Poly. Phys.，2002，40（10）：964-971.

［85］ Li Q，Hjuler H A，Bjerrum N J. Phosphoric acid doped polybenzimidazole membranes：Physiochemical characterization and fuel cell applications. J. Appl. Electrochem.，2001，31（31）：773-779.

［86］ Huaneng Su，Sivakumar Pasupathi，Bernard Jan Bladergroen，et al. Enhanced performance of polybenzimidazole-based high temperature proton exchange membrane fuel cell with gas diffusion electrodes prepared by automatic catalyst spraying under irradiation technique. J. Power Sources，2013，242：510-519.

［87］ Dong W S，Lee S Y，Na R K，et al. Effect of crosslinking on the durability and electrochemical performance of sulfonated aromatic polymer membranes at elevated temperatures. Int. J. Hydrogen Energ.，2014，39（9）：4459-4467.

［88］ Jin Ran，Liang Wu，John R Varcoe，et al. Development of imidazolium-type alkaline anion exchange membranes for fuel cell application. J. Membr. Sci.，2012，416：242-249.

［89］ Jianhui Liao，Jingshuai Yang，Qingfeng Li，et al. Oxidative degradation of acid doped polybenzimidazole membranes and fuel cell durability in the presence of ferrous ions. J. Power Sources，2013，238：516-522.

［90］ He R，Li Q，Bach A. Physicochemical properties of phosphoric acid doped polybenzimidazole membranes for fuel cells. J. Membr. Sci.，2006，277（277）：38-45.

［91］ Zeng L，Zhao T S，An L，et al. Physicochemical properties of alkaline doped polybenzimidazole membranes for anion exchange membrane fuel cells. J. Membr. Sci.，2015，493：340-348.

［92］ Kreuer K D，Paddison S J，Spohr E，et al. Transport in Proton Conductors for Fuel-Cell Applications：Simulations，Elementary Reactions，and Phenomenology. Chem. Rev. 2004，104：4637-4678.

［93］ Oluf J，Li Q F，et al. 1st European Hydrogen Energy Conference，2-5 September 2003，Grenoble，France.

［94］ Kreuer K D. On development of proton conducting polymer membranes for hydrogen and methanol fuel cells. J. Membr. Sci.，2001，185：29-39.

［95］ Matos B R，Santiago E I，Fonseca F C. Irreversibility of proton conductivity of Nafion and Nafion-Titania composites at high relative humidity. Mater. Renewable & Sustainable Energy，2015，4（4）：1-8.

［96］ Munch W，Kreuer K D，Silvestri W. The diffusion mechanism of an excess proton in imidazole molecule chains：first results of an ab initio molecular dynamics study. Solid State Ionics，2001，145（1-4）：437-443.

［97］ Sossina M. Haile，Dane A. Boysen，Calum R. I. Chisholm，et al. Solid acids as fuel cell electrolyte. Nature，2001，410（6831）：910-3.

［98］ Dane A. Boysen，Tetsuya Uda，Calum R. I. Chisholm，et al. High-Performance Solid Acid Fuel Cells Through Humidity Stabilization. Science，2004，303：68-70.

［99］ Meyer S，Nikiforov A V，Petrushina I M，et al. Transition metal carbides（WC，Mo_2C，TaC，NbC）as potential electrocatalysts for the hydrogen evolution reaction（HER）at medium temperatures. Int. J. Hydrogen Energ.，2015，40（7）：2905-2911.

［100］ Si Y，Kunz H R，Fenton J M，Operation of PEMFC with zirconium hydrogen phosphate-based membrane under low humidity conditions. 199th Meeting of the Electrochemical Society，Washington DC，March 25-30，2001.

［101］ Ponomareva V G，Shutova E S. High-temperature behavior of CsH_2PO_4 and CsH_2PO_4-SiO_2 composites. Solid State Ionics，2007，178（s7-10）：729-734.

［102］ Qing G，Kikuchi R，Takagaki A，et al. Stability of $CsH_5（PO_4）_2$-based composites at fixed temperatures and during heating-cooling cycles for solid-state intermediate temperature fuel cells. J. Power Sources，2016，306：578-586.

第11章

储能电池膜

11.1　储能电池技术简介

随着我国国民经济的高速发展，能源、资源、环境之间的矛盾日益突出。我国电力能源生产结构上存在先天不足，长期以来主要依靠燃煤的火力发电厂，其比例超过74％，远远高于世界平均的29％。由此产生大量二氧化碳、二氧化硫等污染气体排放，给环境保护带来巨大压力。大力发展以太阳能、风能为代表的可再生能源发电技术，是推进国家能源结构调整，实现可持续发展的必然选择。除此以外，海洋可再生能源是另一种巨大的可再生能源，主要包括潮汐能、潮流能、波浪能等。全球可供利用的海洋能量约为70多亿千瓦，是目前全世界发电能力的十几倍。我国拥有近300万平方公里的管辖海域，海岸线约为32000多公里，近海海洋可再生能源理论装机容量的总和超过20亿千瓦，与我国风能资源总量基本相当。

然而，无论是太阳能、风能为代表的陆上可再生能源发电，还是海洋能开发过程，都存在能量密度波动大、不稳定性强，在时间与空间上比较分散，难以高效利用等问题。依托以上能量发电的二次能源体系，无论是分布式微型电网系统，还是大规模集中发电与并网系统，都需要对电力质量调控后才能使用。否则，当这些电源在电力系统中所占比例超过10％以后，对局部电网产生明显冲击，严重时会引发大规模恶性事故。因此，发展电力能源转化与储存装备变得十分必要，尤其是电化学储能技术，可以灵活设计与安装，适合于工业化大规模制造，呈现出快速发展的趋势。

近年来，世界各国在发展绿色可再生能源发电、智能电网与电动汽车产业过程中，将具备大规模工业化制造前景的电化学储能技术，如燃料电池、液流电池、熔融盐电池等，作为研究开发的重点方向，投入巨资研究开发。在所有的储能电池中，都需要用膜材料阻隔电池正负极的氧化剂、还原剂相互渗透，避免自身氧化还原过程导致的能量损失，同时，膜材料作为固体电解质传导离子和连通电池内电路。因此，膜材料不再仅仅作为"分离"介质使用，而是作为新能源储能电池的关键材料发挥不可替代的作用。

现有电化学储能过程大多数采用离子交换膜，其研究开发已有一百多年的历史。1890年Ostwald在研究半渗透膜时发现该膜可截留由阴阳离子所构成的电解质，提出了膜电势理论；1911年Donnan证实了该理论，并相继发展了描述该过程的Donnan平衡模型。进入20世纪以后，离子交换膜的发展极为迅速，并很快发展了对应的膜应用过程。20世纪70年代，美国杜邦公司开发出了Nafion膜系列，该系列膜采用全氟磺酸高分子作为制膜原料，化学性质非常稳定，首次实现了离子交换膜在能量储存系统的大规模应用。图11-1是离子交换膜和相关膜过程的发展历史。

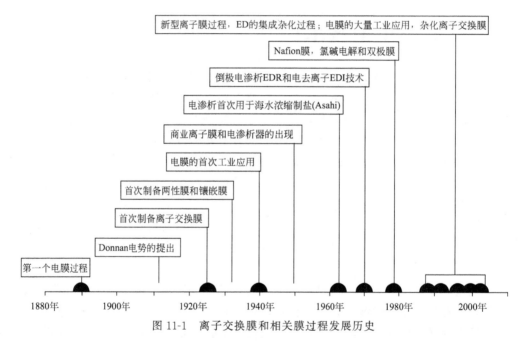

图11-1　离子交换膜和相关膜过程发展历史

长期以来的科学研究，使人们关于离子交换膜的认识不断深入，但大部分应用集中在氯碱工业、电渗析、水处理等领域。针对储能电池技术而展开的离子交换膜分支之一质子传导膜的研究相对较少。由于可再生能源发电、智能电网与电动汽车产业对电池隔膜的迫切需要，引发对该类导电膜的研究浪潮，现有研究多数集中在氢氧燃料电池、直接甲醇燃料电池领域，对应用于液流电池的质子传导膜的研究尚处于实验研究阶段。

本章在总结这一领域的研究成果和储能电池基本原理的基础上，阐述储能电池隔膜的表征方法与测试手段，并且以全钒液流电池为例，说明储能电池的膜材料需同时满足优良的导电性、阻钒性、稳定性和合理成本等要求。以高分子膜的化学组成与物理结构的演化过程为线索，分别综述为满足以上要求的三类膜材料，包括 Nafion 系列膜、非全氟型质子传导膜、纳米尺度孔径的多孔膜。在归纳现有膜材料化学结构、物理性质与电学性能的基础上，论述高性能质子传导膜的重点研究方向，展望储能电池膜材料设计与可能的绿色合成技术路线。

11.1.1　储能电池的工作原理

液流电池（redox flow battery）是一种利用流动的电解液储存电力能源的装置，它将电能转化为化学能储存在电解质溶液中，适合于大容量储存电能场合使用。液流电池技术是电化学储能技术的一次革命性进步，将原先储存在固体电极上的活性物质溶解进入电解液中，通过电解液循环流动供给电化学反应所需的活性物质。因此，储能容量不再受有限的电极体积限制，可以根据实际需要独立设计所需储能活性物质的数量，特别适合于大规模电能储存场合使用。迄今为止，人们已经研究多种双液流电池体系，包括铁铬体系（Fe^{3+}/Fe^{2+} vs Cr^{3+}/Cr^{2+}，1.18V）、全钒体系（V^{5+}/V^{4+} vs V^{3+}/V^{2+}，1.26V）、钒溴体系（V^{3+}/V^{2+} vs $Br^-/ClBr_2{-}$，1.85V）、多硫化钠溴（Br_2/Br^- vs S/S^{2-}，1.35V）等电化学体系。为了提高能量密度，简化电解液循环设备，近年来提出沉积型单液流体系，例如，锌/镍体系、二氧化铅/铜体系，以及全铅双沉积型液流电池和锂离子液流电池概念。

现代意义的液流电池研究始于 1974 年，美国 NASA 的科学家 Thaller, L. H. 提出一种电化学储能装置。在众多的液流电池中，目前只有全钒液流电池（钒电池）、锌溴液流电池进入实用化示范运行阶段。1986 年，澳大利亚新南威尔士大学的 Maria Skyllas-Kazacos 提出全钒液流电池技术原理，使用不同价态钒离子 V（Ⅱ）/V（Ⅲ）和 V（Ⅳ）/V（Ⅴ）构成氧化还原电对；以石墨毡为电极，石墨/塑料板栅为集流体；质子传导膜作为电池隔膜；正、负极电解液在充放电过程中流过电极表面发生电化学反应，可在 5～50℃温度范围运行。

（1）全钒液流电池工作原理

全钒液流电池（vanadium redox flow battery，钒电池/VFB）利用不同价态的钒离子相互转化实现电力能的储存与释放。由于使用同种元素组成电池系统，从原理上避免了正极半电池和负极半电池间不同种类活性物质相互渗透产生的交叉污染，以及由此引起的电池性能劣化。和现有的电化学储能技术相比，全钒液流电池具有规模大、寿命长、价格低、效率高、安全可靠等技术特点。

全钒液流电池的工作原理如图 11-2 所示，分别以含有 VO^{2+}/VO_2^+ 和 VO^{2+}/VO^{3+} 混合价态水合钒离子的硫酸水溶液作为正极、负极电解液，充电/放电过程电解液在储槽与电堆之间循环流动，通过以下电化学反应，实现电能和化学能相互转化，完成储能与能量释放循环过程。

电极反应过程如下：

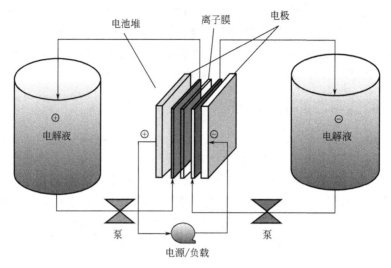

图 11-2　全钒液流电池的工作原理

正极：　$VO^{2+} + H_2O - e^- \underset{\text{放电}}{\overset{\text{充电}}{\rightleftharpoons}} VO_2^+ + 2H^+$　　$E^0 = +1.00V$

负极：　　　　　$V^{3+} + e^- \underset{\text{放电}}{\overset{\text{充电}}{\rightleftharpoons}} V^{2+}$　　$E^\ominus = -0.26V$

电池总反应：$VO^{2+} + V^{3+} + H_2O \underset{\text{放电}}{\overset{\text{充电}}{\rightleftharpoons}} VO_2^+ + V^{2+} + 2H^+$

$$E^\ominus = 1.26V \tag{11-1}$$

　　将一定数量单电池串联成电池组，可以输出额定功率的电流和电压。当风能、太阳能发电装置的功率超过额定输出功率时，通过对全钒液流电池充电，将电能转化为化学能储存在不同价态的钒离子中；当发电装置不能满足额定输出功率时，液流电池开始放电，把储存的化学能转化为电能，保证风电、光伏系统的稳定电功率输出。

　　由于全钒液流电池的正极、负极电解液中含有不同价态的钒离子，正极电解液中的 VO^{2+}/VO_2^+ 和负极电解液中的 V^{2+}/V^{3+} 一旦混合，会使电池发生自放电过程，从而降低电池的能量效率。人们利用质子传导膜把流经电堆的正极、负极电解液隔开，避免电解液中不同价态钒离子直接接触发生自氧化还原反应导致能量损耗，见图 11-3。

　　全钒液流电池所需质子传导膜应具有如下所示特性。

　　① 导电性：氢离子透过率高，膜电阻小，提高电压效率。

　　② 阻钒性：钒离子透过率低，交叉污染小，降低电池自放电，提高能量效率。

　　③ 稳定性：具有所需的机械强度，耐化学腐蚀、耐电化学氧化，保证较长循环寿命。

④ 限制水渗透性：电池充放电时水渗透量小，保持正极和负极电解液的水平衡。

⑤ 合理的成本与价格。

(2) 钠硫电池工作原理

1967 年美国福特公司首先公布钠硫电池技术原理，至今已有 40 多年的历史。钠硫电池由熔融液态电极与固体电解质组成，其负极的活性物质是熔融金属钠，正极的活性物质是硫与多硫化钠熔盐，用能传导钠离子的 β-Al_2O_3 陶瓷材料作电解质隔膜，外壳一般用不锈钢等金属材料封装（见图 11-4）。在放电时钠被电离，电子通过外电路流向正极，钠离子通过电解质扩散到液态硫正极并与硫发生化学反应生成多硫化钠。钠硫电池的电化学反应过程如下。

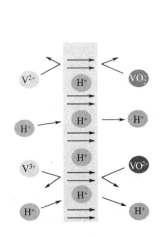

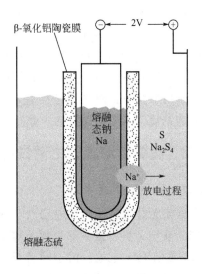

图 11-3　质子传导膜在 VFB 中的作用　　　图 11-4　钠硫电池工作原理

负极 $$2Na \Longrightarrow 2Na^+ + 2e^- \tag{11-2}$$

正极 $$xS + 2e^- \Longrightarrow S_x^{2-} \tag{11-3}$$

总化学反应 $$2Na + xS \Longrightarrow Na_2S_x, E = 2.08 \sim 1.78V \tag{11-4}$$

钠硫电池通常工作在 300℃附近，输出电压大约为 2V 左右，具有较高的能量转化与储存效率，同时还具有输出脉冲功率的能力，输出的脉冲功率可在 30s 内达到连续额定功率值的 6 倍，这一特性使钠硫电池可以同时用于电能质量调节和负荷的削峰填谷，从而提高整体设备的经济性。钠硫电池的比能量是铅酸蓄电池的 3 倍，电池系统体积小，开路电压高，内阻小，能量效率高，循环寿命长（能完成 2000 次以上的充放电循环）。但是钠硫储能电池不能过充与过放，需要严格控制电池的充放电状态。钠硫电池中的陶瓷隔膜比较脆，在电池受外力冲击或者机械应力时容易损坏，从而影响电池的寿命，容易发生安全事故。此外，高温操作会带来结构、材料、安全等方面诸多问题。由于钠硫储能电池潜在危险性高，技术难度大，目前只有日本京瓷公司成功地开发出商业化钠硫储能电池系统。

日本的京瓷（NGK）公司利用其在陶瓷领域独特的技术优势，开发成功比能量密度高达 $160kW \cdot h/m^3$ 的钠硫电池，利用熔融状态的金属钠和硫黄在 300℃ 以上高温条件下，进行氧化还原反应，完成充放电过程。从 1992～2004 年期间，已经建成 100 多个工程实例，其中 500kW 以上的有 59 项，用于电网调峰占 63%；调峰和紧急状态供电占 24%；不间断电源 13%。由于钠硫电池中所用的储能介质金属钠和硫黄均为易燃、易爆物质，对电池材料要求十分苛刻，该技术目前被 NGK 公司独占。

我国中科院上海硅酸盐研究所和上海电力公司合作开发钠硫储能电池，以期用于电力的储存，该系统中钠硫电池为一根直径 7cm、长 80cm 的细长圆柱体，每个 130W；由 400 根这样的单体电池捆绑成 1 个全封闭模块，功率达 50kW。由于 β-Al_2O_3 陶瓷材料不但用作固体电解质，而且还必须在高温下隔绝金属钠和硫黄，两者处于熔融状态，对材料性能要求十分苛刻。高质量的 β-Al_2O_3 陶瓷膜研究开发是制约钠硫储能电池发展的"瓶颈"。

11.1.2   储能电池膜的主要性能评价指标及其表征

11.1.2.1   通用技术要求

在新能源技术领域，与电动汽车的质子传导膜燃料电池相同，用于大规模蓄电储能的液流电池装置中都要利用离子交换膜分隔同一个单电池中的氧化反应半电池和还原反应半电池。由于两者都依靠氢离子传导电荷，连通电池内电路，此时的离子交换膜通常被称作质子传导膜。

和以往的离子交换膜相比，在新能源电池技术领域所使用的质子传导膜，除了要求原先离子交换膜的基本特性以外，如膜面电阻低、离子选择性强、机械强度高等，还必须具备以下几方面特点。

（1）化学稳定性高、耐电化学氧化性强

由于单体化学电池均包括氧化反应半电池和还原反应半电池，在氧化反应半电池中存在强烈的夺取电子趋势，质子传导膜长期工作在氧化性环境中，要耐受新生态氧等物质的腐蚀，对膜材料的稳定性提出十分苛刻的要求。

（2）耐温性和保湿性

现有的离子交换膜燃料电池通常在高于 120℃ 以上的温度下工作，与此同时，需要使膜具有亲水保湿性能，才能获得较好的导电特性。

（3）阻止电化学活性物质渗透

质子传导膜起着分隔氢气和氧气或者甲醇和氧气的作用。为了避免氧化剂和还原剂接触发生反应而降低电池效率，对膜材料的渗透特性、阻止不同价态钒离子渗透特性提出严格要求。

11.1.2.2　储能电池膜的主要性能评价指标及测定方法

用于储能电池的隔膜材料，需要具备分离膜通常要求的选择透过性质。在电解质溶液中工作时，离子在膜内的渗透通量表现为电导率（或膜面电阻），使用选择性系数表征膜对氧化剂或还原剂的阻隔性能。以外，由于隔膜在强酸或强碱性的电化学氧化环境中使用，对于耐化学与电化学腐蚀有十分苛刻的要求。

（1）膜面电阻与电导率

通常的离子交换膜由膜内固定电荷与可解离离子构成，将其置于电解质溶液中时，可解离的离子离开高分子主链进入溶液，膜表面呈荷电状态。为了满足电中性原理，溶液中的反电荷离子将吸附在离子交换膜表面，形成双电层结构。

在外电场作用下，离子通过膜相形成的致密层传递电荷，需要分别通过膜面两侧的固液界面，以及离子交换膜主体的固定电荷通道。膜面两侧的固液界面上的双电层受多种因素影响，与电解质溶液离子强度、离子种类和吸附特性有关，呈现动态平衡性质。这些因素给准确反映离子交换膜的真实阻值带来困难，以往的直流测定法往往误差较大。利用高频交流扫描技术测定阻抗，通过快速改变施加在膜两侧的电压方向，使膜面两侧的固液界面呈现动态平衡，消除浓差极化所带来的误差。离子交换膜可以看作带正电荷或带负电荷的固体电解质体系，存在于膜和溶液界面的双电层可以等效为物理电容，两者共同组成电阻与电容的串联等效电路（图 11-5）。

在交流电场中进行测定时，利用不断变化的电场方向消除容抗效应。使用图11-5 所示等效电路，施加高频信号时电容 C_m、C_e 导通，可以作为纯电阻电路处理；施加低频信号时 C_m，C_e 完全断开，可当作断路处理。对应于图 11-5 的交流阻抗图谱如图 11-6 所示。图 11-6（a）、（b）分别比较了并联可变电阻 R 对交流阻抗图谱形状的影响，其中图 11-6（b）呈现完整的半圆形状，容易读取实轴的电阻数据。膜面电阻（单位 $\Omega \cdot cm^2$）由下式计算得出。

$$R_m = \left(\frac{R_1 R'}{R' - R_1} - \frac{R_0 R'}{R' - R_0} \right) \times \frac{\pi D^2}{4} \tag{11-5}$$

式中，R_m 为膜面电阻；R_1 为膜和电解质溶液两者之和的电阻；R_0 为电解质溶液测得的电阻；R' 为可变电阻；D 为电导池的截面积。

（2）离子（或分子）选择性

电池隔膜除了传导离子、连通电池内电路以外，还必须具备良好的选择性，避免作为储能介质的氧化剂、还原剂在膜中渗透而损失能量，严重时会引发着火、爆炸等恶性事故。高分离选择性是储能电池膜的重要指标，以钒电池为例进行说明。

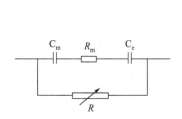

图 11-5　膜面电阻测量
装置等效电路

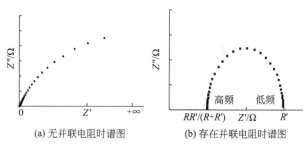

(a) 无并联电阻时谱图　　　(b) 存在并联电阻时谱图

图 11-6　等效电路的交流阻抗图谱

钒电池中质子传导膜的作用是高效传导氢离子的同时阻止钒离子渗透，因此膜从电解液中选择性透过氢离子的能力是其重要性能之一。实验测定装置如图 11-7 中所示，通过该装置可测定在一定温度下膜对不同离子的渗透特性，温度可控范围为 5～100℃。该装置由传导池、恒温水浴、搅拌器、电极、pH 计等部分组成。其中传导池是核心部分，是离子扩散过程发生的场所，其如图 11-8 所示。

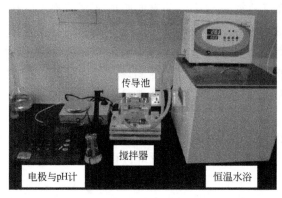

图 11-7　膜中离子扩散选择性实验装置

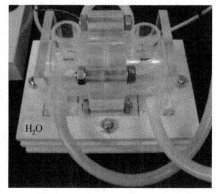

图 11-8　离子渗透性测定用传导池结构

该装置由左右两部分组成，测量时将膜放在中间，并用螺栓进行固定以避免漏液，从膜两侧圆孔向腔室中分别倒入电解质溶液和去离子水。传导池中溶液腔室外围还有一层夹套，该夹套通过软管与循环恒温水浴连接，将水浴中的恒温水在夹套与水浴之间循环，从而在实验过程中保证膜两侧溶液恒温。组装后的传导池放在搅拌器上，搅拌器中将磁铁与微电机固定在架子上，微电机通过导线与电源连接，把磁力搅拌子放入传导池中即可实现搅拌，通过电源的电压变化控制搅拌速度。电极与 pH 计用于测量渗透侧溶液中的离子浓度，测量时将电极插入传导池上端圆孔中。

质子传导膜的离子选择性系数定义为氢离子和 VO^{2+} 浓度曲线斜率之比，可通过下式确定。

$$离子选择性系数 = \frac{k(\mathrm{H}^+)}{k(\mathrm{VO}^{2+})} \tag{11-6}$$

式中，$k(\mathrm{H}^+)$ 和 $k(\mathrm{VO}^{2+})$ 分别代表氢离子和 VO^{2+} 浓度曲线斜率。

严格来讲，离子选择性系数应等于氢离子和 VO^{2+} 扩散系数之比，根据菲克第一定律 $J = -D \dfrac{\mathrm{d}c}{\mathrm{d}x}$，$J$ 等于离子扩散系数 D 和浓度梯度 $\dfrac{\mathrm{d}c}{\mathrm{d}x}$ 的乘积，因此 D 和 $\dfrac{\mathrm{d}c}{\mathrm{d}x}$ 之间有关联。但在 3mol/L $\mathrm{H_2SO_4}$ 水溶液中，$\mathrm{HSO_4^-}$ 的次级电离不充分，因此溶液中的氢离子浓度小于 6 mol/L，如果使用菲克第一定律计算离子扩散系数，需要溶液中氢离子总浓度的精确值，为了方便起见，可把离子选择性系数直接定义为氢离子和 VO^{2+} 浓度曲线斜率之比，该值能够表征膜的离子选择性透过能力。

（3）耐腐蚀性

全钒液流电池所用的电解液为金属钒离子的硫酸水溶液，$\mathrm{VO_2^+}$ 具有较强的氧化性，质子传导膜若要长期使用，需要对膜的化学稳定性进行考察。膜的化学稳定性决定了在电池运行过程中膜内高分子化学键的强弱程度，直接影响膜的使用寿命，是判断所制备的质子传导膜能否用于电池过程的决定性因素。可采用 Fenton 试剂氧化法测试，衡量指标为氧化前后膜的剩余质量分数。

Fenton 试剂由质量分数为 3% 的 $\mathrm{H_2O_2}$ 溶液和 Fe^{2+} 溶液（浓度没有特别规定，本实验采用 0.01mol/L 浓度的 Fe^{2+} 溶液）组成，其氧化性强，稳定性较差，需测试前进行配制。Fe^{2+} 是催化剂，$\mathrm{H_2O_2}$ 是有效氧化剂。

测试过程描述：

① 剪取一定的膜片段（比如 2cm×2cm 尺寸大小），置于烘箱内烘干至恒重，记录膜样品质量为 A。

② 将烘干至恒重的膜样品放入烧杯，加入新配制的质量分数为 3% 的 $\mathrm{H_2O_2}$ 溶液，保证膜被完全浸没。将烧杯置于 60℃ 水浴中加热，同时往烧杯中滴加 2～3 滴 0.01mol/L 浓度的 Fe^{2+} 溶液，保持恒温 3h。

③ 恒温 3h 后，将膜样品取出，置于装有稀硫酸的烧杯中浸泡 10min 并轻轻摇晃烧杯，之后用去离子水冲洗膜样品 3 遍。

④ 将冲洗干净的膜样品放入烘箱内再次烘干至恒重，记录膜样品质量为 B。

⑥ 计算剩余质量分数：

$$C = \frac{B}{A} \times 100\% \tag{11-7}$$

剩余质量分数越小，表示膜样品在氧化过程中有越多的化学键被氧化断裂，膜的抗氧化性越差，化学稳定性能越差。

此外，对于钒电池专用质子传导膜而言，可以将膜置于含有 100% 的 $\mathrm{VO_2^+}$ 硫酸水溶液中，加温到 60℃ 保持 5h，或者在室温下长期浸泡。利用 $\mathrm{VO_2^+}$ 是钒离子的最高价态，本身只能作为氧化剂使用；如果水溶液中存在被氧化的物质，将会检测到 VO^{2+} 出现。通过检测是否有 VO^{2+} 生成来间接评价膜材料的耐氧化性能。

目前，在燃料电池和液流电池中广泛使用的质子传导膜是美国杜邦公司 (DuPont) 生产的 Nafion 系列膜。由于 Nafion 膜中的分子链骨架是由碳氟键构成的，碳氟键的键能达到 485kJ/mol，该膜具有优异的化学稳定性，在具有超强氧化能力的 Fenton 试剂中处理性能基本不变。Nafion 膜虽然有优异的电导率和化学稳定性，但当把它使用在钒电池中时遇到了两个困难：① 钒离子渗透速率高；② 价格昂贵。由于 Nafion 膜制备过程复杂，工艺条件苛刻，氟原料价格昂贵，导致商品膜价格居高不下。在钒电池的电堆中采用 Nafion 膜时，膜材料在电堆总成本中占到 40% 左右，电堆成本无法满足市场要求。因此，质子传导膜成为液流电池储能装备产业化的主要障碍之一，膜材料的系统研究与批量化、低成本制造技术引起国内外研究人员广泛关注，特别近几年来取得许多新研究成果，下面介绍这些新的储能电池膜材料。

11.2　全氟磺酸类改性膜

Nafion 膜具有优异的电导率和化学稳定性，但是，阻钒性较差，导致钒电池过程自放电损失明显。Nafion 膜改性研究目标通常为降低钒离子渗透速率，提高膜材料选择性。根据所使用的共混物种类可分为聚合物共混、无机添加物共混、表面改性等方法。

11.2.1　Nafion/聚合物共混膜

根据 Klaus Schmidt-Rohr 等提出的平行水通道模型（图 11-9），在 Nafion 膜内部侧链上的磺酸基团具有强烈亲水性，而碳氟构成的主链是强疏水性的，因此在亲水疏水相互作用下，带有磺酸基团的侧链聚集在一起形成离子束，而碳氟主链包围在离子束周围。当把膜浸泡在水溶液中时，亲水性基团吸收水分并发生溶胀，从而在离子束内部形成"空腔"。该结构相当于在膜内部形成孔结构，钒离子可通过该孔结构发生渗透。由于 Nafion 膜在水溶液中的溶胀程度高，膜中的钒离子渗透速率较快。为了降低 Nafion 膜的钒离子渗透速率，可在其中添加疏水性聚合物，从而降低 Nafion 膜的溶胀程度，进而降低钒离子渗透速率。

Mai Zhensheng 等将 Nafion 树脂和聚偏氟乙烯（PVDF）同时溶解在二甲基甲酰胺中，充分溶解后在玻璃板上刮成薄膜并烘干得到了 Nafion/PVDF 共混膜。PVDF 具有高结晶度和高疏水性，引入 PVDF 后有效限制 Nafion 膜的溶胀行为，降低 VO^{2+} 通过膜的扩散速率（图 11-10）。

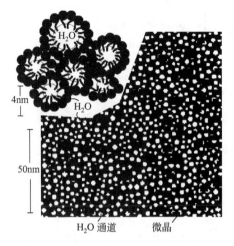

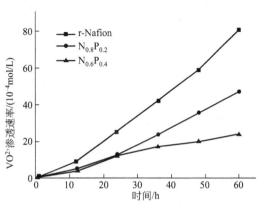

図 11-9　Nafion 膜的平行水通道模型　　　　图 11-10　Nafion/PVDF 共混膜和 Nafion 膜中的 VO^{2+} 渗透速率比较

该共混膜在钒电池单电池测试中比 Nafion 膜具有更高的库仑效率；当共混膜中 PVDF 质量分数为 20％时单电池能量效率高于 Nafion 膜，开路电压（OCV）衰减速率也只有重铸 Nafion 膜的 50％左右。

通过共混疏水性较强的聚合物，将膜内部离子束的溶胀程度控制在较低水平，提高膜对钒离子渗透过程的阻力。但是，氢离子的斯托克斯半径较小，渗透过程受到的阻力很小，因此膜的离子选择性系数也得到了提高，进而得到较高的电池库仑效率。

11.2.2　Nafion/无机添加物杂化膜

与聚合物共混法类似，在 Nafion 膜中引进 SiO_2 和 TiO_2 等无机添加物同样可以达到降低钒离子渗透速率的目的。

Panagiotis Trogadas 等将二氧化硅或二氧化钛颗粒添加到 Nafion 溶液中形成均匀分散的溶液，并通过流延法制成了杂化膜。随后将炭黑与 Nafion 的混合物反复喷涂在杂化膜两侧得到膜电极组件。杂化膜的电导率（54～55mS/cm）略低于 Nafion 膜，但钒离子渗透速率降低了约 80％～85％，电池性能有所提高。如图 11-11 所示，杂化膜中的三价和四价钒离子渗透速率明显低于纯 Nafion 膜，证明在 Nafion 溶液中引入二氧化硅颗粒等有助于提高膜阻钒性能。

Xi Jingyu 等将 Nafion 膜在甲醇/水溶液中充分溶胀后再加入正硅酸乙酯与甲醇的混合溶液（TEOS/MeOH），TEOS 与水分子之间发生溶胶凝胶反应。随后用甲醇清洗膜表面并烘干得到了 Nafion/SiO_2 杂化膜，制备方法如图 11-12 所示。

该杂化膜的离子交换容量和电导率与纯 Nafion 膜基本相同，但钒离子渗透速率得到显著降低，因此开路电压下降速率明显降低。该膜在单电池测试中表现出

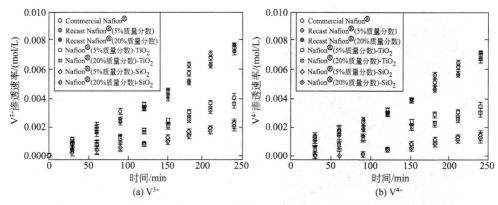

图 11-11　Nafion/SiO$_2$（TiO$_2$）杂化膜和 Nafion 膜中 V^{3+} 和 V^{4+} 渗透速率比较

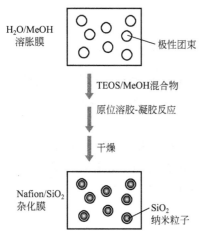

图 11-12　Nafion/SiO$_2$ 杂化膜制备原理

更高的库仑效率和能量效率，证明该方法对提高 Nafion 膜的阻钒性能有积极意义。

　　Teng Xiangguo 等使用类似方法将 Nafion 与有机改性的硅酸盐杂化得到了性能更优异的质子传导膜。从以上几个案例中可以看到无机添加物的引入对 Nafion 膜的阻钒性能改进有重要帮助。由于引入无机颗粒后在一定程度上填充了 Nafion 膜内部由溶胀引起的孔结构，从而增加了钒离子渗透的阻力。对于氢离子而言，斯托克斯半径非常小，不易受到填充物的影响。因此杂化膜的离子选择性能有了很大改善，电池库仑效率得到提高。

11.2.3　Nafion 表面改性

　　除了在 Nafion 膜中掺杂聚合物或无机添加物以外，还可以对其进行表面改性，提高阻钒性能。Luo Qingtao 等制备了 Nafion 与磺化聚醚醚砜（SPEEK）的复合膜（N/S 膜），通过化学反应在 SPEEK 膜层与 Nafion 膜层之间形成了中间过渡层，反应过程如图 11-13 所示。

　　该复合膜的面电阻（面电阻等于电导率和膜厚的乘积）略高于 Nafion 膜，但钒离子渗透速率得到显著降低。同时由于该膜中 Nafion 含量低于 SPEEK 含量，因此膜成本得到了一定降低，具有较好的商业价值。

　　Luo Qingtao 等还利用界面聚合的方法在 Nafion 117 膜的表面上形成了带有阳离子电荷的聚合物层，反应机理如图 11-14 所示，图中 R 代表 Nafion 膜。界面聚合后形成复合膜，虽然电导率有所下降，但阻钒性能得到了显著提高，水迁移速率降低。

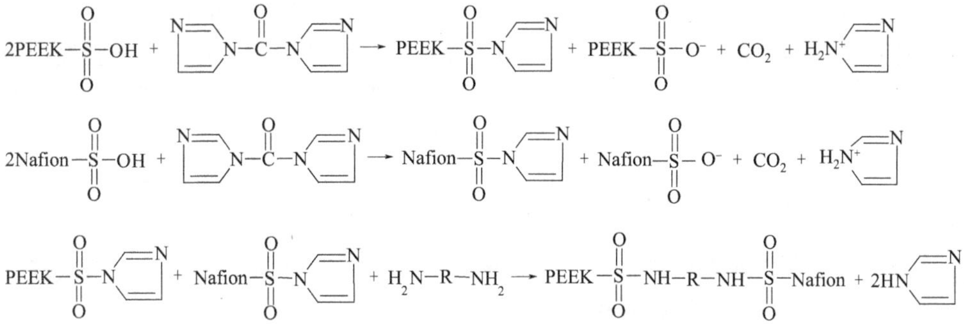

图 11-13　N/S 膜制备反应过程

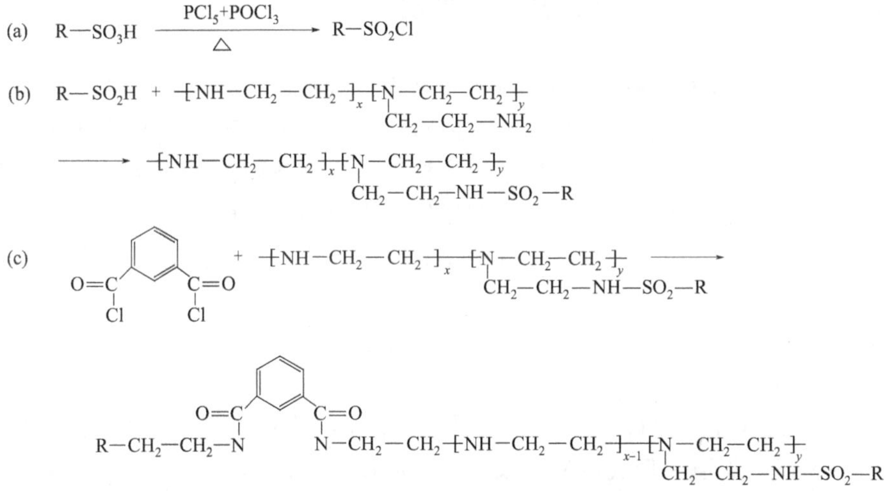

(a)　$R-SO_3H \xrightarrow[\triangle]{PCl_5+POCl_3} R-SO_2Cl$

(b)

(c)

图 11-14　Nafion 117 膜表面改性反应机理

　　Zeng Jie 等通过电沉积法在 Nafion 膜表面形成了聚吡咯层（图 11-15）。复合膜电导率相比于纯 Nafion 膜有所提高，四价钒离子渗透速率降低了 5 倍以上，水迁移速率降低 3 倍以上。

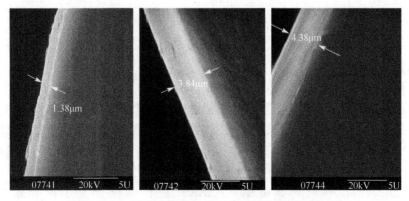

图 11-15　电沉积法修饰 Nafion 表面后的侧面电镜照片

除去聚合物共混、无机添加物杂化、表面改性所述三种 Nafion 膜改性方法以外，还有其他多种途径，比如 B. Tian 等在铅酸电池中使用的 Daramic 微孔膜中填充了 Nafion 溶液并烘干制备了复合膜。该膜的水吸收率有所下降，开路电压下降速率也远小于未填充 Nafion 溶液的 Daramic 微孔膜。

需要指出的是上述改性方法均基于全氟磺酸乳液和 Nafion 膜进行的后处理过程，通常情况下为了保证共混膜良好的电导性，复合膜中共混物的含量较低。因此，得到的复合膜成本仍非常高。通过该方法获得既能够满足电导率和离子选择性要求，且成本较低的膜材料存在很大障碍。

11.3 非全氟型质子传导膜

由于 Nafion 膜的价格昂贵且阻钒性能较差，人们希望使用非全氟型聚合物制备质子传导膜。采用的方法包括：①使用磺化聚醚醚酮、磺化聚芴基醚酮、磺化聚二苯砜等，或通过对聚偏氟乙烯进行接枝等方法制备阳离子交换膜；②采用聚丙烯或聚四氟乙烯膜作为离子交换膜支撑体，或使用磷钨酸、二氧化硅等进行改性；③对阴离子交换膜进一步交联或磺化等改性方法；④两性离子交换膜同时含有阳离子交换基团和阴离子交换基团，兼顾阳离子交换膜的高电导率和阴离子交换膜的高阻钒性能，在合理的制膜条件下能够得到性能较优的膜材料。下面介绍一些具体案例。

Mai Zhensheng 等制备了磺化聚醚醚酮，分子结构式如图 11-16 所示，并将其溶解在甲基吡咯烷酮中形成溶液，该溶液在玻璃板上流延成膜。钒电池单电池测试说明该膜钒离子渗透速率比 Nafion 115 膜低约一个数量级，库仑效率达到 97%以上，能量效率达到 84%以上，经过 80 次以上充放电循环膜性能保持稳定，且该膜成本低，具有很好的应用价值。

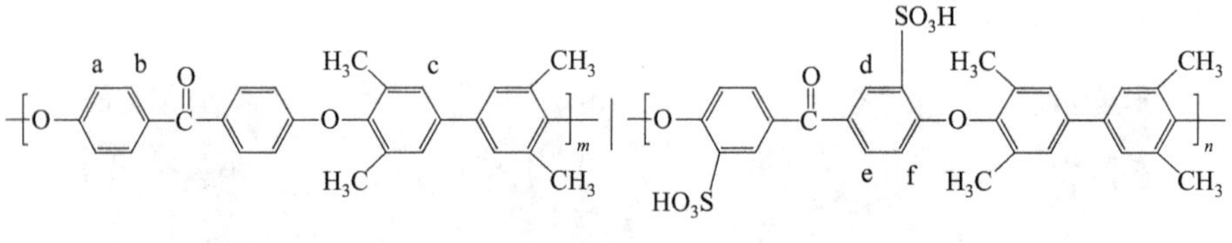

图 11-16 磺化聚醚醚酮分子结构式

Chen Dongyang 等合成了磺化聚芴基醚酮，磺化聚亚芳基醚砜等多种含有离子交换基团的聚合物，溶解在二甲基乙酰胺中形成溶液，在玻璃板上流延后烘干成膜。这类质子传导膜表现出了同 Nafion 117 膜近似或更高的电导率，钒离子渗透速率得到显著降低，降低幅度同 Nafion 117 膜相比最高达到两个数量级。

Jia Chuankun 等对聚醚醚酮（PEEK）进行磺化得到了磺化聚醚醚酮（SPEEK）。将得到的 SPEEK 与磷钨酸（TPA）溶解在二甲基亚砜中得到溶液，溶液的一半倒在玻璃板上，并将厚度约为 $140\mu m$ 的聚丙烯（PP）薄膜（来自镍氢电池）浸入其中。将上述膜烘干后再把其余一半溶液倒在 PP 薄膜上，并进行烘干。通过上述步骤得到的膜称作 S/T/P 膜，其断面电子显微镜照片如图 11-17 所示，从图中看到该膜由三层结构层叠在一起形成的，上下层分别由 SPEEK 和 TPA 组

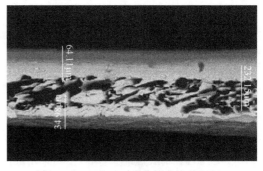

图 11-17　S/T/P 膜的断面电镜照片

成，而中间层是由 PP 薄膜及填充在其膜孔中的 SPEEK 和 TPA 组成。

　　该膜用于钒电池中时电压效率略低于 Nafion 212 膜，但阻钒性能和电池整体表现均优于 Nafion 212 膜。由于该膜未使用全氟材料，因此膜成本远低于 Nafion 系列膜，具有很好的商业化价值。

　　Chen Dongyang 等将磺化聚芴基醚酮与二氧化硅或带有磺酸基团的二氧化硅溶解在二甲基乙酰胺中并通过流延法制成有机/无机杂化膜。该膜离子选择性系数高于 Nafion 117 膜，且在钒电池单电池实验中表现出了相比于单一的磺化聚芴基醚酮膜更高的库仑效率和平均放电电压。

　　利用同种电荷相斥原理，研究开发多种阴离子交换膜，期望提供良好的阻止钒离子渗透特性。Xing Dongbo 等制备了多种季铵化阴离子交换膜并研究胺种类及不同季铵化时间、温度、浓度等条件对离子交换容量、含水率、离子选择性系数等性能的影响。其中，季铵化杂萘联苯聚芳醚砜阴离子交换膜随着季铵化时间、温度和浓度的提高，离子交换容量和含水率均提高，面电阻降低。将该膜应用于钒电池中，电池能量效率达到 87.9%，能量效率和阻钒性能均优于 Nafion 112 膜和 Nafion 117 膜。

　　Qiu Jingyi 等采用了辐射接枝的方法制备了多种两性离子交换膜，并在钒电池中进行应用研究。将苯乙烯和甲基丙烯酸二甲氨乙酯通过 γ 射线辐照，引发 PVDF 薄膜表面共聚接枝，得到了两性离子交换膜，制备过程如图 11-18 所示。

　　通过上述方法得到的离子交换膜具有阳离子交换膜和阴离子交换膜的双重优点，即相比于阳离子交换膜更低的钒离子渗透速率，以及相比于阴离子交换膜更高的电导率。

　　非全氟型质子传导膜成本较低，易于制备，存在多种聚合物可供选用。通过大量的研究开发，有望获得钒电池使用的膜材料。但是，非全氟型质子传导膜最大的挑战在于膜稳定性。目前大部分研究的重点在于制备电导率高、电池效率高的膜材料，但对于膜稳定性缺乏长时间的验证。文献中报道的膜稳定性验证大部分限制在几百个循环或几十天之内，而实际钒电池电堆的设计使用寿命在 10 年或更长。因此，现有的稳定性验证无法保证长期使用稳定性。

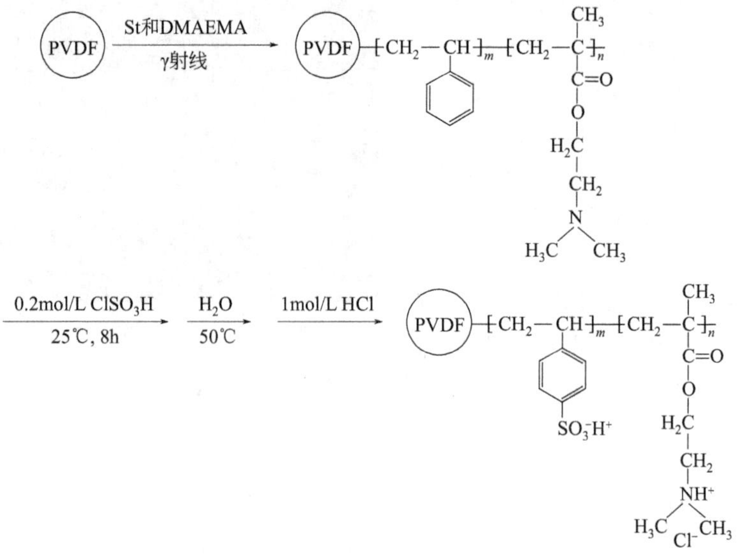

PVDF $\xrightarrow[\gamma\text{射线}]{\text{St和DMAEMA}}$ PVDF $-[CH_2-CH]_m-[CH_2-C]_n-$ ...

$\xrightarrow[25℃, 8h]{0.2mol/L\ ClSO_3H}$ $\xrightarrow{H_2O}$ $50℃$ $\xrightarrow{1mol/L\ HCl}$ PVDF $-[CH_2-CH]_m-[CH_2-C]_n-$ ...

图 11-18　两性离子交换膜的制备过程

电解液中的五价钒离子具有强氧化性，质子传导膜在使用过程中受到的破坏作用主要来源于此。Soowhan Kim 等研究了磺化聚砜类膜在钒电池电堆充放电过程以及在 VO^{2+} 溶液浸泡过程中的稳定性，证明五价钒离子对该膜有非常明显的破坏作用，但是二至四价钒离子无明显破坏作用。Maria Skyllas-Kazacos 等研究了更多种类的质子传导膜的稳定性，结果表明 Nafion 系列膜具有优异的化学稳定性，其他膜的耐氧化能力则呈现出很大差异。采用化学改性方法往往会导致膜中原有化学键断裂，该部位的化学键形成不稳定的分子链段，遇到强氧化剂五价钒离子时容易被氧化，导致膜性能劣化。

11.4　新型纳米尺度孔径多孔膜及其应用开发

多年以来，人们已经为钒电池系统研究多种质子传导膜，但是，仍然没有任何一种膜材料同时满足高导电性、阻钒性、稳定性和低成本要求。传统的质子传导膜中的离子传导过程一般被认为是通过离子交换过程实现的，因此在更多情况下称为离子交换膜，在实际使用过程离子交换基团（固定电荷）的化学键断裂，往往成为膜性能劣化的"症结"。纳滤膜等在水处理过程中广泛使用的膜材料也有选择性透过能力，但其选择性透过能力是来源于其孔结构对不同离子的筛分效应。纳滤膜具有非常小的孔结构，甚至已经达到了聚合物的自由体积，其截留分子量大约在 $150\sim500$，对二价离子及多价离子有良好的截留特性。

钒电池的电解液由不同价态钒离子的硫酸水溶液组成，其中的钒离子以水合离子形式存在。利用钒离子水合物体积远大于氢离子体积的特征，有望突破膜中离子交换的传质机理，发展以"筛分效应"和"静电排斥"机理为主导的新膜。

Zhang Hongzhang 等报道采用纳滤膜在钒电池中应用的研究成果。由于氢离子斯托克斯半径较小，可顺利通过纳滤膜在正极和负极电解液之间迁移，但是钒离子斯托克斯半径较大，无法通过纳米尺度膜孔进行迁移，膜材料表现出良好的阻钒特性（图11-19）。

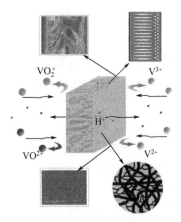

图 11-19　纳滤膜在钒电池中的工作原理

文献［54］分别制备 M1、M2、M3 三种纳滤膜，其孔径分布从 M1～M3 逐渐减小。使用 M3 膜进行钒电池单电池的长期运行实验，能量效率达到 70％以上。在 250 个充电/放电循环过程中膜性能无衰减现象，说明该膜在钒电池电解液中有优异的化学稳定性，为其实际应用奠定了基础。

文献［55］在分析总结现有钒电池膜材料基础上，提出高分子亲水/疏水相互作用诱导溶液相分离的成膜原理。通过在分子水平上控制成膜过程动力学，制备孔径在纳米尺度的高稳定性膜材料，研发成功使用聚偏氟乙烯（PVDF）材料的纳米多孔质子传导膜。如图 11-20 所示，制膜主要包括三个步骤：①疏水性聚合物 PVDF 和亲水性单体添加物溶解在溶剂中形成真溶液，溶液中 PVDF 聚合物的长链分子和添加物的小分子均匀分散在溶剂中。②在溶剂挥发过程使单体发生聚合反应，随着溶液浓度升高，亲水性单体聚合形成的低聚物和疏水性高分子间距离逐渐增大，各自团聚成单一组分富集相，超过临界相变浓度后发生相分离，形成了添加物聚集体分散在 PVDF 空间网络中的结构。③将脱除溶剂的膜浸入水中，除去膜中的水溶性低分子聚合物，留下的"空穴"彼此连通成为纳米尺度孔径的多孔膜。

(a) 均相铸膜液　　　　(b) 聚合反应+溶剂挥发　　　　(c) 除去低聚体致孔剂后形成多孔膜

图 11-20　高分子亲水/疏水相互作用诱导溶液相分离制膜机理

根据上述成膜机理，以聚偏氟乙烯（PVDF）和烯丙基磺酸钠（SAS）为主要原料，采用溶液流延法制膜，得到的质子传导膜电导率超过 2×10^{-2} S/cm，爆破强度超过 0.3 MPa。铸膜液中聚合物单体 SAS 含量对膜孔径分布有重要影响，利用氮气吸附测得膜孔径主要分布在 4～6nm 范围，比表面积约 $10m^2/g$。

制得的 PVDF 质子传导膜的纳米孔分布较窄，离子通过多孔网络结构时受到一定阻力。H^+ 的斯托克斯半径比 VO^{2+} 小得多，通过膜时受到的阻力较小，筛分效应使得 H^+ 通过膜的渗透速率远高于 VO^{2+}，该膜具有从电解液中选择性透过 H^+ 的能力，其质子选择性系数达到 306。随着铸膜液中致孔剂含量从 20% 增加到 30%，膜中形成更多的孔结构，离子通过膜扩散的途径增多，离子渗透速率变大，渗透侧中 H^+ 和 VO^{2+} 浓度增加速率变大。

在此基础上，研究开发了这种纳米多孔膜制膜设备，并且实现钒电池专用质子传导膜的规模化批量制备。工业生产设备上能够制造有效面积为 800mm × 1000mm 及 1000mm × 1000mm 的质子传导膜，膜厚度在 $60 \sim 150 \mu m$ 之间可调，膜性能满足全钒液流电池产业化需要。将该 PVDF 质子传导膜用于组装全钒液流电池电堆，图 11-21 给出 15kW 钒电池电堆和充电/放电循环过程能量效率变化情况，电池充电/放电过程能量效率超过 70%。已通过 1000h 试验，电池性能稳定。

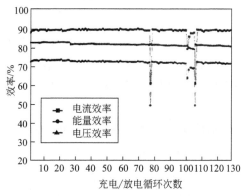

(a) 功率15kW的VFB电堆实景照片　　(b) 钒电池充电/放电运行过程效率

图 11-21　使用 PVDF 质子传导膜的 VRFB 电堆和充电/放电过程效率曲线

利用高分子亲水/疏水相互作用诱导溶液相分离的制膜过程具有如下特点。

① 通过选用合适的亲水性单体以及调控低聚物的分子量，能够在纳米尺度上准确控制膜孔径。

② 利用溶解方式除去膜中低聚物，形成的纳米多孔膜仅仅由疏水性高分子基体材料构成，膜材料耐腐蚀、耐溶胀特性与亲水性低聚物无关，此时的低聚物仅仅发挥致孔剂作用，能够制成耐电化学腐蚀的高稳定性膜材料。

③ 制膜工艺简单，过程容易实现，有利于工程放大和低成本批量制造。

综上所述，高分子亲水/疏水相互作用诱导相分离成膜过程，充分利用亲水性极性分子与疏水性非极性分子之间的相互作用力差别，结合成膜过程技术与工艺，延伸和拓展相分离法制备高分子多孔膜的应用范围。特别是采用不同分子量的亲水性低分子聚合物，能够在分子水平上调控膜孔径，制备具有纳米尺度孔径的高分子多孔膜，同时满足液流电池等新兴能源技术发展对质子传导膜的技术性能、经济指标的多项要求。

PVDF 质子传导膜在全钒液流电池储能装备上的应用

应用实例：100kW×8h 的电力储能系统示范工程

面向国家新能源产业发展的社会需求，利用清华大学自主研究开发的具有纳米孔径的 PVDF 质子传导膜，于 2013 年 12 月，在河北承德建立了全钒液流电池储能装备的工业示范装置。该装置的储电能力为 100kW×8h，与装机 22kW 的小型风力发电、32kW 的光伏发电，共同组成微型电网系统。图 11-22 是全钒液流电池工业示范装置及储能电站的实景照片。实际运行表明：该质子传导膜选择性高、导电性强、稳定性好，储能系统能量效率超过 70%，完全能够代替目前市售全氟磺酸离子交换膜，为我国新能源储能产业发展打下坚实的技术基础。

图 11-22　全钒液流电池工业示范装置及储能电站实景照片

质子传导膜是液流电池的关键材料之一，高性能质子传导膜将促进电化学储能与能量转化装备发展，满足可再生能源发电和节能技术领域国家重大需求。研究开发新型膜材料过程，需要考虑用于电化学过程的膜材料必须同时满足多项要求，包括优良的导电性、选择性、化学和电化学长期稳定性，以及合理的制膜成本等。目前大部分研究致力于制备具有高电导率，氧化剂或还原剂低渗透速率的膜材料，但对膜稳定性未给予足够重视。随着储能电池技术的逐渐成熟，膜稳定性的考察与提高将会是重要研究方向。最近出现的具有纳米尺度孔径的多孔膜中不存在离子交换基团，对氢离子的选择性透过是利用膜对不同离子的筛分效应。选择在钒电池电解液中稳定性良好的聚合物，有望制备满足液流电池多项要求的膜材料，该类研究工作方兴未艾，需要引起更多的关注和努力，高性能膜材料技术将成为大规模蓄电储能新兴产业的重要组成部分。

电化学储能科学与工程的发展，将会极大改变现有的工业面貌和人们的生活方式，引起能源技术的革命性进步，尤其在以下领域将会发挥重要作用。

① 可再生能源：将风力发电、太阳能发电和蓄电储能装备共同组成微型电网，利用储能实现电网稳定的能源输出，形成基于可再生能源的分布式能源供给系统。

② 交通运输：利用电池来代替现有内燃机为车辆提供动力的电动车工业，将会构成未来交通运输的主要方式。

③ 电能管理与调度：通过蓄电储能技术实现现有电网"削峰填谷"，能够缓和电力供需矛盾，进行高效调度，提高输配电网的"柔性"。

④ 节能减排：把火力发电厂夜间输出的"低谷"电储存起来，白天用电"高峰"时再释放出来，以此减少火电机组能耗，提高能源利用率；降低火力发电污染排放。

⑤ 通信行业：现代通讯行业和大型用电企业的应急电源和动力电源。

⑥ 国防建设：用于机场、雷达等重要军事设施和机要部门的应急电源和动力电源。

储能与电化学能量转化给生活带来的变化如图 11-23 所示。

(a) 纯电动汽车

(b) 现代通信系统

(c) 绿色的智能电网

图 11-23　储能与电化学能量转化给生活带来的变化

参 考 文 献

[1] 徐铜文，黄川徽. 离子交换膜的制备与应用技术. 北京：化学工业出版社，2008：3-6.

[2] Li Li，Xu C C，Chen C C，et al. Sodium alanate system for efficient hydrogen Storage. International journal of hydrogen energy，2013，38：8798-8812.

[3] Aishwarya Parasuraman，Tuti Mariana Lim，Chris Menictas，Maria Skyllas-Kazacos. Review of material research and development for vanadium redox flow battery applications. Electrochimica Acta，2013，101：27-40.

[4] Skyllas-Kazacos M，Chakrabarti M H，Hajimolana S A，Mjalli F S，Saleem M. Progress in flow battery research and development. Journal of The Electrochemical Society，2011，158 (8)：55-79.

[5] 贾志军，宋士强，王保国. 液流电池储能技术研究现状与展望. 储能科学与技术，2012，1 (1)：50-57.

[6] Wang Y R，He P，Zhou H S. Li-Redox Flow Batteries Based on Hybrid Electrolytes：At the Cross Road between Li-ion and Redox Flow Batteries. Adv. Energy Mater.，2012，2：770-779.

[7] Karina B. Hueso，Michel Armand，Teófilo Rojo. High temperature sodium batteries：status，challenges

and future trends. Energy Environ. Sci.，2013，6，734-749.

[8] 青格乐图，郭伟男，范永生，王保国. 全钒液流电池用质子传导膜研究进展. 化工学报，2013，64（2）：427-435.

[9] Li X F，Zhang H M，Mai Z S，et al. Ion exchange membranes for vanadium redox flow battery（VRB）applications. Energy Environ. Sci.，2011，4，1147-1160.

[10] Zhaoliang Cuia，Enrico Driolia，Young Moo Lee. Recent progress in fluoropolymers for membranes，*Progress in Polymer Science*，2014，39，164-198；Han Shuai-Yuan，Yue Bao-Hua，Yan Liu-Ming. Research Progress in the Development of High-Temperature Proton Exchange Membranes Based on Phosphonic Acid Group. Acta. Physico-Chimica Sinica，2014，30，8-21.

[11] Schmidt-Rohr K，Chen Qiang. Parallel cylindrical water nanochannels in Nafion fuel-cell membranes. Nat. Mater.，2008，7：75-83.

[12] Mai Zhensheng，Zhang Huamin，Li Xianfeng，Xiao Shaohua，Zhang Hongzhang. Nafion/polyvinylidene fluoride blend membranes with improved ion selectivity for vanadium redox flow battery application. J. Power Sources，2011，196：5737-5741.

[13] Trogadas P，Pinot E，Fuller T F. Composite，solvent-casted Nafion membranes for vanadium redox flow batteries. Electrochem. Solid State Lett.，2012，15（1）：A5-A8.

[14] Xi Jingyu，Wu Zenghua，Qiu Xinping，Chen Liquan. Nafion/SiO_2 hybrid membrane for vanadium redox flow battery. J. Power Sources，2007，166：531-536.

[15] Teng Xiangguo，Zhao Yongtao，Xi Jingyu，Wu zenghua，Qiu Xinping，Chen Liquan. Nafion/organic silica modified TiO_2 composite membrane for vanadium redox flow battery via in situ sol-gel reactions. J. Membr. Sci.，2009，341：149-154.

[16] Teng Xiangguo，Zhao Yongtao，Xi Jingyu，Wu zenghua，Qiu Xinping，Chen Liquan. Nafion/organically modified silicate hybrids membrane for vanadium redox flow battery. J. Power Sources，2009，189：1240-1246.

[17] Vijayakumar M，Schwenzer B，Kim S，Yang Zhenguo，Thevuthasan S，Liu jun，Graff G L，Hu Jianzhi. Investigation of local environments in Nafion-SiO_2 composite membranes used in vanadium redox flow batteries. Solid State Nucl. Magn. Reson.，2012，42：71-80.

[18] Teng Xiangguo，Lei jie，Gu Xuecai，Dai Jicui，Zhu Yongming，Li Faqiang. Nafion-sulfonated organosilica composite membrane for all vanadium redox flow battery. Ionics，2012，18：513-521.

[19] Teng Xiangguo，Zhao Yongtao，Xi Jingyu，Wu Zenghua，QiuXinping，Chen Liquan. Nafion/organic silica hybrid membrane for vanadium redox flow battery. *Acta Chimica* Sinica，2009，67（6）：471-476.

[20] Luo Qingtao，Zhang Huamin，Chen Jian，You Dongjiang，Sun Chenxi，Yu Zhang. Preparation and characterization of Nafion/SPEEK layered composite membrane and its application in vanadium redox flow battery. *J. Membr. Sci.*，2008，325：553-558.

[21] Luo Qingtao，Zhang Huamin，Chen Jian，Qian Peng，Zhai Yunfeng. Modification of Nafion membrane using interfacial polymerization for vanadium redox flow battery applications. *J. Membr. Sci.*，2008，311：98-103.

[22] Zeng Jie，Jiang Chunping，Wang Yaohui，Chen Jinwei，Zhu Shifu，Zhao Beijun，Wang Ruilin. Studies on polypyrrole modified Nafion membrane for vanadium redox flow battery. Electrochem. *Commun.*，2008，10：372-375.

[23] Tian B，Yan C W，Wang F H. Proton conducting composite membrane from Daramic/Nafion for vanadium redox flow battery. J. Membr. Sci.，2004，234：51-54.

[24] Mai Zhensheng，Zhang Huamin，Li Xianfeng，Bi Cheng，Dai hua. Sulfonated poly（tetramethydiphenyl ether

ether ketone) membranes for vanadium redox flow battery application. J. Power Sources, 2011, 196: 482-487.

[25] Chen Dongyang, Wang Shuanjin, Xiao Min, Meng Yuezhong. Preparation and properties of sulfonated poly (fluorenyl ether ketone) membrane for vanadium redox flow battery application. J. Power Sources, 2010, 195: 2089-2095.

[26] Chen Dongyang, Wang Shuanjin, Xiao Min, Han Dongmei, Meng Yuezhong. Synthesis of sulfonated poly (fluorenyl ether thioether ketone) s with bulky-block structure and its application in vanadium redox flow battery. Polymer, 2011, 52: 5312-5319.

[27] Chen Dongyang, Wang Shuanjin, Xiao Min, Meng Yuezhong. Synthesis and characterization of novel sulfonated poly (arylene thioether) ionomers for vanadium redox flow battery applications. Energy Environ. Sci., 2010, 3: 622-628.

[28] Chen Dongyang, Wang Shuanjin, Xiao Min, Meng Yuezhong. Synthesis and properties of novel sulfonated poly (arylene ether sulfone) ionomers for vanadium redox flow battery. Energy Conv. Manag., 2010, 51: 2816-2824.

[29] Kim S, Yan Jingling, Schwenzer B, Zhang Jianlu, Li Liyu, Liu Jun, Yang Zhenguo, Hickner M A. Cycling performance and efficiency of sulfonated poly (sulfone) membranes in vanadium redox flow batteries. Electrochem. Commun., 2010, 12: 1650-1653.

[30] Wang Nanfang, Peng Sui, Li Yanhua, Wang Hongmei, Liu Suqin, Liu Younian. Sulfonated poly (phthalazinone ether sulfone) membrane as a separator of vanadium redox flow battery. J. Solid State Electrochem., 2012, 16: 2169-2177.

[31] Hwang G J, Ohya H. Preparation of cation exchange membrane as a separator for the all-vanadium redox flow battery. J. Membr. Sci., 1996, 120: 55-67.

[32] Mohammadi T, Skyllas-Kazacos M. Preparation of sulfonated composite membrane for vanadium redox flow battery applications. J. Membr. Sci., 1995, 107: 35-45.

[33] Li Liangqiong, Chen Jinwei, Lu Hui, Jiang Chunping, Gao Shan, Yang Xin, Lian Xiaojuan, Liu Xiaojiang, Wang Ruilin. Effect of sulfonated poly (ether ether ketone) membranes with different sulfonation degrees on the performance of vanadium redox flow battery. Acta Chimica Sinica, 2009, 67 (24): 2785-2790.

[34] Luo Xuanli, Lu Zhengzhong, Xi Jingyu, Wu Zenghua, Zhu Wentao, Chen Liquan, Qiu Xinping. Influences of Permeation of Vanadium Ions through PVDF-g-PSSA Membranes on Performances of Vanadium Redox Flow Batteries. J. Phys. Chem. B, 2005, 109: 20310-20314.

[35] Jia Chuankun, Liu Jianguo, Yan Chuanwei. A multilayered membrane for vanadium redox flow battery. J. Power Sources, 2012, 203: 190-194.

[36] Wei Wenping, Zhang Huamin, Li Xianfeng, Mai Zhensheng, Zhang Hongzhang. Poly (tetrafluoroethylene) reinforced sulfonated poly (ether ether ketone) membranes for vanadium redox flow battery application. J. Power Sources, 2012, 208: 421-425.

[37] Jia Chuankun, Liu Jianguo, Yan Chuanwei. A significantly improved membrane for vanadium redox flow battery. J. Power Sources, 2010, 195: 4380-4383.

[38] Chen Dongyang, Wang Shuanjin, Xiao Min, Han Dongmei, Meng Yuezhong. Sulfonated poly (fluorenyl ether ketone) membrane with embedded silica rich layer and enhanced proton selectivity for vanadium redox flow battery. J. Power Sources, 2010, 195: 7701-7708.

[39] Lin Ying-Chih, Huang Shu-Ling, Yeh Chun-Hung, Hsueh Kan-Lin, Hung Ju-Hsi, Wu Chun-Hsing, Tsau Fang-Hei. Preparation of cellulose acetate/PP composite membrane for vanadium redox flow

battery applications. Rare Metals，2011，30：22-26.

[40] Wang Nanfang，Peng Sui，Wang Hongmei，Li Yanhua，Liu Suqin，Liu Younian. SPPEK/WO$_3$ hybrid membrane fabricated via hydrothermal method for vanadium redox flow battery. Electrochem. Commun.，2012，17：30-33.

[41] Kim J G，Lee S H，Choi S I，Jin C S，Kim J C，Ryu C H，Hwang G J. Application of Psf-PPSS-TPA composite membrane in the all-vanadium redox flow battery. J. Ind. Eng. Chem.，2010，16：756-762.

[42] Mohammadi T，Skyllas-Kazacos M. Use of polyelectrolyte for incorporation of ion-exchange groups in composite membranes for vanadium redox flow battery applications. J. Power Sources，1995，56：91-96.

[43] Xing Dongbo，Zhang Shouhai，Yin Chunxiang，Zhang Bengui，Jian Xigao. Effect of amination agent on the properties of quaternized poly（phthalazinone ether sulfone）anion exchange membrane for vanadium redox flow battery application. J. Membr. Sci.，2010，354：68-73.

[44] Zhang Shouhai，Yin Chunxiang，Xing Dongbo，Yang Daling，Jian Xigao. Preparation of chloromethylated/quaternized poly（phthalazinone ether ketone）anion exchange membrane materials for vanadium redox flow battery applications. J. Membr. Sci.，2010，363：243-249.

[45] Zhang Bengui，Zhang Shouhai，Xing Dongbo，Yin Chunxiang，Han Runlin，Jian Xigao. Quaternized poly（phthalazinone ether ketone ketone）anion-exchange membrane for all-vanadium redox flow battery. Acta Chimica Sinica，2011，69（21）：2583-2588.

[46] Hwang G J，Ohya H. Crosslinking of anion exchange membrane by accelerated electron radiation as a separator for the all-vanadium redox flow battery. J. Membr. Sci.，1997，132：55-61.

[47] Mohammadi T，Skyllas-Kazacos M. Modification of anion-exchange membranes for vanadium redox flow battery applications. J. Power Sources，1996，63：179-186.

[48] Hu Guowen，Wang Yu，Ma Jun，Qiu Jingyi，Peng Jing，Li Jiuqiang，Zhai Maolin. A novel amphoteric ion exchange membrane synthesized by radiation-induced grafting α-methylstyrene and N，N-dimethylaminoethyl methacrylate for vanadium redox flow battery application. J. Membr. Sci.，2012，407-408：184-192.

[49] Qiu Jingyi，Zhang Junzhi，Chen Jinhua，Peng Jing，Xu Ling，Zhai Maolin，Li Jiuqiang，Wei Genshuan. Amphoteric ion exchange membrane synthesized by radiation-induced graft copolymerization of styrene and dimethylaminoethyl methacrylate into PVDF film for vanadium redox flow battery applications. J. Membr. Sci.，2009，334：9-15.

[50] Qiu Jingyi，Zhai Maolin，Chen Jinhua，Wang Yu，Peng Jing，Xu Ling，Li Jiuqiang，Wei Genshuan. Performance of vanadium redox flow battery with a novel amphoteric ion exchange membrane synthesized by two-step grafting method. J. Membr. Sci.，2009，342：215-220.

[51] Kim S，Tighe T B，Schwenzer B，Yan Jingling，Zhang Jianlu，Liu Jun，Yang Zhenguo，Hickner M A. Chemical and mechanical degradation of sulfonated poly（sulfone）membranes in vanadium redox flow batteries. J. Appl. Electrochem.，2011，41：1201-1213.

[52] Sukkar T，Skyllas-Kazacos M. Membrane stability studies for vanadium redox cell applications. J. Appl. Electrochem.，2004，34：137-145.

[53] Mohammadi T，Skyllas-Kazacos M. Evaluation of the chemical stability of some membranes in vanadium solution. J. Appl. Electrochem.，1997，27：153-160.

[54] Zhang Hongzhang，Zhang Huamin，Li Xianfeng，Mai Zhensheng，Zhang Jianlu. Nanofiltration（NF）membranes：the next generation separators for all vanadium redox flow batteries（VRBs）. Energy Environ. Sci.，2011，4：1676-1679.

[55] Wang Baoguo，Long FeiFan YongshengLiu Ping. A method for manufacture proton conductive membrane：CN，2009100770246. 2011-05-11.

[56] Wang Baoguo，Qing Geletu，Liu Ping，Fan Yongsheng. Preparation of ion conductive membrane with interpenetration network（IPN）using polymerizable ionic liquids（PILs）[P]：China，200910088228. 2009-12-30.

[57] 李冰洋，吴旭冉，郭伟男，范永生，王保国. 液流电池理论与技术——PVDF 质子传导膜的研究与应用. 储能科学与技术，2014，3（1），66-70.

第12章

智能膜

12.1　智能膜技术简介

随着膜科学技术的迅速发展，功能膜在现代生活及工业生产中占有越来越重要的地位，受到国际上越来越广泛的关注和重视。功能膜技术被认为在 21 世纪的工业技术改造中起战略作用，是最有发展前景的高新技术之一。迄今，膜科学技术虽然已经得到了长足的发展，但传统功能膜的透过性能基本上与环境因素无关，而自然界却有许多具有环境响应行为的智能膜。21 世纪，仿生科技将是为高新技术发展和创新提供新思路、新原理和新理论的重要源泉。实现仿生功能也是膜科技工作者的奋斗目标。20 世纪 80 年代中期问世的能感知和响应外界物理和化学信号的智能膜是仿生功能膜领域的重要技术进展之一。由于环境响应型智能膜在控制释放、化学分离、生物分离、化学传感器、人工细胞、人工脏器、水处理等许多领域具有重要的潜在应用价值，被认为将是 21 世纪膜科学与技术领域的重要发展方向之一。智能膜目前已成为国际上膜学领域研究的新热点。新型智能膜材料的研制和智能膜过程的强化是被普遍关注的两大基础研究课题。我国对相关领域的研究相当重视，在国务院发布的《国家中长期科学和技术发展规划纲要（2006—2020 年）》中，"智能材料与智能结构技术"被列入重点规划的"前沿技术"，"分离材料"和"纳米药物释放系统以及新型生物医用材料"被列入规划的"重点领域及其优先主题"，材料的"多功能集成化等物理新机制、新效应和新材料设计"被列入规划的"面向国家重大战略需求的基础研究"。本章介绍了智能膜材料和膜过程方面的研究新进展，重点介绍了温度响应型、pH 响应型、离子强度响应型、光照响应型、电场响应型、葡萄糖浓度响应型以及分子识别响应型等环境刺激响应型智能膜及其膜过程。

智能膜的种类很多，按照结构分，可以分为开关型、表面改性型和整体型智能膜。

① 开关型智能膜　是将具有环境刺激响应特性的智能高分子材料采用化学方

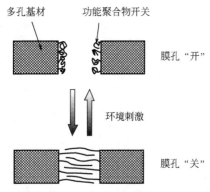

图 12-1 开关型智能膜示意图

法或物理方法固定在多孔基材膜上，从而使膜孔大小或膜的渗透性可以根据环境信息的变化而改变，即智能高分子材料在膜孔内起到智能"开关"的作用，如图 12-1 所示。

② 表面改性型智能膜 是将具有环境刺激响应特性的智能高分子材料采用化学方法或物理方法固定在基材膜表面上，从而使膜的渗透性可以根据环境信息的变化而改变，如图 12-2（a）所示。

③ 整体型智能膜 是将具有环境刺激响应特性的智能高分子材料做成膜，从而使膜的渗透性可以根据环境信息的变化而改变，如图 12-2（b）所示。

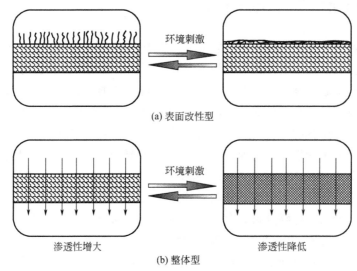

图 12-2 表面改性型（a）和整体型（b）智能膜示意图

根据智能膜内采用的智能高分子材料对环境刺激响应的特性，可以将智能膜分为温度响应型、pH 响应型、离子强度响应型、光照响应型、电场响应型、葡萄糖浓度响应型以及分子识别响应型等不同类型。下面从对环境刺激响应特性出发，介绍智能膜材料及其工作原理。

12.2 智能膜材料及其工作原理

12.2.1 温度响应型智能膜

温度变化不仅自然存在的情况很多，而且很容易靠人工实现，所以迄今对温度响应型智能化开关膜的研究较多。温度响应型智能化开关膜是在多孔基材膜上接枝感温性高分子材料开关，其中应用最广泛的感温性高分子材料是聚（N-异丙基丙烯酰胺）（PNIPAM），其分子式如图 12-3 所示。PNIPAM 的低临界溶解温度（LCST）在31～33℃附近，PNIPAM 在 LCST 附近其构象会发生改变：当环境温度 T＜LCST 时，PNIPAM 与溶液中水形成氢键，同时疏水性减弱而亲水性增强，因此，聚合链处于伸展构象，使得膜孔的有效孔径大大减小，透过率随之减小；当环境温度 T＞LCST 时，PNIPAM 聚合物分子间及分子内相互作用增强，

图 12-3 温敏型高分子——聚（N-异丙基丙烯酰胺）（PNIPAM）的结构式

PNIPAM 与水之间的氢键消失了，而且由于聚合物链中烷基的存在使得链的柔顺性、分子间和分子内作用以及疏水性增强，因此，聚合链处于收缩构象，使得膜孔的有效孔径增大，于是透过率相应增大。

（1）温度响应型智能开关膜的开关形式

根据制备智能开关的方法不同，得到的温度响应型智能开关膜的开关形式也不同。迄今，常见的温度响应型智能开关膜的开关形式有覆孔型（pore-covering）接枝链开关、填孔型（pore-filling）接枝链开关以及填孔型微球开关等，如图 12-4 所示。其中，覆孔型接枝链开关通常采用 UV 辐照接枝聚合方法制备，而填孔型接枝链开关通常采用等离子体诱导接枝聚合方法和原子转移自由基聚合方法进行制备。

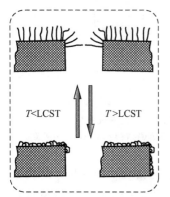
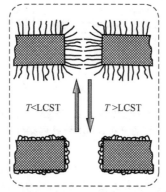
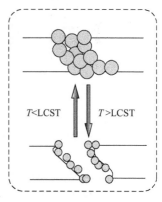

(a) 覆孔型(pore-covering)接枝链开关　　(b) 填孔型(pore-filling)接枝链开关　　(c) 填孔型微球开关

图 12-4 不同开关形式的温度响应型智能开关膜

（2）填孔型接枝链开关膜的 PNIPAM 接枝状态及微观结构

由于填孔型接枝链开关在整个膜孔内都有智能高分子链，不仅智能膜开关性能稳定，而且由于智能高分子接枝链具有自由端、使开关具有快速环境响应功能。因此，本节将主要讨论填孔型接枝链开关膜的制备及其性能。

图 12-5 （a）为采用红外光谱法测得的 PNIPAM 接枝聚乙烯多孔平板膜内接枝聚合物 PNIPAM 沿整个膜断面的分布，结果表明，接枝物在整个膜断面上均匀地存在。也就是说，通过等离子体诱导接枝，PNIPAM 不仅会被接枝在膜表面上，而且会被接枝在整个膜孔的内表面上。膜孔内接枝前后状态示意图如图 12-5（b）所示。

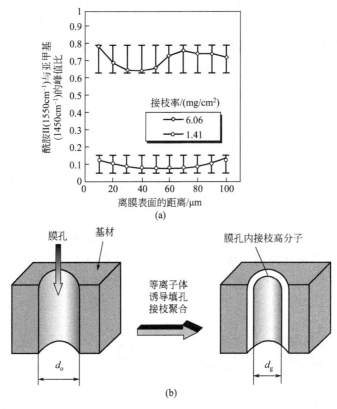

图 12-5　（a）采用红外光谱法测得的 PNIPAM 接枝聚乙烯多孔平板膜内接枝聚合物沿整个膜断面的分布；（b）膜孔内接枝前后微观结构示意图

　　为了较直观地观察多孔膜在接枝 PNIPAM 开关前后的微观结构变化，褚良银等人采用等离子体填孔接枝聚合法将聚 N-异丙基丙烯酰胺（PNIPAM）接枝到具有规则圆柱形膜孔的聚碳酸酯核孔（PCTE）膜上，对接枝膜的微观结构和温敏特性进行了较系统的研究。图 12-6 是空白 PCTE 膜和 PNIPAM 接枝 PCTE 膜表面和断面的扫描电镜照片。首先，从空白膜的表面 [图 12-6（a）] 和断面照片 [图 12-6（b）] 可见，PCTE 膜具有几何形状较好的圆柱形指状通孔，孔径的尺寸分布在一个较窄的范围内。比较空白膜和接枝膜的表面 [图 12-6（a），图 12-6（c）和图 12-6（e）] 可以看出，接枝膜的孔径有所减小，膜孔的轮廓也变得模糊了。对于断面来说，膜孔在接枝后的变化很明显，从图 12-6（d）和图 12-6（f）中可以清楚地看到膜孔内整个厚度都均匀地覆盖着接枝层。这些现象表明采用等离子体填孔接枝聚合法能在 PCTE 膜的表面和孔内都均匀地接枝上 PNIPAM。即使在较高的填孔率（$F=76.1\%$）时，膜表面也没有致密的 PNIPAM 接枝层形成，膜厚度的变化也不明显。随着填孔率的增大，膜孔被堵得越厉害。

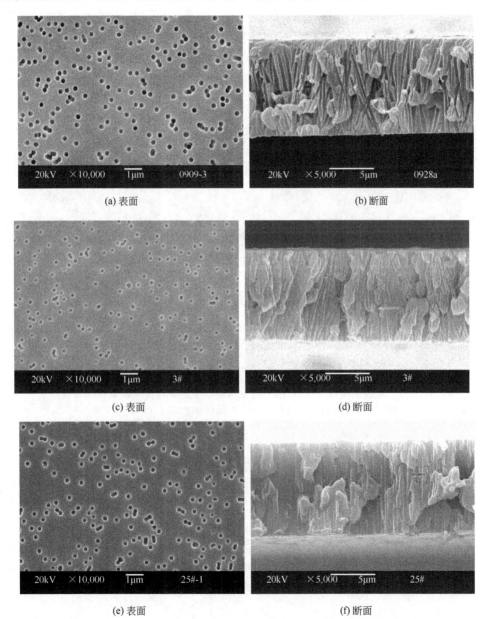

(a) 表面   (b) 断面

(c) 表面   (d) 断面

(e) 表面   (f) 断面

图 12-6 　聚碳酸酯核孔（PCTE）膜的表面和断面扫描电镜图
(a)，(b) 基材膜；(c)，(d)，(e)，(f) PNIPAM-g-PCTE 接枝膜
[其中，(c)，(d) 为填孔率为 57.0% 的膜，(e)；(f) 为填孔率为 76.1% 的膜]

为了直观地观测 PNIPAM 接枝 PCTE 膜的膜孔随环境温度变化而变化的微观状态，褚良银等人采用原子力显微镜（AFM）进行了相关研究。图 12-7 为 PNIPAM 接枝 PCTE 膜在干态和在水溶液中的 AFM 图。由图 12-7（a）和图 12-7（b）可见，在干态下，接枝膜的孔径与空白膜相比没有明显的变化；而在水溶液中接枝膜［图 12-7（c）］的孔径却明显减小。测量时样品槽中的水温约为 30℃，而该温度低于 LCST，膜孔中的 PNIPAM 接枝链处于伸展状态，使膜的孔径比干态时小。此外，从图 12-7 的孔深曲线可见，干态下接枝膜的孔深比空白膜浅，说明孔内有接枝物；而接枝膜的孔深在水溶液中比在干态下进一步变浅，因为接枝链处于伸展状态。

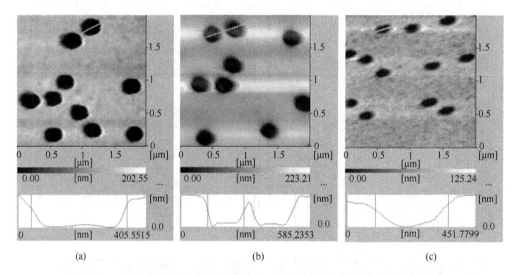

图 12-7　聚碳酸酯核孔（PCTE）膜表面的原子力显微镜图以及孔深曲线
（a）基材膜；（b），（c）填孔率为 67.0% 的 PNIPAM-g-PCTE 接枝膜
［其中，（b）中膜为干态，（c）中膜浸在 30℃水中］

（3）接枝率对填孔型 PNIPAM 接枝链开关膜的温度响应特性的影响

对于 PNIPAM 接枝的多孔膜，由于膜孔内接枝层的存在，膜孔动力学直径比未接枝时变小。从 Hagen-Poiseuille 方程可知，膜的过滤速率与通孔直径的四次方成正比，所以，膜孔内表面接枝的 PNIPAM 层随温度变化而引起的 PNIPAM 分子链伸展-收缩构象变化将会极大地影响膜的过滤通量。根据 Hagen-Poiseuille 方程，PNIPAM 接枝膜在温度 T℃和 25℃时的膜孔动力学孔径 $d_{\mathrm{g},T}$ 和 $d_{\mathrm{g},25}$ 的比值（定义为温度感应孔径变化倍数）可表示为：

$$N_{\mathrm{d},\,T/25} = \frac{d_{\mathrm{g},T}}{d_{\mathrm{g},25}} = \left(\frac{J_T \eta_T}{J_{25} \eta_{25}} \right)^{\frac{1}{4}} \tag{12-1}$$

图 12-8 是 PNIPAM 接枝多孔 PVDF 膜的温度感应孔径变化倍数随温度变化的情况。可以看出，正如前面指出的那样，由于接枝的 PNIPAM 分子链构象的改

变，使得开关膜膜孔的动力学孔径在 PNIPAM 的 LCST（32℃附近）发生显著改变。开关膜的孔径大小突变发生在 31~37℃ 温度范围内；而在温度小于等于 31℃ 或大于等于 37℃ 的情况下，膜孔径几乎保持不变，这是因为 PNIPAM 分子链构象在这两种温度条件下均呈现稳定状态。

为了定量描述接枝率对 PNIPAM 接枝多孔膜的膜孔开关行为的影响，特定义 PNIPAM 接枝膜在温度 40℃ 和 25℃ 时膜孔的动力学孔径 $d_{g,40}$ 和 $d_{g,25}$ 的比值为膜孔径感温变化倍数：

$$N_{d,40/25} = \frac{d_{g,40}}{d_{g,25}} \qquad (12\text{-}2)$$

接枝率对膜孔径感温变化倍数的影响如图 12-9 所示。显然，接枝率不同的开关膜膜孔径感温变化倍数明显不同。接枝率很小时，接枝的 PNIPAM 分子链很短，由于构象变化引起的孔径变化倍数很小；随着接枝率的增大，接枝的 PNIPAM 分子链长度增大，由于其构象变化而引起的孔径变化率也增加；但如果接枝率增加太多时，接枝的 PNIAPM 分子链太长，其构象变化已不能引起膜孔径变化（这时膜孔已被接枝的 PNIPAM 堵塞了）。可见，要依靠膜孔的开关行为来实现较满意的温度感应型过滤性能，就必须严格控制开关膜的制备过程参数，使其具备适当的接枝率从而具有合适的动力学孔径。

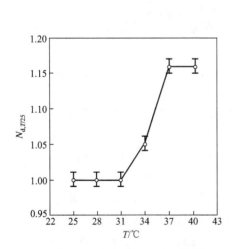

图 12-8　PNIPAM-g-PVDF 接枝多孔膜的温度响应性孔径变化

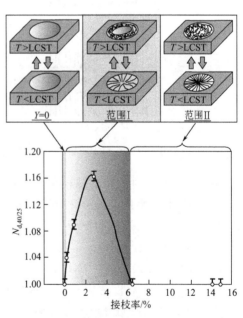

图 12-9　接枝率对 PNIPAM-g-PVDF 接枝多孔膜的温度响应性孔径变化的影响

图 12-10 所示为接枝率对 PNIPAM 接枝多孔膜的温度响应性扩散透过特性的影响。接枝率不同，PNIPAM 接枝多孔膜的扩散透过系数会呈现出两种不同的温

度响应特性；低接枝率的开关膜呈现"正"开关的作用；高接枝率的开关膜呈现出"负"开关的作用。这是因为低接枝率时，PNIPAM 主要接枝在膜表面、膜孔内，在 $T<$ LCST 时，由于 PNIAPM 是亲水的，分子链伸展，膜孔径变小，溶质扩散系数也相应变小；在 $T>$ LCST 时，由于 PNIPAM 是疏水的，其分子链收缩而使膜孔打开，溶质扩散系数相应也变大，从而呈现"正"开关的特性。在高接枝率时，膜表面、膜孔内接枝了大量的 PNIPAM，将膜孔堵住，膜孔已不能再打开，在 $T<$ LCST 时，由于 PNIPAM 是亲水性的，那么亲水性的溶质分子更容易找到扩散通道通过；在 $T>$ LCST 时由于 PNIPAM 由亲水变为疏水状态，开关膜的表面的疏水性增加，亲水性的溶质不容易找到扩散通道，扩散阻力增大，从而呈现"负"开关的特性，其原理示意如图 12-10 所示。

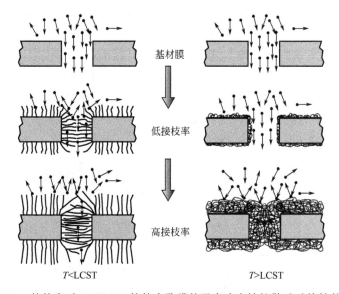

图 12-10　接枝率对 PNIPAM 接枝多孔膜的温度响应性扩散透过特性的影响

图 12-11 所示为接枝率对具有两种不同类型的基材的 PNIPAM 接枝膜的温度响应开关特性的影响。从图中可以看出，对于尼龙 6 微孔膜，当接枝率小于12.84％时，膜孔内接枝的 PNIPAM 分子链能起到温度感应器和水通量调节阀的作用，最佳接枝率是 7.47％，响应系数达到了 15.41，当接枝率大于等于 12.84％时，由于膜孔内接枝的 PNIAPM 分子链太长以及接枝的密度太大，使得PNIPAM 链失去了温度感应器和水通量调节阀的作用，25℃和 40℃时的水通量都减至零，开关系数趋近于 1.0，此时膜不具备温度感应开关特性；而对于 PVDF微孔膜而言，对应的临界接枝率是 6.38％，最佳接枝率是 2.81％，响应系数却只有 2.54。此外，亲水性的尼龙 6 膜展现了比疏水性的 PVDF 膜更强的温度敏感特性，这就给我们提供了另一种研究思路，即膜基材的亲疏水性可能会对接枝膜的温敏性质产生较大的影响。亲水纤维的吸水性是纤维吸收液相水分的性质，也称

为保水性或纤维对液态水的保持性。它主要取决于纤维内微孔、缝隙和纤维之间的毛细空隙，环境温湿度也会对它有一些影响。当相对湿度大于99％时，或者将纤维在水中浸透后，纤维中的微孔以及纤维之间全部空隙仍然都充满了水，在重力作用下，将排去一部分水分，还会保持一部分，就像毛细管内悬浮着水柱一样，是纤维间毛细孔隙所固有的表面张力将水分支持着。在进行水通量实验前，目标膜均在高纯水中浸泡6h，使膜被润湿，只是由于亲水和疏水的差别而润湿程度不同。亲水的尼龙6膜已经被完全润湿，在过滤过程中，始终保持着亲水的环境，利于引导水分子通过膜孔，过滤的水通量自然就比较大；而疏水的PVDF膜在浸泡相同时间后仍然明显看出润湿程度很低，则过滤过程中膜中纤维的疏水环境极大地阻碍了水分子的通过，过滤的水通量较尼龙6膜就小多了。由此，我们可以看到膜基材的性质的确对接枝膜的温敏感应有较大的影响，在实际的应用中，应该根据不同的目标需要来选取适当的膜基材。

（4）填孔型 PNIPAM 接枝 PCTE 膜的表面亲水性特性

图 12-12 是空白 PCTE 膜和 PNIPAM 接枝 PCTE 膜的表面接触角随温度的变化。研究表明，液气之间的表面张力随温度的增加而减小，而液体表面张力的减小导致接触角的减小。因此，随着温度从 25℃ 上升到 40℃，空白膜的接触角由 67.5° 减小到 63.1°；而在相同的条件下，接枝膜的接触角反而由 58.5° 增加到 87.9°。这是因为在 40℃（$T>$LCST）时，膜表面接枝的 PNIPAM 变得疏水使得接触角增大，尽管此时较高的液体温度会使接触角有所减小；在 25℃（$T<$LCST）时，PNIPAM 接枝层变得亲水，使得接枝膜的接触角比相同温度下空白膜的接触角要小。按理说，亲水的膜表面和孔表面应该更有利于提高水通量；但综合温度响应性水通量和图 12-12 的结果表明，PNIPAM-g-PCTE 膜的水通量主要依赖于孔径的变化而不是膜表面亲疏水性的变化。

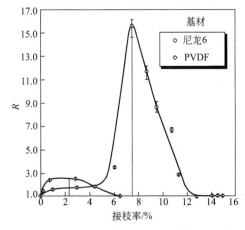

图 12-11　接枝率对具有不同基材的 PNIPAM 接枝膜的温度响应开关特性的影响

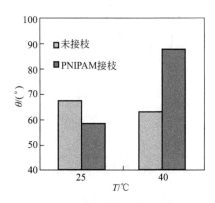

图 12-12　PCTE 基材膜和 PNIPAM-g-PCTE 接枝膜表面的接触角随环境温度的变化

（5）具有不同临界响应温度的填孔型接枝链开关膜

迄今常用的温敏型高分子为 PNIPAM，而 PNIPAM 的低临界溶解温度 LCST 值即其相变温度约在 32℃，这就给它的应用带来某些限制和困难，因为不同的应用场合可能需要不同的相变临界温度。从对 PNIPAM 出现 LCST 现象机理的分析知道，处于水溶液中的水化 PNIAPM 高分子会在温度到达 LCST 时，因水和高分子间氢键的破坏而发生脱水现象，这就会引起分子内憎水部分发生聚结，使高分子的构象从原有的伸展形式（coil）转变为折叠式（globule）从而导致体积收缩。按此看法，如在这类高分子链内引入亲水链节，就可能提高体系的脱水温度，从而达到提高体系 LCST 的目的；如在这类高分子链内引入疏水链节，就可能降低体系的脱水温度，从而达到降低体系 LCST 的目的。

褚良银等人采用等离子体诱导填孔接枝聚合法在多孔平板膜上接枝 PNIPAM 共聚物感温开关——聚（N-异丙基丙烯酰胺-co-丙烯酰胺）共聚物 [P(NIPAM-co-AAM)] 和聚（N-异丙基丙烯酰胺-co-甲基丙烯酸丁酯）共聚物 [P(NIPAM-co-BMA)] 开关，研究了亲水性单体（丙烯酰胺，AAM）和疏水性单体（甲基丙烯酸丁酯，BMA）的加入量对填孔型开关膜的临界开关温度的影响。结果表明，随着 P(NIPAM-co-BMA) 共聚物开关中 BMA 量的增加，临界温度 LCST 变小。这是因为 P(NIPAM-co-BMA) 共聚物中 BMA 是疏水性的，共聚物中 BMA 量增加，这使得共聚物中疏水基团的比例增加，共聚物疏水性增加；同时，与水形成氢键的供体（酰胺基团）量减少，P(NIPAM-co-BMA) 共聚物与水形成的氢键断裂使亲水性变成疏水性需要更低的温度，因而共聚物的 LCST 下降。共聚物 [P(NIPAM-co-AAM)] 开关的临界温度变化趋势则相反（见图 12-13）。

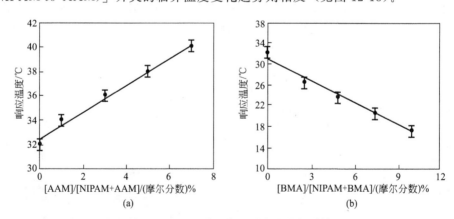

（a）　　　　　　　　　　　　（b）

图 12-13　温敏型 PNIPAM 共聚物开关中亲水性单体（AAM）和
疏水性单体（BMA）的添加量对填孔型开关膜临界响应温度的影响

（6）具有反相感应开关的温度响应型智能化开关膜

迄今温度响应型开关膜的智能开关一般都是基于 PNIPAM 的温敏型高分子材料，这类高分子材料均具有低温膨胀-高温收缩的特性；因此，这类智能膜一般都具有膜孔随着温度升高到临界温度以上时会突然开启的特性。但是，在某些场合，可能膜孔随着温度升高到临界温度以上而突然关闭的智能膜更加适用，因此，研究具有反相感应开关的温度响应型智能化开关膜具有重要意义。

褚良银等人成功地设计并制备出了以聚丙烯酰胺/聚丙烯酸（PAAM/PAAC）为基材形成的互穿聚合物网络结构（interpenetrating polymer network，IPN）并通过氢键控制而实现的反相感温型开关膜（如图 12-14 所示），即膜孔直径随温度升高而在高临界温度（UCST）附近会突然减小，首次实现了温度响应型智能化开关膜的反相温敏开关模式。这是一种完全不同于现有基于聚 N-异丙基丙烯酰胺（PNIPAM）材料的正相感温型开关膜的新型感应模式，其温度响应型水通量的变化及其温度响应性的可重复特性如图 12-15 所示。结果表明，其温度响应型水通量变化正好与 PNIPAM 接枝膜的相反，其功能开关也具有可逆性和可重复特性。

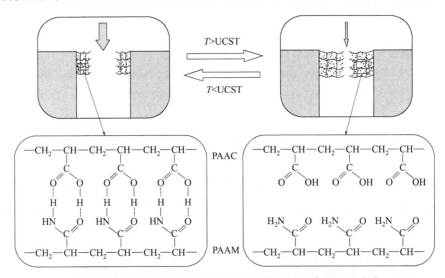

图 12-14　具有 PAAM/PAAC-IPN 结构的反相感温型开关膜

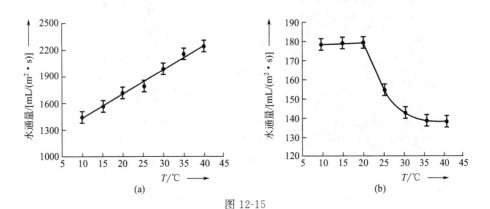

(a)　　　　　　　　　　　(b)

图 12-15

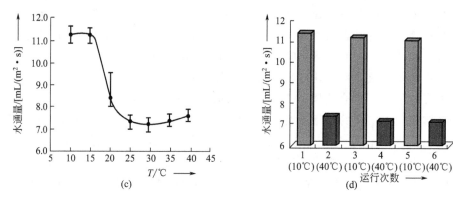

(c)   (d)

图 12-15　具有 PAAM/PAAC-IPN 结构的反相感温型
开关膜水通量的温度响应性及其可重复特性
(a) 基材膜；(b)，(c)，(d) 具有 PAAM/PAAC-IPN 结构反相感温型开关的膜
其中，(b) $Y_{PAAM}=2.94\%$，$Y_{PAAC}=4.12\%$；(c)，(d) $Y_{PAAM}=5.01\%$，$Y_{PAAC}=4.64\%$

（7）温度响应型智能荷电膜

Higa 等研制出了一种荷电的温度响应型智能膜，该膜由聚阴离子网络（AP-2 网络）和具有 PNIPAM 接枝链的聚乙烯醇（PVA）网络的互穿网络 (interpenetrating network，IPN) 组成，如图 12-16 所示。他们用该膜做了 KCl 和 CaCl$_2$混合溶液的透析（dialysis）实验，并且得到了非常有趣的研究结果。如图 12-17 所示，不论温度是高于 PNIPAM 的 LCST 还是低于其 LCST，一价 K$^+$ 总是从高浓度测向低浓度测扩散；而二价 Ca^{2+} 的扩散方向则随温度改变会发生变化：当温度低于 PNIPAM 的 LCST 时，Ca^{2+} 呈现下山式（downhill）传递（即依靠浓度梯度进行的扩散，也就是从浓度高的一侧向浓度低的一侧传递）；而当温度

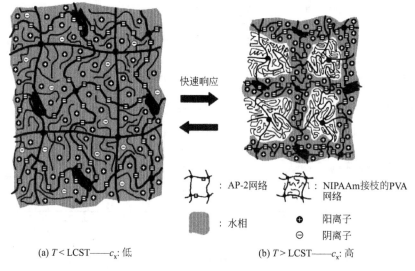

: AP-2网络　　　: NIPAAm接枝的PVA网络

: 水相　　⊕ 阳离子　　⊖ 阴离子

(a) $T < \text{LCST}$——c_x: 低　　　(b) $T > \text{LCST}$——c_x: 高

图 12-16　荷电的温度响应型智能膜

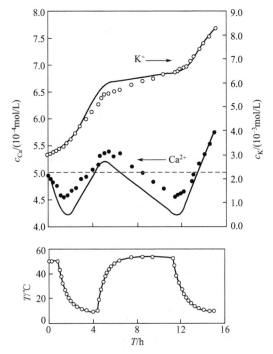

图 12-17　K^+ 和 Ca^{2+} 在温度变化情况下透过温度响应型智能荷电膜不同模式

高于 PNIPAM 的 LCST 时，Ca^{2+} 呈现上山式（uphill）传递（即从浓度低的一侧向浓度高的一侧逆向传递）。也就是说，利用该温敏型荷电膜可以依靠控制温度而实现二价阳离子的富集。

温度响应型智能膜方面的研究还很多，由于篇幅所限，这里就不一一介绍。有兴趣的读者可以查阅章后文献。

12.2.2　pH 响应型智能膜

pH 响应型智能膜可以分为开关式膜和整体式膜，如图 12-4 所示。与温度响应型智能开关膜一样，pH 响应型智能开关膜的常见开关形式也包括覆孔型（pore-covering）接枝链开关、填孔型（pore-filling）接枝链开关以及填孔型微球开关等。

pH 响应型智能化开关膜是在多孔膜上接枝 pH 响应性聚电解质开关，可以实现 pH 响应性分离以及定点定位控制释放。对于接枝带负电聚电解质（聚羧酸类）而言，当环境 $pH > pK_a$（稳定常数）时，聚电解质的官能团因离解而带负电，由于带负电官能团之间的静电斥力使链处于伸展构象，使膜孔的有效孔径减小；当环境 $pH < pK_a$ 时，聚电解质的官能团因质子化而不带电荷，使链段处于收缩构象，使膜孔的有效孔径增大。相反，对于接枝带正电荷聚电解质（如聚吡啶类）而言，膜孔孔径的 pH 响应性正好相反。

（1）接枝率对 pH 响应型智能化开关膜性能的影响

褚良银等人近来系统研究了聚丙烯酸和聚甲基丙烯酸接枝型 pH 响应型智能化开关膜的接枝率和微观结构及其对开关膜 pH 响应特性的影响，为实现 pH 响应型智能化开关膜孔的有效控制提供了实验依据和理论指导。图 12-18 为接枝率对 pH 响应型接枝多孔膜的温度响应性孔径变化的影响。显然，聚丙烯酸（PAAC）接枝率不同的膜，其膜孔 pH 感应孔径变化倍数明显不同。当接枝率小于等于 1.01％时，随着接枝率的增加，pH 感应孔径变化倍数增加；当接枝率在 1.01％～6.44％时，随着接枝率的增加，pH 感应孔径变化倍数减小；当接枝率大于 6.44％时，膜孔 pH 感应孔径变化倍数趋近于 1，此时膜孔几乎没有开关特性。这是因为，当接枝率很小时，接枝的 PAAC 分子链很短、接枝密度很小，由于构相变化引起的孔径变化倍数很小；随着接枝率的增加，接枝的 PAAC 链长度和密度增加，由于其构相变化而引起的孔径变化倍数增加。但是，如果接枝率太大，接枝的 PAAC 分子链太长、密度太大膜孔会被接枝的过多的 PAAC 链堵住，其构相变化已不能引起膜孔径的变化。

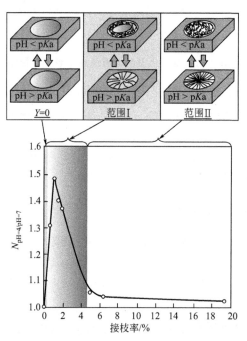

图 12-18　接枝率对 pH 响应型接枝多孔膜的温度响应性孔径变化的影响

（2）pH 感应型耦合泵送控制释放膜系统

控制释放膜是膜科学技术领域的一个重要分支，在药物控制释放领域受到了广泛关注。人体内不同部位的 pH 是不一样的，特定病灶也会引起局部 pH 变化，因此，pH 感应型给药系统的研究引起了国际上广泛的关注和重视。pH 感应型控制释放系统由于具有对环境 pH 信息感知、信息处理以及响应执行一体化的"智能"，被认为可以用来实现体内不同消化部位和肿瘤部位的智能给药，实现药物的定点、定量、定时释放。迄今的研究工作在给药系统的快速应答释放速度方面还不能令人满意，主要是受以浓度差为推动力的溶质扩散速度限制，目前的给药系统从释放原理上讲其应答速度不可能突破此限，需要进一步研究和解决。针对上述问题，作者研制出了一种具有"泵送"功能的耦合型 pH 感应控制释放膜系统，如图 12-19 所示。同时，系统研究了 pH 感应型阴离子高分子的接枝率对开关膜水通量、溶质透过膜的扩散系数的 pH 感应特性的影响，并用 Hagen-Poiseuille 方程研究了接枝率对开关膜 pH 感应孔径变化倍数的影响；研究了单体浓度、交联剂浓度对 pH 感应型阳离子高分子的 pH 感应特性、体积相变速率以及模拟药物释放的影响，为给药系统中"泵"元素的选择提供依据；考察了模型药物维生素 B_{12} 在该耦合系统中的 pH 感应释放行为。

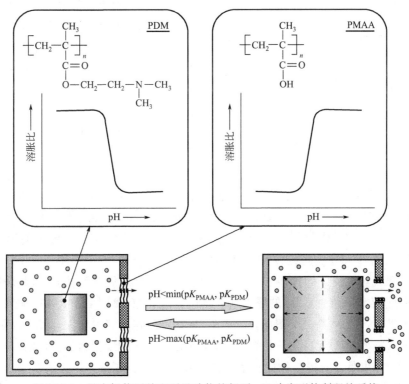

图 12-19　具有智能开关和泵送功能的新型 pH 响应型控制释放系统

图 12-20 为 PVDF 基材膜和 PMAA-g-PVDF 接枝膜（接枝率 8.58 ％）的断面微观结构图。可以看出，2 张 SEM 照片所示的膜结构有明显的区别。图 12-20（a）为未接枝的 PVDF 微孔基材膜，可以明显看出膜表层的多孔状结构，并且每个大孔上面还有蜂窝状小孔；图 12-20（b）为 PMAA 接枝后的 PVDF 膜，可以看出，接枝后的开关膜表面和孔内都均匀附着一层 PMAA，比基材膜显得致密，这说明沿整个膜厚度方向都较均匀地接枝上了 PMAA。

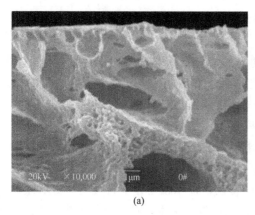 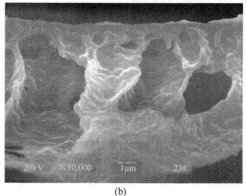

图 12-20 (a) PVDF 基材膜和 (b) PMAA-*g*-PVDF 接枝膜 （Y＝8.58 %）的断面微观结构

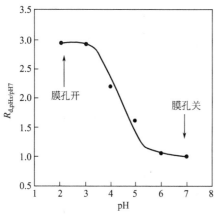

图 12-21 PMAA-*g*-PVDF 接枝膜
（Y＝5.98 %）有效孔径的 pH 响应性

PMAA-*g*-PVDF 接枝膜（接枝率 5.98%）的 pH 感应孔径变化倍数如图 12-21 所示。可以看出，由于接枝的 PMAA 分子链构象的改变，使得开关膜膜孔的动力学孔径在 PMAA 的 pK_a 附近发生了显著改变；而在 pH≥6 或 pH≤3 时，膜孔径基本保持不变，这是因为 PMAA 分子链构象在这两种情况下均呈现稳定状态。

图 12-22 所示为维生素 B_{12} 从如图 12-19 所示的具有智能开关和泵送功能的新型系统中释放的 pH 响应控制特性。结果表明，通过将 pH 感应型水高分子和开关膜组合起来，利用高分子和开关膜接枝开关对 pH 的响应机制而构建一个耦合型 pH 感应控制释放膜系统具有良好的性能。在 pH＝7 时由于 PMAA 膨胀而使开关膜膜孔关闭，PDM 高分子收缩，维生素 B_{12} 的释放速率较小；而在 pH＝2 时由于 PMAA 收缩而使开关膜膜孔开启，PDM 高分子溶胀，维生素 B_{12} 的释放速率突然变大。PMAA-*g*-PVDF 开关膜的接枝率、PDM 高分子中单体和交联剂浓度是影响维生素 B_{12} 释放速率的重要因素，组合效果最佳的控制释放膜系统的控释因子达到了 6.5。该耦合型 pH 感应控制释放膜系统实现了提高 pH 感应型控制释放给药系统释放速率的目标。

（3）基于壳聚糖和四乙基原硅酸盐（TEOS）互穿网络结构的 pH 响应型复合膜

利用壳聚糖的 pH 响应特性，Park 等人制备了一种基于壳聚糖和四乙基原硅酸盐（TEOS）互穿网络结构的 pH 响应型复合膜，其示意图如图 12-23 所示。具有 pH 响应特性的壳聚糖嵌在 TEOS 互穿网络结构中，当 pH＝2.5 时，壳聚糖溶胀，透膜阻力随之变大，于是膜通量降低；当 pH＝7.5 时，壳聚糖收缩，透膜阻力随之减小，于是膜通量增加。该膜在药物控释方面具有较好的性能。

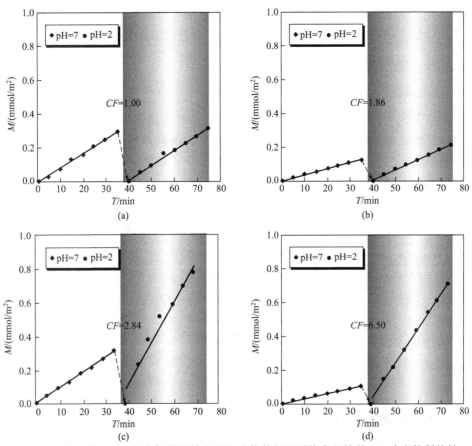

图 12-22 维生素 B$_{12}$ 从具有智能开关和泵送功能的新型系统中释放的 pH 响应控制特性

（a）系统没有智能开关，也没有泵送功能；（b）系统没有智能开关，但有泵送功能；
（c）系统没有智能开关，但有泵送功能；（d）系统同时具有智能开关和泵送功能

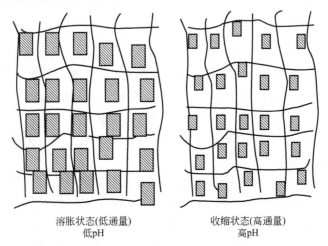

溶胀状态(低通量)
低pH

收缩状态(高通量)
高pH

图 12-23 基于壳聚糖和四乙基原硅酸盐（TEOS）互穿网络结构的 pH 响应型复合膜

同温度响应型智能膜一样，pH响应型智能膜方面的研究也还有很多，由于篇幅所限，这里就不一一介绍。有兴趣的读者可以查阅章后文献。

12.2.3　光照响应型智能膜

在多孔膜上采用化学方法或物理方法安装上光敏感型智能高分子制成开关，则可以制备成光照响应型智能膜。光敏感分子通常为偶氮苯及其衍生物、三苯基甲烷衍生物、螺环吡喃及其衍生物和多肽等。Liu等将偶氮苯衍生物配基固定在多孔硅材料孔内（如图12-24所示），从而通过外界光刺激来调节膜孔大小，达到控制膜通量的目的。

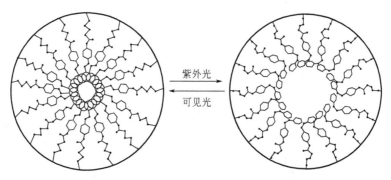

图 12-24　偶氮苯改性的光响应型智能开关膜的膜孔变化示意图

12.2.4　葡萄糖浓度响应型智能膜

糖尿病是一种严重危害人类健康的慢性疾病，在西方国家其死亡率仅次于恶性肿瘤、心脑血管疾病而居第三位。胰岛素是糖尿病的常规治疗药之一，一般采用皮下注射的方式用药，由于胰岛素在体内的半衰期短，普通针剂需频繁注射，长期的治疗令病人痛苦不堪。血糖响应型胰岛素给药智能高分子载体系统是为了克服上述缺点而提出的新型给药系统，可根据病人体内血糖浓度的变化而自动调节胰岛素的释放。采用智能高分子给药系统以实现胰岛素的控制释放，自20世纪70年代以来一直是国内外功能高分子材料和药剂学等领域的研究热点。这种智能化给药系统不仅可以随时稳定血糖水平、提高胰岛素利用率，而且延长给药时间、减轻糖尿病人的痛苦，受到了国际上广泛的关注和重视。这正是葡萄糖浓度响应型智能膜系统的研究目的。

Ito等、Cartier等和褚良银等在葡萄糖浓度响应型智能膜系统方面进行了研究，其制备过程及响应原理如图12-25所示。把羧酸类聚电解质接枝到多孔膜上，制成pH感应智能开关膜，然后把葡萄糖氧化酶（glucose oxidase，GOD）固定到羧酸类聚电解质开关链上，从而使得开关膜能够响应葡萄糖浓度变化，这种智能膜的开关根据葡萄糖浓度的变化而开启或关闭。结果如图12-26所示，在无葡萄糖、中性 pH 条件下，羧基解离带负电，接枝物处于伸展构象，使膜孔处于关闭状态，胰岛素释放速度慢；反之，当环境葡萄糖浓度高到一定水平时，GOD 催化氧化使葡萄糖变成葡萄糖酸，这使得羧基质子化，静电斥力减小，接枝物处于收缩构象，使膜孔处于开放状态，胰岛素释放速度增大。于是，可以实现胰岛素随血糖浓度变化而进行自调节型智能化控制释放。可以看出，所有影响 pH 感应型开关膜的扩散透过率的因素都会对这种葡萄糖浓度感应型开关膜有影响。通过改变接枝链的密度、长度或膜孔密度还可以调节该系统的胰岛素渗透性对葡萄糖浓度的敏感性。

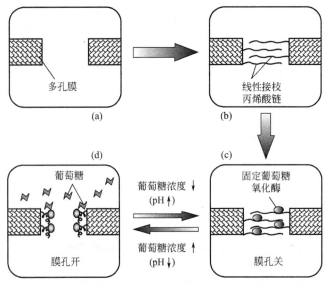

图 12-25　葡萄糖浓度响应型智能开关膜的制备过程及其响应原理示意图

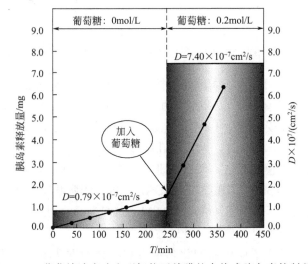

图 12-26　葡萄糖浓度响应型智能开关膜的自律式胰岛素控制释放

12.2.5 化学分子识别型智能膜

分子识别型智能化开关膜是借助超分子化学的知识和手段，在基材膜孔上接枝构象可发生改变的功能性高分子链，并在高分子链上接枝具有分子识别能力的主体分子。于是，依靠分子识别型智能化开关膜，可以实现特定分子识别型控制释放以及化学或生物物质的高精度分离等。

基于主客体分子识别的智能化开关膜的智能开关材料，一般都是将具有分子识别能力的主体分子悬挂在具有温敏特性的 PNIPAM 链上，通过主体分子识别包结客体分子、造成微环境的亲疏水特性产生变化，从而引起 PNIPAM 的 LCST 发生迁移。例如，具有碱金属离子识别功能的智能材料聚[N-异丙基丙烯酰胺-共-(苯并-18-冠-6-丙烯酰胺)] [poly（N-isopropylacrylamide-co-benzo-18-crown-6-acrylamide），poly（NIPAM-co-BCAm）]，在冠醚识别包结钾离子或钡离子后，其LCST 会大幅度向高处迁移，如图 12-27 所示。这时，如果整个体系温度在迁移前和迁移后的两个 LCST 之间操作，如图 12-27 中的 T_c，则该智能材料的体积会随着识别包结客体分子而溶胀。利用该智能材料的上述特性，可以制备成具有分子识别功能的智能开关膜。

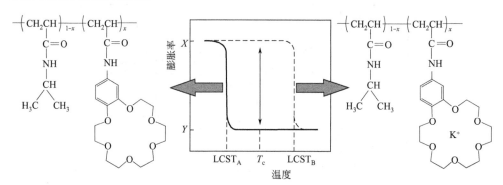

图 12-27　Poly（NIPAM-co-BCAm）的分子识别响应性相变行为

Yamaguchi 等采用等离子体诱导接枝聚合法将 poly（NIPAM-co-BCAm）接枝在多孔膜上，制备具有分子识别功能的智能开关膜，其示意图如图 12-28 所示。该智能膜的通量明显受溶液中 Ba^{2+} 的存在与否状态所控制，如图 12-29 所示。当溶液中没有 $BaCl_2$ 分子存在时，由于膜孔内接枝的 poly（NIPAM-co-BCAm）聚合物链呈收缩状态而使膜孔开启，所以通量大；相反，当环境溶液中有 $BaCl_2$ 分子存在时，膜孔内接枝的 poly（NIPAM-co-BCAm）链呈膨胀状态，于是膜孔关闭，从而导致通量变得很小。该具有 poly（NIPAM-co-BCAm）接枝开关的智能膜的分子识别刺激响应特性显示出了良好的可逆性和可重复性。

褚良银等采用等离子体接枝和化学反应相结合的方法得到的聚（N-异丙基丙烯酰胺共聚甲基丙烯酸-2-羟丙基乙二胺基 β-CD）（PNG-ECD-g-Nylon-6）接枝膜。

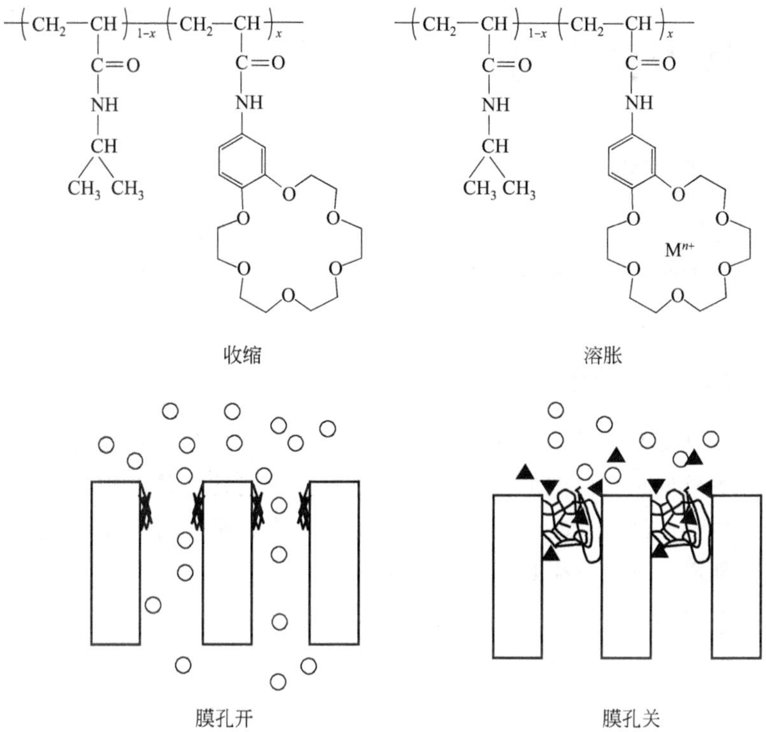

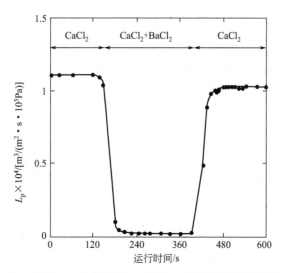

图 12-28　具有 poly(NIPAM-*co*-BCAm) 接枝开关的分子识别型智能开关膜示意图

图 12-29　具有 poly(NIPAM-*co*-BCAm) 接枝开关的分子识别型
智能开关膜通量随溶液中分子种类的变化

研究结果证明，接枝链中温敏组分与分子识别组分的比例以及接枝率对接枝膜的分子识别开关特性有较大影响，所以在设计和制备分子识别型开关膜的时候，应该优化不同参数以达到优良的膜开关效果。

12.3 智能膜系统

12.3.1 智能平板膜

平板膜是膜的最一般形式，而且平板膜最易用于结构与性能的表征，因此，大多数智能膜的研究均是通过对平板膜的研究。除了平板膜以外，迄今研究最多的智能膜系统是智能微囊膜。

12.3.2 智能微囊膜

微囊膜因其具有长效、高效、靶向、低副作用等优良的控制释放性能，在药物控制释放等领域具有广阔的应用前景；由于这种膜技术是在交叉学科中发展起来的，在国内外已经成为材料、化学、化工、生物和医学等多学科领域工作者的研究热点。随着控释膜及微囊膜技术的发展，将更新传统的膜概念，创立新的基础理论，开发全新的技术产品。微囊膜系统的研究与开发已经有很长的历史，并且取得大量的研究与应用成果，在科学界和工程界至今仍显得生机勃勃，不断涌现出新的概念及新的成果。近来提出采用环境感应式微囊载体作为智能化靶向式药物载体，来实现药物释放的定点、定时、定量控制。如果这种药物载体得以应用，则药物只在病变组织部位释放，不仅能有效利用药物以获得最优治疗效果，而且不会在其他正常部位产生任何毒副作用。这种药剂形式被称为"梦的药剂"，并被认为是将来人类征服癌症等疑难杂症的有力工具。从 20 世纪 80 年代开始，作为一种新型微囊膜，环境情报感应型智能微囊膜日益受到重视和关注。

（1）温度感应型智能微囊膜

由于温度变化不仅自然存在的情况很多，而且很容易靠人工实现，所以迄今对温度感应型智能微囊膜的研究较多。

① 多孔膜内覆有感温性双分子层的温度感应型微囊膜　20 世纪 80 年代，Okahata 等人研制出了最早的一种温度感应型微囊——多孔膜内覆有感温性双分子层的温度感应型微囊。依靠覆在聚酰胺多孔膜内的二烷基二甲铵亲水亲油双分子层（$2C_nN^+2C_1$，$n=12$，14，16，18）的温度感应性，将其作为感温性开关，从而实现温度感应型控制释放，如图 12-30 所示。图 12-31 为覆有 $2C_{18}N^+2C_1$ 型二烷基二甲铵亲水亲油双分子层的微囊膜的可逆性温度感应型控制释放特性。当环境温度为 40℃（低于相转变温度）时，NaCl 从微囊中的释放速度慢；而当环境温度为 45℃（高于相转变温度）时，其释放速度快。结果表明，双分子层覆层起到了温度感应阀门的作用。

1993 年，Muramatsu 等报道了另一种具有类似结构的感温性微囊，其直径比 Okahata 等的微囊小得多（平均粒径 $14.3\mu m$），而且被用作酶载体，其构造是在

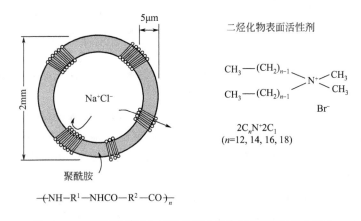

图 12-30　多孔膜内覆有感温性双分子层的温度感应型微囊

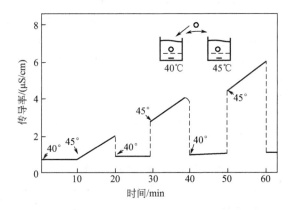

图 12-31　覆有 $2C_{18}N^+2C_1$ 型二烷基二甲铵亲水亲油
双分子层的微囊膜的可逆性温度感应型控制释放特性

聚脲多孔微囊膜内覆上类脂分子作为温度感应开关。这种微囊内载酶的活性在环境温度高于类脂分子相转移温度时突然上升，而在环境温度低于其类脂分子相转移温度时则突然下降。该现象表明，在温度高于其相转移温度时，类脂分子变得紊乱，从而使基质和产物分子穿过微囊膜的阻力变小。利用这种类脂分子作为感温开关，可以制备温度感应型用微囊包起来的酶系统，甚至更复杂的酶系统等类型的人工细胞。

　　这类感温性微囊的不足之处在于，同功能性高分子材料相比，合成双分子层以及类脂体等具有一些不可克服的弱点，比如相对脆弱易损、对温度变化的响应性较慢等。

　　② 表面接枝 PNIPAM 型感温性微囊膜　Okahata 等于 20 世纪 80 年代中期报道了一种在表面接枝聚异丙基丙烯酰胺（PNIPAM）的温度感应型微囊。结果发现氯化钠和染料分子透过微囊膜的透过系数在温度高于 PNIPAM 相转移温度时较

低，而在环境温度低于 PNIPAM 相转移温度时较高。这是由于表面接枝的 PNIPAM 在温度 $T>$ LCST（低临界溶解温度，亦即相转移温度，对 PNIPAM 而言约为 32℃）时呈收缩状态并变得疏水，而在温度 $T<$ LCST 时则呈膨胀而且亲水状态。由于溶质分子在膨胀且亲水的表层中的扩散要比在收缩且疏水表层中快得多，从而达到温度感应控制释放的目的。

③ 含有羟丙基纤维素（HPC）膜层的感温型微囊　Ichikawa 和 Fukumori 于 1999 年报道了一种含有羟丙基纤维素（HPC）膜层的温度感应型控制释放微囊。该微囊的温度感应控制释放是依靠羟丙基纤维素（HPC）的温度感应特性来实现。HPC 在环境温度低于其 LCST（通常约为 41～45℃）时在水中呈可溶状态，而当环境温度高于其 LCST 时则变为不可溶状态，从而使药物分子透过该膜层的扩散释放速度受到环境温度的控制。他们研究了不同温度下磺化咔唑铬钠（CCSS）从该微囊中的释放速度，结果发现该微囊具有一定的温度感应控制释放特性。

④ 膜层中含有 PNIPAM 高分子颗粒的感温型微囊　2000 年 Ichikawa 和 Fukumori 研制出一种在膜层中含有亚微米级或纳米级 PNIPAM 高分子颗粒的感温型微囊，其结构示意图如图 12-32 所示。由于膜层中的 PNIPAM 高分子颗粒会随温度变化而产生收缩-膨胀现象（即在 $T<$ LCST 时膨胀，而在 $T>$ LCST 时收缩），于是在环境温度 $T>$ LCST 时膜层内会因 PNIPAM 颗粒的收缩而形成很多孔穴，这时药物分子透过膜层的扩散阻力较小、释放速度较快；而在 $T<$ LCST 时由于 PNIPAM 颗粒膨胀而使膜层中的孔穴被填满，于是对药物分子透过膜层的扩散阻力变大，从而使释放速度降低。磺化咔唑铬钠（CCSS）从具有上述结构的

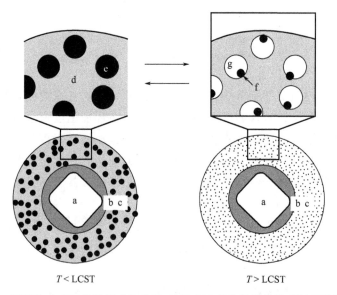

$T<$ LCST　　　　　　　　　　$T>$ LCST

图 12-32　膜层中含有亚微米级或纳米级 PNIPAM 高分子颗粒的感温型微囊示意图
a—碳酸钙核；b—药层；c—温度感应型膜层；d—Aquacoat® 基体；
e—膨胀的 PNIPAM 高分子颗粒；f—收缩的 PNIPAM 高分子颗粒；g—孔穴

微囊中释放速率的温度感应特性结果表明，当温度为 30℃ 时 CCSS 释放速度特别低，而当环境温度为 50℃ 时其释放速度则突然变大，较好地实现了"开-关"式环境温度感应型控制释放。

早在 1996 年 Ichikawa 等还曾提出过另一种膜层由 PNIPAM 高分子颗粒组成的温度感应型微囊，其 PNIPAM 高分子颗粒为核-壳结构，其中核为丙烯酸乙酯（EA）/甲基丙烯酸甲酯（MMA）/甲基丙烯酸-2-羟乙酯（HEMA）共聚物水溶性胶乳颗粒，壳为交联 PNIPAM 层。当环境温度 $T<$LCST 时，PNIPAM 壳层吸水而呈膨胀状态，从而抑制了胶乳颗粒之间的胶黏作用，内部物质较易释放；而当环境温度 $T>$LCST 时，PNIPAM 壳层则脱水而呈收缩状态，导致胶乳颗粒在囊内乳糖颗粒上"自成膜"现象发生，形成一层致密的膜层，从而抑制了囊内乳糖的释放。于是，内部乳糖的释放速度在 $T<$LCST 时比在 $T>$LCST 时要大些。

Kono 等在 2000 年报道了另一种电解质复合膜中含有 PNIPAM 单元区域的温度感应型微囊，其特征是在聚甲基丙烯酸-聚氮杂环丙烷部分交联式复合微囊膜中靠共聚的方式嵌入 PNIPAM 单元体。由于其膜中不能形成孔穴，所以它不是依靠膜中的孔隙度而是依靠膜中 PNIPAM 单元体的亲水/疏水特性来控制溶质释放速度。当环境温度 $T<$LCST 时，膜中的 PNIPAM 单元体呈水溶性状态，使溶质分子释放速度较快；而当环境温度 $T>$LCST 时，膜中 PNIPAM 单元体则呈疏水状态，从而很大程度地抑制其溶质释放速度。

⑤ 膜孔接枝 PNIPAM "开关"的温度感应型微囊　褚良银等近来研制出了一种在膜孔接枝 PNIPAM "开关"的温度感应型控制释放微囊膜，其结构示意图如图 12-33 所示，其微观结构扫描电镜图如图 12-34 所示。这种微囊具有对温度刺激响应快的特点。膜孔内 PNIPAM 接枝量较低的情况下，主要利用膜孔内 PNIPAM 接枝链的膨胀-收缩特性来实现感温性控制释放：当环境温度 $T<$LCST 时，膜孔内 PNIPAM 链膨胀而使膜孔呈"关闭"状态，从而限制囊内溶质分子通过，于是释放速度慢；而当环境温度 $T>$LCST 时，PNIPAM 链变为收缩状态而使膜孔"开启"，为微囊内溶质分子的释放敞开通道，于是释放速度快。在膜孔内 PNIPAM 接枝量很高的情况下，膜孔即使在环境温度 $T>$LCST 时也呈现不了"开启"状态（膜孔被填实），这时则主要依靠 PNIPAM 的亲水-疏水特性来实现感温性控制释放：当环境温度 $T<$LCST 时，膜孔内 PNIPAM 呈亲水状态；而当环境温度 $T>$LCST 时，膜孔内 PNIPAM 变为疏水状态。由于溶质分子在亲水性膜中比在疏水性膜中更容易找到扩散"通道"，所以在环境温度 $T<$LCST 时的释放速度比在 $T>$LCST 时要高些。控制释放结果表明，这类膜孔接枝 PNIPAM "开关"的微囊显示出良好的温度响应型控制释放特性；特别是在低接枝量的情况下，"开/关"释放特性十分明显。

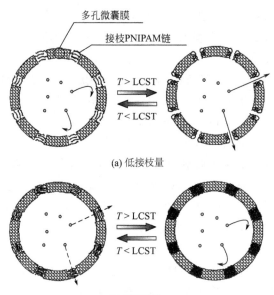

(a) 低接枝量

(b) 高接枝量

图 12-33 膜孔接枝 PNIPAM "开关" 的温度响应型控制释放微囊膜结构示意图

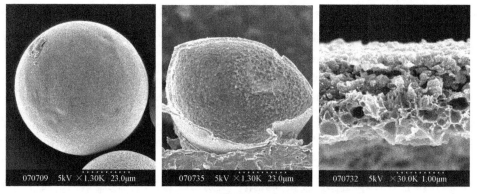

图 12-34 控制释放微囊膜的微观结构扫描电镜图

如果将微囊作为药物载体，则其直径应该小而且单分散性也应该好。褚良银等人采用 SPG（shirasu porous glass）膜乳化方法制备出了直径约为 $4\mu m$ 的单分散微囊（如图 12-35 所示），然后采用等离子体诱导接枝的方法在多孔膜上接上 PNIPAM 温敏开关，其温度响应性控制释放如图 12-35（b）所示。

（2）pH 响应型智能微囊膜

① pH 响应型微囊膜的控制释放机理　虽然 pH 响应型微囊膜的制备方法各不相同，但其控制释放机理却大同小异。由于在不同 pH 环境下聚电解质的构象会发生变化，从而影响微囊膜的扩散透过率，这样就实现了能响应环境 pH 的控制释放。以在半透性微囊膜表面上接枝 pH 感应性聚电解质而得到的 pH 感应型微囊膜为例，如图 12-36 所示，对于接枝带负电聚电解质（聚羧酸类）而言，当环

境 pH＞pK_a（电离稳定常数）时，聚电解质的官能团因离解而带上负电，由于带负电官能团之间的静电斥力，接枝链处于伸展构象，渗透率随之增大；当环境 pH＜pK_a 时，聚电解质的官能团因质子化而不带电荷，链段处于收缩构象，使微囊表面官能层致密，从而使扩散透过率变小。相反，对于接枝带正电荷聚电解质（如聚吡啶类）而言，当环境 pH＞pK_a 时，聚电解质的官能团不带电荷使链段处于收缩构象，微囊表面官能层致密而使扩散透过率较小；但当环境 pH＜pK_a 时，聚电解质的官能团因质子化带正电，带正电官能团之间的静电斥力使链段处于伸展构象，微囊表面官能层变得松散而使扩散透过率也随之变大。

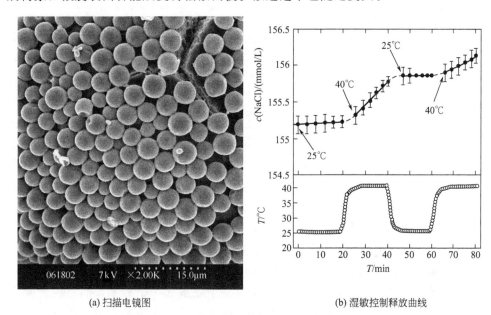

(a) 扫描电镜图　　　　　　　　(b) 湿敏控制释放曲线

图 12-35　单分散温度响应微囊膜

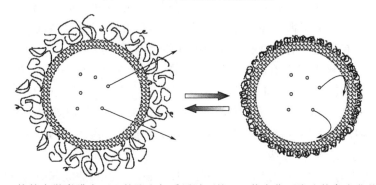

图 12-36　接枝在微囊膜表面上的聚电解质层随环境 pH 值变化而发生构象变化的示意图

② 半透性微囊膜改进型 pH 响应型微囊膜　Kokufuta 等研制出了一种覆盖有一层聚电解质的 pH 响应型聚苯乙烯微囊膜。具有半透性聚苯乙烯膜、平均粒径为 8～10μm 的稳定微囊是通过使聚合物沉淀在乳化的水滴周围制得的。具体步骤

如下：先将作为乳化剂的十二烷基苯磺酸钠或 Triton X-100 水溶液分散在苯乙烯的二氯甲烷溶液中，在剧烈的搅拌下将得到的水/油乳液分散在含有以上任何一种乳化剂的水溶液中，最后除去所得到的 W/O/W 复乳中残留的二氯甲烷。在室温下搅拌含有所需聚电解质和微囊的适量缓冲溶液 10h，聚电解质将吸附在微囊膜上。现在许多聚合物都可用来制备微囊膜，而具有不同的疏水性或亲水性的微囊膜表面吸附的聚电解质的构象变化是研究的热点。其中，用多肽和蛋白质作为聚电解质覆盖层引起了广泛的关注，因为这些研究能提供有关吸附在亲水或疏水固体表面的蛋白质和多肽的构象变化方面的大量信息，这些知识能使人们更好地理解蛋白质在生物膜中的构象变化。

③ 具有聚电解质整体膜的 pH 响应型微囊膜 Kono 等制备了一种聚电解质复合微囊膜，即一种具有聚电解质络合物壁膜的微囊。交联的聚丙烯酸（PAA）-聚氮杂环丙烷（PEI）复合微囊膜可由如下步骤制得：用吸液管将 1.5%（质量分数）聚丙烯酸钠水溶液（pH 9.0）滴加到 0.5% 的聚氮杂环丙烷水溶液（pH 7.0）中。混合溶液轻微搅动 2h 以在液滴表面上形成聚电解质复合膜。得到的聚电解质复合微囊膜用蒸馏水清洗几次，然后分别在 0.15% 聚丙烯酸钠水溶液（pH 7.0）和 0.05% 聚氮杂环丙烷水溶液（pH 7.0）中浸泡 2h 以增加聚电解质复合膜的物理强度。然后，用蒸馏水清洗几次后，微囊膜根据以下步骤交联：胶囊放在 3mL 50mmol/L 含有 1-乙基-3-(3-二甲氨基丙基)-碳二亚胺（EDC；11.4g/L，22.8g/L，或 34.2g/L）的磷酸缓冲溶液（pH 4.4）中，并在室温下振荡一整夜。最后，交联的微囊膜放在蒸馏水中振荡并清洗以除去残留在微囊膜中的 EDC。

Makino 等人提出了一种聚（L-赖氨酸-氨基-对苯二甲酸）（PPL）微囊膜。一般说来，组成这种微囊膜的聚合物在末端有一个氨基和一个羧基，而且在骨架上有大量的羧基。因为氨基在酸性和中性的环境中质子化而羧基在中性和碱性的环境中离解，PPL 微囊膜根据环境的 pH 既可以带正电又可以带负电。含水的 PPL 微囊膜由界面聚合法制得。在搅拌的作用下，溶解在碳酸钠水溶液中的 L-赖氨酸溶液分散在含有乳化剂的混合有机溶剂中（环己烷/氯仿＝3/1，体积比）。在制得的乳液中加入溶解在混合有机溶剂中的对苯二甲酰氯溶液，并充分搅拌。然后，加入一定量的环己烷以停止 L-赖氨酸和对苯二甲酰氯的界面缩聚反应。用离心分离将制得的 PPL 微囊膜从混合有机溶剂中分离出来，微囊膜依次用环己烷、2-丙醇、乙醇、甲醇和蒸馏水清洗，然后分散在蒸馏水中。最后让微囊膜通过一系列的筛网使其分成四个粒级，平均粒径分别为 $13.5\mu m$，$29.4\mu m$，$45.2\mu m$ 和 $64.0\mu m$，相应的平均膜厚分别为 $1.5\mu m$，$1.8\mu m$，$2.3\mu m$ 和 $2.6\mu m$。电解质离子通过 PPL 微囊膜的渗透率极大地依赖于环境 pH，并且当 pH 在 4～6 范围内急剧地增加，此时微囊的粒径也会突然变大。

④ pH 响应型微囊膜的性能 Kokufuta 等制备的 pH 响应型聚苯乙烯微囊膜是靠聚电解质吸附在稳定的半透性微囊膜表面而得到的。若聚离子同时吸附在微

囊膜的外表面和膜孔中，聚离子由收缩构象变为伸展构象时，渗透率减小；相反，若聚离子只吸附在微囊外表面，则聚离子由收缩构象变为伸展构象时，渗透率会明显增加。

但是，由于这种表面改性的半透性 pH 响应型微囊膜的渗透率变化受其基材膜渗透性的限制，因此为了提高渗透率变化的灵敏性，人们研制出了一种整体膜结构随环境 pH 变化而变化的微囊膜——具有聚电解质络合物膜的功能微囊膜。聚电解质络合物是由两种带电聚电解质间的静电作用形成的，当弱的聚酸类和/或弱的聚碱类被用作聚电解质络合物微囊膜的成分时，由于聚电解质络合物的形成和离解是依赖于 pH 的，得到的微囊膜结构会随 pH 变化而改变，所以微囊膜的渗透率也随着外界环境 pH 变化而变化。聚电解质络合物微囊膜可由温和的反应制得，比如络合物在胶质聚电解质微滴表面上、或在聚阴离子和聚阳离子溶液的界面上形成。因此，这对生物活性分子微囊化是有利的。使用聚电解质络合物进行药物、蛋白质、脂质体和活细胞的微囊化方面已经有报道。

为了改善聚电解质复合微囊膜渗透率的 pH 响应性，Yoon 等制备了由聚氮杂环丙烷和聚甲基丙烯酸组成的含有疏水性侧基的聚电解质复合微囊膜。由于侧链间的疏水反应和聚电解质之间的离子键，微囊膜可形成致密的电解质复合膜。实验表明，当使用含疏水单元的聚电解质时微囊膜对环境 pH 的响应得到改善。部分交联的聚丙烯酸-聚氮杂环丙烷复合微囊膜渗透特性几乎不受制备微囊膜的 pH 条件影响；但是，当附有 L-组氨酸的聚氮杂环丙烷代替未改性的聚合物作为膜成分时，制备条件对渗透特性有着显著的影响。并且，通过在聚电解质中结合疏水单元，PAA-PEI 复合微囊膜的渗透性在弱酸和中性 pH 环境中大幅度下降。相对地，在酸性和碱性环境中疏水单元对微囊膜渗透性的影响很小。这样，在环境 pH

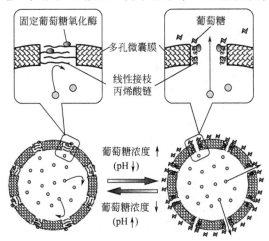
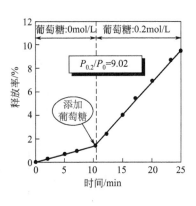

(a) 血糖响应型智能化控制释放原理 (b) 葡萄糖浓度响应型控制释放结果

图 12-37　血糖浓度响应型智能化微囊膜的控释原理示意图及其控释结果

轻微变化时，含有疏水基的微囊膜的渗透性发生急剧的变化。

（3）葡萄糖浓度响应型智能微囊膜

褚良银等人近来把聚丙烯酸接枝到多孔聚酰胺微囊膜上，制成智能开关型 pH 响应型微囊膜，然后把葡萄糖氧化酶（glucose oxidase，GOD）固定到聚丙烯酸开关链上，从而使这种微囊膜的开关根据葡萄糖浓度的变化而开启或关闭，其控释原理如图 12-37 所示。在没有葡萄糖的中性 pH 环境下，聚丙烯酸接枝链上的羧基离解并带负电荷，电荷之间的静电斥力使聚合链伸展而关闭膜孔，微囊膜内药物释放速度慢；相反地，在葡萄糖存在的情况下，GOD 催化葡萄糖氧化为葡萄糖酸，微囊膜周围 pH 下降、使接枝链上羧基质子化，聚丙烯酸侧链间静电斥力下降，接枝链变成卷曲状而使微囊膜孔开启，微囊内药物释放速度迅速加快。于是，

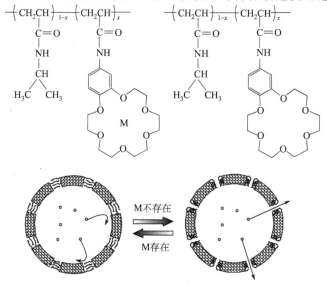

(a) 分子识别型智能化控制释放原理

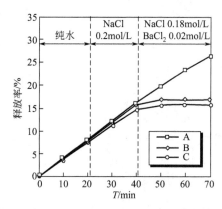

(b) 分子识别型智能控制释放结果

图 12-38　分子识别响应型智能化微囊膜的控释原理示意图及其控释结果

可以实现胰岛素随血糖浓度变化而进行自调节型智能化控制释放，如图 12-37（b）所示。通过改变接枝链的密度、长度或微囊膜孔密度还可以调节该系统的胰岛素渗透性对葡萄糖浓度的敏感性。

（4）分子识别响应型智能微囊膜

褚良银等近来研制出一种用于环境刺激响应型控制释放的分子识别响应型微囊膜，以利用分子识别响应型微囊膜对某些特殊病变信号的响应而实现靶向式药物送达，如图 12-38（a）所示。该微囊膜具有核壳结构多孔膜，并在膜孔中接枝了作为分子识别开关的聚［异丙基丙烯酰胺-共-(苯并-18-冠-6-丙烯酰胺)］［poly(NIPAM-co-BCAm)］线形链。采用界面聚合法制备核壳结构多孔微囊膜，并采用等离子体接枝填孔聚合法在膜孔内接枝 poly(NIPAM-co-BCAm) 线形链。囊内溶质从该微囊膜中的释放特性明显受环境溶液中 Ba^{2+} 的存在与否状态所控制，如图 12-38（b）所示。当环境溶液中没有 $BaCl_2$ 分子存在时，由于微囊膜孔内接枝的 poly(NIPAM-co-BCAm) 聚合物链呈收缩状态而使膜孔开启，所以释放速度快；相反，当环境溶液中有 $BaCl_2$ 分子存在时，微囊膜孔内接枝的 poly(NIPAM-co-BCAm) 链呈膨胀状态，于是膜孔关闭，从而导致释放速度变得很慢。该具有 poly(NIPAM-co-BCAm) 接枝开关的微囊膜的分子识别刺激响应释放特性显示出了良好的可逆性和可重复性。

12.4　智能膜的应用

12.4.1　平板膜的应用实例

由于 PNIPAM 具有低温（$T<$LCST）亲水、高温（$T>$LCST）疏水的特性，因此接枝 PNIPAM 开关的温度响应型智能开关膜可用于温度控制的亲疏水吸附分离。Choi 等采用 PNIPAM 接枝开关膜进行了温度响应型亲疏水吸附分离实验，如图 12-39 所示。当温度高于 LCST 时，膜表面及孔表面接枝的 PNIPAM 变得疏水，待分离的疏水性物质吸附在膜表面及孔表面；当吸附饱和之后，将温度降低到低于 LCST，这时膜表面及孔表面接枝的 PNIPAM 变得亲水，吸附在上面的疏水性物质脱落下来，从而实现分离。

褚良银等采用溶胶-凝胶法在多孔玻璃膜孔表面上生成纳米级二氧化硅颗粒，然后采用等离子体诱导接枝法在二氧化硅颗粒表面接枝 PNIPAM 层，将依靠膜孔内纳米凹凸结构和接枝 PNIPAM 层的协同作用实现温敏性超亲水/超疏水可逆转换型亲和分离膜，从而取得强化亲和分离性能方面的突破。该膜的表面表现出良好的温度响应型亲水/疏水转换，而且该过程是可逆的，并且表现出良好的可重复性能。以 BSA 为模型蛋白，进行了温敏型亲和吸附-解吸实验研究，所制备的膜具有良好的温敏性生物亲和分离性能。

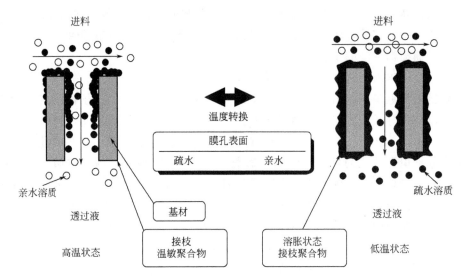

图 12-39 温度响应型智能膜用于亲疏水变换吸附的实例

褚良银等在国际上首次把 PNIPAM 和 β-CD 共同接枝到多孔膜内,依靠 PNIPAM 在不同温度下的构象变化对 β-CD 包结手性分子和客体分子能力的影响,制备成依靠温度调节能够实现自律式包结和脱吸的手性拆分和客体分子分离膜过程。该膜分离系统可望实现高精度和大通量的高效率自律式对映体分离和客体分子分离的新型膜分离模式,为进一步设计和制备新型手性拆分膜分离以及客体分子分离膜系统提供了理论基础和实验依据。

Okajima 等将接枝了 poly(NIPAM-co-BCAm)的智能膜用于细胞培养。由于 poly(NIPAM-co-BCAm)能够响应钾离子,当培养的细胞坏死,细胞膜上的钠钾泵失去功能,于是细胞内的钾离子流出,这时 poly(NIPAM-co-BCAm)识别钾离子而膨胀,将坏死细胞从培养的细胞群中自动踢出,从而避免坏死细胞对正常细胞的影响,如图 12-40 所示。

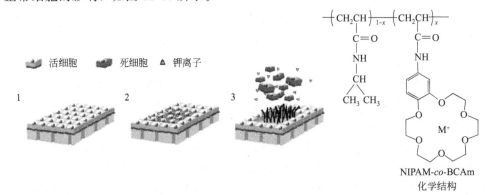

图 12-40 分子识别响应型智能膜用于细胞培养的实例

12.4.2　微囊膜的应用实例

（1）pH 响应型微囊膜用于药物定位释放（结肠靶向式药物送达）

通常消化道中胃液的 pH 值为 0.9～1.5，小肠内为 6.0～6.8，结肠内为 6.5～7.5。结肠的定点药物送达在药物疗法领域中具有重要的意义。这包括典型的结肠病治疗，比如过敏性肠道综合征（IBS）和发炎性肠道疾病（IBD）。实验表明，由于结肠比其他肠胃区域有更低的抗酶活性，口服输送缩氨酸、蛋白质和其他不稳定药物到 pH 值较低的胃肠区域有了新的有效方式。当治疗希望系统吸收延时，如某些受生物钟影响的疾病（比如哮喘），结肠靶向式药物送达系统还有另外的意义。总的说来，结肠靶向式药物定点送达既能减少病人总的用药量，也减小了药物可能存在的副作用，又提高了一些口服药物分子的生物利用度。

Rodriguez 等提出一种用结肠靶向药物送达的多微粒系统。它是一种含有包囊在 pH 敏感性聚合物中的疏水核（CAB 微球）的药物剂型，可以实现避免在低 pH 值的胃肠区域释药而在回肠末端和结肠区靶向给药。现有一种疏水性很强的药物，它的释放被充分地控制在 pH 值大于 7 的部位。这样，诸如节段性回肠炎或溃疡性结肠炎等结肠疾病能够得到定位的治疗，从而开辟了这类药物剂型治疗结肠炎症的应用。

（2）pH 响应型微囊膜用于蛋白质的控制释放

Okamafe 等报道了一种 pH 感应性聚合物——羟丙基甲基纤维素乙酸丁二酸（HPMCAS）——可以用来控制蛋白质从壳聚糖-蛋白藻微囊膜中的释放，这种微囊膜是用静电液滴发生器制得的。他们模拟人和鱼的胃液及肠液的 pH 环境对白蛋白从壳聚糖-HPMCAS-蛋白藻微囊膜的释放特性进行了研究。结果表明，未改性的壳聚糖-蛋白藻微囊膜不适合用于生物活性蛋白质的口服送达，因为在胃部 pH 值较低，蛋白质的保持能力很差（4h 和 24h 以后分别是 20% 和 6%）。但是，适当地用 HPMCAS 对微囊膜进行改性后，4h 和 24h 后蛋白质的保持能力分别提高到 70% 和 60%。由此，在壳聚糖-蛋白藻微囊膜系统中，HPMCAS 作为一种 pH 感应性聚合物适合于作为蛋白质释放调节剂。在医药和水产业中，微囊化在具有生物活性或用于治疗的蛋白质有效而可靠地口服送达系统的应用中显示出了极大的前景。

（3）pH 响应型微囊膜用于酶反应的"起/停"控制

Kokufuta 等研制了有一层聚电解质的聚苯乙烯（PSt）微囊膜能用来进行酶反应的开始/停止（"起/停"）控制。一个典型的酶反应"起/停"控制的例子为：采用未吸附聚电解质层的包有酶的 PSt 微囊膜时，酶的水解反应在 pH 值为 5.5 和 4.5 时均发生，葡萄糖和果糖均生成。而当采用吸附有顺丁烯二酸和苯乙烯共聚物的微囊膜时，pH 值为 4.5 时被包囊酶的水解反应几乎完全停止（得到两种糖的浓度小于 0.1μg/mL），但当外界 pH 值调节到 5.5 时反应就会开始。这种"起/

停"控制在实验的整个过程中可进行可逆重复。结果表明，8天的重复测试得到极好的可重复性结果，而微囊膜没有任何损坏。

覆盖有其构象随着外界环境pH值微小变化而显著改变的聚电解质的微囊膜使酶反应的"起/停"控制成为可能。这种被包囊的酶作为生化传感器和显示装置具有十分诱人的潜在应用前景，因为这种微囊膜构成"功能"固定化酶，具有明显优于传统固定化酶的功能和优点。包有酶的pH感应微囊膜的研究是一门包含酶学、聚合物化学和生物医药工程等学科的交叉学科，已经引起了广泛的兴趣。

（4）pH响应型微囊膜用于脱氮过程中pH控制

Vanukuru等报道了将酸性磷酸盐颗粒包囊在pH感应壁膜内用来进行脱氮过程中的pH控制。在环境工程领域中许多物理化学和生物反应，比如工业废水的中和反应、金属析出、微生物降解和氯消毒等都与pH有关。这些过程的效率依赖于控制在最佳范围内的pH值。使用pH自动控制给药装置很容易实现pH的控制。这些装置的基本操作包括配给一定量的酸碱量，从而将pH值控制在需要的操作范围内。但这些装置很难用在难以接近的地方，比如受污染地下水的生物净化现场。在现场生物净化地下水的过程中，pH的控制很重要，因为微生物的活性会引起pH的变化。比如，根据土壤和地下水本身的缓冲容量，脱氮活性会使地下水的pH值升高以至于超出了最佳范围。在难以接近的地方控制pH值的一个有效方法是使用pH感应型微囊膜包囊的缓冲剂。批处理实验结果表明，同使用pH感应型微囊膜的实验相比，未使用微囊膜的实验中pH值的增加幅度更大。当在批处理实验系统中加入1000mg微囊膜时，pH值能被控制在比加入100mg微囊膜时更小的范围内（接近中性）。

迄今，人们已经设计和开发出了多种不同结构类型的环境响应型智能化开关膜。由于环境响应型智能膜在控制释放、化学分离、生物分离、化学传感器、人工细胞、人工脏器、水处理等许多领域具有重要的潜在应用价值，被认为是21世纪膜科学与技术领域的重要发展方向之一。智能膜目前已成为国际上膜学领域研究的新热点，新型智能膜材料的研制和智能膜过程的强化是被普遍关注的两大基础研究课题。另外，环境响应型智能化膜材料和膜技术由于还受到许多因素的制约，目前国际上仍多处于基础研究阶段，还需要进一步开发完善。要实现在临床上或工业上的大规模应用，还需要多学科领域的科技工作者的进一步努力。尽管这方面的研究和开发充满挑战，但由于该项技术前景广阔、具有很重要的社会意义和显著的经济价值，因此受到了国际上的广泛关注和重视。

环境响应型智能微囊膜由于具有对环境物理化学信息感知、信息处理以及响应执行一体化的"智能"，不仅能够实现包囊物质的定点、定量、定时控制释放，而且能完成酶反应"起/停"控制，以及在难以接近的地方进行脱氮过程中的环境信息控制等特殊任务，受到了国际上科研工作者的广泛关注。可以预见，环境响应型智能微囊膜有着光明的应用前景，特别是在制药、生物医学工程、生物化工、环境工程等领域将尤为突出；环境响应型智能微囊膜的研究和应用将会继续解决人类目前面临的一些技术难题。

参 考 文 献

[1] Koros W J. Evotving beyond the thermat age of separation processes：Membranes can lead the way. AIChE Journal，2004，50 (10)：2326-2334.

[2] 郑领英，王学松. 高新技术科普丛书——膜技术. 北京：化学工业出版社，2000.

[3] Zwieniecki M A，Melcher P J，Holbrook N M. Hydrogel control of xylem hydraulic resistance in plants. Science，2001，291：1059-1062.

[4] Dutzler R，Campbell E B，MacKinnon R. Gating the selectivity filter in ClC chloride channels. Science，2003，300：108-112.

[5] 路甬祥，童秉纲，崔尔杰，沈家聪等. 仿生学的科学意义与前沿. 科学中国人，2004，(4)：22-24.

[6] Okahata Y，Seki T. Functional capsule membranes. 10. pH-sensitive capsule membranes-Reversible permeability control from the dissociative bilayer-coated capsule membrane by an ambient ph change. Journal of American Chemical Society，1984，106：8065-8070.

[7] Yoshizawa T，Shin-ya Y，Hong K J. pH-and temperature-sensitive permeation through polyelectrolyte complex films composed of chitosan and polyalkyleneoxide-maleic acid copolymer. Journal of Membrane Science，2004，241：347-354.

[8] 中华人民共和国国务院. 国家中长期科学和技术发展规划纲要（2006—2020 年）. In http：//www. most. gov. cn/ztzl/gjzcqgy/zcqgygynr/index. htm，2006.

[9] Tanaka T，Fillmore D J. Kinetics of swelling of gels. Journal of Chemical Physics，1979，70 (3)：1214-1218.

[10] Iwata H，Oodate M，Uyama Y，Amemiya H，Ikada Y. Preparation of Temperature-Sensitive Membranes by Graft-Polymerization onto a Porous Membrane. Journal of Membrane Science，1991，55 (1-2)：119-130.

[11] Yang B，Yang W T. Thermo-sensitive switching membranes regulated by pore-covering polymer brushes. Journal of Membrane Science，2003，218 (1-2)：247-255.

[12] Choi Y J，Yamaguchi T，Nakao S. A novel separation system using porous thermosensitive membranes. Industrial & Engineering Chemistry Research，2000，39 (7)：2491-2495.

[13] Chu L Y，Yamaguchi T，Nakao S. A molecular-recognition microcapsule for environmental stimuli-responsive controlled release. Advanced Materials，2002，14 (5)：386-389.

[14] Chu L Y，Park S H，Yamaguchi T，Nakao S. Preparation of thermo-responsive core-shell microcapsules with a porous membrane and poly（N-isopropylacrylamide）gates. Journal of Membrane Science，2001，192 (1-2)：27-39.

[15] Li Y，Chu L Y，Zhu J H，Wang H D，Xia S L，Chen W M. Thermoresponsive gating characteristics of Poly（N-isopropylacrylamide）-grafted porous poly（vinylidene fluoride）membranes. Industrial & Engineering Chemistry Research，2004，43 (11)：2643-2649.

[16] Xie R，Chu L Y，Chen W M，Xiao W，Wang H D，Qu J B. Characterization of microstructure of poly（N-isopropylacrylamide）-grafted polycarbonate track-etched membranes prepared by plasma-graft pore-filling polymerization. Journal of Membrane Science，2005，258 (1-2)：157-166.

[17] Xie R，Li Y，Chu L Y. Preparation of thermo-responsive gating membranes with controllable response temperature. Journal of Membrane Science，2007，289 (1-2)：76-85.

[18] Qu J B, Chu L Y, Yang M, Xie R, Hu L, Chen W M. A pH-responsive gating membrane system with pumping effects for improved controlled release. Advanced Functional Materials, 2006, 16 (14): 1865-1872.

[19] Chu L Y, Niitsuma T, Yamaguchi T, Nakao S. Thermoresponsive transport through porous membranes with grafted PNIPAM gates. AIChE Journal, 2003, 49 (4): 896-909.

[20] Zhang K, Wu X Y. Temperature and pH-responsive polymeric composite membranes for controlled delivery of proteins and peptides. Biomaterials, 2004, 25 (22): 5281-5291.

[21] Chen Y C, Xie R, Yang M, Li P F, Zhu X L, Chu L Y. Gating characteristics of thermo-responsive membranes with grafted linear and crosslinked poly (N-isopropylacrylamide) gates. Chemical Engineering and Technology, 2009, 32 (4): 622-631.

[22] Li P F, Xie R, Jiang J C, Meng T, Yang M, Ju X J, Yang L, Chu L Y. Thermo-responsive gating membranes with controllable length and density of poly (N-isopropylacrylamide) chains grafted by ATRP method. Journal of Membrane Science, 2009, 337 (1-2): 310-317.

[23] Yamaguchi T, Ito T, Sato T, Shinbo T, Nakao S. Development of a fast response molecular recognition ion gating membrane. Journal of the American Chemical Society, 1999, 121 (16): 4078-4079.

[24] Chu L Y, Zhu J H, Chen W M, Niitsuma T, Yamaguchi T, Nakao S. Effect of graft yield on the thermo-responsive permeability through porous membranes with plasma-grafted poly (N-isopropylacrylamide) gates. Chinese Journal of Chemical Engineering, 2003, 11 (3): 269-275.

[25] Yang M, Chu L Y, Li Y, Zhao X J, Song H, Chen W M. Thermo-responsive gating characteristics of poly (N-isopropylacrylamide) -grafted membranes. Chemical Engineering & Technology, 2006, 29 (5): 631-636.

[26] Yoshida R, Okuyama Y, Sakai K, Okano T, Sakurai Y. Sigmoidal sweeling profiles for temperature-responsive poly (N-isoproplacrylamide-co-butyl methacrylate) hydrogels. Journal of Membrane Science, 1994, 89: 267-277.

[27] Chu L Y, Li Y, Zhu J H, Chen W M. Negatively thermoresponsive membranes with functional gates driven by zipper-type hydrogen-bonding interactions. Angewandte Chemie-International Edition, 2005, 44 (14): 2124-2127.

[28] Higa M, Yamakawa T. Design and preparation of a novel temperature-responsive ionic gel. 1. A fast and reversible temperature response in the charge density. Journal of Physical Chemistry B, 2004, 108 (43): 16703-16707.

[29] Higa M, Yamakawa T. Design and preparation of a novel temperature-responsive ionic gel. 2. Concentration modulation of specific ions in response to temperature changes. Journal of Physical Chemistry B, 2005, 109 (22): 11373-11378.

[30] Yamakawa T, Ishida S, Higa M. Transport properties of ions through temperature-responsive charged membranes prepared using poly (vinyl alcohol) /poly (N-isopropylacrylamide) /poly (vinyl alcohol-co-2-acrylamido-2-methylpropane sulfonic acid). Journal of Membrane Science, 2005, 250 (1-2): 61-68.

[31] Akerman S, Viinikka P, Svarfvar B, Putkonen K, Jarvinen K, Kontturi K, Nasman J, Urtti A, Paronen P. Drug permeation through a temperature-sensitive poly (N-isopropylacrylamide) grafted poly (vinylidene fluoride) membrane. International Journal of Pharmaceutics, 1998, 164 (1-2): 29-36.

[32] Chen Y, Liu Y, Fan H J, Li H, Shi B, Zhou H, Peng B Y. The polyurethane membranes with temperature sensitivity for water vapor permeation. Journal of Membrane Science, 2007, 287 (2): 192-197.

[33] Dinarvand R, Khodaverdi E, Atyabi F. Temperature-sensitive permeation of methimazole through cyano-biphenyl liquid crystals embedded in cellulose nitrate membranes. Molecular Crystals and Liquid Crystals, 2005, 442: 19-30.

[34] Fu Q, Rao G V R, Ward T L, Lu Y F, Lopez G P. Thermoresponsive transport through ordered mesoporous silica/PNIPAAm copolymer membranes and microspheres. Langmuir, 2007, 23 (1): 170-174.

[35] Geismann C, Yaroshchuk A, Ulbricht M. Permeability and electrokinetic characterization of poly (ethylene terephthalate) capillary pore membranes with grafted temperature-responsive polymers. *Langmuir*, 2007, 23 (1): 76-83.

[36] Grassi M, Yuk S H, Cho S H. Modelling of solute transport across a temperature-sensitive polymer membrane. Journal of Membrane Science, 1999, 152 (2): 241-249.

[37] Greene L C, Meyers P A, Springer J T, Banks P A. Biological Evaluation of Pesticides Released from Temperature-Responsive Microcapsules. Journal of Agricultural and Food Chemistry, 1992, 40 (11): 2274-2278.

[38] Guilherme M R, Campese G M, Radovanovic E, Rubira A F, Tambourgi E B, Muniz E C. Thermo-responsive sandwiched-like membranes of IPN-PNIPAAm/PAAm hydrogels. Journal of Membrane Science, 2006, 275 (1-2): 187-194.

[39] Guilherme M R, da Silva R, Rubira A F, Geuskens G, Muniz E C. Thermo-sensitive hydrogels membranes from PAAm networks and entangled PNIPAAm: effect of temperature, cross-linking and PNIPAAm contents on the water uptake and permeability. Reactive & Functional Polymers, 2004, 61 (2): 233-243.

[40] Guilherme M R, de Moura M R, Radovanovic E, Geuskens G, Rubira A F, Muniz E C. Novel thermo-responsive membranes composed of interpenetrated polymer networks of alginate-Ca^{2+} and poly (N-isopropylacrylamide). Polymer, 2005, 46 (8): 2668-2674.

[41] Guo J, Yang W L, Deng Y H, Wang C C, Fu S K. Organic-dye-coucpted magnetic nanoparticles encaged inside thermoresponsive PNIPAM microcapsutes. Small, 2005, 1 (7): 737-743.

[42] Hasegawa S, Ohashi H, Maekawa Y, Katakai R, Yoshida M. Thermo-and pH-sensitive gel membranes based on poly- (acryloyl-L-proline methyl ester) -graft-poly (acrylic acid) for selective permeation of metal ions. Radiation Physics and Chemistry, 2005, 72 (5): 595-600.

[43] Hiroki A, Yoshida M, Nagaoka N, Asano M, Reber N, Spohr R, Kubota H, Katakai R. Permeation of p-nitrophenol through N-isopropylacrylamide-grafted etched-track membrane close to theta-point temperature. Radiation Effects and Defects in Solids, 1999, 147 (3): 165-175.

[44] Huang J, Wang X L, Chen X Z, Yu X H. Temperature-sensitive membranes prepared by the plasma-induced graft polymerization of N-isopropylacrylamide into porous polyethylene membranes. Journal of Applied Polymer Science, 2003, 89 (12): 3180-3187.

[45] Huang J, Wang X L, Qi W S, Yu X H. Temperature sensitivity and electrokinetic behavior of a N-isopropylacrylamide grafted microporous polyethylene membrane. Desalination, 2002, 146 (1-3): 345-351.

[46] Huang J, Wang X L, Yu X H. Solute permeation through the polyurethane-NIPAAm hydrogel membranes with various cross-linking densities. Desalination, 2006, 192 (1-3): 125-131.

[47] Ichikawa H, Fukumori Y. Negatively thermosensitive release of drug from microcapsules with hydroxypropyl cellulose membranes prepared by the Wurster process. Chemical & Pharmaceutical Bulletin, 1999, 47 (8): 1102-1107.

[48] Ichikawa H, Fukumori Y. A novel positively thermosensitive controlled-release microcapsule with membrane of nano-sized poly (N-isopropylacrylamide) gel dispersed in ethylcellulose matrix. Journal of *Controlled Release*, 2000, 63 (1-2): 107-119.

[49] Ichikawa H, Kaneko S, Fukumori Y. Coating performance of aqueous composite latices with N-isopropylacrylamide shell and thermosensitive permeation properties of their microcapsule membranes. Chemical & Pharmaceutical Bulletin, 1996, 44 (2): 383-391.

[50] Kono K, Okabe H, Morimoto K, Takagishi T. Temperature-dependent permeability of polyelectrolyte complex capsule membranes having N-isopropylacrylamide domains. Journal of Applied Polymer Science, 2000, 77 (12): 2703-2710.

[51] Kubota N, Matsubara T, Eguchi Y. Permeability properties of isometrically temperature-responsive poly (acrylic acid) -graft-oligo (N-isopropylacrylamide) gel membranes. Journal of Applied Polymer Science, 1998, 70 (5): 1027-1034.

[52] Lee Y M, Shim J K. Preparation of pH/temperature responsive polymer membrane by plasma polymerization and its riboflavin permeation. Polymer, 1997, 38 (5): 1227-1232.

[53] Lequieu W, Du Prez F E. Segmented polymer networks based on poly (N-isopropyl acrylamide) and poly (tetrahydrofuran) as polymer membranes with thermo-responsive permeability. Polymer, 2004, 45 (3): 749-757.

[54] Lequieu W, Shtanko N I, Du Prez F E. Track etched membranes with thermo-adjustable porosity and separation properties by surface immobilization of poly (N-vinylcaprolactam). Journal of Membrane Science, 2005, 256 (1-2): 64-71.

[55] Li P F, Ju X J, Chu L Y, Xie R. Thermo-responsive membranes with cross-linked poly (N-isopropylacrylamide) hydrogels inside porous substrates. Chemical Engineering & Technology, 2006, 29 (11): 1333-1339.

[56] Li S K, D'Emanuele A. On-off transport through a thermoresponsive hydrogel composite membrane. Journal of Controlled Release, 2001, 75 (1-2): 55-67.

[57] Liang L, Feng X D, Peurrung L, Viswanathan V. Temperature-sensitive membranes prepared by UV photopolymerization of N-isopropylacrylamide on a surface of porous hydrophilic polypropylene membranes. Journal of Membrane Science, 1999, 162 (1-2): 235-246.

[58] Liang L, Shi M K, Viswanathan V V, Peurrung L M, Young J S. Temperature-sensitive polypropylene membranes prepared by plasma polymerization. Journal of Membrane Science, 2000, 177 (1-2): 97-108.

[59] Lin S Y, Chen K S, Lin Y Y. pH of preparations affecting the on-off drug penetration behavior through the thermo-responsive liquid crystal-embedded membrane. Journal of Controlled Release, 1998, 55 (1): 13-20.

[60] Lin S Y, Chen K S, Lin Y Y. Artificial thermo-responsive membrane able to control on-off switching drug release through nude mice skin without interference from skin-penetrating enhancers. Journal of Bioactive and Compatible Polymers, 2000, 15 (2): 170-181.

[61] Lin S Y, Ho C J, Li M J. Precision and reproducibility of temperature response of a thermo-responsive membrane embedded by binary liquid crystals for drug delivery. Journal of Controlled Release, 2001, 73 (2-3): 293-301.

[62] Lin S Y, Li M J, Lin H L. Effect of skin-penetrating enhancers on the thermophysical properties of cholesteryl oleyl carbonate embedded in a thermo-responsive membrane. Journal of Materials Science-Materials in Medicine, 2000, 11 (11): 701-704.

［63］ Lin S Y，Lin H L，Li M J. Adsorption of binary liquid crystals onto cellulose membrane for thermo-responsive drug delivery. Adsorption-Journal of the International Adsorption Society，2002，8（3）：197-202.

［64］ Lin S Y，Lin H L，Li M J. Manufacturing factors affecting the drug delivery function of thermoresponsive membrane prepared by adsorption of binary liquid crystals. European Journal of Pharmaceutical Sciences，2002，17（3）：153-160.

［65］ Lin S Y，Lin H L，Li M J. Reproducibility of temperature response and long-term stability of thermo-responsive membrane prepared by adsorption of binary liquid crystals. Journal of Membrane Science，2003，225（1-2）：135-143.

［66］ Lin Y Y，Chen K S，Lin S Y. Temperature Effect on the Thermal-Characteristics and Drug Penetrability of the Thermally on-Off Switching Membrane. International Journal of Pharmaceutics，1995，124（1）：53-59.

［67］ Lin Z，Xu T W，Zhang L. Radiation-induced grafting of N-isopropylacrylamide onto the brominated poly（2，6-dimethyl-1，4-phenylene oxide）membranes. Radiation Physics and Chemistry，2006，75（4）：532-540.

［68］ Liu Q，Zhu Z Y，Yang X M，Chen X L，Song Y F. Temperature-sensitive porous membrane production through radiation co-grafting of NIPAAm on/in PVDF porous membrane. Radiation Physics and Chemistry，2007，76（4）：707-713.

［69］ Mu Q，Fang Y E. Preparation of thermal-responsive chitosan-graft-N-isopropylacrylamide membranes via gamma-ray irradiation. Chinese Chemical Letters，2006，17（9）：1236-1238.

［70］ Muramatsu N，Nagahama T，Kondo T. Preparation of heat responding artificial cells. Biomaterials，Artificial Cells，& Immobilization Biotechnology，1993，21（4）：527-536.

［71］ Nakayama H，Kaetsu I，Uchida K，Okuda J，Kitami T，Matsubara Y. Preparation of temperature responsive fragrance release membranes by UV curing. Radiation Physics and Chemistry，2003，67（2）：131-136.

［72］ Nozawa I，Suzuki Y，Sato S，Sugibayashi K，Morimoto Y. Preparation of Thermoresponsive Membranes. 2. Journal of Biomedical Materials Research，1991，25（5）：577-588.

［73］ Nozawa I，Suzuki Y，Sato S，Sugibayashi K，Morimoto Y. Application of a Thermoresponsive Membrane to the Transdermal Delivery of Nonsteroidal Antiinflammatory Drugs and Antipyretic Drugs. Journal of Controlled Release，1991，15（1）：29-37.

［74］ Nozawa I，Suzuki Y，Sato S，Sugibayashi K，Morimoto Y. Preparation of Thermoresponsive Polymer Membranes. 1. Journal of Biomedical Materials Research，1991，25（2）：243-254.

［75］ Okajima S，Yamaguchi T，Sakai Y，Nakao S. Regulation of cell adhesion using a signal-responsive membrane substrate. Biotechnology and Bioengineering，2005，91（2）：237-243.

［76］ Okakata Y，Lim H-J，Nakamura G，Hachiya S. A large nylon capsule coated with a synthetic bilayer membrane. Permeability control of NaCl by phase transition of the dialkylammonium bilayer coating. Journal of the American Chemical Society，1983，105（15）：4855-4859.

［77］ Okakata Y，Noguchi H，Seki T. Thermoselective permeation from a polymer-grafted capsule membrane. Macromolecules，1986，19：493-494.

［78］ Okamura A，Itayagoshi M，Hagiwara T，Yamaguchi M，Kanamori T，Shinbo T，Wang P C. Poly（N-isopropylacrylamide）-graft-polypropylene membranes containing adsorbed antibody for cell separation. Biomaterials，2005，26（11）：1287-1292.

［79］ Peng T，Cheng Y L. Temperature-responsive permeability of porous PNIPAAm-g-PE membranes.

Journal of Applied Polymer Science, 1998, 70 (11): 2133-2142.

［80］ Reber N, Kuchel A, Spohr R, Wolf A, Yoshida M. Transport properties of thermo-responsive ion track membranes. Journal of Membrane Science, 2001, 193 (1): 49-58.

［81］ Sasaki Y, Iwamoto S, Mukai M, Kikuchi J I. Photo-and thermo-responsive assembly of liposomal membranes triggered by a gemini peptide lipid as a molecular switch. Journal of Photochemistry and Photobiology a-Chemistry, 2006, 183 (3): 309-314.

［82］ Sun Y M, Huang T L. Pervaporation of ethanol-water mixtures through temperature-sensitive poly (vinyl alcohol-g-N-isopropyacrylamide) membranes. Journal of Membrane Science, 1996, 110 (2): 211-218.

［83］ Uto K, Yamamoto K, Hirase S, Aoyagi T. Temperature-responsive cross-linked poly (epsilon-caprolactone) membrane that functions near body temperature. Journal of Controlled Release, 2006, 110 (2): 408-413.

［84］ Wang W C, Ong G T, Lim S L, Vora R H, Kang E T, Neoh K G. Synthesis and characterization of fluorinated polyimide with grafted poly (N-isopropylacrylamide) side chains and the temperature-sensitive microfiltration membranes. Industrial & Engineering Chemistry Research, 2003, 42 (16): 3740-3749.

［85］ Wang W Y, Chen L. "Smart" membrane materials: Preparation and characterization of PVDF-g-PNIPAAm graft copolymer. Journal of Applied Polymer Science, 2007, 104 (3): 1482-1486.

［86］ Wang W Y, Chen L, Yu X. Preparation of temperature sensitive poly (vinylidene fluoride) hollow fiber membranes grafted with N-isopropylacrylamide by a novel approach. Journal of Applied Polymer Science, 2006, 101 (2): 833-837.

［87］ Wang X L, Huang J, Chen X Z, Yu X H. Graft polymerization of N-isopropylacrylamide into a microporous polyethylene membrane by the plasma method: technique and morphology. Desalination, 2002, 146 (1-3): 337-343.

［88］ Wu G G, Li Y P, Han M, Liu X X. Novel thermo-sensitive membranes prepared by rapid bulk photo-grafting polymerization of N, N-diethylacrylamide onto the microfiltration membranes Nylon. Journal of Membrane Science, 2006, 283 (1-2): 13-20.

［89］ Ying L, Kang E T, Neoh K G. Synthesis and characterization of poly (N-isopropylacrylamide) -graft-poly (vinylidene fluoride) copolymers and temperature-sensitive membranes. Langmuir, 2002, 18 (16): 6416-6423.

［90］ Ying L, Kang E T, Neoh K G. Characterization of membranes prepared from blends of poly (acrylic acid) -graft-poly (vinylidene fluoride) with poly (N-isopropylacrylamide) and their temperature-and pH-sensitive microfiltration. Journal of Membrane Science, 2003, 224 (1-2): 93-106.

［91］ Ying L, Kang E T, Neoh K G, Kato K, Iwata H. Novel poly (N-isopropylacrylamide) -graft-poly (vinylidene fluoride) copolymers for temperature-sensitive microfiltration membranes. Macromolecular Materials and Engineering, 2003, 288 (1): 11-16.

［92］ Ying L, Kang E T, Neoh K G, Kato K, Iwata H. Drug permeation through temperature-sensitive membranes prepared from poly (vinylidene fluoride) with grafted poly (N-isopropylacrylamide) chains. Journal of Membrane Science, 2004, 243 (1-2): 253-262.

［93］ Yoshida M, Asano M, Suwa T, Reber N, Spohr R, Katakai R. Creation of thermo-responsive ion-track membranes. Advanced Materials, 1997, 9 (9): 757-758.

［94］ Zhai G Q. pH-and temperature-sensitive microfiltration membranes from blends of poly (vinylidene fluoride) -graft-poly (4vinylpyridine) and poly (N-isopropylacrylamide). Journal of Applied Polymer

Science，2006，100（5）：4089-4097.

［95］ Zhang L，Xu T W，Lin Z. Controlled release of ionic drug through the positively charged temperature-responsive membranes. Journal of Membrane Science，2006，281（1-2）：491-499.

［96］ Ito Y，Ochiai Y，Park Y S，Imanishi Y. pH-sensitive gating by conformational change of a polypeptide brush grafted onto a porous polymer membrane. Journal of the American Chemical Society，1997，119（7）：1619-1623.

［97］ Iwata H，Hirata I，Ikada Y. Atomic force microscopic analysis of a porous membrane with pH-sensitive molecular valves. Macromolecules，1998，31（11）：3671-3678.

［98］ Chu L Y，Li Y，Zhu J H，Wang H D，Liang Y J. Control of pore size and permeability of a glucose-responsive gating membrane for insulin delivery. Journal of Controlled Release，2004，97（1）：43-53.

［99］ Park S B，You J O，Park H Y，Haam S J，Kim W S. A novel pH-sensitive membrane from chitosan-TEOS IPN：preparation and its drug permeation characteristics. Biomaterials，2001，22（4）：323-330.

［100］ Bai D S，Elliott S M，Jennings G K. PH-responsive membrane skins by surface-catalyzed polymerization. Chemistry of Materials，2006，18（22）：5167-5169.

［101］ Cartier S，Horbett T A，Ratner B D. Glucose-Sensitive Membrane Coated Porous Filters for Control of Hydraulic Permeability and Insulin Delivery from a Pressurized Reservoir. Journal of Membrane Science，1995，106（1-2）：17-24.

［102］ Chu L Y，Liang Y J，Chen W M，Ju X J，Wang H D. Preparation of glucose-sensitive microcapsules with a porous membrane and functional gates. Colloids and Surfaces B-Biointerfaces，2004，37（1-2）：9-14.

［103］ Gudeman L F，Peppas N A. Ph-Sensitive Membranes from Poly（Vinyl Alcohol）Poly（Acrylic Acid）Interpenetrating Networks. Journal of Membrane Science，1995，107（3）：239-248.

［104］ Guo L Q，Nie Q Y，Xie Z H，Wu W Q，Chen G N，Xi C，Wang X R. Study of pH sensitive membrane based on ion pairs technique. Spectroscopy and Spectral Analysis，2003，23（6）：1210-1213.

［105］ Hendri J，Hiroki A，Maekawa Y，Yoshida M，Katakai R. Permeability control of metal ions using temperature-and pH-sensitive gel membranes. Radiation Physics and Chemistry，2001，60（6）：617-624.

［106］ Hester J F，Olugebefola S C，Mayes A M. Preparation of pH-responsive polymer membranes by self-organization. Journal of Membrane Science，2002，208（1-2）：375-388.

［107］ Ito Y，Casolaro M，Kono K，Imanishi Y. An insulin-releasing system that is responsive to glucose. Journal of Controlled Release，1989，10：195-203.

［108］ Ito Y，Park Y S，Imanishi Y. Imaging of a pH-sensitive polymer brush on a porous membrane using atomic force microscopy in aqueous solution. Macromolecular Rapid Communications，1997，18（3）：221-224.

［109］ Kim H T，Park J K，Lee K H. Impedance spectroscopic study on ionic transport in a pH sensitive membrane. Journal of Membrane Science，1996，115（2）：207-215.

［110］ Kokufuta E. Polyelectrolyte-coated microcapsules and their potential application to biotechnology. Bioseparation，1999，7：241-252.

［111］ Kokufuta E，Shimizu N，Nakamura I. Preparation of polyelectrolyte-coated pH-sensitive poly（styrene）microcapsules and their application to initiation-cessation control of an enzyme reaction. Biotechnology and Bioengineering，1988，32：289-294.

［112］ Kono K，Tabata F，Takagishi T. Ph-Responsive Permeability of Poly（Acrylic Acid）-Poly

(Ethylenimine) Complex Capsule Membrane. Journal of Membrane Science, 1993, 76 (2-3): 233-243.

[113] Lai P S, Shieh M J, Pai C L, Wang C Y, Young T H. A pH-sensitive EVAL membrane by blending with PAA. Journal of Membrane Science, 2006, 275 (1-2): 89-96.

[114] Luo F L, Liu Z H, Chen T L, Gong B L. Cross-linked polyvinyl alcohol pH sensitive membrane immobilized with phenol red for optical pH sensors. Chinese Journal of Chemistry, 2006, 24 (3): 341-344.

[115] Makino K, Fujita Y, Takao K, Kobayashi S, Ohshima H. Preparation and propel-ties of thermosensitive hydrogel microcapsules. Colloids and Surfaces B-Biointerfaces, 2001, 21 (4): 259-263.

[116] Makino K, Miyauchi E, Togawa Y. Dependence on pH of permeability towards electrolyte ions of poly (L-lysine-alt-therephthalic acid) microcapsule membranes. Progress in Colloid &. Polymer Science, 1993, 93: 301-302.

[117] Masawaki T, Sato H, Taya M, Tone S. Molecular-Weight Cutoff Characteristics of Ph-Responsive Ultrafiltration Membranes against Macromolecule Solution. Kagaku Kogaku Ronbunshu, 1993, 19 (4): 620-625.

[118] Mika A M, Childs R F, Dickson J M. Salt separation and hydrodynamic permeability of a porous membrane filled with pH-sensitive gel. Journal of Membrane Science, 2002, 206 (1-2): 19-30.

[119] Ng L T, Nakayama H, Kaetsu I, Uchida K. Photocuring of stimulus responsive membranes for controlled-release of drugs having different molecular weights. Radiation Physics and Chemistry, 2005, 73 (2): 117-123.

[120] Okahata Y, Ozaki K, Seki T. Ph-Sensitive Permeability Control of Polymer-Grafted Nylon Capsule Membranes. Journal of the Chemical Society-Chemical Communications, 1984, (8): 519-521.

[121] Okahata Y, Seki T. Functional Capsule Membranes. 10. Ph-Sensitive Capsule Membranes-Reversible Permeability Control from the Dissociative Bilayer-Coated Capsule Membrane by an Ambient Ph Change. Journal of the American Chemical Society, 1984, 106 (26): 8065-8070.

[122] Okahata Y, Seki T. Functional Capsule Membranes. 14. Ph-Responsive Permeation of Bilayer-Coated Capsule Membranes by Ambient Ph Changes. Chemistry Letters, 1984, (7): 1251-1254.

[123] Okhamafe A O, Amsden B, Chu W. Modulation of protein release from chitosan-alginate microcapsules using the pH-responsive polymer hydroxypropyl methylcellulose acetate succinate. Journal of Microencapsulation, 1996, 13 (5): 497-508.

[124] Orlov M, Tokarev I, Scholl A, Doran A, Minko S. pH-Responsive thin film membranes from poly (2-vinylpyridine): Water vapor-induced formation of a microporous structure. Macromolecules, 2007, 40 (6): 2086-2091.

[125] Peng T, Cheng Y L. pH-responsive permeability of PE-g-PMAA membranes. Journal of Applied Polymer Science, 2000, 76 (6): 778-786.

[126] Peng T, Cheng Y L. PNIPAAm and PMAA co-grafted porous PE membranes: Living radical co-grafting mechanism and multi-stimuli responsive permeability. Polymer, 2001, 42 (5): 2091-2100.

[127] Rodriguez M, Vila-Jato J L, Torres D. Design of a new multiparticulate system for potential site-specific and controlled drug delivery to the colonic region. Journal of Controlled Release, 1998, 55: 67-77.

[128] Seki T, Okahata Y. Functional Capsule Membranes. 13. Ph-Sensitive Permeation of Ionic Fluorescent-Probes from Nylon Capsule Membranes. Macromolecules, 1984, 17 (9): 1880-1882.

[129] Thomas J L，You H，Tirrell D A. Tuning the Response of a Ph-Sensitive Membrane Switch. Journal of the American Chemical Society，1995，117 (10)：2949-2950.

[130] Tokarev I，Orlov M，Minko S. Responsive polyelectrolyte gel membranes. Advanced Materials，2006，18 (18)：2458.

[131] Vanukuru B，Flora J R V，Petrou M F，Aelion C M. Control of pH during denitrification using an encapsulated phosphate buffer. Water Research，1998，32 (9)：2735-2745.

[132] Varshosaz J，Falamarzian M. Drug diffusion mechanism through pH-sensitive hydrophobic/polyelectrolyte hydrogel membranes. European Journal of Pharmaceutics and Biopharmaceutics，2001，51 (3)：235-240.

[133] Wang M，An Q F，Wu L G，Mo J X，Gao C J. Preparation of pH-responsive phenolphthalein poly (ether sulfone) membrane by redox-graft pore-filling polymerization technique. Journal of Membrane Science，2007，287 (2)：257-263.

[134] Wang Y，Liu Z M，Han B X，Dong Z X，Wang J Q，Sun D H，Huang Y，Chen G W. pH Sensitive polypropylene porous membrane prepared by grafting acrylic acid in supercritical carbon dioxide. Polymer，2004，45 (3)：855-860.

[135] Ying L，Wang P，Kang E T，Neoh K G. Synthesis and characterization of poly (acrylic acid) -graft-poly (vinylidene fluoride) copolymers and pH-sensitive membranes. Macromolecules，2002，35 (3)：673-679.

[136] Yoon N S，Kono K，Takagishi T. Permeability control of poly (methacrylic acid) -poly (ethylenimine) complex capsule membrane responding to external pH. Journal of Applied Polymer Science，1995，55：351-357.

[137] Zhai G Q，Kang E T，Neoh K G. Poly (2-vinylpyridine) -and poly (4-vinylpyridine) -graft-poly (vinylidene fluoride) copolymers and their pH-sensitive microfiltration membranes. Journal of Membrane Science，2003，217 (1-2)：243-259.

[138] Zhai G Q，Ying L，Kang E T，Neoh K G. Poly (vinylidene fluoride) with grafted 4-vinylpyridine polymer side chains for pH-sensitive microfiltration membranes. Journal of Materials Chemistry，2002，12 (12)：3508-3515.

[139] Zhang K，Wu X Y. Modulated insulin permeation across a glucose-sensitive polymeric composite membrane. Journal of Controlled Release，2002，80 (1-3)：169-178.

[140] Liu N G，Chen Z，Dunphy D R，Jiang Y B，Assink R A，Brinker C J. Photoresponsive nanocomposite formed by self-assembly of an azobenzene-modified silane. Angewandte Chemie International Edition，2003，42 (15)：1731-1734.

[141] Liu N G，Dunphy D R，Atanassov P，Bunge S D，Chen Z，Lopez G P，Boyle T J，Brinker C J. Photoregulation of mass transport through a photoresponsive azobenzene-modified nanoporous membrane. Nano Letters，2004，4 (4)：551-554.

[142] Irie M，Yoshifumi Y，Tanaka T. Stimuli-responsive polymers：chemical induced reversible phase separation of an aqueous solution of poly (N-isopropylacrylamide) with pendent crown ether groups. Polymer，1993，34：4531-4535.

[143] Ito T，Hioki T，Yamaguchi T，Shinbo T，Nakao S，Kimura S. Development of a molecular recognition ion gating membrane and estimation of its pore size control. Journal of the American Chemical Society，2002，124 (26)：7840-7846.

[144] Ito T，Sato Y，Yamaguchi T，Nakao S. Response mechanism of a molecular recognition ion gating membrane. Macromolecules，2004，37 (9)：3407-3414.

[145] Ito T，Yamaguchi T. Osmotic pressure control in response to a specific ion signal at physiological temperature using a molecular recognition ion gating membrane. Journal of the American Chemical Society，2004，126（20）：6202-6203.

[146] Ito T，Yamaguchi T. Controlled release of model drugs through a molecular recognition ion gating membrane in response to a specific ion signal. Langmuir，2006，22（8）：3945-3949.

[147] Ito T，Yamaguchi T. Nonlinear self-excited oscillation of a synthetic ion-channel-inspired membrane. Angewandte Chemie-International Edition，2006，45（34）：5630-5633.

[148] Okajima S，Sakai Y，Yamaguchi T. Development of a regenerable cell culture system that senses and releases dead cells. Langmuir，2005，21（9）：4043-4049.

[149] Yang M，Xie R，Wang J Y，Ju XJ，Yang L，Chu L Y. Gating characteristics of thermo-responsive and molecular-recognizable membranes based on poly（N-isopropylacrylamide）and β-cyclodextrin. Journal of Membrane Science，2010，355（1-2）：142-150.

[150] Chu L Y，Park S H，Yamaguchi T，Nakao S. Preparation of micron-sized monodispersed thermoresponsive core-shell microcapsules. Langmuir，2002，18（5）：1856-1864.

[151] Meng T，Xie R，Chen Y C，Cheng C J，Li P F，Ju X J，Chu L Y. A thermo-responsive affinity membrane with nano-structured pores and grafted poly（N-isopropylacrylamide）surface layer for hydrophobic adsorption. Journal of Membrane Science，2010，349（1-2）：258-267.

[152] Yang M，Chu L Y，Wang H D，Xie R，Song H，Niu C H. A novel thermo-responsive membrane for chiral resolution. Advanced Functional Materials，2008，18（4）：652-663.

[153] Xie R，Zhang S B，Wang H D，Yang M，Li P F，Zhu X L，Chu L Y. Temperature-dependent molecular-recognizable membranes based on poly（N-isopropylacrylamide）and β-cyclodextrin. Journal of Membrane Science，2009，326（2）：618-626.

索　引

（按汉语拼音排序）